城市规划经典译丛

城市的隐秩序
——市场如何塑造城市

Order Without Design:
How Markets Shape Cities

[美] 阿兰·贝尔托（Alain Bertaud）著
王 伟 吴培培 朱小川 译

中国建筑工业出版社

著作权合同登记图字：01-2020-2595 号

图书在版编目（CIP）数据

城市的隐秩序：市场如何塑造城市 /（美）阿兰·贝尔托（Alain Bertaud）著；王伟，吴培培，朱小川译 .— 北京：中国建筑工业出版社，2022.12（2023.12 重印）

（城市规划经典译丛）

书名原文：Order without Design：How Markets Shape Cities

ISBN 978-7-112-27734-6

Ⅰ.①城…　Ⅱ.①阿…②王…③吴…④朱…　Ⅲ.①城市规划—研究　Ⅳ.① TU984

中国版本图书馆 CIP 数据核字（2022）第 142907 号

Order Without Design: How Markets Shape Cities / Alain Bertaud, 9780262038768

责任编辑：董苏华　戚琳琳　吴　尘
责任校对：李美娜

城市规划经典译丛
城市的隐秩序——市场如何塑造城市
Order Without Design: How Markets Shape Cities
[美]　阿兰·贝尔托（Alain Bertaud）　著
王　伟　吴培培　朱小川　译
*
中国建筑工业出版社出版、发行（北京海淀三里河路9号）
各地新华书店、建筑书店经销
北京点击世代文化传媒有限公司制版
北京中科印刷有限公司印刷
*
开本：787 毫米 ×1092 毫米　1/16　印张：21¼　插页：7　字数：400 千字
2022 年 11 月第一版　2023 年 12 月第二次印刷
定价：**86.00** 元
ISBN 978-7-112-27734-6
（39593）

献给我的妻子　玛丽-阿格尼丝·罗伊·贝尔托

中文版序

我很少写书评，更没有给别人的书作过序。这次破个例，原因也很简单，这是一本好书！

写城市经济的书不少，但很少有适合城市规划师阅读的，以至于每次在给学生推荐相关阅读时，都让我非常为难。作为一个工程学科，经济学是城市规划领域的弱项，虽然在实践中遇到大量经济问题，但却没有可以用于处理甚至理解这些问题的工具。学校这方面的教材大多是从经济地理延伸而来，或者干脆就是直接照搬经济学。城市规划亟需的是处理城市经济问题的能力，但我们的教科书却把这一问题替换成了城市经济“学”问题、城市地理“学”问题。

作为一个城市规划的深度实践者，我本人从这两个领域汲取了大量知识，但也使我意识到，这些所谓的城市经济学教科书与规划实践相距甚远。在这些充斥着公式、模型、数表的教科书中，不仅无法解释城市规划的具体问题，比如容积率规划、城市审批制度、建设指标编制等；有些甚至是根本性的误导，比如政府角色、土地制度、公共产品等；还有些直接回避讨论重要问题，比如城市竞争、城市形成和城市分工等——而这些问题几乎是规划师们天天都会遇到的。城市经济学知识的贫乏导致城市规划在处理城市经济问题时完全处于自由漂流的状态。

《城市的隐秩序》正好是系统性填补城市规划经济问题的一本书。从城市经济角度研究规划问题的文章不少，我本人也写了不少这方面的文章，但称得上“系统性”的却不多。进入大学后，我曾几次想亲手为城市规划量身订造一本真正从规划师视角理解和处理城市经济问题的教科书，但最后都放弃了。因为你在思考具体经济问题上可能有很多亮点甚至突破，但把这些亮点和突破串联成一个完整的知识体系，难度就上升了一个维度。这本书的优点正在于此。也正是由于其系统性，使得其知识能够与城市规划体系形成对称的映射，从而将城市经济问题纳入城市规划教学。

同那些致力于用经济学现成理论“套路”规划问题的著作不同，《城市的隐秩序》完全是站在规划师的立场上，思考城市规划问题背后的经济含义。正如本书开篇提到的“融合的两种城市视角”所言，它的目的不是为了用经济学这把“锤子”在城市规划中寻找“钉子”，而是为城市规划问题寻找合适的经济工具。它关心的是解决“经济”问题，而不是解决“经济学”问题。这是和大多数“城市经济”类书籍最大的不同。比如，一般城市经济研究都是从“人口”开始，但本书却是从“劳动力”开始。一具体化到劳动力，抽象的经济研究马上就可以具化为交通、住房等具体问题，密度（容积率）、规制的成本问题也就自然引入经济的视角，传统的“城市规划问题”也就被自然转换为“经济问题”。

我从中国城市规划设计研究院调到厦门规划局不久，就发现基于工程学科的城市规划在规划管理领域存在着巨大的理论“盲区”。为了弥补这个盲区，我开始转向城市制度分析。在同济大学的一次讲座中，我提出了城市存在一个隐秩序，这个“隐秩序”就是城市的制度。对于城市规划而言，无形的“制度设计”和有形的“空间设计”具有同等甚至更主要的作用。这一概念以“城市的制度原型”为题发表在2009年《城市规划》。尽管我使用的隐秩序（Hide Order）英文翻译和本书的隐秩序（Order Without Design）不同，但目的都一样，就是发现那些塑造了城市秩序的市场力量。

这本书的优点还在于它是一本适于所有规划师的入门读物。无论你懂不懂经济学，只要你懂城市规划就可以轻松地阅读，你需要的只是对经济问题的一点兴趣。但也毋庸讳言，本书在理解城市的深层机理上仍然有待发掘。例如，在城市形成的机制上，一直是经济学的短板，由于不能兼容规模经济，城市公共服务、城市间竞争、单中心向多中心的演化、新区与旧区的关系等中国城市规划中常见的问题，在本书并没有得到足够深入的讨论。此外，在土地金融、户籍制度、税收制度等中西方存在巨大差异的领域，本书也涉及不多。而这些都是城市的基础制度。

《城市的隐秩序》代表了西方国家城市规划研究经济问题的最新进展，这也为中国规划的理论提供了一个可供超越的标杆。和世界所有曾经经历过现象级城市扩张的经济一样，中国一定会孕育产生伟大的城市规划思想，在中国城市经济问题的研究方面，中国规划师近年来的实践和理论在深度上已经达到、甚至超过了西方的同行，中国城市规划缺少的正是本书所具有的系统化、理论化的努力。中国经验要成为世界经验，听上去还很遥远，实际上就只差捅破最后一层窗户纸。

近年来，曾经风光无两的城市规划突然深陷困境。其中一个突出的现象，就是2022年几乎所有规划学科高考录取分数线都出现了出人意料的暴跌。表面上是“国土空间规划”把城市规划打了一个措手不及，深层里却是城市化结束时城市规划没能同步完成学科转型。在一个以存量为主的世界里，理解和发现城市的隐秩序，对处理城市规划问题变得比以往更重要。也正因如此，《城市的隐秩序》一书的出版正逢其时——它不仅应该是在校学生的必修课，那些正在被存量规划问题苦恼的规划师，都应该人手一册。当城市规划进入存量规划这一未知的蓝海，没有哪个学术大咖可以充任学科的领航员，所有规划师都要在辽阔无垠的惊涛骇浪中漂流。作为一本西方世界少有的把中国最新城市问题一并纳入分析研究的书籍，《城市的隐秩序》就是一张在这片蓝海中可用的海图。

最后，再次推荐本书给所有对城市经济问题感兴趣的规划师。

赵燕菁

厦门大学建筑与土木工程学院 / 经济学院双聘教授

中国城市规划学会副理事长

致谢

本书的顺利完成，要感谢我们这些年在周游过程中认识的有识之士。他们或为本书提供了事实和案例研究为支撑；或帮助我们澄清了一些理论和概念，或为本书搜集了很多基本信息；或以同道的兴趣来启发我们更加顺利地写作，或在我写作过程中起到了重要的推动作用，或在定稿阶段帮助我们进一步厘清思路，提高语言表述的准确度。

我不相信“置身山顶”能够写出一本有关城市的书，因为只有作者沉浸在自己的写作对象——巨大的城市之中，才能感触至深。城市的本质不在于它的建筑或是街道，而在于生活在其中的人。人们通过近距离的交流接触、不断用新的想法互相激励，才能发现更好的做事方式。机缘巧合，本书的收尾阶段是在纽约这座机遇之城完成。

1970 年去也门之前，我正是在纽约偶然结识了约翰·特纳（John Turner）。特纳关于草根城市发展力量的强大思想在他后来于 1972 年撰写的《自由建设》（*Freedom to Build*）一书中得到了有力表达，这些思想使我的整个职业生涯受益匪浅。

纽约真的是一座充满机遇的城市。1968 年，在我和妻子来到纽约几周后的一次办公室派对上，非常荣幸地遇见了布伦特·布罗林（Brent Brolin）和他的妻子琼·理查德（Jean Richard）女士。直到今天，我们依然是很好的朋友。布伦特（Brent）是一位建筑评论家和历史学家，撰写了多部相关作品。在他看来，建筑和规划，尤其是住房，应该在草根文化中出现和演变，这使它们更好地适应用户习惯和环境。第一次接触布伦特时，他的想法与当时提倡“以国际化的语境和风格，创造一种在世界范围内适用的普遍逻辑”的主流观点完全背道而驰。从那以后，他对草根解决方案的倡导极大地影响了我。我在第 6 章中所介绍的中国和印度尼西亚的一些积极住房政策和成果，便是布伦特·布罗林（Brent Brolin）思想的直接体现。

同样在 1968 年，我们在曼哈顿的一家法国书店里认识了罗莎莉·西格尔（Rosalie Siegel）。罗莎莉是一位双语文学经纪人，她一生都致力于图书的出版工作。多年后，她说服我撰写了这本书并正式出版，而不是按我最初的想法，即以在线博客文章的形式传播这些章节。我与罗莎莉和她的丈夫埃文·沃拉斯基（Evan Wolarsky）直到今天仍然是亲密的朋友。这些在纽约偶遇的朋友后来也以不同方式为本书作出贡献，这也恰好是我在第 2 章中讲到的，大城市更易发生“溢出效应”的生动例子。

写作本书的有利条件：在多座城市生活和工作的经历

写一本关于城市的书，需要广泛地了解不同的城市。城市如人，有相似的机能特征，也有因其历史和环境而形成的截然不同的个性。许多城市规划师都梦想从一张白纸开始创造城市，但很少有人能够有机会做到。规划师必须在拥有悠久历史的现存城市中工作。他们的工作是改善城市的运转方式，并最终帮助它们适应不断变化的环境。城市规划师的工作在很多方面都类似于家庭医生，尝试治愈患者的疾病，并为它们未来如何保持生命健康提供建议。没有人会相信只治疗过一名患者的医生。同样，一名城市规划师要想为城市的知识和管理作出贡献，就应该了解、熟悉多座城市。仅仅在收集数据的同时访问它们并不能获得有关城市生理学和病理学的严谨知识。为了获得必要的城市知识，城市规划师必须长期过着游牧式的生活。拥有几年这种游牧式生活的机会是我写作这本书的第一个有利条件。

这也要归功于我的妻子玛丽－阿格尼丝（Marie-Agnes）。她对变化与旅行的热情，让我们在婚姻的前 15 年里能够游历许多城市。而这段岁月中对不同城市的近距离观察，为本书奠定了实证基础。

1965 年，我和玛丽－阿格尼丝在阿尔及利亚的奥兰（Oran，Algeria）结婚。在接下来的 15 年里，在对新职业体验的好奇心的驱使下，随着工作的改变和家庭的壮大，我们不断搬家。从奥兰开始，我们先后搬到了特莱姆森（Tlemcen）、巴黎（Paris）、纽约（New York）、萨那（Sana'a）、太子港（Port au-Prince）、华盛顿特区（Washington，DC）、圣萨尔瓦多（San Salvador），而后回到华盛顿（Washington），再到曼谷（Bangkok），最终于 1980 年定居华盛顿特区。这 15 年更换了 10 个国家和城市的游牧式生活，对本书各章中许多思想的孕育形成至关重要。因此，玛丽应该是本书首要的也是最重要的功臣。我们的三个孩子——扬（Yann）、韦罗妮克（Veronique）和玛丽昂－索奇尔（Marion-Xochitl）分别出生在不同国家，也陪伴着我们度过了最初的流浪生活。

玛丽不仅在不断迁移的过程中全心全意地照顾着我们的家庭，她还分享了我对"理解使城市运作的隐藏机制"的热情。在一系列不断变化的地域文化中工作的女性的经历，为她提供了许多见解，这有助于我们形成关于城市如何运作和发展的观点。此外，她在工作中熟练掌握了测绘、制图和地理信息系统方面的技能，她独立使用这些技能作为国际组织的顾问，或作为合作伙伴为我的工作以及本书绘制了一些图表和地图。

国际组织——作为思想的收集者和传播者

本书得以完成的另一个有利条件，是我在国际组织工作的经历。首先是在联合国开发计划署（United Nations Development Programme），然后是在世界银行（World Bank），最后是担任自由职业顾问。在这些组织担任顾问的前 15 年，我过上了游牧式的生活，不断观察城市，积累经验。后来，作为世界银行的工作人员，我有机会与一个国际化的城市经济学家精英团队——Solly Angel，Patricia Annez-Clarke、Robert Buckley、Man Cho、Larry Hannah、Kim Kyung-Hwan、Steve Malpezzi、Steve Mayo、Bertrand Renaud 和 Jim Wright 一起广泛旅行共事，分享我对探索城市运作，找出哪些政策在发挥作用，而哪些却没有的热情。在 15 年的游牧式生活中，我积累了经验知识，而在我担任世界银行员工期间，与城市部同事的对话、辩论和工作，使我能够将实地经验与城市经济理论联系起来。本书中发展的许多概念都来自这些交流。

在世界银行城市部工作的另一个好处，是我经常可以去到世界上一些主要城市，并参与到那里的发展。对大型城市基础设施项目和住房政策改革的确立、评估和监督使我能够在同一城市与当地专家一起工作数年。这些合作经历令我受益匪浅，因为他们对自己城市的发展潜力和局限性有更深入的了解。我在实地调查工作中遇到的许多专业人士，都深深地影响了我对城市的理解。我特别感谢中国天津的白女士（Madame Bai）、北京的蔡建民（Cai Jianmin）和郭吉福（Guo Jifu）、圣萨尔瓦多的罗纳德·孔特雷拉斯（Ronald Contreras）和阿尔贝尔托·哈特（Alberto Harth）、艾哈迈达巴德的比马尔·帕特尔（Bimal Patel）、孟买的维迪亚达·帕达克（Vidyadhar Phatak）、雅加达的亨德罗拉诺托·苏塞洛（Hendropranoto Suselo）、曼谷的西迪贾·丹皮帕特（Sidhijai Thanpipat）和上海的吴正同（Wu Zheng Tong）。

世界银行还让我有机会结识著名的城市经济学家，他们的著作让我对城市的实地观察有了更深的理解。能亲自见到扬·布吕克纳（Jan Brueckner）、保罗·切希尔（Paul Cheshire）、理查德·格林（Richard Green）和埃德温·米尔斯（Edwin Mills）这样的大师非常难得。

20 世纪 90 年代，在俄罗斯的工作是一次新的学习经历。尽管苏联并不是一个成功的城市管理范本，但我的俄罗斯同事迈克尔·别列津（Michael Berezin）、谢尔盖·伊斯托明（Sergei Istomin）、奥尔加·卡加诺娃（Olga Kaganova）和列昂尼德·利莫诺夫（Leonid Limonov）等人却论证了这一制度的失败不是因为人才缺失，而是由于僵化的意识形态不允许优秀的专业人员发挥主观能动性。西方国家在与苏联打交道时的重要失败，是没有认识到，即使在失败的政治体系中也依旧是可以找到有能力的人才的。对前计划经济提供的大量技术援助往往是家长式且无关紧要的，这对当地的专业人员和管理人员来说是一种羞辱，他们本可以从内部进行改革，但却只能屈服于“专家的暴政”，正如我纽约大学的同事威廉·伊斯特利（William Easterly）在一本书中论证的那样。

国际组织的作用经常被误解，甚至常常被他们自己误解。它们的主要作用不是将知识或资源从富国转移到穷国，也不是从“先进国家”转移到“落后国家”。且从实际情况看，它们在这方面的效率也很低。它们的作用更多在于从合作国家中获取信息和知识，并进行广泛传播。它们扮演着像授粉昆虫一样不可或缺的角色。昆虫不会产生花粉，它们只是携带花粉并在植物之间随机传播。城市就像植物一样，是不可移动的，它们需要一个能够在城市间传递想法的代理。这包括记录传播成功的创新和失败的创新。本书旨在以适度的方式进一步传播我在这些组织工作时积累的知识。

马伦研究所（The Marron Institute）

当我们离开世界银行并重回纽约时，另一个有利的情况出现了。我通过鲍勃·巴克利（Bob Buckley）偶然认识了经济学家保罗·罗默（Paul Romer）。保罗不久前刚从加利福尼亚州的帕洛阿尔托（Palo Alto）搬到纽约，打算将他巨大的才能和想象力奉献给城市发展事业。在纽约大学的研究机构中，他创建了马伦研究所并担任所长，研究所致力于改善城市的性能（performance）、空间发展以及城市健康、安全、机动性和包容性。了解到我的主要任务之一是完成本书的编写后，他很慷慨地邀请我加入他的团队。在研究所少而精的员工中，我发现了一个由志同道合的人组成的令人兴奋的知识创新环境：更好地了解城市如何运转，以及如何通过关键的基础设施投资和更好的法规（regulation）来改善城市。在保罗·罗默的指导和布兰登·富勒（Brandon Fuller）的管理下，马伦研究所专注于依托坚实的理论框架语境开发量化指标。

在研究所里，我最多的工作联系来自索利·安杰尔 [Solly（Shlomo）Angel] 领导的城市扩张项目。我很高兴能再次和索利一起工作。我们的第一次见面是在 20 世纪 70 年代末的曼谷。20 世纪 90 年代，我们又在俄罗斯再次合作，彼此保持着松散的接触。虽然我们几年没有见面，但我们的城市理念依旧非常契合并最终融合成一个概念：应该允许城市随着发展和变得更加富裕而扩张。随着城市人口的增加和活动的多样化，规划师的主要目标应该是保持城市机动性和住房可负担性。强制约束城市形态为预先确定的形式或任意设定的密度而努力，都将会对城市机动性和住房可负担性产生不利影响。

玛丽和我很快就沉浸在马伦研究所组织的辩论和会议中。在与新同事的合作过程中，我发现了与我早些年在世界银行城市小组中工作时同样激发灵感的工作环境。我很感激他们在我谈论本书不同章节背后的主要思想时给予的交流和反馈。在此，特别感谢尼古拉斯·加拉尔萨（Nicolas Galarza）、埃里克·戈尔德温（Eric Goldwyn）、阿基利斯·卡勒吉斯（Achilles Kallergis）、帕特里克·拉姆森－霍尔（Patrick Lamson-Hall）和乔纳森·斯图尔特（Jonathan Stewart），感谢他们花时间和我一起阐明了以下章节中的许多主题。此外，在我回顾本书的前几章时，乔纳森作为经济学家的见解也发挥了重要作用。

最终，当本书基本完成时，我受邀到纽约大学教授一门课程。课程的名称就叫"市场、设计和城市"，课程的讲授就按照本书的章节顺序进行。纽约大学研究生的批判性思维成为检验本书内容的好方法。由于学生来自不同国家，也成为进一步交流思想和观点的机会。我们仍然定期与他们中的一些人（Eduard Cabré-Romans、Javier Garciadiego Ruiz、Hannah Kates、Simon Lim、Jwanah Qudsi 和 Amalia Toro Restrepo）会面，他们现在正在从事城市规划的职业。玛丽和我觉得定期与这些青年才俊聚会特别有益。我们也很荣幸能与这些即将影响未来城市发展的新兴城市专业人士交流想法。

最后阶段：编辑与出版

光有想法是不够的，想法只有书写成文并出版出来才能实现其价值。因此，我必须感谢那些鼓励我开始并坚持写作的人。他们和我一起讨论初稿，让我把注意力集中在内容上。玛丽－阿格尼丝、罗伯特·巴克利、保罗·罗默和马伦研究所的其他同事用他们的能力和毅力为我提供了特别重要的帮助。尽管一路上困难重重，我也偶尔会自我怀疑，但他们的执着和对研究的浓厚兴趣促使我坚持下来。如果没有他们的鼓励和建议，这本书将难以完成。

在写作阶段，劳拉·福克斯（Laura Fox）编辑了本书的许多份草稿。她是第一个读完所有章节的人。劳拉对城市经济学的理解和对世界上许多城市的熟悉程度，使她成为一名出色的编辑。劳拉以批判的眼光审视每一章的结构，对任何逻辑上不一致的地方都会仔细标注；她还耐心地纠正反复出现的法语表达方式，并像园丁修剪果树一样，删除不必要的文字。她还进一步仔细检查了大量的图表和地图，当她发现图表和文字之间不一致或不清晰时，就会提出修改建议。对于这最后一项任务，我特别感激。作为曾在美院学习的学生，我经常批评经济学家对图表语言的忽视。我很高兴劳拉没有受到这种偏见的影响，毫不犹豫地花费大量时间来审视本书的图表质量。

最后，我必须感谢麻省理工学院出版社毫不犹豫地同意出版本书。在纽约大学召开的一次会议上，我首次和简·麦克唐纳（Jane Macdonald）接触，并一起审阅了前三章的内容。随着写作的进展，埃米莉·泰伯（Emily Taber）接替简的工作，与麻省理工学院出版社敲定了最终的出版协议。埃米莉为文稿最后一个阶段的完成提供了进一步指导。非常感谢埃米莉对首次出书的我所提出的所有问题都给予了友好、迅速且清晰的回答。我还要感谢四位匿名审稿人，以及他们对稿件最终版本的改进提供的宝贵指导意见。

目　录

第 1 章

经济学家和城市规划师：需要融合的两种城市视角

"国家组织的偶然建立，实质是人类行为的结果，而非人为设计的产物。"

——亚当·弗格森（Adam Ferguson），《民用科学史论文集》（An Essay on the History of Civil Science），1782 年

"未经设计而产生的秩序远超人们有意识地精巧制造。"

——弗里德里希·哈耶克（Friedrich Hayek），《致命的自负》（the Fatal Conceit），1988 年

1.1 市场与设计

本书总结了我从世界上一些城市的发展中所观察到的经济市场与设计之间的相互作用。正如启蒙时代苏格兰哲学家亚当·弗格森（Adam Ferguson）所言，市场是人为行动（例如，价值交换、商品流动）而非人为设计所产生的非人格化的交易机制。20 世纪中叶，曾经在伦敦经济学院（London School of Economics）、芝加哥大学（University of Chicago）和弗赖堡大学（University of Freiburg）任教的奥地利 – 英国籍经济学家和哲学家弗里德里希·哈耶克（Friedrich Hayek）也曾提出，市场创造的秩序是没有经过设计的。市场创造的秩序以城市的形式表现出来。市场通过价格传递空间秩序的信息，当价格扭曲时，市场产生的秩序也会随之扭曲。

代表政治家的城市规划师旨在通过设计来调整该秩序。城市规划师的干预措施主要包括法规规范以及基础设施和公共空间的建设。制定法规的目的是调整不受约束的市场所产生的外部性结果，以增加公民福利。那么，城市规划师的干预和调整的程度如何呢？从得克萨斯州休斯敦等城市的轻微改动，到巴西的巴西利亚和苏联的一些城市的完全颠覆，调整的程度与变化范围各不相同。

我们在管理城市的方式上面临一种奇怪的自相矛盾：负责通过法规调整市场行为结果的专业人士（规划师）对市场知之甚少，而了解市场的专业人士（城市经济学家）则很少参与到城市有关规范市场的法规设计当中。毫无疑问，两类专业人士之

间缺少互动，会严重阻碍城市的发展。这犹如瞎子和瘫子各行其是，规划师如同瞎子，未见而行；经济学家则如瘫子，可见而未行。

本书的主要目的是希望通过将城市经济学家的知识（和模型）应用于法规和基础设施的规划设计中，来提高城市规划的可操作性。因为，城市经济学家了解市场的运作，而规划师却常常被其迷惑。很遗憾的是，在城市经济学文献中积累的非常有价值的知识并没有对城市规划实操层面产生太大影响。本书不是发展新的城市理论，而是要将现有的城市经济学知识引入城市规划实践中。

1.1.1　城市规划与城市经济学

城市规划是一项通过实践收获真知的技能。规划师必须迅速作出对实地有直接影响的决定。街道宽度、最小地块面积和建筑物高度通常取决于规划师的决定。城市规划师是“规范的”，也就是说，他们会根据最佳专业实践作出决策，而这些实践通常依赖于代代相传的经验法则。城市规划师使用的表达方式往往定性多于定量。他们喜欢使用“可持续”“宜居”“紧凑”“弹性”和“公平”等形容词来描述他们的规划目标。然而，规划师很少觉得需要将这些定性目标与可衡量的指标联系起来。因此，人们很难知道其所使用的规划策略是否确实“可持续”或“宜居”。在缺少定量指标的情况下，人们可能会得出这样的结论：这些术语只是为提出的任何城市规划方案贴上一张道德制高点的标签。

相比之下，城市经济学是一门定量科学，它基于主要在学术环境中发展起来的理论、模型和经验证据。在学术期刊上发表的论文是城市经济学家的主要产出，城市经济学家大多与其他城市经济学家交流思想。他们很少与就分区或新地铁线路作出决定的规划部门人员直接接触。经济学家与城市的接触通常是间接的，大多是获取他们可以施展高超分析技巧的数据库。他们并没有向规划师提供反馈的义务。

我相信将城市经济学理论应用到城市规划实践中，将大大提高城市的生产力和城市居民的福利；我已经在自己及一小部分规划师的实践中看到了这种方法的好处。此外，说服城市经济学家直接参与市政规划部门的日常工作，还有一个额外的好处，就是可以使其学术研究集中在当前关键的城市发展问题上。城市每天都会产生大量的数据，通常都会记录存储在相关部门中，但却很少得到有效利用。规划师一面忙于日常运营职责，另一面则缺乏时间和理论积淀来充分利用数据指导他们的决策。新技术正在创造大量新的城市数据来源。20世纪80年代开始，卫星图像的获取可以满足对城市发展的逐年监测；美国国家航空航天局的夜光影像为研判城市经济发展提供了有力支持；支持 GPS 通信的手机数据可以测量一天中任意时段的交通拥堵情况和市民通勤时间。然而这些新数据源的实用性和意义尚未得到充分探讨。如果在城市部门工作的经济学家能够充分利用现有的数据，这将迅速增加我们对城市的了解，助力于最大限度地造福城市居民。

1.1.2 个人探索之旅

本书主要是基于我作为一名城市规划师的实践经验，以及我在工作中从一起共事的城市经济学家那里学到的知识。城市规划是一门技艺，大部分经验都需要在本领域内获取。在长达 55 年的职业生涯中，我在许多城市和国家工作过。每一个新项目和每一座新城市都使我积累了丰富的经验与知识。我曾担任过 7 座城市的常驻城市规划师，为超过 50 座城市提供了咨询服务。如今我在纽约大学工作，教授来自世界各地的规划师和城市经济学者。我尝试通过这本书来传递这些经验。

有些读者可能会感到遗憾，因为我没有花太多篇幅批判性地评论城市规划理论。事实上，在本书中，我并不经常提及有关城市规划性质的学术辩论，或城市规划文献。相比之下，我会更常引用学术型城市经济学家的话，而这恰恰是因为这门学科更有助于我理解眼前的问题。在写这本书的过程中，我受到了阿尔伯特·赫希曼（Albert Hirschman）在面对世界发展经济学时所使用方法的启发。他使用的方法是观察实地情况，分析事实，然后发展形成理论。他对舶来的理论和专家观点持明显的怀疑态度。他的主要著作之一《观察到的开发项目》（*Development Projects Observed*）[1] 就是完全基于对世界各地开发项目的实地调查。他这样总结他的实地调研方法："像往常一样，沉浸在特定的事物中，对于捕捉任何一条与其相关的信息来说都必不可少。"

有三件事大大加深了我对城市的理解。第一件是在 1965 年，当时我碰巧负责阿尔及利亚特莱姆森市建筑许可证的授权审批工作。我当时发现，无论一些城市法规的最初愿景多么美好，在实施时都可能会有些随意并产生负面影响。

第二件发生在 1974 年，那时我第一次有机会与城市经济学家合作进行海地的一个具体项目，即太子港的总体规划。我在当时发现，有一些经济理论可以解释我对城市的一些经验观察。

第三件事发生的晚一些，分别是 1983 年在中国和 1991 年在俄罗斯。当时我有机会到从计划经济刚刚向市场经济转型的国家工作。那时我已知道土地价格和租金在塑造城市空间结构中起着不可或缺的作用。在中国和俄罗斯，我第一次亲眼目睹了因规划师不得不在没有土地价格（城市市场的主要驱动力）帮助的情况下在用户之间分配土地所造成的荒谬。

20 世纪八九十年代在中国和俄罗斯工作的经验特别宝贵且独特。巨型的计划经济体现已消失，世界上最后两个计划经济体——朝鲜和古巴的城市也很少被分析。计划经济体在共享数据方面从来都不是很开放。不幸的是，对城市发展中计划经济经验所造成的糟糕结果似乎已被人们遗忘。在这本书中，我偶尔会提醒读者我曾目睹的乌托邦体系的结果。当中不仅有马克思主义的城市规划实验，还有其他受不同规划师设计启发的乌托邦想法，例如勒·柯布西耶（Le Corbusier）、卢西奥·科斯塔（Lúcio Costa）或奥斯卡·尼迈耶（Oscar Niemeyer）的规划方案。我有时会遇到年轻的同事或在纽约大学学习市场与设计课程的学生，他们被“完全由规划师设计的城市”的想法所吸引，而他们还认为土地价格的指导是障碍。我希望这本书能让他们相信没有必要重复这个代价高昂的乌托邦。

1.2 批准和拒绝阿尔及利亚特莱姆森的建筑许可证

1965 年，我还未完成在巴黎的建筑和规划学习。当时的法国还有征兵，而我的学生延期期限也已经过时。很幸运我在阿尔及利亚服役的最后一年担任了文职技术助理，一种法国版的维和部队。阿尔及利亚在经历了一场摆脱殖民统治的战争后，刚刚独立两年。当时，阿尔及利亚的城市规划师很少，政府任命我为特莱姆森的“城市规划督察”（Inspecteur de l’Urbanisme）即“城市检查员”（Urban Inspector）。这座城市位于阿尔及利亚西部，约有 8 万人。我的工作包括准备新的土地开发计划，但上午大部分时间都花在审核建筑许可的申请上。

一位年长我许多，非常有经验的行政助理，负责在我作出最终决定的前一天审查建筑许可申请。她会准备好需要寄给申请人的信函，里面写着批准或拒绝申请。我只需在信函上面签字。批准或拒绝建筑许可的决定取决于申请人提供的计划是否符合《城市规划法》（*Code de l’urbanisme*）的规定。这本包含着土地开发和建设规章、规范和条例的厚厚书籍，看起来像是一本家庭《圣经》。对于城市规划师和在城市规划部门中工作的职员来说，它当然具有如《圣经》般的权威。由于独立时间很短，阿尔及利亚政府不得不依靠殖民国曾经制定的法规。因此，《城市规划法》的规定反映了法国的惯例和规范，而法国在收入、文化、传统和气候方面与阿尔及利亚大不相同。

令我沮丧的是，在我上班的第一天，约八成的住宅建筑许可都被拒绝了。拒绝信的最终版已经打印完毕，里面注有对申请计划所违反的具体“法规”条款的引用。大多数的违规与窗户的大小和位置不当有关。

从经济和文化的角度看，违反规则的行为很容易解释。在刚刚独立的阿尔及利亚，临街的空地稀少而昂贵，土地的价格非常高，地块被拆分得很小，以保证人们负担得起。特莱姆森老麦地那（Old Medina，Tlemcen）的传统房屋多围绕中央庭院设计，而庭院周围的建筑物占据了整个地块直至地产边界。由于高度重视隐私，很少有面向街道的窗户可以开窗通风，这些窗户很窄，设置在墙的高处，以防止人们从街道直接看到屋内。建筑许可的申请人试图设计尽可能接近他们喜欢模板的房屋，但法规却旨在生产类似于巴黎郊区的那种独立式住宅。申请人可以负担得起的地块面积很小，再加上法规要求设置的阻碍，使得预期房屋的建筑面积比法规允许他们建造的带有中央庭院的房子要小得多，其带有的中央庭院几乎占据了整个地块。此外，将窗户直接通向街道也违反了当地的文化习俗。

作为一名学生，我曾在中东地区广泛旅行，因此我非常清楚地中海南部和东部的房屋设计与西欧大陆的房屋设计之间存在的文化差异。我还参观了特莱姆森老麦地那的一些精美房屋，毫不奇怪，它们比独立的法国郊区房屋更适应阿尔及利亚的气候和习俗。

上任的头三天，我很不情愿地签了行政助理准备的信，心里很内疚。我在一个有着不同气候和文化的遥远国度，以既有抽象规范的名义，迫使当地人进行不适当的设计和对稀缺土地的低效利用。我还意识到，拒绝建筑许可的申请会降低阿尔及利亚人亟需的新住宅的建造速度，同时增加建造成本。大多数从农村迁徙到特莱姆森的新移民买不起正规的住房，所以他们在城市周围的非正规定居点建造他们可以负担的住房。而我对建筑许可的拒绝，可能会进一步加速非正规定居点的增长。随着战争的结束，大量的人口从农村迁移到城市。他们在城市周围的空地上形成了密集的非正规定居点。这些定居点缺乏自来水、下水道和电力，但新移民发现，他们居住在离城市近的地方，比分散的村庄更可取。

于是第四天，我没有在信件上签名，而是去拜访了当地的行政长官。他是中央政府在特莱姆森的代表，有权管理包括我在内的所有国家工作人员。我向他说明了这个问题：如果按照法律执行，该地居民的福利将会减少。我希望他允许我使用自己作为建筑师的专业判断和经验来通过部分建筑许可，虽然某些规范会与法规条文存在差异。这位长官是一位曾在民族解放阵线的军队中战斗过的年轻军官，和我一样，对他本应执行的所有行政规则都有些困惑。他真诚地允许我使用常识来批准或者拒绝建筑许可证。在其他任何情况下，允许无视法律将构成犯罪，但在新独立的阿尔及利亚的前沿探索氛围中，我们都没有受到惩罚。

1.2.1 不当的法规仍然普遍存在

这段职业生涯早期的小插曲使我对基本原理很少受到挑战的城市法规保持着审慎的怀疑态度。我发现自己所使用的规范是强加于住宅区的预设设计。构思他们的唯一目的是防止其偏离法国城市郊区的总体设计。这些法规与安全或卫生无关，而如果没有专家证据，我也不会怀疑这些法规的合理性。

这个案例的情况很特殊。阿尔及利亚的城市法规是由殖民国家强加的，而现在还没有时间修改。但以我的经历来看，我很担心 50 年后，同样的法规在阿尔及利亚仍然存在。直到今天，我在印度工作的时候，仍然会发现 1932 年通过的《英国城乡规划法》的一些残余，这些残余导致印度民众的福利减少，就像 1965 年阿尔及利亚的《城市规划法》一样。

我不否认城市法规的必要性。但应定期审核它们的影响，以剔除那些无关紧要甚至有害的规定。城市法规的初心常常会被遗忘，导致我们很难提出质疑。一些城市规则被作为先人智慧代代相传，很少会受到挑战。然而环境在变，规则，特别是城市法规，也必须适应新的情况，作出相应改变。

当我反对应用于阿尔及利亚的法规时，我还不知道城市经济学文献中有大量评估城市法规成本和收益的论文。不幸的是，直到今天，这些经济文献中积累的知识仍然很少渗透到城市运营规划实践中，而且对公民福利有害的城市法规也仍然没有受到挑战。设计不当的城市法规并非仅存于刚独立的阿尔及利亚。在最近的一份报告中，哈佛大学著名的美国城市经济学家爱德华·格莱泽（Edward Glaeser）[2] 针对美国的城市法规写道：

> 可以说，土地使用控制对普通美国人的生活产生的影响比任何其他法规都更广泛。这些通常由地方强加的控制措施使住房更加昂贵，并限制了美国最成功的大都市区的发展。随着时间推移，这些法规逐渐增加，却几乎没有进行成本 – 效益分析。

尽管格莱泽写的是美国的土地使用法规，但基于我在全球范围内的专业经验，他的评论也适用于世界上大多数城市的法规。

我想明确一点，我不主张将“放松管制”作为一种意识形态信条。一些城市法规是必不可少的。我只主张定期对城市法规进行审核，剔除不相关或不良的法规。这是每个城市规划师都应该定期进行的工作。审核城市法规就像定期修剪树木：目的不是剪枝，而是让树充分发育。

1.3 一位经济学家和一位城市规划师在加勒比地区首都的偶遇

我与城市经济学家的初次接触是在 1974 年的海地太子港。那一年，我正担任一个跨国团队的首席城市规划师，该团队为准备太子港的总体规划而聚集在一起，这是一个由联合国开发计划署资助的项目。在之前的几年里，我曾在世界各地的多座城市担任驻地城市规划师，包括印度昌迪加尔、阿尔及利亚特莱姆森、也门萨那和巴基斯坦卡拉奇。我在这些城市积累的经验是纯操作层面的，比如为新区开发制定标准、设计低收入住房、规划新公共交通路线等。此外，我曾在纽约市城市规划委员会工作了两年，在那里我一直在研究哈勒姆地区公园大道上空间权的重建可能。

我的雇主——一家总部位于华盛顿的美国咨询公司——认为，我有足够的经验来领导首都城市总体规划的筹备工作；这是一个需要在太子港居住两年半的项目。当我们第一次在太子港集合时，我在那里遇到了团队成员中 30 岁的美国城市经济学家吉姆·赖特（Jim Wright），他毕业于乔治敦大学，曾在赞比亚和玻利维亚的和平队工作过。

尽管我有多年的城市规划实践经验，但这是我第一次与经济学家合作。我在巴黎美术学院（Ecole des Beaux-Arts）的建筑和城市规划学位告诉我，一座城市的设计就像一座建筑——只是规模不同而已。城市问题可以通过好的设计来解决。 我对城市经济学家的所作所为并不了解。像大多数城市规划师一样，我甚至没法明确区分城市经济学家的工作与金融分析师甚至会计师的工作之间的差别。时至 2017 年，我仍然会经常遇到城市规划师对经济学和会计学之间的区别没有清晰的认识。在他们看来，经济学家所做的只是将他们提出的城市项目的成本加起来的人，并且可能会争辩说尽管他们的“设计很好”，但成本太高。

在我的专业实践中，我观察到了城市自发组织的模式。当远离市中心时，土地价格随之下降。当土地价格涨高时，家庭和企业消耗的土地减少，结果导致人口密度增加。尽管城市规划法规的目标总是在限制密度，但我注意到，当土地价格高于家庭收入时，他们这样做只会收效甚微。

这些是我对密度和价格之间关系的个人观察。我不知道相关主题的理论和经验文献是如何借助数学模型解释以上情况的自发出现的。使用简单的模型，经济学家可以预测密度随着收入、运输价格或农业用地价格等变量的变化而可能变化的方向。

有些读者可能会认为我是一位非常无知的城市规划师。我也不认为我是例外：我的无知很典型。在规划行业，高地价常会受到反对，但通常被认为是由投机者造成的。时至今日，很少有规划师把土地价格和租金，以及土地和建筑面积的供应联系起来。这就是为什么制定严格限制城市扩张法规（例如本书第 4 章中所探讨的绿化带、城市用地与农业用地之间划线等措施）的规划师经常对土地价格的上涨感到惊讶，并将其归因于不归他们负责的外部因素。

1.3.1 太子港的经历

由于吉姆·赖特非常开放的个性、他的热情和他在自身领域中的能力，我很快了解到城市经济学可以提供一个理论框架和可靠的经验证据来解释我观察到但无法解释的事实。我就像一个花了多年观察行星的人，突然明白了牛顿的万有引力定律。

我们的第一次专业交流是关于太子港的人口增长。海地政府和联合国派出的一些“专家”都表示，应该停止太子港的人口增长（1973 年有 63.6 万名居民，以每年大约 5% 的速度增长），政府的政策应该是将移民转移到较小的城镇。但出于不同的原因，吉姆和我都认为这项政策很荒谬。

我对限制太子港发展的政策提出了三个主要论点。

第一，即使在当时海地的“终身总统”让 - 克洛德·杜瓦利埃（Jean-Claude Duvalier）的独裁统治下，也没有任何已知的城市规划工具可以阻止人们迁移到大城市。

第二，是我知道人们会为了找工作而搬到大城市。尽管他们还有其他的选择，如迁移到较小的城市或留在自己的村庄中，但大多数人都没有作出这些决定。相反，他们搬到了太子港密集的贫民区，那里的生活条件很糟糕。这个决定的动机是因为他们原本生活的农村地区的条件更糟。

移居太子港后，移民得以幸存并留在城里的这一事实表明，他们可以通过在非正规或正规部门工作的收入养家糊口。海地不是一个福利国家，他们的生存证明了他们具备融入城市经济的聪明才智。我曾经常与印度、阿尔及利亚和也门的贫民窟居民交谈，发现他们非常务实，且颇具常识。我们规划师必须相信，迁往大城市的移居者对城市贫民窟的生活条件与农村生活条件的事实是了解的。

第三，我相信民主。在海地，在让 - 克洛德·杜瓦利埃的独裁统治下，人们无法通过投票箱表达自己的意见，但至少他们可以通过搬到能够提高他们生活福利的地方的方式来“用脚投票”。我们必须尊重这种原始的民主形式。城市的大小应由居民自己决定；只有当城市贫民窟的苦难超过农村的苦难时，城市才会停止增长。只有移民自己才能作出这种评估。

那个时期的城市规划师时常会讨论城市的最佳规模，通常主张规模在 50 万到 100 万人之间。我坚信，无论专家意见多么学术化，城市的规模和增长率都无法因此而改变。然而，我不得不承认，我的强烈信念只是基于个人观察和短暂的职业生涯中收集的轶事证据。

与吉姆·赖特有关城市规模的讨论，使我了解了大量有关大型劳动力市场效率的经济学文献。我意识到城市经济学领域的内容可以对城市规划进行补充。吉姆·赖特认同了我的看法，即以未来人口不变甚至减少的情况为前提而规划太子港是荒谬的。他可以根据理论和经验证据，用大量经济学文献来支持他的观点。随后，吉姆耐心地向我解释了规模经济、知识溢出的概念，以及为什么大型劳动力市场通常比小型劳动力市场更具生产力。

当然，我们的专业交流并不是单向的。为了完成经济学家的工作，吉姆需要太子港的数据，除了人口普查和最近拍摄的一组航拍照片外，几乎没有其他可用数据。吉姆以前从未和城市规划师一起工作过。轮到我向他解释了，通过测量和解读航拍照片，并将人口普查图叠加在照片上，我可以快速生成城市不同地区的人口密度、房价和租金以及交通时间和成本的数据。

当我们在也门时，我的妻子玛丽－阿格尼丝（也是一名规划师）和我开发了一套调查技术，这套技术是基于对分层抽样相关的航拍照片的解读来实现，只需要快速的实地调查就可以获得。使用这些技术，我们可以在短时间内生成可信的城市空间数据。当时还没有 GIS，计算是通过计算尺完成的，并且必须使用机械面积测量仪在纸质地图上测量面积。这是一个漫长而乏味的过程，但得到的信息证明了这一努力是值得的。作为规划师，我们使用调查得来的数据来预测每个社区对基础设施和社会服务的需求，我们可以根据对家庭收入、租金和房屋价值的评估，将这些服务与支付能力联系起来。只是我们的测量是静态的，没有可以预测人口密度趋势的模型。

当然，吉姆很高兴得知他很快就可以访问空间数据，他计划使用这些数据进行比我们迄今为止在基础设施和服务方面所作的分析和预测更复杂的深入探索。正是在那时，我们发现彼此的领域是互补的，并且当经济学家和城市规划师共同努力时，我们可以迅速生成证据，让海地政府和联合国相信一个更大的城市也可以变得更加富裕，前提是我们可以规划和实施最低限度的物质和社会基础设施以适应太子港的快速空间扩张。吉姆和我因此不仅成了密切的专业合作伙伴，也成了好朋友，从那时起，我们就一直保持着亲密的友谊。

1.4 没有土地和劳动力市场的城市：1983 年的中国与 1991 年的俄罗斯

规划师相信规范。他们乐于规定最小地块面积、最小住宅面积、最大建筑物高度、最小街道宽度等。但是，当试图执行这些规范时，他们往往会遇到土地价格的现实挑战。当许多家庭因高地价而无法负担规定的最小地块时，该怎么办？规划师认为，土地价格是可负担性的主要障碍。如果政府用基于规范的设计来取代土地市场，制约住房可负担性和总体规划面临的主要困难将迎刃而解。此外，可以在地图上将足够数量的土地分配给低收入、中等收入和高收入住房。直到今天，这仍是大多数总体规划的精髓所在。

这就是城市规划师的梦想——用设计规范取代土地分配市场——存在于 1922 年至 1991 年的苏联。在重新引入土地市场之前，我有机会在这两地工作，由此我可以从内部观察规划师的梦想如何变成一个略显浪费的乌托邦。

我第一次访问中国是在 1983 年。我是世界银行团队的一员，该团队正在评估上海一个大型下水道项目获得潜在融资的条件。 我的工作包括评估人口密度、城市空间结构和发展趋势，以确保由世界银行资助的下水道系统使城市的经济回报率最大化，并使大量低收入家庭受益。我还被要求收集有关中国住房状况的数据，以探讨住房改革的可能性，因为当时的中国政府对该主题也表现出了初步兴趣。

这是观察计划经济内部运作的一个难得的机会，是一个可以看到不使用价格来分配资源时城市会发生什么的现场实验。城市规划师很少有机会在现实世界中进行试验。经济学家可能会建立模仿计划经济的数学模型，但亲眼观察计划经济系统的影响与我们以前见过的任何事物都如此不同，这对整个团队来说都很有吸引力。没有什么比观察一个市场力量不适用的城市更能了解市场了。

脑外科医生在治疗事故和战争中遭受严重脑损伤的受害者时，大大提高了他们对大脑功能的理解。同样，20 世纪 80 年代在中国和 20 世纪 90 年代在俄罗斯工作的、熟悉市场经济运作的规划师和经济学家，通过实地观察这一巨大社会实验的空间结果，加深了他们对市场的理解。

1.4.1 没有土地市场的城市

1983 年，中国已经开始了一些改革，但在很大程度上仍是一个计划型经济体。住房由国有企业提供，不被视为可以买卖的商品，而是企业拥有的生产要素，由企业为工人提供几乎免租的住房。

中央政府为每个经济部门设定工资。没有真正的劳动力市场，因为员工被期望在同一家国有企业终生就业。虽然理论上可以换工作，但通常必须由国家雇主发起。工资在外人看来低得难以置信。我的城市规划师同事每月的工资约为 25 美元。不过，这不是他们的实际收入。在计划经济中，国家收取工人生产价值的约 90%，并且仅以现金形式向工人提供“零用钱”。工人的大部分收入以住房、企业食堂的食物以及每个企业小卖部以内部名义价格提供的大量补贴的服装和其他消费品的形式以实物分配。甚至连假期都是由工作单位提供的。当然，由于一切都是免费的或被大量补贴的，配给和短缺成为平衡供需的唯一途径。

20 世纪 50 年代，中国工程技术人员主要参照当时苏联的标准规范，结合本国实际情况，制定了中国的标准规范。我有机会与中国同事讨论一些问题，他们也会好奇地咨询西方的标准规范。我记得有一次关于居民区每 1000 人应该规划的理发店数量和规模的讨论。我不得不用经济学家最喜欢的答案来回答我中国同行关于在美国规划理发店的规范问题："视情况而定！"

1.4.2 非市场经济化是城市规划师的梦想……

不考虑地价按照设计规范分配城市土地，对于在市场经济中工作的规划师来说，仍然是一个梦想，规划师和工程师喜欢根据"需求"进行推理，而城市经济学家则根据稀缺资源的分配进行思考。当被要求就居住区的最佳密度提出意见时，规划师通常会提供一个数字，例如每公顷 150 人。这个估算是基于一些标准的，例如步行到最佳规模的小学的距离应少于 15 分钟，或者能够运营每 15 分钟一班的公共交通网络的最佳密度。而当被问到同样的问题时，一位城市经济学家会回答"视情况而定"。这个答案会激怒城市规划者。但这显然是正确的。城市土地是一种稀缺资源，价格表明其在特定位置的稀缺程度。因此根据地价，贵的地方要节约用地，人口密度高，便宜的地方，土地利用可以相对宽松，人口密度低。从经济学家的角度来看，没有所谓的最佳人口密度，因为作为土地消耗指标的人口密度取决于几个变量，即使在同一地点，这些变量的值也会随时间而变化。

1.4.3 仅靠规范无法在多元使用者间分配土地

在当时的俄罗斯，土地价格的缺失对其城市结构产生了重要影响。由于企业所占用的土地本身不被认为具有价值，因此不能将其收回用于其他用途或交易给在市场经济中竞标的其他用户。随着城市的扩张，那时靠近市中心的一些工业用地无法重新转换为其他用途，因为当时不存在这样的机制。

在市场经济中，当一块地块的潜在租金高于其当前用途时，该地块的所有者有强烈的动机出售或重新开发土地以获得更有利可图的用途。这样，低层建筑变成了高层建筑，仓库变成了办公楼，新用途土地的价格增值用于支付旧建筑物的拆迁费用。土地利用的转型过程由地价触发，不需要规划师的干预来改变土地使用。土地市场价格的动态变化是如此强大，以至于规划师往往会实施土地用途管制来减缓土地市场引发的转变。

在计划经济中，因为没有价格信号，不合时宜的土地使用可能会在很长一段时间内继续存在。让我们以很久以前建造在城市中央商务区附近的工厂为例，由于交通便利，这片土地现在非常适合百货商店或办公楼。然而拥有土地使用权的国有企业不能将其工厂迁往城镇中更方便经营工厂的其他地区，因为工厂占用的土地没有市场价值。该企业只能要求政府在新地点提供一块新土地，同时还可能要求提供支付搬迁工厂费用的资金。

可以想象，这不太可能经常发生。在计划经济中，土地用途变更总是表现为成本，而这对土地使用权所有者或批准变更并为此支付费用的政府部门来说没有任何直接的明显利益。对企业管理者来说，即使是由于地理位置不佳而造成的生产力损失也不会以明显的方式出现，因为生产价格是由中央政府独立于投入成本而制定的。

这对计划经济中的城市结构产生了影响。最新的建筑物总是出现在郊区新开发的地区。例如，在俄罗斯，建于 19 世纪或 20 世纪上半叶的工厂位于现在的市中心。高层住宅位于城市的外围，而低层建筑则位于更靠近中心的位置。原本在市场经济条件下地价最低的郊区人口密度较高，而地价最高的市中心人口密度反而低。我与一位世界银行同事、经济学家伯特兰·雷诺（Bertrand Renaud），合作写过一篇题为《没有土地市场的城市》（*Cities Without Land Market*）[3] 的论文，其中总结了我们对俄罗斯城市土地价格缺失对土地使用影响的观察结果。

计划经济与市场经济之间城市空间的这种结构差异是否重要？一位俄罗斯同事—— 一家建筑联合会（Kombinat）的负责人，曾经告诉我：“苏联的体制很棒；但我们把钱都花光了！”[4] 这正是问题的关键。城市空间结构的低效率、劳动力市场机动性的缺乏、基于规范的经济无法适应不断发展的技术和不断变化的土地需求，最终导致了苏联的经济崩溃，尽管它拥有受过良好教育和熟练技能的城市人口以及丰富的自然资源。

在市场经济的城市中，城市规划师在分配土地和建筑面积时仍倾向于以规范而非价格为标准。在成功的城市中，他们也可能会像苏联那样浪费土地。

当时，苏联的资源分配制度效率低下，以至于经济突然崩溃，而没有太多时间来确保从一种体制平稳过渡到另一种体制。它导致许多国有企业迅速而不透明地私有化，产生了与市场相距甚远的寡头垄断。俄罗斯部分城市有真正的土地市场，而其他一些城市的土地分配制度则并不明确。

改革开放后，中国选择了一条不同的道路。中国逐步改革其体制，循序渐进地从计划经济向市场经济过渡。正如罗纳德·科斯（Ronald Coase）等人在关于中国改革的书中所解释的那样，“中国在试图实现社会主义现代化的同时，建成以市场经济为核心的国家。”[5] 事实上，中国政府首先是允许了城市进行小规模劳动力和土地市场自由化的试验，然后再将成功的改革经验扩大至全国。2013 年，中国决定基本经济制度应在以市场在资源配置中起决定性作用的基础上发展。[6]

那些仍然梦想着在不受土地市场阻碍的情况下设计出美好城市的城市规划师，应该去了解中国的改革，改革的结果会使他们明白使用市场价格是一种配置资源的好方法。中国现在提倡采用市场机制分配土地，因为：

- 当土地利用不足或用途不适合其区位时，它会通过价格发出强烈信号；
- 在需求旺盛的地区，特别是在交通网络完善的地区，它为用户提供了尽可能集约用地的强烈激励；
- 它刺激了建筑创新：没有地价，就不会有摩天大楼、钢架结构和电梯。

1.5 城市规划师与城市经济学家之间需要沟通渠道

我是否夸大了城市规划实践与城市经济学之间的知识差距？即使在今天，经验丰富的城市规划师和经济学家在职业生涯中期才初次相遇的情况仍然可能发生。但不幸的是，大多数时候，经济学家和规划师很可能会擦肩而过，因为他们不熟悉对方领域特有的词汇和专业术语。

我认为，在世界范围内，负责管理城市的人不熟悉基本的城市经济概念是我们这个时代的主要问题之一。这是一个严重的问题，因为城市是经济增长的主要引擎，而居住在城市是这个时代数十亿人摆脱贫困的唯一希望。与保护环境无关的限制性法规对城市土地和建筑面积供应的制约正在导致严重的城市功能障碍，我在接下来的章节中将对此深入探讨。在贫穷国家，这些供应制约是生活在非正规住区的家庭面临严重困难的原因。在较富裕的国家，它们要为较贫穷的家庭无法向城市流动的原因负责，因为城市才是他们生产力最高的地方。

1.5.1 城市规划师对自己的城市认知深刻

虽然在接下来的章节中，我有时会批评规划专业，但我认为城市规划师通常非常有能力管理他们工作所在城市的日常运作。他们对自己的城市了如指掌，包括建筑环境复杂特征背后的历史。他们承受的工作压力很大，因为一座城市在不断地自我改造，而这种不断演变发展的过程不能通过要求更多的时间来反思或进一步研究来拖延。他们还受到各种利益集团施压，而这些利益集团与影响城市的变化息息相关。

他们各持己见，一些利益团体希望这座城市保持静止；其他团体则更愿意加速变革。在许多情况下，城市经济学可以帮助提供一种基于定量推理而不是基于任意规范偏好的解决方案。

最后，城市规划师还承受着来自地方官员的压力，这些官员想要完成任务，或者至少想要表明他们在任期内有所成就。土地使用决策是且应是政治性的，因为没有科学的方法可以知道什么是对未来最好的选择。能够设计调整其土地市场结果的法规的市长和规划师将因更好地了解市场运作方式而受益匪浅。这种理解更有可能帮助他们制定法规，从而实现目标。

1.5.2 城市规划师通常不熟悉基本的城市经济学知识

一些城市规划者确实熟悉城市经济学，他们可能会定期向经济期刊投稿。 我认识其中的一些，比如孟买城市规划专家 V. K. 帕达克（V. K. Phatak)，他多年来一直不懈地推动将经济思维引入孟买土地使用监管体系的改革。但是，像他一样的人寥寥无几。在担任世界银行首席城市规划师期间，我曾在许多城市工作，后来作为独立顾问直接为世界各地的城市工作。我发现许多城市规划师，即使是在西欧、北美和东亚等非常富裕的城市，不仅很少了解市场的运作，而且还以假装无视市场为荣。我曾听到一些市长和规划师抱怨他们的城市密度太低，同时又抱怨土地价格太高。

在过去的几年里，我为世界各地的城市审查了许多新的总体规划。 它们都没有提到房地产市场、土地价格、运输成本、通勤时间或基本供求的概念。它们都建议在各个位置使用特定的密度。选择这些密度，就好像密度是由规划师的设计产生，而不是因土地和建筑面积的供求规律产生的一样。

在第 4 章中，我举例说明了一家知名国际咨询公司最近为河内市制定的总体规划。与许多规划师和基础设施工程师制定的规划一样，这个城市发展规划并没有使用“市场”“土地价格”甚至“家庭收入”等词。正如我在近 55 年前所学，城市规划似乎完全关于设计和“需求”。

1.5.3 城市经济学家太远离城市的日常运作

城市经济学家也不是无辜的。当然，他们在推理中力求严谨，不断尝试更好地理解城市的运行和运作方式。但他们似乎避免参与城市规划部门的日常决策。他们没有机会，可能是因为不同的语言，而使城市规划师无法理解。他们的大部分分析工作，无论是理论性的还是实证性的，针对的都是学术同行；他们努力的成果是在著名同行评审的期刊上发表论文。 我还没有看到使城市经济研究的结果运用于城市，从而对城市日常运营中的决策产生直接影响的经济学家。

当然，我并不是第一个对忽视基本城市经济概念及构思拙劣的城市法规的影响发出警告的城市专业人士。许多经济学家也曾试图影响城市的决策方式。例如，英国的凯特·巴克（Kate Barker）、保罗·切希尔（Paul Cheshire）和艾伦·埃文斯（Alan Evans）等人已经令人信服地表明，如果构想不当，城市法规会如何对土地价格和住房供应产生不利影响。美国的扬·布吕克纳（Jan Brueckner）、威廉·A. 菲谢尔（William A.Fischel）、爱德华·格莱泽（Edward Glaeser）和斯蒂芬·马尔佩齐（Stephen Malpezzi）等人还研究了城市法规的成本和收益。许多城市经济学家为制定美国住房和城市部（HUD）在联邦层面的政策作出了贡献。许多经济学家在市政规划委员会和市议会作证。然而，对"城市法规缺乏理论和经验证据来证明其合理性"提出警告的人一直是不直接参与这些法规设计的经济学家。无论他们的论文多么令人信服，都无法改变他们不直接参与城市法规制定的事实。在制定土地使用法规时，我从未见过在规划部门的团队成员中有城市经济学家。从这个意义上说，我在太子港与吉姆·赖特的工作经历独一无二。

1.5.4　写作本书的目的

我写这本书的目的有两个。首先，让那些还没有与城市经济学家合作的城市规划者熟悉基本的城市经济概念，以及这些概念如何应用于在城市规划中遇到的问题。其次，激发城市经济学家与城市规划者并肩作战的兴趣。通过这种方式，他们可以在构思时为城市法规、基础设施和城市发展战略的设计提供经济投入意见，而不是在获得市长和市议会批准后才有所行动。

我希望能够说服一些经济学家直接参与城市规划部门的决策。要实现这一点，城市经济学家和城市规划师应该积极交流，理解彼此的行话。从事专业工作时，行话的使用是不可避免的，行话是专业概念的捷径。在针对大众读者的报纸文章中可以避免使用它，但在专业交流中就很难如此了。

我希望通过本书让规划师熟悉负外部性（negative externalities）和机会成本（opportunity cost）等概念，并帮助城市经济学家了解计算容积率或人口密度的不同方法，从而促进城市经济学家和规划师之间的交流合作。

第 2 章

作为劳动力市场的城市

2.1 大型劳动力市场的效率是城市不断发展的主因

2.1.1 城市根本上是劳动力市场

城市根本上是劳动力市场。对于我们中许多热爱城市的人来说，这一说法似乎过于简化。当然，大城市的便利设施所提供的吸引力不会如此减少，以至于整座城市仅被视为企业寻找劳动力和人们寻找工作的地方。

1968 年 5 月法国“文化大革命”期间，学生们揶揄某种简化到只有三种活动的生活方式：“Metro，boulot，dodo”，大致可以表述为“通勤、工作、睡觉”。这也成了巴黎墙壁上无处不在的标签之一。学生们的行为实际是在反抗我教条地称之为“城市劳动力市场”的东西。他们持有一个很强的观点：在许多劳动力市场功能失调的城市，都可以看到这种极简的城市生活形式。而更好的土地利用和交通可以改善劳动力市场的运作模式，进而实现超越“通勤、工作、睡觉”的城市生活核心价值。

- 足够短的通勤时间，让人们有时间进行休闲活动；
- 开放的就业市场，允许人们通过跳槽和反复尝试，找到最适合的工作；
- 理想的居所，可以快速轻松地进入社交生活或自然环境。

因此，尽管我并不是在表明一座城市的唯一目的就是作为劳动力市场，但我认为没有一个正常运作的劳动力市场，就没有城市。尝试为超大城市的存在考虑另一种解释：一座城市的核心可能最初形成于一个商业港口、一个交易中心、一家管理中心、一座军事要塞或一处宗教朝圣中心，而历经多年，多样化劳动力的增长是让最初城市核心得以不断扩张唯一可能的原因。虽然大多数城市提供的远不止就业机会，但重要的是我们要认识到就业市场的扩大将使得其他一切成为可能。一个运作良好的劳动力市场能将拥有不同但互补的知识和技能的人们聚集在一起——这是创新的先决条件。一个运转良好的劳动力市场使城市所有其他吸引力成为可能——交响乐团、博物馆、艺术画廊、公共图书馆、精心设计的公共空间和一流的餐厅等。反过来，这些典型的城市服务设施需要额外的专业工作人员并由此吸引更加多样化的人口，这将成为未来创新和更有趣城市生活的源泉。

通常情况下，当一座城市的人口增长时，意味着其劳动力市场也在增长。 但任何城市都有一部分人口（通常为35%–50%）并不直接参与劳动力市场。统计学家将这部分非就业人口称为“被赡养”人口。其成员包括退休人员、婴儿、学生和监狱囚犯等，他们不属于劳动力市场，仅作为消费者参与城市经济。[1]

一些人达到退休年龄后会在城市间迁移，成为一些迁入城市经济增长的原因，这些城市的增长，更多由消费市场而非劳动力市场驱动。随着世界人口老龄化，这类城市在21世纪可能会变得更加普遍。这些城市的退休人员将消费大量的医疗保健设施、餐馆和娱乐场所的服务。这些“退休人员城市”的增长将由退休人员迁移和额外为退休人员提供服务的人员的双重影响造成。这些退休城市不需要空间集中，也不太可能产生很大的经济活力。退休城市的最终增长是大型劳动力市场效率所带来的增长的唯一例外。当然，退休人员的退休收入将由其他大城市有效工作的劳动力市场产生。

2.1.2 大型劳动力市场比小型劳动力市场更具生产力

经济学家早已令人信服地证明了大城市相对于小城市的生产力优势。大城市产生规模经济，允许企业通过增加产量来降低成本，从而降低单位成本。规模经济只有在拥有庞大劳动力市场的城市才可能实现。当许多相关活动位于邻近地区时，就会产生经济学家所说的“知识溢出”效应。由于城市经济中不同企业和部门的工人之间的接近和密切联系，一家企业出现新的做事方式，很快就会被其他企业模仿，并最终被其他部门模仿。

例如，20世纪80年代初，在会计师和金融分析师率先开始在微型计算机上使用电子表格后，很快电子表格就在所有经济部门中普及，但这种溢出首先会发生在大城市，从它最初的发明地——马萨诸塞州剑桥市的麻省理工学院传播开来。这种知识溢出效应正是集聚经济（agglomeration economies，即由于大量工人密切接触，新思想迅速传播而提高生产力的经济）。[2] 此外，大型城市中由于互相竞争的供应商和消费群体的聚集而带来的交易成本的降低也是集聚经济的成因之一。

将城市财富与空间集聚联系起来的经济学文献相当丰富，这在学术界已无争议。国民经济核算显示，大城市的产出份额始终远高于其所在国家其他地区的人口。2009年世界银行的发展报告《重塑经济地理》和增长与发展委员会的报告《城市化与增长》(同年出版)详尽总结和记录了论证大城市经济活动的空间集中所能产生的经济优势的理论和实证论据。

但是，如果大城市比小城市生产力更高，为什么大城市的经济增长速度没有小城市快？为什么许多家庭和企业选择留在甚至搬到较小的城市，而不是在生产力更高的大城市定居？

2.2 随着时间推移，小城市与大城市将保持相对稳定的比例存在

按国家或地区划分的城市规模分布数据显示，随着时间的推移，中小城市和大城市的比例基本保持不变。当家庭决定迁移，企业决定为新企业选址时，他们选择小城市与选择大城市的可能性一样。

加拿大经济学家弗农·亨德森(Vernon Henderson)开创性地研究了各国城市增长率和城市规模的分布，他的研究表明，西方各国的城市规模分布均存在一定规律。什洛莫·安杰尔(Shlomo Angel)在《城市星球》(*Planet of Cities*)一书中总结了之前的研究，并探讨了世界范围内的城市规模分布问题。[3] 安杰尔以一个可靠的全球数据库为基础对此进行了分析，他的结论证实和完善了以往的研究。

《城市星球》证明，平均而言，在同一国家或地区，大城市的增长速度与中小城市大致相同。城市的增长率似乎遵循了吉布拉(Gibrat)的比例效应定律(law of proportionate effect)，即城市的规模不是其未来增长率的指标，也就是说，城市的增长率是随机的，具有相同的平均预期增长率和方差。因此，在任何一个地区，各种规模的城市分布都保持稳定。大城市的人口不断增长，但平均而言，小城市也是如此。鉴于较大的城市比较小的城市生产力更高，这似乎很矛盾。然而，大城市的经济作用与小城市不同。它们的活动是互补的。因此，大城市生产力的提高与小城市的存在和增长有关。反过来，小城市的经济增长又依赖于大城市的创新和发明。

2.2.1 并非所有城市都在持续增长

人口增长率取决于经济机会，而经济机会又在很大程度上取决于城市区位的比较优势和人口创新能力。但区位所提供的经济优势不一定是永久性的，它可能会随着技术的变化而增加、减少，甚至消失。对于简·雅各布斯所描述的恰塔霍裕克(Catalhöyük)这样的早期中东城市来说，靠近黑曜石矿可能是一个决定性的优势[4]，但当黑曜石不再是工具和武器的首选材料时，这种优势就消失了。安纳托利亚(Anatolian)的城市经济除了黑曜石手工艺和贸易之外，未能实现多元化发展，因此

便不可避免地收缩并最终消失。伊利运河提供的比较优势使纽约占据了美国东部海港的主导地位。而当铁路使水路运输变得过时，纽约的人口已经积累了高水平的多样化和专业化技能，便无须再依赖运河的优势就可以继续繁荣发展。

世界城市史中充满了这样的例子：有很多大城市一度统治了它们所在的地区，然后又缩回小规模甚至被遗忘。1050 年，位于西班牙南部的科尔多瓦（Cordoba）是欧洲最大的城市，拥有 45 万居民；其次是西西里岛的巴勒莫（Palermo），拥有 35 万人口。到了 14 世纪中叶，这两座城市的人口分别减少到 6 万和 5 万，因为它们各自的地理位置对东向贸易路线的重要性减弱许多。在 11 世纪，中国的开封可能是世界上最大的城市，有 70 万人口，而深圳甚至不在地图上。但今天的深圳有 1000 万人口，开封的人口在过去的 10 个世纪只增加到 80 万，这是由后世的经济中心和政治首都迁往其他城市所决定的停滞状态。

2.2.2 为何家庭和企业不都迁移到生产力和工资更高的大城市？

尽管有更高的生产力前景，但只有某些类型的企业可以从搬到更大的城市中受益。与位于较小城市的企业相比，在大城市建立的企业需要更多的资金和更高的运营和维护成本。大城市的土地和租金比小城市更贵。出行距离更长，“拥堵税”更高。此外，并非每个企业都能从规模经济或集聚经济中获益。

搬到土地更便宜、工资更低的小城市对于那些需要大量土地和劳动力但不是特别专业的企业来说是有经济意义的。例如，家具制作等活动需要大量土地，并且需要通过卡车运输成品所需要的笨重材料。他们需要熟练但不是特别专业的劳动力。因此，家具制造商没有理由搬迁到大城市，那里的土地和劳动力会很昂贵，而且将大件原材料和成品运进和运出工厂的效率低下且成本高昂。这类企业往往倾向于将其生产活动设在较小的城市。然而，家具制造商可能需要有创新的设计师，而这些设计师在小城市可能找不到。在这种情况下，这类企业可能需要将家具的设计环节分包给位于大城市的企业，在那里才更容易找到有才华的设计师，因为集聚经济和创意外溢更容易发生，这对设计公司来说很重要。像家具制造商这样的公司可以在大城市中开展高度专业化和创新的活动，例如设计和营销。而它们的重复性和土地密集型活动（制造）则可以在小城市中进行。这样，他们既可以享受到大城市的优势（创新、专业劳动力），又能享受到小城市的优势（低土地和劳动力成本）。

在过去的 20 年中，更快捷、更便宜的通信，包括互联网的广泛采用，促使大型企业拆分为位于不同规模城市的各个部门。专业化的工作（如设计、营销、出口贸易）可以在大城市进行。在那里更容易找到所需要的创新者和专业劳动力，而更常规的生产制造环节可以在小城市进行。此外，大公司越来越多地将任务分包给位于不同地区的小公司。这样促使大小城市能够专注于各自最擅长的领域，发挥比较优势，从而都获得发展。

例如，赫曼·米勒公司（Herman Miller）是一家专门生产高品质设计办公家具的公司，其总部位于密歇根州的齐兰（Zeeland），一个约有 5500 人的小镇。它最近在纽约发布了招聘信息，招聘一名创意总监。赫曼·米勒公司将生产和设计的地点分开，既利用了齐兰的廉价土地和劳动力，又利用了纽约的创新环境。这样，两座城市的经济都会受益。同样的道理也适用于那些更愿意留在大城市或迁移到小城市的工人：小城市的工资较低，但租金也低，通勤成本较低，而且通常有更好的自然环境。

一些服务业在大城市和小城市都可以蓬勃发展，不依赖于地理位置提供的优势。例如，快餐店、理发店和洗衣服务，无论在哪里，都跟随为相对更专业的企业劳动力提供服务，促进了大小城市的均等增长。

2.3 规划师对“反大城市偏见及其平衡增长”的尝试

城市会随着劳动力市场的扩大而增长。这种经济扩张通常是由“区位相对优势”或“技术工人超常集中”带来的。一座城市的人口增长率不能归因于提前规划。相反，这是外源性和内源性因素共同作用的结果。令城市规划师懊恼的是，一座城市在中长期的增长速度在很大程度上是不可预测的，把它假装成精心规划的结果是徒劳的。

规划师和城市管理者历来担心大城市的无计划增长，因为管理它们很复杂，也很难使农村地区的贫困移民融入城市生活，他们似乎本能地厌恶任何“未经设计”的事物。规划师甚至将巴黎或墨西哥城等这些大城市的增长描述为“癌症”。

在大多数城市规划师的方法中，对未规划或不对称空间模式的厌恶是非常明显的。有些规划师在看一国地图时，发现有些地区有很多城市，而有些则只有几个。他们错误地认为这种“不平衡”代表了由寄生性的城市活动或其他市场失灵造成的不公平。在他们看来，政府有责任通过国家空间规划来改变这种不平衡并消除这种区域不公平，并宣布恢复城市空间分布的区域对称性。然而，认为国家空间规划可以改变城市人口分布并达到新的、规划设计的空间平衡的假设是错误的。

具有决定性比较优势的城市——无论是地理位置优势还是庞大的专业化和创新劳动力储备优势——其规模都可能会增长。人们会向自己认为经济和社会机会最好的城市迁移。认为一座城市的经济和人口增长是由于寄生活动对其他城市造成损害而发生的想法是不合理的。当然，海盗、走私或其他非法掠夺性活动例外。

"国家或区域规划将导致地区内每座城市的城市增长率可预测"的假设明显也是错误的。遗憾的是，在许多国家，这种普遍的规划自负导致了公共投资分配不当和监管障碍，从而降低了城市生产力。实际上，规划师对城市规模分布和城市增长率几乎没有影响，除非他们采取积极的、有针对性的措施来摧毁"过大"城市的城市经济。20 世纪 70 年代末，"红色高棉"（The Khmer Rouge）计划是柬埔寨实施的城市政策中的一个极端例子，说明规划者通过强制将城市人口重新分配到农村地区来管理城市规模的尝试曾获得过暂时的成功。

规划师认为管理城市规模是必要的，这种傲慢自大的想法带来的结果是 20 世纪下半叶设计的许多区域规划都对大城市的发展提出了监管限制。这些限制措施与旨在刺激小城市增长的基础设施投资计划相结合，而后者被认为更易于管理。1947 年发表的一篇有开创性和影响力的论文，《巴黎和法国沙漠》(*Paris and the French Desert*)，呼吁制定法国空间发展的国家计划，并暗示巴黎的发展是以牺牲法国省级城镇为代价的。任何熟悉法国省级城镇的人都会认为，将它们与贫瘠的沙漠相提并论是一种略带滑稽并夸张的比喻。虽然自 1789 年法国大革命以来，历届政府的集权倾向可能促成了巴黎的快速发展，但问题如果存在，则应在于政治体制。阻止对首都的投资，同时将大量资源引向省级城镇，不太可能改变由特殊政治体制造成的城市规模等级，因为这种改革并未允许更分散的决策行动。

1956 年，印度政府通过了一项政策，规定新兴产业应设在"落后地区"。与此同时，它阻止大城市制造业的进一步发展。[5] 通过这项政策，政府致力于纠正区域失衡，防止超过 50 万人口的城市进一步发展工业。1988 年，因禁止新产业在"距离人口超过 250 万的城市 50 公里范围以内，以及距离人口在 150 万至 250 万的城市 30 公里范围以内"选址建厂，加剧了该政策的负面影响。不难想象，后一项政策并没有阻止孟买或班加罗尔等人口明显超过 250 万的成功城市的工业增长。它只是让这些行业在那里扩张的成本变得更加高昂。更可悲的是，它将稀缺的政府基础设施资源转移到潜力薄弱的地区，同时使急需投资的大都市区陷入"饥饿"，尽管后者才是大多数人迁徙的目的地。目前印度主要城市的公共基础设施——道路交通、下水管道、排水和电力表现不佳，部分原因是过去 50 年来国家空间政策的错误引导。

如果规划师无法控制城市的增长速度，我们又如何解释像圣彼得堡、巴西利亚抑或是深圳这样完全规划的城市所获得的成功的发展呢？只是因为它们是彼得大帝（Peter the Great）、儒塞利诺·库比契克（Juscelino Kubitschek）等政治强人从虚无中创造出来的吗？这些规划好的城市之所以变得庞大且成功，主要是由于两个因素：

- 首先，每座城市的选址是出于地缘政治[6]的需要，而不是因为抽象的规划概念；
- 其次，每座城市都有大国的强大政治和财政支持。这种支持使得这些城市能够将大量资金投入基础设施建设中，而不必向自己最初羽翼未丰的经济借贷和征税。

类似的例子比比皆是。政治家创造了新的首都，如华盛顿特区（美国）、堪培拉（澳大利亚）、伊斯兰堡（巴基斯坦）、阿布贾（尼日利亚）和内比都（缅甸）。它们都是国家的首都，最初也没有国家政府官僚机构以外的经济基础。“成本不成问题”的概念主导了它们的建造，并确保了它们最初的生存。它们的资金来自国家其他地区缴纳的税收，由此构成了一个由政府雇员组成的垄断劳动力市场。最终，一个更加多样化的劳动力市场将自己嫁接到政府活动上。

苏联的 70 年中，由规划师决定哪些城市应该发展，哪些不应该发展。如果没有国家计划委员会（Gosplan，莫斯科的一个专门部门）[7]提供的资源支持，任何城市都无法发展。政府有办法强制人口流动，而苏联广阔腹地选定地点的移民，往往是非自愿的。许多新城市的建立是出于各种政治或经济上的原因，而不是企业和民众自愿向机会更好的地区迁移的结果。

2010 年，我作为顾问前往莫斯科，俄罗斯建设部请我对如何“关闭”俄罗斯政府认为不再可行的 60 座城市提供建议。政府无法继续支持这些被大型垄断行业抛弃的城市的社会服务和基础设施，而这些行业原本是它们存在的理由。劳动力市场消失了，但劳动者仍然存在；关闭这些城市将导致数百万人再次被迫迁移。刚刚私有化的公寓是大多数人唯一的资产，然而，由于公寓已经变得一文不值，它们的主人无法搬家。俄罗斯城市的“关闭”是一个极端的例子，说明了在没有经济基础的情况下根据所谓的规划标准创建城市以及使用强迫迁移或大量补贴来促进城市增长的危险性。

2.3.1 为何规划师不应尝试改变城市的规模分布？

在国家和地区内部，人口规模与选择在小、中、大城市落户的企业之间达到一种自然平衡。这种均衡是由企业和家庭“用脚投票”的累积决策创造的，因为企业和家庭会选择向有发展前景的城市迁移，离开发展潜力较小的城市或乡村。由不协调的个体决策的总和所产生的自发空间平衡，说明了将在本书中进一步阐述的“无设计秩序原则”（Order Without Design）。

除了上面提到的少数地缘政治的例子之外，规划师没有任何可信的理由来支持对城市区位和增长速度的直接干预。规划师不应该再“鼓励”（encourage，规划文学中很受欢迎的一个词）以牺牲小城市为代价的大城市的发展，而是应该阻止这种增长。历史表明，这类规划者的举措注定会失败，或者更糟的是，会造成严重的“不经济”，使一个国家变得更贫穷。城市的规模并不能自动提高其生产力——尽管大而密集的难民营可以为数十万居民提供庇护，但它们的生产力不如小城镇。要提高生产力，一座城市必须具备一定的先决条件：

1. 企业和家庭可以自由选择留在原地或随意迁移；

2. 市内出行快速且费用低廉；

3. 房地产可负担性合理，不会扭曲劳动力的分配。

我将在后续的章节中对上述先决条件进行阐释。对于每个人，由于家庭和企业对其有效的行动结果投入最多，因此我们必须相信他们中的大多数人都有足够的信息来证明他们的选择是正确的。相比之下，规划人员缺乏有关个体企业和家庭经济情况的信息，而这些信息对于在面对小、中或大城市的优势和劣势时能否作出明智的决定是非常必要的。

下文中，我们将看到规划师引以为傲的“最佳设计”并不限于城市的规模和位置。在城市内部，他们也试图对家庭和企业的选址以及他们应该消耗的土地和建筑面积数量进行管控。正如我们还会看到，规划师确实在城市的发展中，尤其是在城市基础设施的发展中，发挥着至关重要的作用。但我们必须清楚的是，在特定位置分配土地和建筑空间并非他们所擅长的。

2.4 城市的生产力取决于它能保持与建成区增长匹配的机动性的能力

“我认为，机动性是我们国家生产力的核心，但公职人员对它既不重视也不了解。”

——艾伦·皮萨尔斯基（Alan Pisarski），《美国通勤 III：第三次全国通勤模式和趋势报告》（*The Third National Report on Commuting Patterns and Trends*），2006 年

“良好的管理可以无限地扩大城市的‘最佳’规模。”

——雷米·普吕多姆（Remy Prud'homme）和李昌荣（Chang-Woon Lee），《城市的规模、蔓延、速度和效率》，（*Size, Sprawl, Speed and Efficiency of Cities*）1998 年

人员和商品机动性的增加使出现更大的劳动力市场成为可能。在过去的150年里，城市交通技术的进步改善了人员和货物的机动性，从而促进了大城市的发展。交通运输技术的进步也使人员和固定资产在空间上的集中成为可能。经济学家将固定资产描述为工厂、办公楼、住宅、公寓楼、社区设施和基础设施。在过去的50年中，由这种空间集聚带来的集聚经济的规模报酬递增促成了特大城市的出现。

大城市的潜在经济优势只有在工人、消费者和供应商能够以最少的摩擦来交换劳动力、商品和想法，并以最少的时间和成本进行面对面频繁接触时才能获得。随着城市的发展，通过比较平均出行时间和交通成本随时间的变化来监控机动性是很重要的，因为没有快速和廉价的出行，生产力就无法提高（有关出行时间和交通成本的完整讨论，见第5章）。

2.4.1 每日人潮：人员和货物流动的挑战

市长、城市管理者和城市规划师终于理解了管理城市增长而不是试图减缓城市增长速度的必要性。城市规模的扩大并不是提高生产力唯一的必要条件。只有当交通网络能够将工人与企业、商品和服务的提供者与消费者联系起来，生产力水平才会随着城市规模的扩大而提高。这种连通性在大城市很难实现，因为它需要许多因素之间的协同一致：土地使用和交通网络投资；道路使用、停车和公交票价的定价决策，以及地方税和使用费的征收。萨姆·斯特利（Sam Staley）* 和阿德里安·穆尔（Adrian Moore）在其2009年出版的《机动性优先》（*Mobility First*）一书中，详细描述了在道路和城市交通设计以及道路定价等方面的跨学科改革，这些改革是21世纪保持城市机动性所必须的。[8]

如果不能以保持机动性的方式管理城市交通，就会导致交通拥堵。从而降低劳动力的机动性和生产力，实际上在大城市，拥堵是可以避免的。它的存在代表了城市管理者的失败。拥堵具有双重负面影响：它通过束缚人员和货物而对生产力征税，并使环境恶化，增加温室气体排放。可以想象，在未来，一些管理不善的大城市可能达到的拥堵和污染程度，其综合负面影响可能会抵消空间集聚带来的经济优势。这些城市将停止发展，其空间集聚的经济优势也将因拥堵和不安全的环境而消失。

鉴于这种潜在情况，在曼谷和雅加达这样的城市，集聚带来的积极经济影响必定是非常强大的，城市的生产力继续抵消着长期拥堵的代价。仅靠表面上的考察很难评估一座城市的实际生产力，但即使是对任何一座城市的短暂访问，交通拥堵也

---

* 为 Samuel Staley（塞缪尔·斯特利）的昵称。——编者注

很明显。不过尽管这些经济支柱城市（北京也是）出现严重的、半永久性的交通拥堵，也不会抵消它们因为人口集聚所带来的生产力优势。

在城市建成区人口增长时保持机动性并非易事。在几个世纪的城市发展中，步行是普遍且足够的一种城市交通方式。在工业时代初期，人们从外围步行到欧美各大城市的中心用时不到一小时。19 世纪 30 年代，西方世界三大城市——莫斯科、伦敦、巴黎的面积都不到 60 平方公里。相比之下，今天最大城市的建成区面积已达几千平方公里。在大型现代城市中，只有通过精心设计的交通系统才能保持机动性，通常会将私人和公共出行方式结合起来。生活在大城市的数百万人面对面接触的频率完全取决于机动化的城市交通系统的效率。

2.5 劳动力流动的空间模式

在城市地区，每天都有数以百万计的活跃人口离家前往他们的工作地点，这些工作地点通常位于大都市地区的其他区域，而不在他们的居住区。每天晚上，这些人又都会回家。在这期间，他们可能会送孩子去学校、顺路采购日用品，或在咖啡店见朋友。人们每天的出行都是从家开始，到家结束，但也包括他们的工作场所和各种生活设施——餐厅、博物馆、超市、电影院等。通勤构成了每日可预测的来回移动的潮汐：高峰时段和低峰时段交替，从家到工作场所和服务设施，再返回家中的轨迹循环。

除了来自居民区的通勤者和消费者的出行外，经济活动还产生了企业与企业之间的货运出行，并且随着电子商务的发展，从企业直接到居民区消费者的货运也越来越多。大城市的企业需要不断地供给商店销售的商品和获得生产所需要的原材料和零部件。这类货运出行模式与日常通勤的出行模式不同，并且经常被规划师所忽略。在 OECD（经济合作与发展组织）[9] 国家的典型城市，货运出行可能占到车辆总行驶公里数的 10%–15%。当道路拥堵时，对劳动力和货物的机动性影响会产生对生产力征税的效应。

因此，一座城市的经济依赖于通勤和货运的重复流动。如果碰巧遇到一场暴风雪、洪水或公共交通罢工迫使这些流动暂停，这座城市的经济会立刻冻结并保持冻结状态，直到每天的通勤潮汐恢复为止。

2.5.1 通勤时间和通勤成本限制了劳动力市场的规模

显然，工人愿意花在通勤上的金钱和时间是有限的。这限制了通勤距离，从而限制了城市劳动力市场的规模。对于收入几乎完全用于食物和住所的极低收入工人来说，通勤成本比通勤时间更具约束力。随着家庭可支配收入的增加，交通成本在收入中所占的比重越来越小（通常不到15%），通勤时间成为工人的主要制约因素，限制着劳动力市场的规模。由于通勤时间对个人和雇主来说都是致命的损失，劳动力市场的规模和效率取决于通勤时间的长短、通勤的价格和舒适度。因此，工人愿意花在通勤上的最大时间和现金成本将决定劳动力市场的规模，进而决定一座城市的生产力。

城市通勤调查表明，不同国家城市之间的通勤时间中位数在很长一段时间内一直非常稳定，单程平均约为30分钟。只有少数大城市的通勤者每天总通勤时间超过1小时。2009年，美国大都市地区的平均通勤时间为26分钟；但在纽约这座拥有1900万人口的美国最大都会区，平均通勤时间为35分钟。

图2.1比较了美国大都市区、法国巴黎大都市区和南非豪滕省[包括约翰内斯堡和比勒陀利亚在内的南非大都市区（2011年有1230万人口）]的平均通勤时间（单程）分布情况。豪滕省是我所遇到过人口和工作岗位分散最严重的地区之一。这种分散是由需要很多年才能根除的种族隔离遗留问题以及第6章中所讨论的不适当住房政策所造成的。

尽管经济、城市结构、文化和地形都有所不同，但在豪滕省、巴黎和美国大都市区城市中，都有约三分之一的通勤者单程需要15–29分钟的时间。在美国城市中，通勤者出行时间少于15分钟的比例明显更高；而在豪滕省，通勤时间在30–59分钟

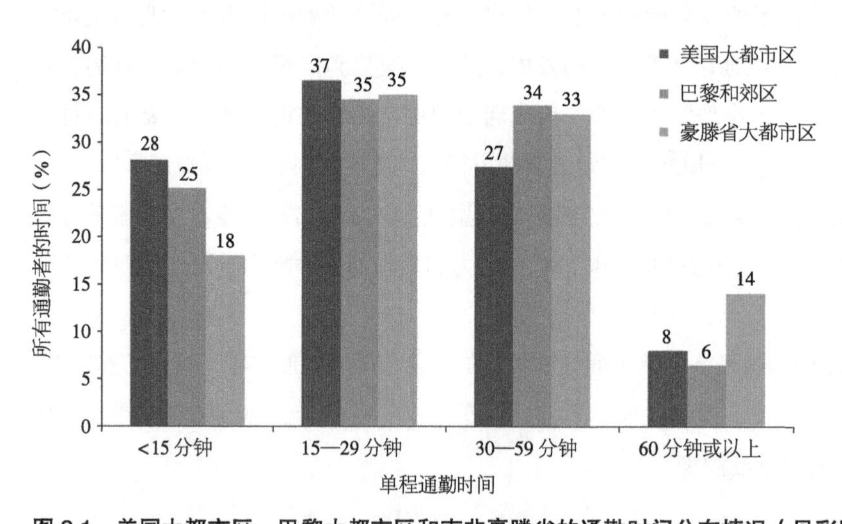

图2.1　美国大都市区、巴黎大都市区和南非豪滕省的通勤时间分布情况（见彩图）

资料来源：美国：美国人口普查局，2010年美国社区调查，表S0802和B08303；南非：南非统计局，豪滕省交通运输部家庭旅行调查，图3.10，南非比勒陀利亚，2009年；巴黎：人口和社会统计局，《2007–2008年全国运输和交通状况》，国家统计和经济研究所，2011年。

间或超过 60 分钟的比例明显更高。此外，豪滕省地区 2014 年的失业率为 25%。考虑到当地的人口分散，居住在人口稠密但偏远的乡镇的贫困工人可能无法负担前往离家最远的工作地点的通勤费用。如果他们负担得起通勤费用，他们的通勤时间可能会增加到 60 分钟以上。

令人遗憾的是，在经合组织（OECD）的主要城市之外，世界各地大都市地区的通勤时间分布通常不被测量。然而，它是评估劳动力市场有效规模的重要数据。美国城市通勤时间的分布可能是世界上最好的之一（这种说法对某些人来说似乎令人惊讶；这会在第 5 章中详细讨论）。根据我自己的经验，豪滕省一定代表世界上最糟糕的通勤时间分布之一。如果这是真的，那么图 2.1 就很好地反映了 21 世纪初大都市地区通勤时间分布的变化。城市规划的目标应该是通过提高交通运输速度和减少人为分散人口的管控限制，从而减少人们的通勤时间。

在接下来的章节中，我将考虑把 1 小时通勤（单程）时间作为界定劳动力市场空间范围的绝对极限。对工人来说，在 1 小时内可以到达的工作岗位数量决定了他劳动力市场的规模。

有人可能会争辩说，某个特定工人能够胜任或感兴趣的工作数量肯定会比从他家出发 1 小时内可到达的工作总数量少得多。事实的确如此，但越来越专业的工作分工导致对具有其他专业和技能的人更加依赖。尤其是在大城市中占很大一部分工作岗位的服务业，会"就近"需要各种各样的技能。例如，一位专门研究欧洲农业法规的律师，如果她周围都是具有相同技能的人，她的工作效率就不会很高。为了提高工作效率，她必须与税务和进口关税方面的其他专家保持密切联系，她还需要聘请工人为她提供修理电脑、打扫办公室、将咖啡送到董事会会议室、准备和提供她午餐时吃的食物的服务等。同样，一个无特别技能的工人很可能在需要大量电子、机械、劳动法、保险等专业工人的工厂工作。

"律师只需要进入律师可能适合的工作领域，而产业工人只需要进入工业领域"的想法不再符合现代大城市工作分配的现实。我们的欧洲农业法规专家可能只对少数工作感兴趣，而这少数工作很可能随机分布在许多其他工作中。因此，工作总数越多，其中出现少数高度专业化工作的机会就越大。此外，在通勤 1 小时内可获得的工作数量越多，人们在需要时更换工作的能力就越强。这种类型的劳动力流动——在不同经济部门转换工作的能力——既有利于个体劳动者，也有利于城市经济，因为它能将劳动力重新分配到能提供最大效益的地方。

2.6 劳动力市场的有效规模取决于通勤时间和工作岗位的空间分布

普吕多姆（Prud'homme）和李昌荣[10]对欧洲和韩国城市，以及梅洛（Melo）、格雷厄姆（Graham）、莱文斯顿（Levinston）和阿拉比（Aarabi）[11]对美国的城市进行了令人信服的论证，证明了通勤时间、劳动力市场规模和工作空间分布对城市生产力的影响。普吕多姆和李题为“城市的规模、蔓延、速度和效率”的论文表明，每个工人的生产力与每个工人在60分钟内可到达的平均工作岗位数量密切相关。在韩国城市，每名工人可获得的工作数量增加10%，相当于工人生产率提高2.4%。此外，对于25座法国城市，在其他条件不变的情况下，平均通勤速度提高10%，劳动力市场的规模将增加15%–18%。在美国，梅洛等人的研究表明以工资增长为衡量的可达性的生产力效与每名工人在60分钟通勤范围内可达的工作岗位数量相关。这是由于以下原因，生产力随着可达性的增加而增加：当个人能够优化个人劳动决策时，企业就能够拥有生产力水平最高的工人，总产出也就会随之增加。通勤时间超过20分钟，工人的生产力仍然会提高，但增长速度会下降，超过60分钟后几乎全部消失。

这两篇论文都表明，工人的机动性，也就是他们在尽可能短的通勤时间内可到达大量潜在工作岗位的能力，是提高大城市生产力和工人福利的关键因素。在缺乏机动性的情况下，大量的工人聚集并不能确保高生产率。因此，通勤时间应该是评估大城市管理方式的关键指标。

正如普吕多姆和李昌荣在他们的论文中所写，“与城市规模相关的收益只是潜在的，它们取决于管理质量。因此，城市规模将定义一个效率边界，有效效率通常远低于该边界。”普吕多姆和李昌荣所定义的“管理质量”在很大程度上是指当地政府使交通系统适应空间结构的能力，以便工人可以在不到60分钟的单程通勤时间内可达的工作岗位数量最大。

因此，一座城市劳动力市场的有效规模不一定等于其大都市区内的就业岗位数量，而是等于每个工人在1小时通勤时间内可获得的平均工作岗位数量。根据城市交通系统的速度，劳动力市场的有效规模可能等于一座城市可提供的工作岗位总数，也可能只是其中的一小部分。工人居住地相对他们工作地点位置的距离和通勤时间将决定劳动力市场的有效规模，进而决定了通过规模经济和集聚经济所能获得的额外生产力。

我将用图2.2所示的城市示意图来说明交通速度、劳动力市场的有效规模和就业空间分布之间的关系。设想一座线性城市，工人的居住地均匀分布在a和e之间，工作岗位只集中在b、c、d三个地点，每个位置有该城市全部工作岗位数量1/3的工作岗位。城市内的交通速度统一，并用箭头表示不同地点之间的通勤时间。从 a 到 e 需要 2 个小时，它们位于假设城市的相对外边缘。

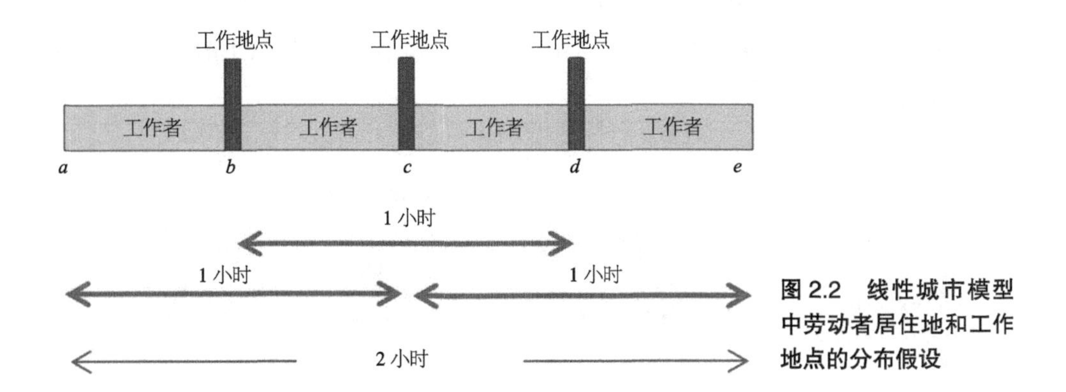

图 2.2 线性城市模型中劳动者居住地和工作地点的分布假设

居住在 b 与 d 之间的工人可以在 1 小时内到达 100% 的工作岗位，而居住在 a 和 b 段之间的工人只能在 1 小时内到达位于 b 和 c 之间的工作岗位；位于 d 的工作岗位对生活在 a 和 b 之间的工人来说是遥不可及的。同样，生活在 d 和 e 之间的工人只能找到位于 c 和 d 之间的工作；位于 b 的工作对他们而言则是遥不可及的。因此，50% 的工人（住在 b 和 d 之间的人）可以在不到 1 小时的通勤时间内获得 100% 的工作岗位，而另外 50% 的工人（住在 a 和 b 之间以及住在 d 和 e 之间的工人）只能获得所有工作岗位的 2/3。因此，图 2.2 中所代表的劳动力市场的有效规模仅占该市所有可供工作岗位的 83%，即（50% × 3）/3+（50% × 2）/3=83.3%。如果能提高交通速度，使人们可以在 1 小时内从 a 到 d，从 e 到 b 通勤，而不是现在每次通勤需要 90 分钟，那么劳动力市场的有效规模将会是 100%（100% × 3/3=100%）。

劳动力市场的有效规模取决于通勤速度以及工人居住地与其工作地点的相对位置。通过将城市表示为二维对象（而不是图 2.2 的一维线性表示）并给出通勤速度和工作地点的不同分布模式，就能够以不那么抽象的方式说明这种依赖性。

公式 2.1　劳动力市场有效规模的计算方法

在一个简化抽象的城市中，劳动力市场的有效规模计算如下。我们假设这座城市被划分成 i 个多边形，其劳动力市场的有效规模可以表示为：

$$J = \sum (w_i j_i) / \sum n_i \tag{2.1}$$

其中，J 是劳动力市场的有效规模指标，用每个工人通勤时间不到 1 小时就能找到的工作岗位数占总工作岗位数的平均百分比来表示；

w_i 是居住在第 i 个地点的劳动者数量；

j_i 是第 i 个地点的通勤时间在 1 小时内可获得的工作岗位数；

n_i 是第 i 个地点的工作岗位数。

在地理信息系统技术（GIS）出现之前，这种计算方式会耗费大量人力，但现在定期更新这一指标是相当可行的。可以测试不同的交通模式和网络对劳动力市场有效规模的潜在影响。

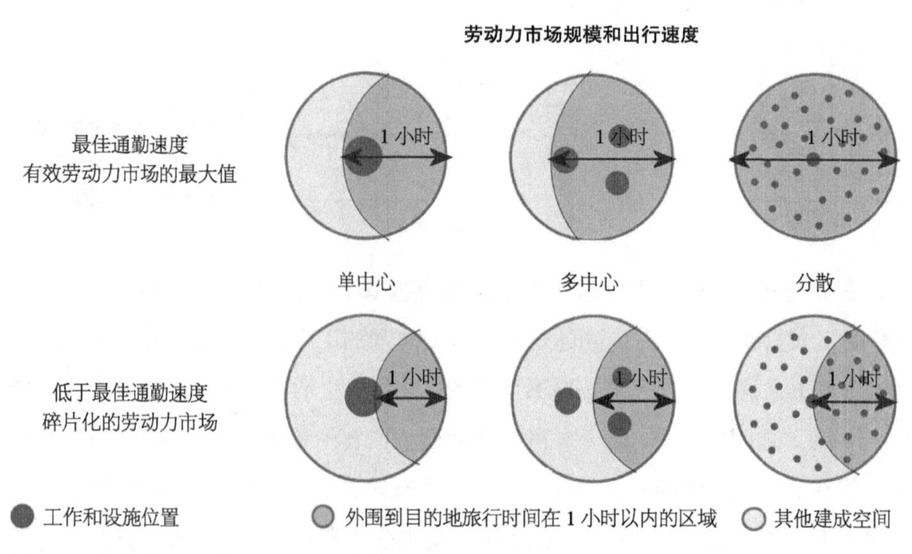

图 2.3 劳动力市场类型、通勤速度和工作地点（见彩图）

图 2.3 是一座城市建成区的示意图，用圆圈表示。在这个圆圈中，较小的红色圆圈代表工作地点。横向上，展示了三种类型的工作空间分布：单中心，所有的工作岗位都集中在中央商务区（CBD）；多中心，工作集中在三个集群中；分散，工作岗位均匀分布在建成区。对于每种就业分布模式，箭头表示工人在 1 小时内从城区边缘可以到达的最大通勤距离。不同的箭头长度对应不同的通勤速度。

根据工作的空间分布，我们将看到不同的通勤速度如何影响劳动力市场的有效规模。在图 2.3 第一行的三幅图中，我对通勤速度进行了调整，使得到达所有工作岗位的通勤时间都在 1 小时内。第二行展示的是在较低通勤速度下，居住在外围的工人只能在 1 小时内获得的部分工作岗位。在这种情况下，劳动力市场是分散的，因此，效率低于第一行表示的统一市场。在单中心或多中心集群区域，居住在更中心区域的工人可能有机会获得建成区的所有工作岗位，但居住在外围的工人只能获得城市总工作岗位的一小部分。在这种情况下，大型劳动力市场所隐含的生产力并没有完全实现。通勤出行速度的下降会将大型劳动力市场分裂成较小的劳动力市场，导致城市生产力下降。而提高通勤速度会降低有效劳动力市场（通勤 1 小时内可获得的工作岗位数量）与名义劳动力市场（大都市地区的工作岗位总数）之间的差异。

对于给定的建成区，在定义进入劳动力市场的机会时，就业岗位的分布模式很重要。当就业岗位集中在 CBD 时，所有就业岗位到所有居民点的距离要比就业岗位随机分布在建成区时要短得多。然而这并不能说明 CBD 模式是最有效的，也不能说明它能保证每个人都能充分进入劳动力市场。诚然，如果位于中心的 CBD[12] 包含了 100% 的工作岗位，这将减少每个人从住所到工作地点的距离。然而，劳动力市场的规模不仅受到距离的限制，也受到通勤时间的限制。因此，交通速度（距离 / 时间）是能够获得最大工作机会数量的关键参数。

所有的通勤路线[13]都向 CBD 汇聚，通常会造成拥堵，并减慢通勤速度。相比之下，当工作岗位分散在郊区时，则不存在路线汇聚，通勤速度通常更快。在巴黎市中心（距市政厅 5 公里范围以内)，平均地面交通速度约为 12 公里 / 小时；而在郊区（距离市政厅 20 公里以内)，高峰时段的交通速度约为 50 公里 / 小时（由于 GPS 技术的改进，我们现在可以在网上实时查询世界上许多城市的交通高峰时段车速变化情况)。

在主要道路网络最初是为单中心城市设计的地区，郊区与郊区之间的通勤路线可能不如应有的那么直接；巴黎、亚特兰大和上海就是这种情况。在最初的设计中，从郊区到郊区的通勤路线可能必须走小路，而且可能会有不方便的主干道交叉口，会耽搁很长时间。这样的城市要想把主要道路网络的设计从单中心调整为网格型模式，以更好地服务于郊区之间的新兴路线，通常需要很长的时间。

在第 5 章中，我讨论了不同交通方式（汽车、公交车或地铁）对不同类型城市空间结构的交通成本和出行时间的影响，在这些城市，人口和工作密度在建成区的分布情况差别很大。

图 2.3 中空间结构的示意图非常粗略，但它清楚地说明了通勤速度和工作地点对劳动力市场有效规模的影响。在下一章中，我们将探讨更复杂、更现实的城市形态及其对机动性和土地可负担性的影响。

在已经测算了就业可达性的城市中，按通勤时间衡量的可到达的工作数量差异很大。例如，普吕多姆和李昌荣指出，在首尔（2005 年 1 月以前称“汉城”)，“1998 年，普通工人在 60 分钟内可获得的工作机会仅占城市提供的所有工作机会的 51%；企业平均有 56% 的工人在 60 分钟内可获得工作机会。”此后增建的地铁线路确实增加了首尔劳动力市场的有效规模。戴维·莱文斯顿（David Livingston）[14]计算的 2010 年美国城市之间的汽车通勤比较结果显示了美国各城市之间交通便利性的差异惊人（图 2.4）。在 30 分钟车程内，洛杉矶可提供 240 万个工作岗位，而亚特兰大则为 60

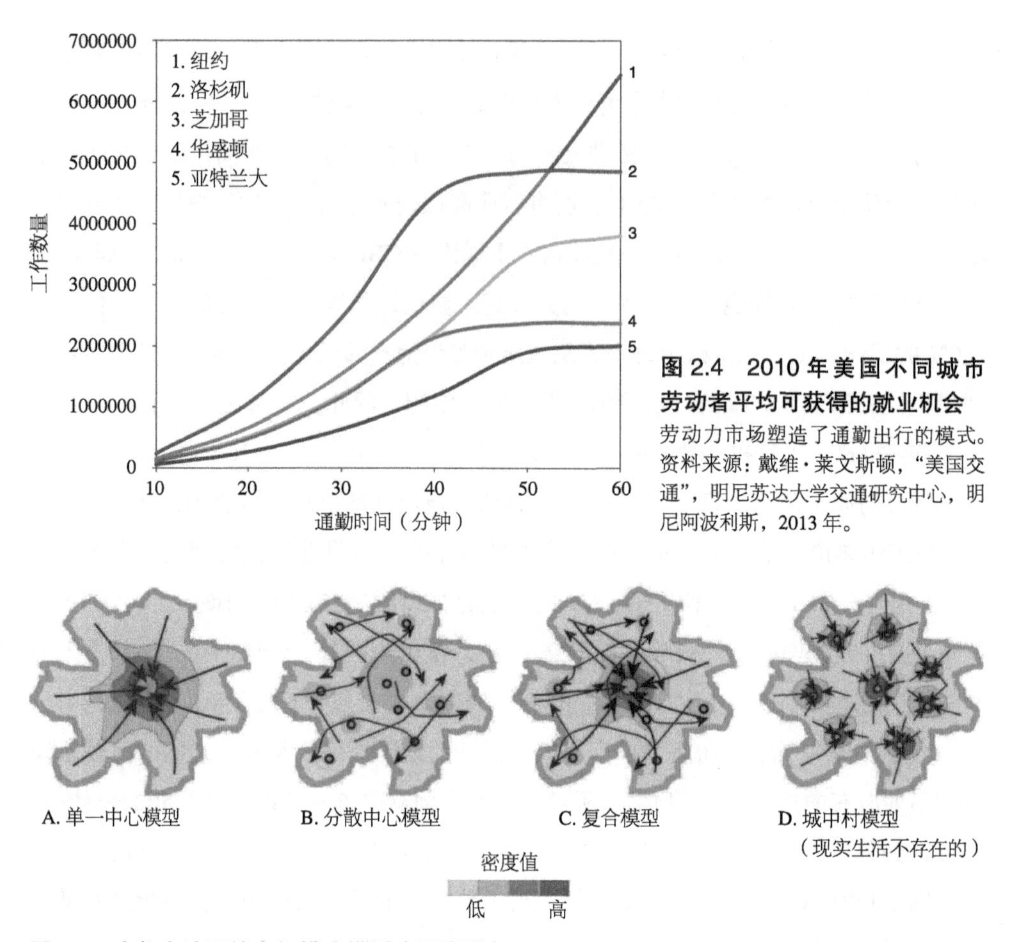

图 2.4　2010 年美国不同城市劳动者平均可获得的就业机会

劳动力市场塑造了通勤出行的模式。资料来源：戴维·莱文斯顿，"美国交通"，明尼苏达大学交通研究中心，明尼阿波利斯，2013 年。

图 2.5　大都市地区的出行模式模型（见彩图）

万个。然而，图 2.4 所示的 5 座城市中有 4 座可以在 60 分钟内到达所有工作岗位。

正如我们在图 2.3 中看到的那样，大多数工作岗位可能集中在一个中央商务区，也可能集中在几个中心，或者完全分散在整个大都市区。我将在第 3 章和第 4 章中更详细地讨论为什么工作位于它们所在的位置，以及这种模式通常如何随时间演变。目前，我们先讨论可能的出行模式，以及这些模式将使劳动力市场在以下每个工作空间分布中发挥作用。

图 2.5 以示意图方式说明了大都市地区最典型的出行模式。这些出行模式是基于劳动力市场的结构而形成的（见图 2.3）。两种劳动力市场结构影响单中心和分散这两种出行模式——而这两种模式产生了可观察到的三种基于劳动力市场结构的通勤路线模式，在图 2.5 中以 A 到 C 标记：

A. 单一中心模式——大多数工作岗位都集中在密集的 CBD，通勤路线呈放射状，并向 CBD 汇聚。当然，没有一座城市是真正严格意义上的单中心，一些工作岗位必然在居民区内，例如学校、药房、加油站和杂货店。单中心实际上是按相对程度而不是绝对值来衡量的。如果一座城市 50% 以上的工作岗位都在 CBD，那么它就是以单中心为主。据我所知，没有一个人口超过 500 万的大都市区完全符合这个标准。

B. 分散中心模式——大部分工作岗位集中在多个小集群，或是完全分散在居住区之间；通勤路线随机分布在建成区内。如果交通速度允许，一些工人会从大都市的一个边缘移动到另一个边缘。与单中心模型一样，居住在靠近建成区中心的工人比居住在边缘的工人更接近所有工作岗位。靠近建成区中心的企业也更靠近所有工人。然而，由于中心附近和边缘区的通勤速度通常不同，靠近外围的企业可能比靠近中心的企业在更短的时间内有更多的工人进入。这在一定程度上解释了为什么企业不都在中心附近集聚，即使这样做会使它们与所有潜在的工人距离更短。

C. 复合模式——相当一部分工作岗位（比如 30%）集中在密集的 CBD，但大多数工作岗位随机分布在建成区的其余部分。通往 CBD 的出行路线呈放射状，而前往分散工作岗位的出行路线是随机分布的，但通常会避开 CBD 的拥堵。这是目前亚洲和欧洲大城市中最常见的出行模式。

还有第四种通勤模式，它在现实世界中并不存在，但在总体规划中经常被作为上述三种通勤模式的理想替代方案而出现。由于这种自负在许多城市总体规划中的普遍存在，因此需要讨论这种乌托邦式的替代出行模式，在图 2.5 中标记为 D。

D. 城中村（Urban Village）模式——工作集中在许多小集群中。在这种模式下，城市有许多中心，但通勤者只前往离他们住所最近的中心。前往每个工作集群的出行路线都遵循以每个集群为中心的径向路线，并且表现得好像每个集群都是一个孤立的单中心城市。根据这个模型，一座大城市可以由许多自给自足的小型单中心城市组成。

遗憾的是，城中村模式只存在于城市规划师的脑海。它是一个非常有吸引力的模式，这也是城市规划者青睐它的原因，因为它不需要对交通或道路进行大量投资。此外，它将大大减少车辆行驶里程，从而减少温室气体（GHG）排放。这种模式的支持者认为，即使是在一个非常大的大都市，每个人都可以步行或骑自行车上班。让城市发展，只需要增加更多的集群就可以了。这种模式背后的假设是，城市规划师能够将工作地点和居住地完美匹配，或者工人和雇主会自发地将自己组织成适当的集群。

这种模式在现实世界中并不存在，因为它违背了大城市的经济学原理：大型劳动力市场的效率。雇主不会根据雇员的居住地来选择他们；专业工人也不会根据离住所的距离来选择工作。

城中村模式意味着大都市劳动力市场系统性的碎片化，这并不符合在现实世界中的经济规律。一家企业如果满足于将员工的选择限制在其工厂或办公室附近，那么它就不需要把企业设立在租金和工资较高的大都市。这家企业可以设在一座小镇，在那里可以以较低的工资招聘到它所寻求的非专业工人。同样，一个居住在大城市并正在寻找新工作的工人，也会尝试最大化工作满意度，这在一定程度上是通过工资、对工作的兴趣程度及其与技能组合的兼容性、工作环境的吸引力等来衡量的。当然，通勤时间固然是找工作的一个考虑因素，但如果通勤时间少于 1 小时，它很可能不会成为决定性因素。

围绕首尔建造的五座卫星城是尝试实施城中村模式的一个例子。政府建立新城镇的假设是它们将是自给自足的，并且大多数居民将在自己的城镇工作和生活。为实现这一目标，规划人员仔细平衡了每座城镇的预计工作岗位数量与预计居民数量。然而，随后的调查显示，居住在新卫星城的大多数人都在首尔市区上班，而卫星城的大部分工作由居住在其外的人填补。[15] 在卫星城发现的出行模式与本章开始时提出的假设一致：大型统一的劳动力市场是大城市存在的理由。一些家庭最初决定搬到首尔的卫星城很可能是因为公寓比首尔核心区的便宜，或者因为环境更好、更新。也有可能当这些家庭搬迁时，户主已经在首尔的某个地方受雇了。毕竟，如果他们没有被雇佣，他们可能就买不起新公寓了。此外，在搬到卫星城后，他们不太可能辞去目前的工作，在新城找到同等的工作。同样的道理也适用于搬到卫星城的公司。一家公司可能会从中心城搬到租金更便宜或面积更大的地方，而它的许多员工可能会决定为保住工作从中心城通勤到卫星城。

2.6.1 三种空间布局模式分别有多普遍？

随着城市变得越来越大和越来越富裕，工作岗位的空间分布以及由此产生的通勤出行模式也会发生变化。单中心模式是一种简单、原始的城市模型，随着时间的推移，不可避免地会演变成更复杂的形式，更类似于复合模型。一旦工作分散成类似于分散模型或复合模型的模式，它们最终不太可能再次集中在密集的中央 CBD 中。这种对路径的依赖 [16]（dependency）规则在所有不断变化的形态中都很常见，是一个严谨约束规划师畅想新城市类型的现实。 规划师在设计新的交通系统时应该考虑城市形态的路径依赖性，我们将在第 5 章关于机动性的章节中详细探讨。

上述讨论的三种模式都不是一成不变的。例如，未来的城市劳动力市场可能不需要像过去那样多的员工、客户和供应商之间面对面的互动。未来可能会出现新的出行模式，顺应不断变化的劳动力市场的新需求。例如，最近出现的远程办公不仅对通勤出行的模式提出了质疑，而且对通勤的需求也提出了质疑。因此，我们应该对 20 年后的通勤出行模式保持不可知论。但是，我们可以查看过去几十年出行模式的趋势，以帮助我们对未来的理解。如上所述，这种趋势反映了路径依赖。

远程办公的大幅增加会对当前的出行模式产生什么影响？到目前为止，影响并不大。事实上，有迹象表明，这种温和的趋势可能会在最先发起这种趋势的高科技公司中发生逆转。2013 年，雅虎新任 CEO 宣布取消其远程办公政策，这证实了我们已经知道的事实：专业人士之间偶然的面对面接触是创新所必须的。

然而，问题依然存在：这些面对面的互动应该多久一次？每周一次？还是隔一天一次？需要面对面互动的群体应该多大？产生创新需要多少机缘巧合？不管答案是什么，远程办公势必会减少日常通勤流量并改变交通流量，但它不会完全消除工人与雇主或其他具有互补技能的工人在空间上接近的需求。很有可能远程办公在以创新为主的企业中会减少，而在从事常规数据处理的企业中会增加。有一个教训是明确的：我们无法为它作规划，我们必须仔细监测这一趋势的空间影响，并以足够的交通基础设施进行支持。

尽管世界上的大都市展示了多种多样的历史、文化和收入，但这些趋势（当存在衡量它们的数据时）似乎趋同于工作岗位在空间上更大地分散。这种趋势似乎有悖常理，尤其是当越来越多的城市 CBD 开始争夺世界最高摩天大楼的殊荣时。但我们必须意识到，一栋顶级办公摩天大楼每公顷所容纳的工人与它可能取代的 5 层工厂相比，数量要少得多。

由于美国城市建成区的密度非常低，它们的空间趋势可能无法代表大多数世界城市。然而，美国这一趋势的优点是有据可查的，并且仍然可以为劳动力市场变化对城市土地使用的影响方式提供一些见解。1995 年到 2005 年，阿兰·皮萨尔斯基（Alan Pisarski）对美国的通勤情况进行了最全面的全国性研究。他在 10 年的时间内所测得的趋势显而易见：中心城区的工作岗位与常住工人之间的比率正在下降，而郊区则在上升。皮萨尔斯基的研究清楚地表明，平均而言，美国大都市区正在从复合模式（图 2.5，模式 C）缓慢演变为更加分散的模式（模式 B）。此外，皮萨尔斯基的研究表明，传统 CBD 的就业集中度在不断下降，当然这不是绝对值而是指占大都市区工作岗位总数的比例在不断下降。

皮萨尔斯基的报告显示，在人口少于 10 万人的较小的美国大都市地区，前往 CBD 的通勤出行量[17]约占总出行量的 50%——与单中心模型非常接近。然而，对于人口超过 200 万的大都市地区，前往 CBD 的出行量下降到约 24% 或以下。这在具有明显标志性 CBD 的大型大都市中也可以观察到，例如首尔、纽约或巴黎。在纽约大都市区，24.3% 的出行来自从郊区到曼哈顿或曼哈顿内部的出行，只有 2.1% 的出行是从曼哈顿到郊区，而当中大部分的出行（73.6%）发生在郊区与郊区之间。纽约大都市的出行模式佐证了我所说的“复合模式”（图 2.5，模式 C）。

在美国以外，大都市区的趋势似乎也朝着复合模式发展，即使是巴黎这样以历史为主导地位，且享有盛誉并拥有一个通往城市中心的卓越交通系统的城市也不例外。在巴黎大都市区（法兰西岛地区）、在巴黎市区（巴黎老城）内和从郊区到市区的出行量总共占通勤出行总量的 30%，而 70% 的出行是从郊区到郊区（图 2.6）。

亚洲大都市区的人口虽然比美国或欧洲城市的人口密集得多，但在就业和人口郊区化方面也呈现相同趋势。2010 年拥有 2470 万人口的大都市区首尔，代表了过去 30 年人口和家庭收入显著增加的东亚繁荣城市的趋势（图 2.7）。2000 年至 2010 年期，由于交通基础设施的发展，首尔中心城区的人口减少了 0.5%[18]，而距离市中心 20 多公里的外围郊区的人口增加了 92%（表 2.1）。10 年间，就业岗位的空间分布更加分散，16% 的新增就业岗位在 CBD，而 59% 的新增就业岗位在距离 CBD 有 20 多公里的远郊。不过，与巴黎或纽约相比，首尔的就业岗位更加倾向于单中心模式，约 31% 的城市就业岗位集中在中心城区。

表 2.1　首尔（汉城）：2000–2010 年人口和就业分布的空间变化

		2010 人口普查				2000–2010 年的增长			
		2010 年人口	占比	工作	百分比	人口	占比	工作	百分比
市中心	0–10	5409428	22	2676391	31	（12593）	−0.5	302558	16.2
近郊	10–20	7644893	31	2219956	26	231709	8.8	460789	24.7
远郊	20–78	11654883	47	3624400	43	2423859	91.7	1102002	59.1
总计		24709203	100	8520747	100	2642975	100.0	1865349	100.0

从历史趋势可以看出，随着城市规模的扩大，单中心模式往往会瓦解。然而，以往的经验证据并没有显示一个明显的人口规模阈值，超过这个阈值，城市将不再以单中心为主。有时地形，包括河流或山脉，会阻碍郊区与郊区之间的直接交流，因此尽管人口众多，但城市仍保持单中心性。随着城市扩张，前往中央商务区比前往周边地区更容易，主要径向道路的原始网络将进一步加强高度集中的单中心性。这种辐射状路网可以在柏林、哥本哈根和巴黎等欧洲城市看到。相比之下，随着城市的发展，方格路网可迅速推动建立具有良好整体可达性的次中心。洛杉矶、休斯敦和奥马哈就是这样。这些城市的网格有时会变得不规则，但垂直于城市化边缘径向道路的宽阔道路的可用性刺激了次中心的建立，甚至可能会鼓励就业机会的分散。因为宽阔的道路允许更高的行驶速度，可以使人们更快地到达远离径向道路的区域。因此，方格路网会促使城市向多中心模式提前转变。

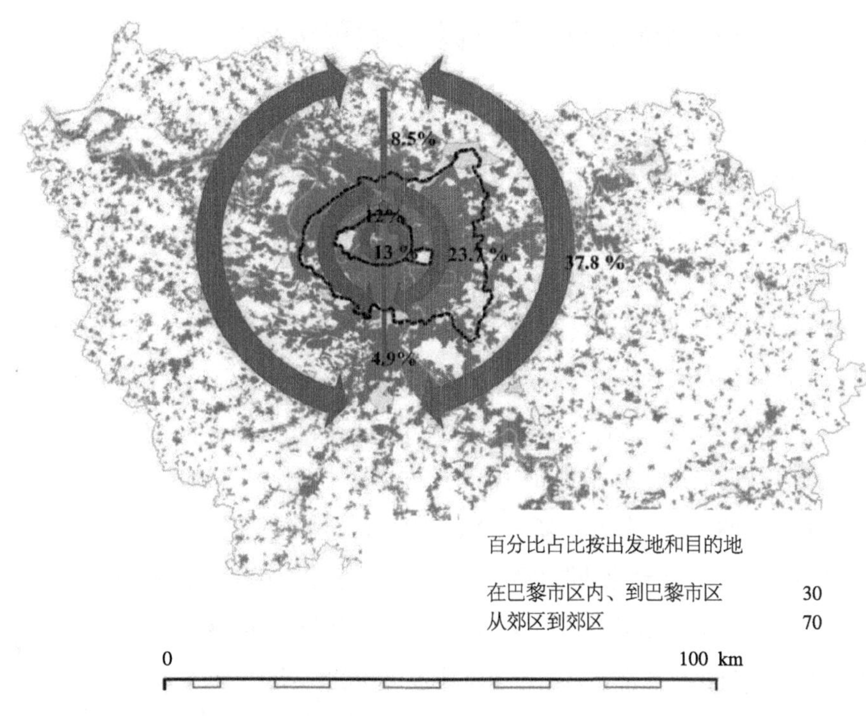

图 2.6　巴黎大都市的出行模式（见彩图）

资料来源："2001–2002 年法兰西岛居民的出行"，法兰西岛地区装备局，2005 年，巴黎 15 区；建成区，玛丽 – 阿格尼丝·贝尔托的卫星图像数字化。

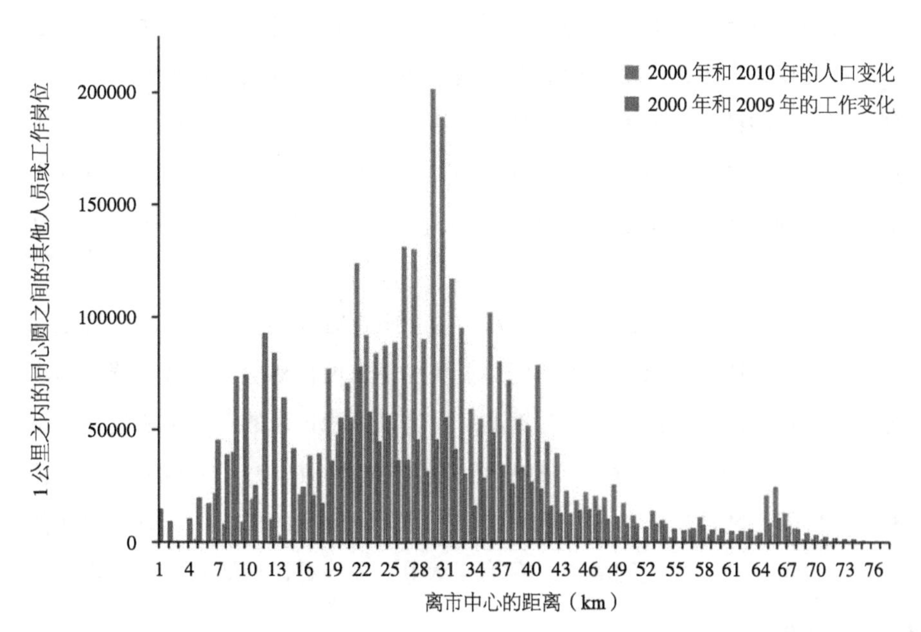

图 2.7　首尔大都市区人口和就业分布的变化情况（见彩图）

资料来源：人口和就业数据：首尔（汉城）市政府统计局，2000 年、2010 年人口普查；建成区和密度：玛丽 – 阿格尼丝·贝尔托地理信息系统分析获得

2.7 劳动力市场的有效运作需要机动性和可负担性

机动性应该从两个方面来理解，而可负担性可以确保机动性不被扭曲：

1. 企业和家庭可以自由选择留在原地或随意迁移；

2. 市内出行快速且费用低廉；

3. 房地产可负担性合理，不会扭曲劳动力的分配。

影响家庭和企业选址的关键是他们能否获得对他们而言最佳的城市中土地和房屋空间的可利用性。即对家庭来说，靠近工作和服务设施；对于企业而言，接近客户、员工和供应商。从理论上讲，如果允许收入最低的家庭或资本最不充足的公司占用尽可能少地土地，他们应该能够在城市的任何地方生存，即使是土地最昂贵的地方。曼哈顿的餐车和孟买的小摊“帕瓦拉斯”（Paanwalas）[19] 就证明了这一点。这些小商户只占用 2 或 3 平方米的土地来出售廉价产品，而不是同一地区大多数商店占用的数百平方米。农贸市场和跳蚤市场是位置和土地利用之间权衡的另一个例子，这种权衡使得低利润率的企业在地价昂贵的位置上也能够茁壮成长。

住房也有类似的例子。例如，巴黎的“女仆室”（chambres de bonne）[20]，位于巴黎最昂贵的街区。它们通常只有 9 平方米的面积，就是供学生或低收入工人能够在非常有利的位置负担得起住房。印度尼西亚的“甘榜”（kampungs，意为小村落）[21] 是住宅地块对满足位于市中心、土地和楼层消耗量低的住宅需求的另一个例子。这些住宅的可用性使穷人可以考虑在位置和土地消耗方面进行权衡。如果水、卫生和垃圾管理都很充足的话，与远离工作岗位、生活设施和社会服务的郊区相比，市中心的小户型住房可能是一个更理想的选择。当然，无论是“女仆室”还是“甘榜”，尽管它们的住宅面积很小，但这些住宅所在的街区绝不是贫民窟（这一点将在第 6 章深入讨论）。

令人遗憾的是，本是出于善意的法规却常常会阻止穷人在占用面积和位置之间进行权衡。城市法规通常要求“充足”的最低住房建筑面积标准。而这些善意的法规却将穷人排除在外，因为按照最低标准的房屋建筑面积带来的高昂价格使他们负担不起。在巴黎，“女仆室”只存在于 1930 年之前建造的房屋中；而在较新的公寓楼中，这种“小房间”则被禁止。这些不幸的规定降低了穷人的机动性。进而也使他们对整个劳动力市场的参与受到限制。在第 4 章中，我将更详细地介绍其他降低穷人机动性的城市法规。

在南非，政府针对穷人的住房计划表明，善意的规划者可能会限制居民的机动性，减少他们对劳动力市场的参与，并增加他们的出行时间。从 1995 年开始，政府开始实施一项大规模的住房计划，以改善种族隔离受害者的生活条件。该计划旨在为大约 80% 的南非最贫困人口提供补贴住房。到 2012 年，该方案已经交付了 350 万套城市住宅，这对于一个政府住房计划来说是一个很不错的量化成就。住房计划的标准非常慷慨：每块地 400 平方米，每户 65 平方米的建筑面积，宽阔的车辆通道，以及配备大型运动场和步行可到达的学校等。整个南非城市的空间标准都是固定的和类似的。补贴也是固定的，2012 年每套住房的补贴约为 15 万兰特（1.6 万美元）。唯一的变量是土地价格。这个庞大计划的土地必须非常便宜，才能让受益者享受到计划规定的高空间标准。因此，新的补贴住房项目都位于城市的边缘地带，居住地过于分散，公共交通十分不便。由于位置偏远，这些项目的受益者很难找到工作。即使与其他通勤者合乘出租车，受雇者也要将其收入的 50% 用于支付交通。这个戏剧性的例子就说明了为什么规划师不应该为家庭和企业作出涉及位置和土地消耗的权衡决策。

就南非而言，结果确实为穷人提供了舒适的住房，但对偏远地区房屋的巨额补贴阻止了受益人参与劳动力市场。为偏远地区的贫困人口提供高标准住房成为一个贫困陷阱。补贴不是这里的罪魁祸首。错误不仅在于将补贴与特定地点联系在一起，而且还在于在没有征求受益人意见的情况下就决定了地点和土地消耗的权衡。一种更便捷的补贴——即一次性支付给贫困家庭，让他们自己在大都市区的任何地方寻找住所——显然更为可取。

因为规划者缺乏信息来就位置和土地消耗之间的艰难权衡作出明智的决定，所以他们不应有权作出这些类的决定。只有在自由市场中，才有允许家庭和企业选择最能让他们最大限度地提高舒适度和参与劳动力市场的权衡。在接下来的章节中，我将使用机动性和可负担性标准来评估不同城市形式的效率。为了从庞大的劳动力市场中充分受益，家庭和企业必须能够方便地流动。 因此，必须有足够的、负担得起的选择，使他们能够在最适合他们需求的位置和土地消耗之间作出权衡后选择。

2.8 运行的含义：被视为劳动力市场的城市

将城市视为统一的劳动力市场应该会改变城市规划师对机动性普遍的负面看法。规划师认为，他们最重要的任务之一是减少城市化带来的困扰，尤其是车辆交通。的确，减少拥堵和污染是城市化带来的最紧迫的挑战之一。然而，规划师在他们热衷于减少拥堵和污染的同时，往往无法理解增加机动性的目标与减少其所造成的挑战的约束之间的区别。

城市规划的主要目标之一是保持机动性——防止随着劳动力市场规模的扩大而

增加通勤时间。换句话说，规划的主要目标应该是随着城市规模的扩大而提高城市交通的速度。降低交通造成的滋扰程度是一个限制因素，可能会增加实现目标的成本。但是，如果减少滋扰的边际成本低于劳动力市场扩张带来的生产力边际增长，那么这种成本是完全合理的。例如，根据车辆造成的污染按比例收费或在高速公路上征收通行费以减少拥堵，虽然会增加运输成本，但同时也会提高交通效率、提高车速并改善环境质量。

然而，规划师经常用约束代替目标。例如，“精明增长”的倡导者暗示减少拥堵和污染是城市规划的主要目标。但实际上他们很快就会发现，没有什么比减少机动性更能减少交通拥堵和污染的了。因此，减少机动性被认为是一个理想的结果，也是目标与约束之间逻辑混淆的结果。出于这个原因，规划师设计出了“城中村”这样可以含蓄地降低机动性的空间安排（见图 2.5，模式 D）。

在大都市区，将就业地点与居住地相匹配已成为城市规划师的“圣杯”。这种反复出现的自负，促使许多总体规划和土地使用法规的制定，只能用对大型劳动力市场的经济效益和大型劳动力市场运作所需要的机动性的无知来解释。事实上，空间位置的选择最好留给家庭和企业自己来决定。

在接下来的章节中，劳动力市场的运作将成为我评估可供替代的空间布局的指导原则。我将使用“机动性”来表示在尽可能短的通勤时间内到达大都市任何区域的能力；用“可负担性”来表示家庭和企业在他们认为福利最大化的任何地区定居的能力。这两个目标直接关系到最大限度地扩大城市劳动力市场规模的总体目标，从而推动城市实现经济繁荣。

第3章

城市空间结构的形成：市场 vs 设计

要紧紧围绕使市场在资源配置中起决定性作用，深化经济体制改革，坚持和完善基本经济制度。

——中国共产党第十八届中央委员会第三次全体会议，2013年11月12日

在前一章中，我们讨论了企业和家庭是如何通过劳动力市场相互联系的。劳动力市场的存在使得企业和家庭在通勤时间少于1小时的距离内选址。

家庭需要土地作为住所，企业需要土地作为办公场所。然而，对于一定的人口，单位家庭和单位工人所占用的土地面积越大，企业和家庭之间的通勤距离就会越长。因此，土地占用和通勤距离之间存在着某种制约关系。

其实通勤距离只是通勤时间和成本的一个替代性概念，通勤时间和成本才是真正限制劳动力市场集聚度的制约因素。交通技术的进步会促使通勤速度和通勤成本产生变化，因此距离并不能完全代表劳动力市场的效率。对此，真正需要平衡的是土地占用和不同交通工具的通勤时间和成本之间的关系。这就带来以下几个问题：

- 如何在土地消耗与通勤速度和成本之间达到最佳平衡，从而同时使企业和家庭的福利实现最大化？
- 是否有可能确定一种城市空间结构，以使所有企业和家庭的土地消耗与通勤速度之间达到最优平衡？
- 随着人口规模和家庭收入的增长以及交通技术的改进，在土地消耗和通勤距离之间达到平衡的最佳途径是什么？

为了回答这些问题，经济学家倾向于支持市场，而城市规划师则倾向于支持设计。[1]在本章的标题中，我将市场和设计放到对立的角度。本章将讨论以下问题。

- 市场和设计如何促进城市的发展？
- 市场和设计，谁更有可能以一种在土地消耗和通勤速度之间实现平衡的方式来塑造一座城市？
- 规划师是否应该用自己的设计替代市场力量以获得更好的空间结果，或

者相反，规划师是否应该更多地依靠市场来引导城市发展？

- 如果城市空间结构的效率取决于土地消耗与通勤速度和成本之间的平衡，那么规划人员应该制定哪些指标来监测城市结构效率的变化？

3.1　市场经济下，市场和设计在塑造城市中的作用

在市场经济中，市场力量和深思熟虑的政府人为设计共同作用推动了城市空间结构的形成。在世界上仅存的最后两个计划经济体——古巴和朝鲜，政府设计成为塑造城市的唯一因素。让我们来看看市场和设计是如何影响世界上大多数城市的形态的。

3.1.1　市场是城市形态的创造者

市场创造了一种产生并不断修正城市形态的隐性机制（Blind Mechanism），就像进化创造了一种产生并改变生物体的隐性机制一样。

市场通过土地价格塑造城市。人们对特定地段的高需求促成了城市地价的巨大差异。反过来，土地价格则通过创造高度集中的某类建筑空间来塑造城市，如地价高的地方以高层建筑为主，地价低的地方则以低密度的低层建筑为主。这就解释了为什么摩天大楼在中央商务区（CBD）尤为集中，即有限区域内对建筑空间的极高需求，同样，低地价和高收入则解释了低密度郊区的扩张。非常低的家庭收入解释了贫民窟的高居住密度，即使在土地价格相对较低的地区也是如此。因此，供需间的动态平衡、企业和家庭收入的变化，以及运输的成本，就可以解释为何在大都市区中存在着极端多样的建筑形态及其空间分布。市场产生的城市形态完美地诠释了18世纪苏格兰启蒙运动哲学家亚当·弗格森（Adam Ferguson）所说的“人类行为的结果，而非任何人类设计的执行。”（the result of human action，but not the execution of any human design）

3.1.2　市场与城市交通价格

市场使城市的每个位置产生不同的土地价格。在大多数城市，中心区的地价通常是最高的，因为劳动者和消费者可以以最短的时间和最低的成本到达那里。交通价格——以消耗的时间和花费的金钱来衡量——历来是城市形态的主要“塑造者”之一。在19世纪的大型工业城市，步行或乘坐马车是最常见的往来交通方式，为此需要极高的城市密度。高昂的时间或金钱运输成本以及机械化交通方式的缺失限制了建成区的范围。因此，劳动力市场的规模增长只能通过在一小时可达区域中容纳

更多的人和工作岗位来实现，从而导致极高的人口和工作密度。一座城市的劳动力市场可以保持增长的前提，是大部分人口接受每年消耗更少的土地。结果导致了狄更斯式的高密度贫民窟。

19 世纪末，各种机械化城市交通工具的出现使人们能够以更低的成本、更快的通勤速度抵达工作岗位。1862 年，伦敦修建了第一条城市地铁，很快欧美的许多大城市纷纷效仿。机械化交通的引入对城市的形态有两个主要的影响。首先，它增加了一小时内可到达区域的面积，进而即使在人口密度下降的情况下，劳动力市场的规模也得以扩大。其次，它大大提高了机械化交通线路汇聚的城市中心的可达性，提高了中心地区的地价，同时降低了郊区的地价。快速的铁路运输也大大强化了广大乡村地区与老城区的可达联系。土地供应的大幅增加使得以前住在市中心贫民窟的人能够负担得起新的郊区排屋。毕竟，这种新兴的交通技术让埃比尼泽·霍华德（Ebenezer Howard）的"田园城市"概念变得不再那么乌托邦。[2]

20 世纪 30 年代中期，汽车以中产阶级负担得起的价格获得大规模生产，它让人们可以快速进入尚未覆盖郊区铁路网的地区，从而进一步扩大了城市半径。由于引入了新的交通技术，这种空间扩张使得劳动力市场规模迅速扩大，同时进一步加剧了城市中心区和郊区的地价分异，并增加了郊区居民和企业的土地消耗。

3.1.3 不同区域的容积率

城市的空间扩张需要土地，但城市化的最终产物是建筑面积，而非土地。由于土地是建筑面积不可缺少的投入要素，所以某一特定地点对建筑面积的高需求会增加该地点的土地价格。

建筑面积是在公共或私人土地上建造的建筑面积的总和。在地价高的地区，开发商可以通过建造更高的建筑物来减少他们用于生产给定建筑面积的土地面积。导致的结果是，建设单位建筑面积所需要的土地数量在城市内部和城市之间差异很大，反映了市场决定的土地价格的巨大空间分布差异。

例如，上海环球金融中心（Shanghai World Financial Center），一座建于上海新金融区浦东的壮观写字楼，高 101 层，总建筑面积 37.7 万平方米。该写字楼建在一处 27800 平方米的地块上。建筑面积与土地面积的比率（也称为容积率，或 FAR）约为 13.5。换句话说，建造上海环球金融中心大厦时，开发商仅用了 1 平方米的土地就建造了 13.5 平方米的建筑面积。

相比之下，在距上海环球金融中心 24 公里的上海郊区华新洲 ，开发商建造的单户住宅占地 1350 平方米，建筑面积 300 平方米，容积率为 0.22。因此，在上海华新洲建造1平方米建筑面积所占用的土地是浦东的61倍！同一城市两个不同地段生产1平方米建筑面积的土地消耗的巨大差异反映了土地市场设定的土地价格的巨大差异。

在纽约大都市区，我们看到了类似的情况。让我们将曼哈顿中城（纽约中央商务区）的容积率与距离中城26公里的纽约郊区格伦罗克（Glen Rock）的容积率进行比较。我们看到，在郊区建造1平方米的建筑面积，使用的土地是中央商务区的60倍左右，这一结果与上海非常相似。

因此，建造建筑的高低并不是由规划师、建筑师或开发商的设计决定。它是基于土地价格的财务决策，反映了特定位置对建筑面积的需求。高层建筑每单位建筑面积的建造成本会高于低层建筑，但由于需求旺盛，单位建筑面积的潜在销售价格补偿了更高的建筑成本。更高的容积率值就降低了每单位销售面积的土地成本。

因此，容积率的高低并不是一种设计参数。容积率在提供建筑面积时，捕捉了从土地到资本的价值转换。这是一个纯粹的经济决策，取决于土地价格与建筑价格的关系。如果土地价格远远低于建筑价格，就没有太多的理由建造高于2层或3层的建筑。例如，在前文提到的纽约郊区格伦罗克，土地成本约为450美元/平方米，而一个典型的木结构住宅的建设成本约为1600美元/平方米。因此，没有用更多资本替代土地的动力，大多数房屋的容积率都很低，约为0.25。相比之下，在纽约市中城地区，地价约为25000美元/平方米，而一栋优质写字楼的建造成本约为5000美元/平方米，仅为地价的20%。中城高昂的土地成本大大增加了资本替代土地的动力，这也解释了为什么写字楼的容积率高达15。与上海浦东一样，纽约中城的高层建筑的存在并不是一种设计选择，而是市场强加的一种经济必然，反映了消费者对该地段的高需求。

一些城市规划师可能不同意我的观点，认为高层建筑的存在主要是分区规划施加的设计决定的结果，因为分区规划会通过法规确定最大容积率值。以下是他们持有这种错误观念可能的原因。

在大多数城市，规划师会严格规定容积率，因为他们认为高层建筑会给周边街区带来巨大的负外部性。高层建筑确实会投下长长的影子，而且可能会造成附近街道的拥堵，因为很可能会有大量的人群在其中生活或工作。在许多城市，由于容积率规定的限制，建筑物的高度被限制在远低于市场需求的水平。在监管所允许的容积率最高标准远低于建筑面积需求的地区，多数建筑会在规定允许限度内充分利用有限的容积率。最终，城市规划师可能会决定将规定的容积率数值提高到目前法规允许的最高水平。然后，开发商将充分利用新批准的容积率，建造更高的建筑。容积率的增加与更高建筑建设之间的时序关系，给人一种法规与高层建筑之间存在因果关系的错觉。因此，一些规划师认为，确定一个容积率的监管值是一项设计决策，新的建筑将自动使用法规所规定的容积率上限。

虽然这在建筑面积需求曾受到法规严格限制的地区可能是真实存在的，但是在对更高建筑没有需求的地区，放宽容积率的限制将不会对未来建筑的高度产生影响。在上文提到的纽约郊区格伦罗克，大多数建筑的容积率值在 0.2 到 0.3 之间，而允许的最大容积率值约为 0.4。目前对于现行规定的容积率数值所允许的建筑面积的需求并不大。如果规划师批准一个新的容积率值，比如说 5，也不会有高层建筑随着区划调整而建造。

3.1.4 市场会对规划师无法预料的外生因素作出反应

不断变化的外生力量不断改变市场的均衡，因此，市场创造的城市形态和土地用途也随之不断演变。全球化背景下，这些外生力量正变得越来越多，其影响也越来越不稳定。例如，大约 30 年前，印度文书人员的技能、工资水平和可用性对欧美城市的文职人员的需求没有影响。而今天，信息技术使得印度的文书人员可以与欧洲的同行竞争。这种外部竞争可能会影响对欧洲文书人员的需求；因此，欧洲城市对办公楼的需求和位置可能会发生变化。这种技术上的变化，以及印度劳动者的可用性和工资水平，便成了可能影响欧洲城市土地利用的外生力量。这些全球性的外生因素同样影响着印度城市的土地利用。 例如，最近在印度城市如雨后春笋般涌现的客户呼叫服务中心，是一种几年前还不为人所知的土地用途，就是新技术的可用性以及欧美职员的工资水平比印度同行更高带来的直接结果。

市场对世界范围内的变化反应迅速。对某些活动需求的下降将导致进行这些活动的建筑物租金的降低，从而引发了对土地利用需求的快速变化。由市场引起的土地利用变化常常发生在城市规划师可能意识到需求的变化之前，如全球宏观经济事件、消费者需求的变化以及因此产生的工业生产变化，甚至是快速的士绅化（Gentrification）。

在城市中，市场创造了新的土地利用类型，并将其他类型淘汰。马克思在《共产党宣言》（*Communist Manifesto*）中指出，市场产生了永远的不确定性和动荡，其结果是一切坚实的东西都化为乌有。这在今天仍然适用，可以用来形容新兴经济体中最具活力的城市所发生的变化。经济学家、哈佛大学教授约瑟夫·熊彼得（Joseph Schumpeter）对马克思的原始观点给出了更为乐观的诠释，他将这一过程称为“创造性破坏”。从而市场可以通过提高或降低土地价格来完成对土地的循环使用。这种持续的土地循环利用对城市人口的长期福利非常有利。然而在短期内，土地用途的改变和就业的空间集中状态变化会使工人和企业都感到迷惑和恐慌。

为了应对土地用途变化造成的干扰，地方政府往往试图通过降低容积率、强制商业与住宅分区或冻结特定工业用地来减缓变化速度并防止过时土地的循环利用。然而，通过法规来维持过时的土地利用，从长期影响来看，对未来的就业水平和城市居民的总体福利是灾难性的。而防止过时土地用途的转变也会阻碍在其位置上创造新的就业机会。法规可以防止土地用途的变化，却不能阻止工作岗位从过时的用地上消失。当政府将土地维持在没有更多需求的用途时，这座城市的劳动力市场就会萎缩。冻结过时的土地使用并不能阻止熊彼得式的破坏，却会阻止与之相关的创造。一切坚实的东西都化为乌有，但毁灭之后并没有任何新的创造。

3.1.5 土地用途的变化：孟买

孟买棉纺厂的故事最能说明以冻结过时土地用途的方式来保住工作机会作法的悲惨后果。19 世纪中叶，印度企业家在当时孟买的一处工业区建造了孟买第一家棉纺厂。1861 年，美国内战导致印度棉布价格大幅上涨（早在全球化之前就已经发生的外部冲击）。结果，棉纺厂成倍地雇用工人，在 20 世纪 30 年代最高峰时期雇用了超过 35 万名工人；棉纺厂占地约 280 公顷，这还不包括工人住房。然而，随后来自其他亚洲国家以及印度较小城市现代化棉纺厂的竞争，使得在孟买生产的价格较高的棉织物在全球市场上越来越没有竞争力，外部竞争使得部分工厂不得不关闭。

第二次世界大战后，更多的纺织厂开始关闭。其中部分原因是随着孟买的发展，这些工厂大都位于密集拥堵的大都市中心，运营成本太高。此外，考虑到土地费用，工厂也没有更新，使得工厂布局和技术过时进而废弃，工厂的生产率不断下降。1982 年持续一年多的工人罢工给孟买的棉纺厂带来了致命一击。纺织业兴衰的故事并非孟买独有，许多欧洲工业城市，如曼彻斯特（Manchester）和根特（Ghent），也都经历了由相同外部力量产生的相同循环。

然而，随着孟买工厂的关闭，市政当局和工会企图努力保住工厂创造的高税收和高薪工业岗位。结果是他们成功地阻止了棉纺厂的所有者出售现在已经废弃工厂所在的潜在价值昂贵的土地。直到后来，这些工厂再也不会开工成为事实，当地政府对土地的再开发强加了苛刻的条件[3]，以致土地最终在法律诉讼中被冻结。这带来的后果，是在后来 40 多年的时间里，越来越多的纺织厂在孟买市中心空置，迫使这座城市绕过 280 公顷被空置的纺织厂占据的配套成熟区域，进一步向北扩展其基础设施（图 3.1）。在 2009 年，当一些以前被工厂占用的土地最终被拍卖时，价格甚至达到了每平方米 2200 美元！由此推算，大约 30 年未使用的纺织厂用地总价值在 2009 年可以达到 60 亿美元，是孟买 2014 年财政预算的 5 倍多。[4]

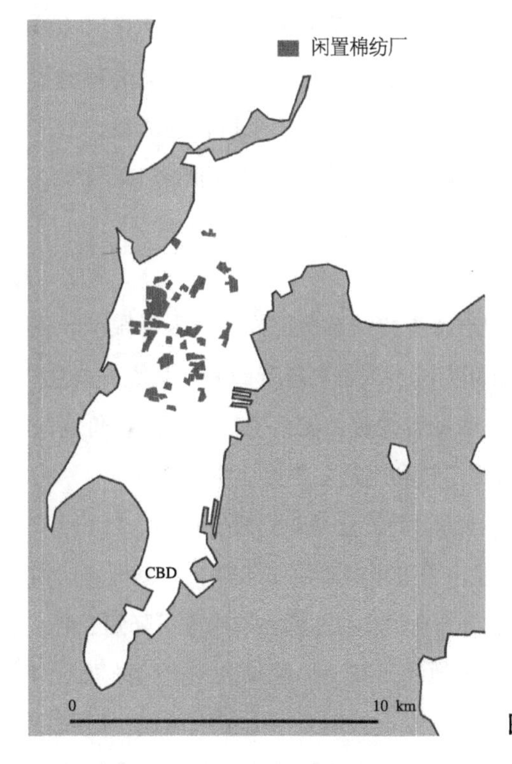

图 3.1 1990 年孟买闲置的棉纺厂分布

由于没有认识到城市活动是短暂的，且受到无法控制的外部市场力量影响，市政当局和工会试图通过法规来维持过时的活动和土地使用。他们认为，纺织厂倒闭的问题是地方性的，可以通过当地利益相关者之间的讨价还价来解决。通过这样做，他们阻止了在闲置工厂占据的非常宝贵的土地上创造新就业的机会。这一误解给工人们带来了巨大苦难，并损害了城市经济。它阻止了那些可以取代已经失去工作机会的新工作岗位的创造，它迫使城市的基础设施扩展到新的、更偏远的地区，而已经拥有良好设施配套的土地却空空如也。

3.1.6 土地用途的变化：康涅狄格州哈特福德

康涅狄格州哈特福德（Hartford，Connecticut）在 20 世纪 50 年代被称为“世界保险之都”，该案例戏剧性地说明了技术变革是如何对当地土地使用以及严重依赖某一行业的城市繁荣造成影响的。

哈特福德的人口在 1950 年达到顶峰，当时保险公司要求职员不论是彼此间还是与管理层之间都要保持工作距离的高度集中。20 世纪八九十年代的数字革命消除了这种集中的必要性。因此，许多保险公司将其业务分散经营，并搬出了哈特福德。到 2010 年，哈特福德的人口比 1950 年的峰值减少了 30%，剩下的人口中大约 32%

生活水平在贫困线以下。哈特福德的衰落并不是因为保险业的不景气，而是因为技术的变革，这种改变反过来又影响了区位需求。当然，土地利用规划者无法预测影响保险公司的变化。然而，如果他们曾经尝试着使土地利用法规授权的活动类型多样化，或许能吸引其他行业或服务，从而降低保险从业者长期失业的概率。

3.1.7 土地用途的转变：中国香港

就业地点和土地需求的变化并不仅仅如哈特福德的案例那样，只限于城市经济特定部门的变化。一些经济部门的消失和新部门的出现也可能导致就业地点的变化。如果城市劳动力市场要在转型过程中保持正常运转并避免孟买工厂犯下的代价高昂的错误，那么经济趋势的这些快速变化也需要土地利用随之快速地作出改变。

例如，到 20 世纪 60 年代初，中国香港的纺织制造业是亚洲最成功的。1980 年，香港制造业工人占总就业人数的 46%，制造业占香港生产总值（GDP）的 24%。而到 2010 年，制造业占 GDP 的比重下降到 1.8%，制造业就业占总就业的比重下降到 3.4%。

20 年来制造业份额的这种巨大变化要求土地利用和工作区位也发生同样剧烈的变化。香港的制造业工作岗位在很大程度上被服务业的新工作岗位所取代。但服务业的区位和土地需求与制造业完全不同。服务业就业代替制造业就业，不是单纯用写字楼代替工厂就可以达成的。相反，由于香港规划师通常是办公空间的出租人（因此直接受到市场定价的影响），他们能够了解市场需求，以完全重新分配土地使用和调整城市交通的方式适应工作集中的新空间格局。

中国香港经济的这些变化不是规划师精心策划的结果，而是地缘政治变化由外部施加的结果（如中国内地经济开放）。香港城市规划师在管理土地用途转变方面所取得的卓越成就，并不是因为他们事先就对土地用途的改变作了规划，而是一旦世界经济带来的这些经济变化变得清晰起来，他们就会迅速作出反应，调整城市土地用途和基础设施以适应新经济。

3.1.8 市场在历史保护中的作用

历史保护可能是城市管理者希望防止由市场力量引起的自发土地循环的少数例外之一。历史遗产建筑是古代市场力量产生的化石建筑。保护过去存留下来的顶级建筑有许多经济和文化上的正当原因。保护历史建筑不受市场影响，似乎与我刚才讨论的案例研究得出的结论相矛盾。然而，两者实则有着重要区别。历史保护的目标是保护高质量的建筑，而不是特定类型的土地使用。事实上，保护历史建筑的最佳方法是允许一种与保护兼容的新型利用模式，同时为新的使用者提供一个与其业务活动兼容的场所。

保存完好的历史建筑可以为现代活动提供场所的成功例子有很多，比如在博洛尼亚（Bologna）的历史中心，中世纪和文艺复兴时期的建筑成为著名银行和零售企业的总部；纽约的SoHo铸铁历史街区，昔日的纺织工厂和印刷厂被艺术家公寓和高端零售所取代；毗邻新加坡金融区的唐人街上，传统餐馆逐渐升级，以适应商务客户的需求；小型制造车间被改造成小型咨询公司的办公室。在所有这些例子中，现存历史建筑的保护都涉及建筑内部空间使用的巨大改变。新土地用途下收取的租金越高，就越能负担历史建筑所需要的维修费用，并确保其得以保存。

3.2 在塑造城市的过程中，设计是市场的补充

我们已经看到，市场机制在增加城市土地供应、转变土地利用方式、设定土地消耗量、建筑面积和建筑高度方面是有效的。市场通过土地价格在空间和时间上的变化来塑造城市。因此，市场只有在定期进行土地和建筑交易时才有效。然而，被经济学家称之为公共物品的街道和公共开放空间所占用的土地从来不受制于市场交易。因此，自上而下的设计是将土地配置给街道和公共开放空间的唯一方式。

与市场的盲目性相反，设计意味着一个理性设计者的存在，是一种在过程背后去引导设计对象创造方向的人为控制力量。设计师会创作满足明确目标和功能的对象。[5]与市场创造的形态相比，设计创造的形态是永久性的，不能自发进化，直到它们被理性设计的新迭代所破坏或修改。修改已经设计好的形态需要理性设计师的刻意干预。

3.2.1 为何不通过市场机制提供道路网络和公共开放空间

为什么街道网络不能由私营部门建设，进而由市场力量控制呢？这种“显而易见”的原因有两个。首先，主要道路需要对齐并遵循通常由地形或道路网络几何形状决定的预先确定的路径。因此，不可能存在多个卖方和多个买方竞争获得道路通行权所需要的土地；政府必须进行干预以通过征用权来获得土地，而不是通过自由市场交易获得土地。其次，一旦道路网络建成，向受益人分配和收回成本是不切实际的，因为不仅道路使用者而且土地所有者都可以从更好的可达性中受益，从而提高土地价值。

然而，由于技术的进步，通过对全天不同时段的道路使用进行不同的定价，可能很快就可以推广在大多数主要道路上进行拥堵费的收取。通行费收入不一定能收回修路的资本成本，但至少应该能够调节道路使用的供求关系。尽管通行费可能会

激励人们修建更多的道路，但仍然没有供需机制可以像市场力量对消费品（例如智能手机）进行调整那般，在需求高的地方自动增加供应。

公共开放空间的提供也存在同样的问题。有时，私营部门可以提供和维护公园和公共开放空间，但仅靠私营部门的提供无法确保供应量足以满足需求。此外，政府比私人开发商更有可能为公众提供特殊地形区域的使用权，如海滨、湖泊、森林、丘陵和山脉等。由于这些资产的土地市场价格可能很高，私营部门提供免费使用通常是不切实际的，只有政府才有可能向公众免费提供这些特殊环境资产的使用权。此外，在不同的文化中，通常有一个共识，那就是这些特殊的资产应该属于整个国家，而不应该分配给有可能禁止公众使用这些特殊资产的私有个体。

因此，我们不能依靠市场机制来提供主要道路和公共开放空间。道路和公共开放空间的数量、选址和标准必须由政府设计。当需求高时，供应弹性是不可能的（例如，当特定地点的道路需求量变得非常高时，无法增加道路量）。政府必须以设计取代市场，以确保包括道路在内的所有公共产品的充足供应。充足的城市道路供应尤为重要，因为道路提供了必不可少的机动性，使劳动力市场得以运转，城市得以存在。

最终，政府必须行使征用权来购买土地，用于道路路网建设，以将当地私人修建的路段连接起来。虽然政府可以以同等市场价格对土地所有者的土地进行补偿，但征用土地并不是一种市场操作。这里只有一个买家：政府。土地的卖家除了出售没有其他选择，不管他是否愿意这样做。

政府越来越多地通过与私营公司签订合同的方式来建造主要的、非连续的公路或铁路基础设施。然而，这些建设 - 运营 - 转让（BOT）或建设 - 运营 - 拥有 - 转让（BOOT）合同并不会改变政府在启动设计、确定规范和强制执行合同安排中的主要责任。在 BOT 或 BOOT 安排中，政府始终是发起者。因此，无论 BOT 合同如何，结果都是一样的：主干道路始终是政府设计的产物，而不是市场机制的产物，即使是私人承包商建造、维护和向用户收取通行费也是如此。

当商品通过市场提供时，对商品的高需求会自动触发供应响应，最终，产量和价格将达到供需平衡。相比之下，当道路或公园等商品由政府设计时，高需求会造成拥堵，但不会增加额外道路或公园的供应。

3.2.2 私人开发的道路网络可能导致城市交通网络运行不佳

到目前为止，还没有城市找到一种无须政府干预，完全依靠私营部门来设计、融资和运营大都市道路网络的方法。

重要的是首先将本地通行道路的供给与服务于整个大都市区的道路网络区分开

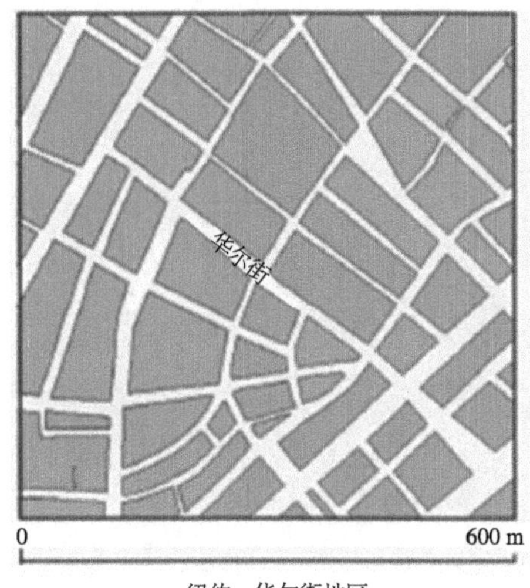

纽约，华尔街地区

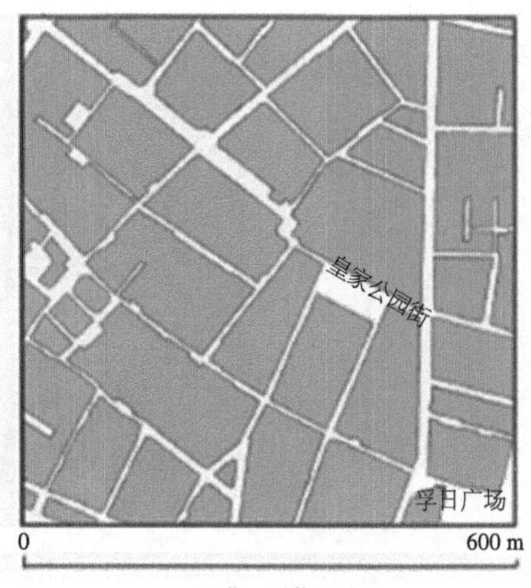

巴黎，玛莱地区

图 3.2 纽约（华尔街地区）和巴黎（玛莱地区）的街道模式

来。私人开发商通常会在其物业线内或边缘提供道路。最终，这些道路的所有权会移交给地方当局，然后整合到公共领域中以形成相互连接的街道网络。许多城市的核心是由原本私人开发的道路聚合而成，图 3.2 所示的两张地图很好地说明了这一过程。纽约历史核心的华尔街地区和巴黎的玛莱区（Marais）的街道网络有很多相似之处。街道网络沿袭了原有的地产地块界线，并由最初的开发商进行内部细分。它们各自构成一个无等级的网络，提供对相邻房产的访问，但不提供跨越大都市区的道路网络或整体机动性。私人修建的通路集合并不能构成一个允许劳动力市场以第 2 章中描述的方式运转的大都市网络。

纽约和巴黎的街区地图还展示了街道网络设计后的弹性。华尔街地区的街道格局可以追溯到 17 世纪，而玛莱地区格局则可以追溯到 13 世纪。自路网设计以来，街区内的建筑已经被拆除和重建多次。然而，在公共利益和私人利益之间设定界限的通行权自数百年前创建以来几乎没有改变。

为了建立有效的全市流通网络，城市需要将这些私人修建的局部道路与政府设计的主要道路网络连接起来，以连接各个社区，并使交通速度与劳动力市场的有效运作相一致。

3.2.3 完全由政府设计的道路网络

在第 5 章中，我将更详细地讨论大都市道路网络可以采用的各种组织布局，以及网络形状对土地价值和城市空间结构的影响。在本章中，我将仅讨论为什么政府干预对于街道网络的设计是可取的。

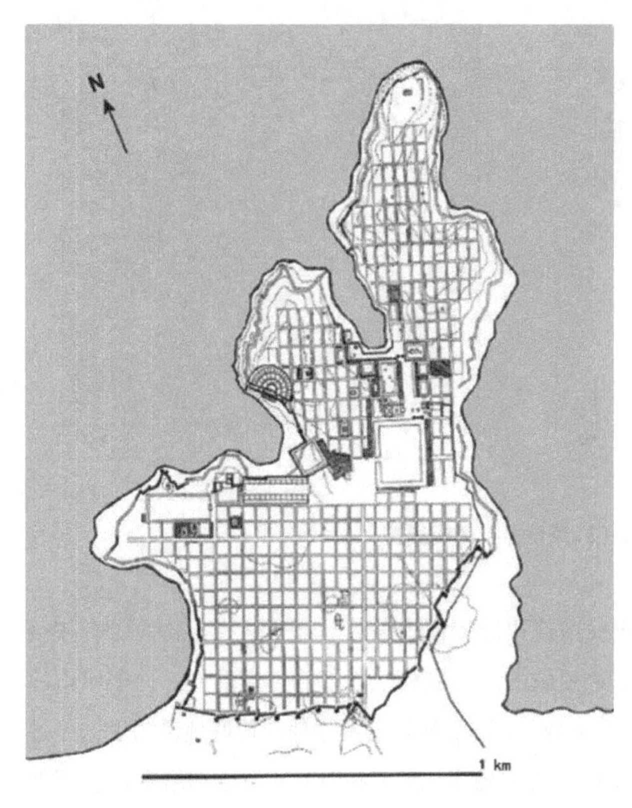

图 3.3 米利都平面图，公元前 6 世纪

资料来源：A.V. 格尔坎和 B. F. 韦伯，1999 年，《拜占庭安纳托利亚考古学：从古代晚期末期到土耳其人的到来》，编撰：菲利普·聂赫纳（牛津：牛津大学出版社，2017 年）。

在城市化历史的早期，地方政府已经认识到，通过简单地连接财产地界线之间留下的剩余空间来创建街道网络的局限性。公元前 6 世纪，小亚细亚的几个希腊贸易港口的地方政府制定了世界上最早的在定居之前便将公共空间和私人空间分隔开来的设计方案。米利都位于今天的土耳其的规划便展示了地中海地区已知的最早例子之一，即由当地政府提前设计的完整街道网络（图 3.3）。[6]

希波达姆斯（Hippodamus）是已知最早的城市规划师之一，他在公元前 6 世纪设计了米利都的规划方案。值得一提的是，米利都也是数学家和哲学家泰勒斯（Thales）的出生地。

希波达姆斯的方案在公共空间和私人地块之间建立了界限。除了街道的通行权外，希波达姆斯还规划了公共建筑的位置，以及那个时代希腊人认为对城市运行必不可少的：集会场所（进行商业、司法和政治活动的地方）和一个圆形剧场（上演戏剧和喜剧的地方）。希波达姆斯提前选择了剧院的位置，因为与现代剧院不同，希腊的圆形剧场必须建在一个理想的斜坡上，这样不仅可以改善声音效果，还可以支持阶梯状露天看台的建造，降低建设成本。

米利都的规划有两个优点。首先，它明确并预先区分了市场可以开发的私人领域和不可开发的领域（如，公共物品）。其次，它提供了一个连贯的、连接良好的城市街道网络，使城市不同地区之间的交流变得容易。虽然希波达姆斯确定了公共建筑和集会广场所需要的大型开放空间的位置，但他并没有试图规划或控制私人街区建筑的使用。对米利都遗址的发掘表明，商店和作坊建在沿着主轴线，靠近两个港口和集会场所的地方，而这非常符合现代土地市场的特征。

1792 年，朗方（L' Enfant）采用了与米利都相似的规划方法设计了华盛顿特区的街道网络。朗方设计了整座城市的街道格局，并选择了主要政府建筑的位置，但他对私人用地的使用和开发并没有施加任何明确的控制。事实上，朗方根本不会知道 K 街将主要用作说客的办公室，或者政治和官僚精英们会选择主要住在乔治敦，一座在他的计划范围之外的村庄。朗方的传记告诉我们，他并非一个谦逊之人，但即便如此，他也没有像现代规划师那般狂妄自大：试图设计和控制城市中每个私人街区的使用方式。

像米利都和华盛顿特区这样的整个城市街道网络的超前设计，在城市史上是相当罕见的。大多数城市一开始都是没有规划的村庄，街道网络是由地界线之间的剩余空间聚合而成，类似于图 3.2 中巴黎和纽约的模式。然而，当一座城市的人口超过 10 万人时，这种没有等级的街道模式会阻碍城市中偏远地区之间的交通速度。于是，一些城市计划将其街道网络扩展到新的地区，以备未来城市发展，从而避免无限复制原始村庄的街道格局。19 世纪，纽约“行政长官规划设计”对现有的街道网络进行了更好的扩展，将著名的曼哈顿网格（Manhattan Grid）添加到原有的“村庄”街道模式中，这种模式今天仍然存在于休斯敦大街以南的地区。类似地，伊尔德方斯·塞尔达（Ildefons Cerda）为巴塞罗那原来的哥特式区域（BarriGotic）网络设计了扩展规划，这一网络至今也仍然存在。这两个扩展的目的都只是为了设计街道的通行权，以先于开发商，利用财产地界线之间留下的剩余空间来定义街道网络。然而，这两个设计都没有规定由新道路网络划定的私人用地的具体用途或密度。

改变现有的道路网络——而不是像纽约和巴塞罗那那样规划绿地扩建——是非常困难的，因此在过去很少发生。1865 年由乔治－欧仁·奥斯曼（Georges-Eugene Haussmann）在巴黎设计完成的新街道网络，是对已有街道网络进行大规模改造的罕见范例之一。奥斯曼的设计并非旨在扩展既有的街道网络，而是通过在覆盖当时城市大部分区域的中世纪狭窄小巷上开辟主干道的模式来改变原始网络本身。奥斯曼的方法是罕见的，因为利用土地征用权来重新安置房屋和企业是非常昂贵的，且在实施过程中会大大干扰城市的社会和经济生活。奥斯曼之所以能够实施他的巴黎规划，是因为他得到了皇帝拿破仑三世的大力支持。而在一个民主国家，奥斯曼的方法可能永远不会实现。

朗方、塞尔达和奥斯曼分别设计了华盛顿、巴塞罗那和巴黎的新城市街道布局，但每个设计都仅限于街道的布局和一些城市纪念碑的位置。这种设计仅划分出可以将公共物品（街道和公园）和私人物品（私人地块）分开的界线。市场仍然是影响街道之间街区土地利用的主要因素。在新街道建成很久以后，市场仍然在不断改变着商业活动区位以及住宅和工作密度。

土地重整[7]在一些国家（如日本、印度、韩国和德国）是替代征用权以获得街道通行权的另外一种方式。土地重整需要政府大力参与到最初土地所有者的土地分配当中，特别是要确保当地街道的设计与整座城市的网络相一致。土地重整是目前印度古吉拉特邦（State of Gujarat）最大城市最常见的土地开发模式。虽然土地重整不涉及使用土地征用权，但由此产生的街道网络是基于规范和城市规划者决策的设计的结果，而不是基于市场机制的结果。

由于没有任何已知的市场机制能创建出一种始终符合不断变化的可达性和交通需求的街道网络，为此，规划师在城市化之前的街道布局设计中扮演着重要的角色。朗方、塞尔达以及奥斯曼对他们设计的街道所服务区域的未来密度一无所知。但他们对街道宽度和街区长度的选择，无论多么随意，在没有市场替代方案的情况下都是有益的。设计的道路网络预先明确地将不可出售的公共土地与私人土地分开，并通过消除新街道位置的不确定性使土地市场更有效地运作。

在城市发展之前追踪也门城市的街道

从 1970 年到 1973 年，我在也门的萨那（Sana'a）做城市规划。正是在那里，我亲身体验到了在城市化之前发展街道网络的紧迫性。

我被联合国开发计划署（UNDP）派往也门，担任政府的“城市规划顾问”。在我到此之前，也门还没有城市规划部门。我的直属上司是公共工程部长和他的副手。为了在部里形成一个城市规划部门的雏形，我被要求在高中毕业生中招聘一名工作人员。

阿拉伯也门共和国的内战在我抵达前两年就结束了。在这两年里，这个国家历史上第一次对外开放，引发了大规模的城市化进程。

首都萨那在很大程度上仍是一座中世纪城市，缺乏供水管道或污水管道。它的人口仍然很少，只有大约 10 万人。联合国估计，这一数字正以每年 7% 的速度快速增长（这一数字后来得到了正式调查和人口普查的证实）。47 年后，萨那有大约 200 万人口，它的郊区扩展到肥沃的萨那山谷，以及位于城市东侧的一座死火山的斜坡。

也门人是熟练的泥瓦匠，他们用石头、砖块或土坯建造坚固的房屋。我在也门期间，主要的城市化问题并不是贫民区的发展，而是偏远的大型新定居点的发展。其中的许多定居点没有与任何公路系统连接，要想城市人口每十年翻一番，公路系统是非常必要的基础设施。

我最紧迫的任务显然不是向部长报告萨那应该如何发展，而是在城市化到来之前，建立一个快速将公共空间和私人空间分开的系统。在萨那，我将不得不扮演一个崇高的角色，就像华盛顿特区的朗方和巴塞罗那的塞尔达一样，不过是以一种极其谦逊简朴的方式，因为我没有绘图员，没有测量员，也没有待开发地区的地形图。但我有一组近期由联合国拍摄的航拍照片，一架经纬仪（一种简单的光学测量仪器），还有几卷卷尺。

显然，仅仅设计一项萨那扩展规划，并得到政府的批准，在当地不会产生任何改变。为了产生影响，我必须将土地本身作为我的画板，在拥有这片土地的农民和部落首领的同意下，直接在地上画出街道。

我面临的挑战是如何将一个简单的概念性规划从一张纸转移到实际的街道网络中。根据航拍的照片，我绘制了一幅未来主要干道的地图。为此，我找到了现有乡村道路的布局，确定了发展最快的地区，并快速勾勒出一个大约 1 平方公里的地区街道网络。

部长和他的副手非常支持我直接的做法。他们是务实的人，没有经验，也不喜欢官僚主义，他们明白建设一个主要公路网的紧迫性。通过公共工程部，我设法联系到了将要描绘的新街道所在地区的土地所有者团体。每天我都会向每一组土地所有者展示钉在板子上的道路草图。之后，我解释了该地区道路网络的原理，以及如何将其连接到城市的主要干线网络。他们都意识到将他们的地块连接到一个设计好的街道网络的好处。在讨论过程中，他们有时会要求进行修改，而且经常会就一些街道布局进行争论，但通常在几个小时的讨论后会就最终布局的意见达成一致。他们也非常欣赏我作为一个外国人的正直，我显然对结果所带来的金钱利益不感兴趣，他们认可我，并认为我是这件事的诚实中间人。

图 3.4 展示了 1970 年描绘也门新城市道路之前的初步测量工作。照片中展示的路虎车也是一个重要的工具，它可以在干燥的土地和石山上追踪道路。

第一个实施阶段是将街道轴线直接描绘到地面上，利用交通工具描绘直线。我的助手接着会沿着轴线倒石灰。然后，土地所有者将讨论街道的宽度。街道越宽，他们失去的土地越多；另外，他们也明白宽阔的街道会提

图 3.4　1970 年，笔者和两个助手在也门测绘新的街道

升他们地段的价值。经过一番讨论，我们就宽度达成了一致。我们画了两条平行线，这条平行线成了这条新马路通行权的边界。

我在也门的头两年测绘了不少街道。第三年，外交部认识到测绘新街道的重要性，并从中东其他国家聘请了训练有素的测量师，从而加大了工作力度（并减轻了我在地面上绘制街道的工作量）。

我曾就住房、密度和运输等方面撰写过许多报告，对萨那的发展提出建议。我相信，通过测绘街道，区分公共空间与私人空间的城市发展，是获得回报率最高的城市化方式。现在看着谷歌地球图像上拍摄的萨那的照片，我仍然可以看到一些铺着沥青的街道和密集的建筑。

3.2.4　规划师试图塑造城市，而不仅是设计街道布局

对于一些规划师来说，将规划局限在街道布局的设计上并不能满足他们的雄心。尽管分配给不同城市私人用途的土地数量由市场来决定更适合，但规划师认为，通过他们的设计可以显著地改善这一问题。虽然他们缺乏关于未来用户需求的信息，但这并不妨碍他们将设计从道路网络扩展到私人街区，认为自己可以取代市场的角色。

一些土地用途对相邻区域有明显的负面影响，比如允许在学校旁边建造铅冶炼厂，规划师便会被顺理成章地要求将这些不兼容的用途划分开。但这种不兼容的用途在现代城市中并不多见，而且很容易识别。规划师对用途的干预程度愈加严重，他们不仅试图系统地控制在私人地块上可以进行什么活动，而且还试图控制上面可以建造建筑空间的高度和面积。规划师如今试图扭转过去的控制和限制方式，而或

许最能说明这种愚蠢的是：

- 规划师使用新的法规，允许在许多居民区混合使用土地，而过去的法规恰恰旨在将商业和住宅等各种用途分隔开来。
- 规划师使用以公共交通为导向的开发模式（TOD，Transit-Oriented Development），旨在增加中转站周边的容积率。如果不是从一开始就对容积率进行监管，它们或许早就达到了与这些地区需求相对应的水平。然而，TOD 可以从协调的城市设计中受益，为行人提供更好的公共交通。TOD 很好地体现了现代土地利用规划的灵活性，它以一种新的法规来纠正旧规则的影响，以得到“如果第一个法规不存在的话，就会直接实现”的结果。

幸运的是，规划师对整座城市，包括城市中的每一栋建筑进行预先设计的情况相对来说比较少见，当中大多也主要是针对新首都的。然而，以规划设计作为市场替代品的观念正在渗透到大多数城市法规中，通过规定最小的地块和建筑面积以及最大容积率，隐含地设定了土地和建筑面积的消耗量。以设计取代市场对居民福利的负面影响并非微不足道。我将在第 6 章展示规划师通过监管代理而实施的详细设计方案是如何造成发展中国家贫民窟的恶劣环境条件的。

3.3 土地和建筑面积分配中的乌托邦与设计替代市场

我举两个例子来说明规划师在决定建筑物的数量和高度时，是如何用设计来替代市场的。在这些例子中，市场对实际结果没有影响。第一个例子中，对土地和建筑空间的使用是基于一种很特殊的设计；而在第二个例子里，则是基于一种伪科学规范。第一个例子是勒·柯布西耶在 1925 年提出的一个试图重新设计巴黎市中心，并使其摆脱市场的规则。第二个例子是 1980 年改革前中国使用的一个简单的“科学”住房设计规范。而后来的改革使得中国所有新城市住宅区的规范设计逐步被市场力量取代。

3.3.1 设计而非市场：勒·柯布西耶的巴黎中央商务区规划

1925 年，建筑师兼规划师勒·柯布西耶（Le Corbusier）提出用“正确”设计的新中心“瓦赞规划”（Plan Voisin，图 3.5）[8] 来取代旧的、传统的巴黎中心。勒·柯布

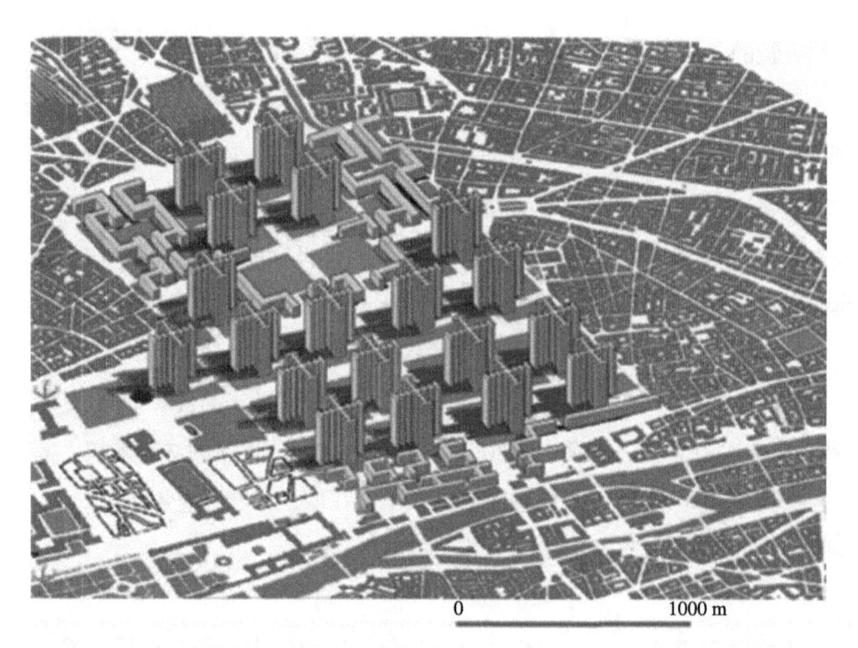

图 3.5　勒·柯布西耶的巴黎“瓦赞规划”

资料来源：巴黎建筑物背景图：OpenStreet Tap®（开放街道图）；瓦赞规划：作者根据“勒·柯布西耶基金会”网页上的平面图和图纸以及勒·柯布西耶所著《明日之城市》（*The City of Tommorrow and its Planning*），多佛出版社，纽约，1987 年所制作的三维模型。

西耶认为，城市建设首要的和最重要的目标是为每个居民提供最佳的日照量和直接通往大型公园的通道。基于生理结构的相似，他得出了所有人都有相同的空间和阳光需求的结论，因此他重复了塔形设计。幸运的是，这个项目从未实施，它是一种典型的规划设计方法。在这种设计下，生产的建筑面积和开发的土地数量以及公寓的数量和大小并不由供需关系决定，而是由设计师认为是基于感知“需求”的正确设计规范决定。勒·柯布西耶的学说刻意地忽略了市场，人为地设计了社区，甚至整座城市，这一切都是基于他个人所选择的规范和对人类理性需求的解释而展开的。

意料之外的是，城市规划的设计方法往往导致重复的设计，而市场方法则会促使设计多样化。这个明显的悖论很容易理解。设计以理性为基础，而理性有追求“普世”的雄心。一旦找到了正确、合理的设计，仅仅为了多样化而改变它就是不合理的。如图 3.5 所示，巴黎的“瓦赞规划”便证明了这一点。

理性规范论证对某些制造类产品的设计是有益的。例如，当为白炽灯泡的设计找到一个合理的规范时，无休止地调整规范是没有好处的；重复相同的设计对所有人都大有好处。所有人都会同意，白炽灯泡只有一个简单的功能和一个简单的目标。相比之下，城市是极其复杂的事物，居住着极度多样化的人群，且他们的偏好和境况会随着时间而不断变化。因此，城市的设计不能简地化为一个简单的目标，比方说只是为了获得阳光、公园的最佳途径还是其他一些有价值的目标。事实上，市场是混乱的，只是在向不断变化的均衡状态前进。然而，即使在运行不完美的情况下，市场也可以轻松地整合塑造城市所需要的复杂信息。

虽然瓦赞规划从未实施，但勒·柯布西耶的思想对20世纪下半叶的城市规划产生了巨大影响。通过CIAM[9]的定期会议和《雅典宪章》(*Charte d'Athènès*)的出版，他的想法获得了国际上普遍的认可，这促进了他将高层住宅塔楼植入公园以优化利用自然光线和绿地的设计理念的广泛传播。这当中的意识形态要旨，是科学设计应该在土地配置和建筑面积消费方面取代市场。然而不幸的是，这一要旨与知识分子对极权主义意识形态的执迷非常吻合，使得在20世纪大部分时间里，这种意识形态得以广为流传。

勒·柯布西耶的影响力较少体现在新城市的设计上，而更多体现在土地利用规范和公共住房设计上 。实际上，1980年以前在苏联和中国建造的几乎所有住房项目都是以勒·柯布西耶的概念为基础规范的。在西欧和北美的国家 ，勒·柯布西耶的影响仅限于政府资助的大型公共住房项目的设计，例如巴黎北部郊区的萨塞勒（Sarcelles）和密苏里州圣路易斯（St. Louis，Missouri）的普鲁伊特－艾戈（Pruitt-Igoe）住宅项目。公共住房建筑的重复设计不是出于缺乏建筑技巧，而是基于某种神话般的最佳规范的“设计”，将其作为市场的替代品，并假装代表普世价值。当面对现实生活时，这种假设的普适系统会导致许多负外部性。例如，千篇一律的设计会导致社区的不满，而缺乏通常由市场提供的必需品（如杂货店和交通工具)，会增加居民额外的成本。

通过他的书籍和会议，勒·柯布西耶清楚地表达了自己的观点：城市规划和建筑设计的主要目标应该是最大限度地获得阳光、公园和开放空间。但据我所知，他从未试图通过数学公式来优化他的想法。然而，他在中国的追随者却曾试图做到这一点。

3.3.2 设计替代市场：1960–1985年的中国住宅区

在摒弃以市场价格机制为基础的房地产交易之后，马克思主义指导下的国家必须找到一种不同的方式来将土地分配给不同使用者。马克思主义者将理性和科学视为他们思想构成的基础。因此，在中国这样一个幅员辽阔、人口众多的国家，中国的城市规划者自然而然地试图找到一个普适的“科学”规则来分配住宅区的土地。

20世纪50年代，中国制定了一项城市法规，要求每间公寓至少有一个房间应该能够在冬至日（12月21日）这一天接受至少1小时的日照。冬至是北半球太阳活动的最低点。[10]这一规定被应用于1950年至20世纪80年代中期建造的政府和企业住房。虽然这一规定在中国已不再适用，但改革前30年建成的存量房仍基本完好，因此这一设计规则对中国城市空间结构的影响值得探讨。

乍一看，这个单一的设计需求似乎无伤大雅。没有人会反对阳光。对中央计划者来说，用科学理性主义代替市场混乱和不可预测的结果具有强大的合法性。此外，全国统一的规范给人一种法律面前人人平等的印象。在设计市政住宅区或由国有企业为其职工建造住房时，通常使用该规范。这些住宅区残存的部分在中国城市中仍然可以看到，它们处于市场交易的底端，被人们俗称为“单位房”。

因为地方政府必须采用这种规范，住在同一纬度的每个家庭将消耗相同数量的土地，而且不管纬度如何，每个家庭每天都能享受至少一小时的阳光。勒·柯布西耶“瓦赞规划”中的异想天开、别具一格的设计，被一个简单的数学公式（式 3.1）取而代之。

公式 3.1 是计算建筑物之间距离的数学公式，建筑物内的每个房间单元每天至少要有 1 小时的阳光直射。建筑物之间的距离 d 是由建筑的高度 h 乘以太阳在冬至日上午 11：30（太阳时）的照射角度 α 角的正切值：

$$d=h\tan(\alpha\cdot\pi/180) \tag{3.1}$$

通过与太阳运动相关的数学公式 3.1 来表达的规则，似乎相当具有科学和普适性。而事实上，这只是伪科学。尽管在给定纬度的冬至中午太阳的高度是一个无可争辩的科学事实，但在每间公寓的一个房间里每天暴露 1 小时并不是一个既定的科学必要条件。

“1 小时日照”的规则规定了这个国家每座城市的公寓楼之间的距离，并使该距离随着城市纬度的变化而变化。图 3.7 展示了使用这样一个公式在北京的纬度地区进行住宅土地分配的过程。日照的要求也间接地决定了建筑物之间距离需要依据它们的高度来设置。在使用这一规则的时期，中国大多数住宅楼都是 5 层[11]，因此这一规则不可避免地固定了每层楼的面积与土地的比例。图 3.7 中的表格显示了北京纬度标准规定的 5 层建筑之间所需要的距离。反过来，这个距离通过估算每间公寓的平均建筑面积来确定可以容纳人口的密度。因此，北京纬度的日照规范隐含了这样一个要求，即每公顷 700 人的密度标准（假设每户总建筑面积为 65 平方米，每户 3.5 人）。

此外，图 3.6 显示了此类法规产生的可预测的重复场地规划。正如我们在勒·柯布西耶的“瓦赞规划”中已经观察到的那样，科学的设计规范不可避免地会导致一致性。相比之下，市场更有可能在个性化的设计中创造多样性，因为每个供应商都致力于通过创新来争取更大的消费需求份额。

这种所谓的理性规范对城市形态的影响是惊人的。首先，它隐含地设定了相同

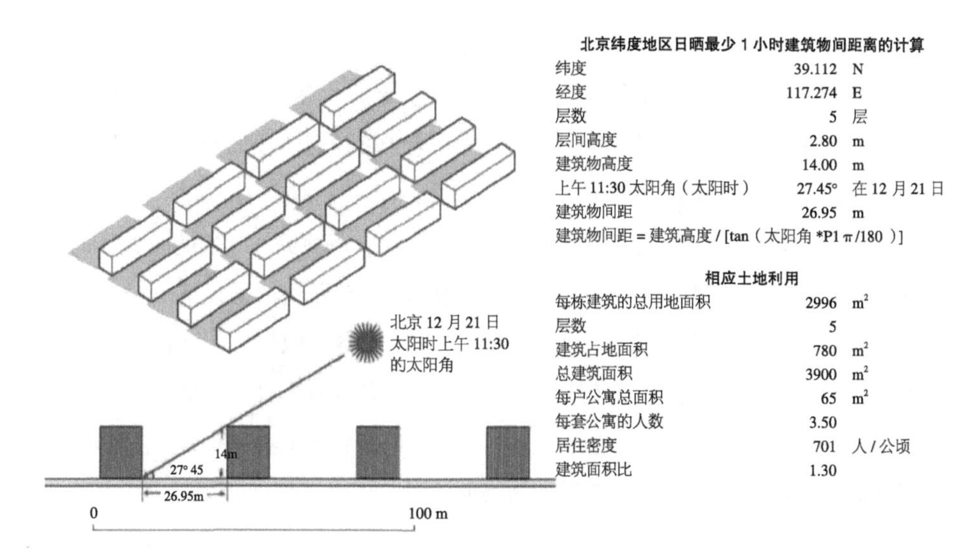

北京纬度地区日晒最少 1 小时建筑物间距离的计算

纬度	39.112	N
经度	117.274	E
层数	5	层
层间高度	2.80	m
建筑物高度	14.00	m
上午 11:30 太阳角（太阳时）	27.45°	在 12 月 21 日
建筑物间距	26.95	m

建筑物间距 = 建筑高度 / [tan（太阳角 *P1 π/180）]

相应土地利用

每栋建筑的总用地面积	2996	m²
层数	5	
建筑占地面积	780	m²
总建筑面积	3900	m²
每户公寓总面积	65	m²
每套公寓的人数	3.50	
居住密度	701	人 / 公顷
建筑面积比	1.30	

图 3.6　北京的单位住宅对阳光变化规律的应用

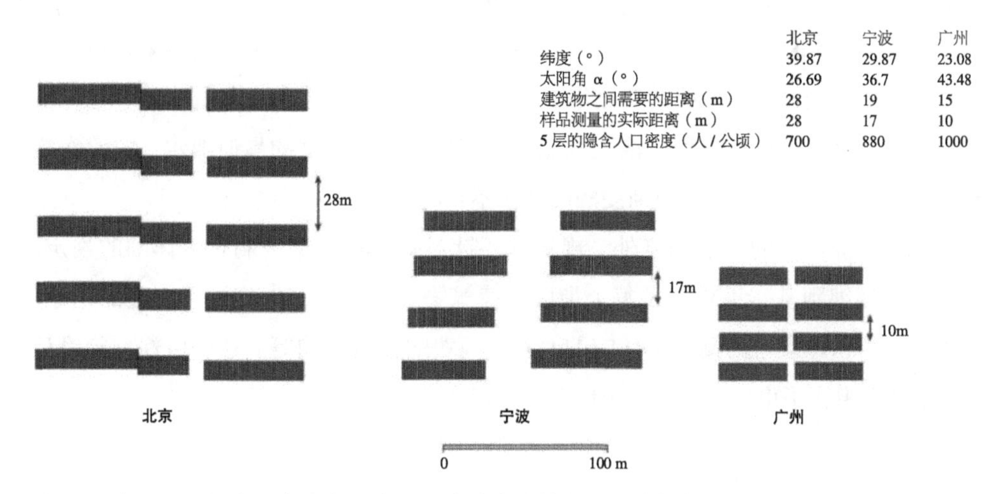

	北京	宁波	广州
纬度（°）	39.87	29.87	23.08
太阳角 α（°）	26.69	36.7	43.48
建筑物之间需要的距离（m）	28	19	15
样品测量的实际距离（m）	28	17	10
5 层的隐含人口密度（人 / 公顷）	700	880	1000

图 3.7　冬至日不同太阳高度角下中国三座城市建筑物之间的距离

纬度上每个地点建造的每栋楼的建筑面积消耗的土地面积都相同，而不管该地点是在大城市还是小城市，是在城市中心还是在郊区。其次，这意味着北纬地区相较于南纬地区必须用更多的土地来生产同一单位的建筑面积。或者换句话说，这意味着北京的密度应该较低，而海南的密度应该较高。如果这条规则适用于美国，那么芝加哥和纽约的人口密度应比休斯敦和菲尼克斯的密度低很多。

20 世纪 80 年代我在中国从事住房改革工作时，在我的中国同行们讨论是否可以找到提高土地利用效率的替代性住宅的设计时，这一规范经常被提到并当作主要的限制因素。这种设计方法真的适用于中国所有的住宅项目吗？

从对不同纬度中国城市规划平面图的有限的样本调查来看，这个标准的确被广泛应用：在北京（北纬 39.9° N）、宁波（北纬 29.9° N）、广州（北纬 23.1° N），离北京越远的城市，密度越高、变化也越大（图 3.7）。确实，密度也会随着纬度而变化：低纬度地区的密度会更高。图 3.7 中的表格显示了严格执行 1 小时日照规则所规定距离的情况下，不同城市建筑之间实际距离的变化。

20 世纪 80 年代的市场化改革后，中国逐步采取了一种更加务实的方式，即依靠土地使用权拍卖获得的市场价格。改革后的中国城市有强烈的动机摒弃对城市土地的浪费和规制性使用，因为很大一部分财政收入来自将土地使用权面向开发商进行的市场价销售。尽管已被废弃，但这一监管规范的使用仍然对中国城市的结构产生了巨大影响。这种影响是许多土地利用法规带来的意外后果的典型代表。在第 6 章中，我将更详细地讨论法规对城市形态影响的其他例子。

3.3.3 设计延伸至整个城市的私人街区

很少有城市是进行整体设计的，包括街道布局和建筑物，也不会对未来市场力量可能带来的土地使用情况的变化作出准备。通过设计来控制一切的尝试，像印度的新德里、巴西的巴西利亚、澳大利亚的堪培拉，或者印度的昌迪加尔，它们在概念上与米利都、华盛顿或者奥斯曼的巴黎大不相同。

除了这些城市的街道网络外，规划师还针对每个私人街区制定了详细的规定。这些规定详细到基本设计出了每个街区的建筑物。他们详细地规定了土地的用途、地块的大小、建筑物的高度、住宅的面积、地块的覆盖范围等。这些由规划师设计的规定完全阻止了市场力量对城市形态的影响。

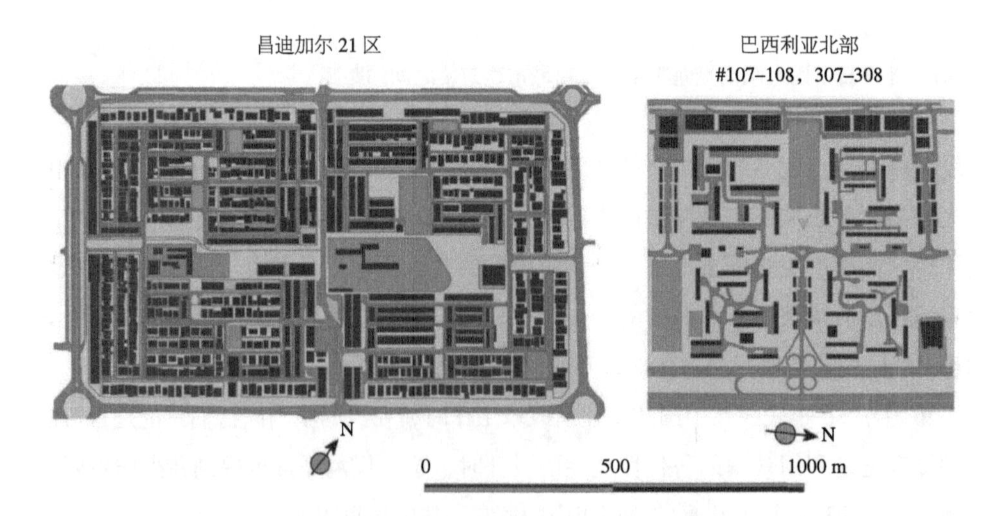

图 3.8 昌迪加尔（左）和巴西利亚（右）街区的建筑设计（见彩图）

资料来源：2005 年昌迪加尔市规划局的建成区地形图，2008 年借助谷歌地球卫星图像更新。

图 3.8 展示了昌迪加尔和巴西利亚住宅区的详细规划。最初，无论是社区设施、公寓楼还是商业区，每一栋建筑都是通过法规预先设计的，并没有给市场留下任何余地：价格被忽略，每一个街区的容积率已被设定，并根据任意设计规范将土地分配给住宅和商业用途。在昌迪加尔，政府最初出售房屋单元的租赁权，多年来允许市场力量改变最初的住房设计。而这在巴西利亚没有发生。

在第 7 章中，我将讨论规划师试图通过复杂的法规来塑造市场驱动型城市的尝试。

3.4 上海浦东的发展：市场与设计

到目前为止，我用来说明市场和设计在城市发展中作用的许多例子都来自过去——远至公元前 6 世纪的古老城市米利都，近至 1960 年的昌迪加尔和巴西利亚。现在让我们以浦东这个在过去 25 年中成为上海最新金融中心的地区为例，看看市场和设计是如何运作的。

乍一看，从黄浦江西岸望去，浦东令人惊叹的天际线似乎完全是设计的结果（图 3.9）。为开发商工作的建筑公司设计了每座摩天大楼的独特形状。由每栋建筑设计的总和勾勒出的天际线似乎也是设计的产物。然而事实并非如此。

3.4.1 浦东是由市场力量创造的

如图 3.9 所示，浦东的天际线是因该地区对建筑面积的高需求而形成，反映了上海劳动力对浦东的高度可达性。开发商预计人们对办公空间的需求会很高，价格也

图 3.9 浦东：上海新金融中心

会远高于建筑成本（包括土地成本），因此发起并出资建造了摩天大楼。

高耸的建筑构成了天际线美学魅力的很大一部分。高层建筑的集中始终是市场力量的产物。在浦东，由于需求量大，地价昂贵，开发商不得不通过用资本建造高楼来替代土地。虽然高层建筑每平方米的建筑成本比低层建筑要高，但是每多建一层楼，每单位楼面面积的土地成本就会降低。因此，在土地价格昂贵的地方，高昂的土地价格迫使开发商用资本建造更高的建筑来替代土地。因此，总的来说，浦东的摩天大楼不是由设计创造的，而是由市场力量创造的。如果没有市场对办公空间的需求，就不会有摩天大楼。如果浦东的地价便宜，也不会有摩天大楼，只会有郊区写字楼公园里那种三四层的低矮办公楼。

开发商聘请建筑师在特定的地块上设计独立的建筑。他们告诉建筑师在每个地块上需要容纳多少建筑面积。建筑物高度和形状的变化既取决于原始地块的形状，也取决于开发商在预测需求和销售价格时愿意承担的财务风险。浦东第一批建筑只有中等高度。随着浦东对办公空间的需求日益稳固，地价不断上涨，开发商也更加大胆。在准备好承担更多的财务风险后，开发商委托建筑师建造更高、更昂贵的建筑。继而有了决定浦东美学品质的各种建筑高度、形状和质地，这是市场力量的产物。但我们仍然能从建筑中明显感受到每个建筑师不同的设计能力。

市场会催生各种各样的设计，因为经济条件会随着时间的推移而变化，因此需要不同的设计。此外，新开发项目的创新设计通过更具吸引力的建筑吸引租户或买家。市场意味着竞争；竞争则会刺激技术和设计的创新。

比较一下浦东的天际线和图 3.5 中巴黎的“瓦赞规划”：浦东的建筑形状和高度的多样性体现着市场的力量，而巴黎的“瓦赞规划”、昌迪加尔和巴西利亚设计中的建筑形状和高度的一致性则体现着政府的设计。然而，如果没有政府提供的初步基础设施设计，浦东也是不可能建成的。

3.4.2 设计对浦东金融区发展的贡献

浦东的摩天大楼是由市场力量创造的，而道路、桥梁、隧道和地铁线路的设计和建设则是引发这些市场力量的地价变化的原因。

浦东位于黄浦江东岸，与上海传统 CBD“外滩”隔江相望约 500 米。1991 年以前，渡轮是连接浦东和上海其他地区的唯一交通工具。1993 年以前，上海还没有地铁。由于交通不便，基础设施匮乏，浦东只开发了与港口相关的部分低层工业建筑和仓库（图 3.10 左图）。黄浦江东岸距上海 CBD 不到 2 公里的地方仍有大片农田。20 世纪 80 年代，上海对新建写字楼的需求，主要是在传统 CBD 和老虹桥机场之间的东

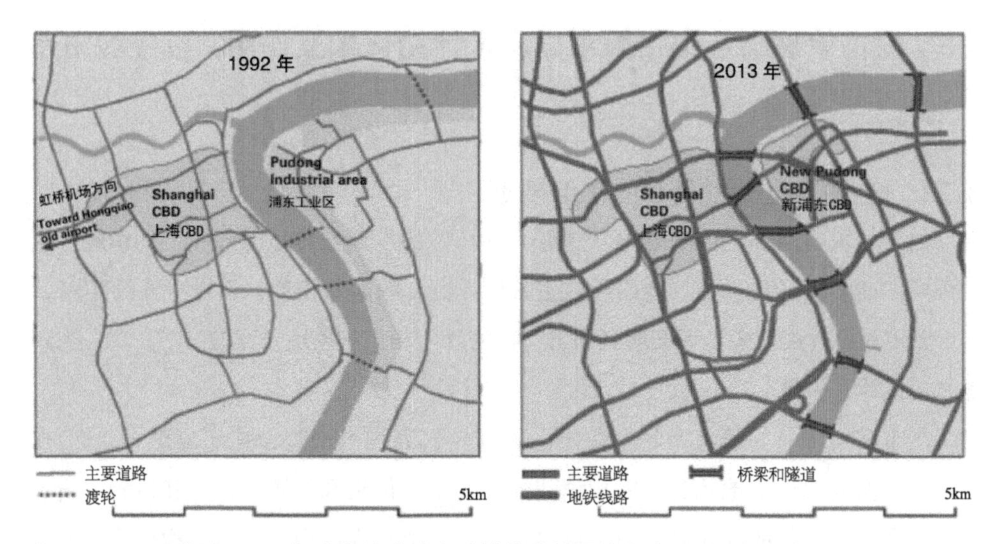

图 3.10　1992 年和 2013 年浦东的道路和地铁线路的设计和建设（见彩图）

西向走廊上。浦东交通不便，地价偏低，这也是当时低层、低价值建筑盛行的原因。

1991 年，上海市政府决定建造横跨黄浦江的第一座大桥，将外滩和浦东连接起来，此后浦东的土地开始升值。最终，新建的两座桥梁、四条公路隧道和四条地铁线路使浦东距离上海传统 CBD 只有几分钟的路程（图 3.10 右图）。新浦东金融区的可达性增强，再加上上海经济的活力，进一步增加了该地区对办公空间的需求，提高了土地价值，促使摩天大楼不断建设，进而形成今天令人惊叹的天际线。

道路、桥梁和隧道本身并不会增加土地价值，只有当它们为潜在高需求的土地提供可达性时，才会有助于提升土地价值。在浦东的案例中，桥梁和隧道的设计者就正确地预见了市场对新交通基础设施所增加的可达性的反应。

连接浦东和上海其他地区的基础设施是由设计创造的，而不是由市场力量创造的，但是浦东土地市场价值的预期增长指引了设计，并证明了政府的投资是合理的。市场不可能提供连接浦东和上海其他地区的交通基础设施，因为这些基础设施的受益者分散在整座城市，而且除了通过某种形式的政府税收，不可能直接收回成本。浦东的发展完美地说明了市场和设计在最成功的城市中的互补作用，特别是在促进设计的成长方面。考虑到浦东和外滩之间的距离很近，政府让土地价格决定建筑高度和容积率，同时投入大量的基础设施投资，以使土地价格发挥其全部潜力。以浦东为例，政府规划者了解市场的机制。他们设计和建造的基础设施使河对岸的土地价值最大化，并支持市场所创造的密度。

3.5　城市管理者应该了解市场和设计如何相互作用，以使城市适应变化

3.5.1　市场与设计的混淆：密度规划

倡导“精明增长”的规划师梦想有一种巧妙的设计安排，能够在土地消耗和通勤距离之间实现最佳平衡。他们通常主张设计更高的人口密度，以减少通勤距离。[12] 如果密度是设计的对象，那么就必须有“优密度”和“劣密度”，就好比有“好设计”和“坏设计”一样。

在现实世界中，只有市场能决定土地和建筑面积的消耗，从而决定人口密度。实际上，家庭关于土地和建筑面积消费的决定基于价格和位置，价格和位置本身又基于供需，而供需的变化则是由市场决定的。一个家庭占用的建筑面积取决于其收入（需求方）、建筑面积的价格以及通勤成本（供应方）。建筑面积的供求平衡随着时间的推移而演变，而不可能取决于一位善意设计师的设计选择。

例如，在纽约、巴黎和上海的历史城区，随着时间的推移，人口密度下降了一半以上。这些密度的变化完全是市场机制造成的，在一定程度上反映了交通的改善和收入的增加。这些密度上的变化是可以预见或料想到的，但不可能被设计出来。

市场和设计之间的这种区别对城市管理具有实际的操作意义。想象有这样一座城市，市长认为增加每户家庭的居住面积消费是一项优先任务。如果我们同意消费是一个市场问题，那么规划者可以考虑基于市场机制的几种可能的解决方案，以增加消费。例如，规划师可以通过提高运输速度来增加已开发土地的供应，以便开发更多的土地。他们可以通过提高建筑业的生产率或通过降低与建筑许可和土地收购相关的交易成本来降低建筑成本。还可以采用需求侧方法，通过增加抵押贷款的可获得性来刺激需求，甚至通过将城市向制造业或服务业的外部投资开放而间接增加工资，从而刺激需求。所有这些措施都可能有助于增加每个家庭的住房消费。中国在 20 世纪 90 年代末开始的住房改革就采取了所有这些措施，使得城市住房消费从 1978 年到 2015 年增长了 9 倍！

相比之下，增加平均建筑面积的设计解决方案可能会促成一个最低监管房屋面积，以防止开发商建造小型住宅，或者需要政府每年为低收入家庭提供补贴并建造足够数量的大型公寓。由于建筑面积的占用是一个市场结果，以增加占用为目的的设计方案从长远来看是行不通的。我将在第 7 章详细讨论这种设计的失败之处。

3.6 市场、设计和城市指标之间的联系

图 3.11 是一个简单的流程图，其投人和产出可以用一个简单的电子表格计算，帮助区分市场和设计在城市发展中的作用。这个流程图有助于理解人、工作、建筑面积、土地和道路基础设施之间的数学关系，进而区分市场和设计。

从这个流程图中，我们能够得出三个最重要的城市指标，用于监测空间变化和比较不同的城市空间结构。这三个指标分别是人口密度、建成容积率和人均道路面积。

- 建成容积率[13]决定了每单位土地面积上建造建筑面积的容量，包括用于街道和公共设施的土地面积。
- 人口密度衡量的是每单位土地上人口的空间集中度，但它也是衡量城市人均土地消耗量[14]的指标。
- 人均道路面积是通过道路总面积除以一个城市的总人口来计算的。人均道路空间与机动性直接相关，可以作为衡量人均街道面积与不同交通方式相容性的指标。

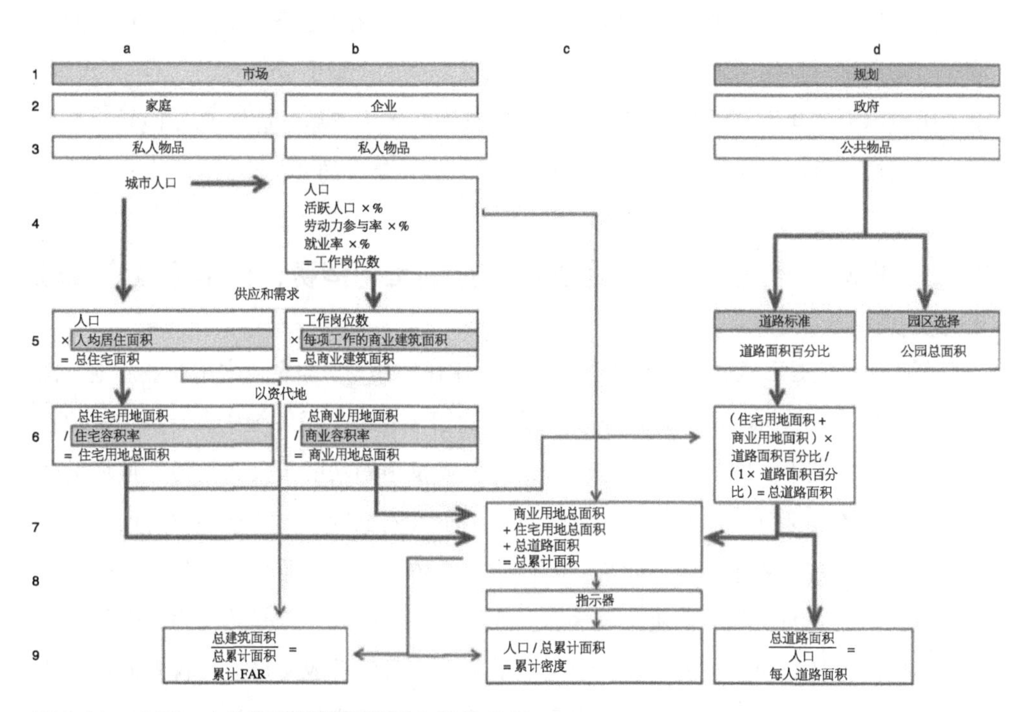

图 3.11 人口、土地和建筑面积消耗之间的关系

注：假设价格由市场供给决定，需求 / 供给受地形和其他变量的约束。

我将证明，一座城市的平均人口密度完全取决于市场，而不受规划者设计的影响。建成区容积率应该完全由市场决定；然而其最大值往往受到法规的限制。当存在遗产保护或明显的客观约束（如邻近机场）时，对容积率或建筑物高度的一些监管限制当然是完全合法的。然而，大多数有关容积率的法规规范都是武断的。人均道路面积取决于设计和市场：道路设计规范和法规由政府制定，人口密度则由市场决定。

3.6.1　连接市场和设计变量的组织流程图

图 3.11 所示的流程图纵向划分为两个流向——市场和设计。a 和 b 列对应的是市场流；d 列对应设计流程，c 列包含中位结果和指标。该流程图分为 9 行方框图，其中包含“家庭”等分类，或诸如“人口 × 人均居住面积 = 总居住面积”等公式。箭头表示输入和输出变量之间的关系。为了识别流程图中的特定方框，请注意“框 5b”是指，第 5 行 b 列的方框。

3.6.2　私人物品的数量由市场决定，而公共物品的数量取决于设计

城市的建成空间包含两类物品：私人物品和公共物品（图 3.11 第三行）。住宅和商业建筑是私人物品。私人物品可以在市场上买卖。就私人物品而言，建筑面积和开发的土地的数量和单价取决于供求关系（即市场）。相比之下，道路和大型公共开放空间通常是公共物品。与私人物品相反，公共物品的产量由设计决定，而不是市场。由于用户不为公共物品付费，市场无法确定应该生产多少产品以达到供求平衡。相反，政府可以依靠设计标准、预测和规范来提供“正确数量”的公共物品。

3.6.3　推动城市化发展的是企业和家庭的土地消费，而不是政府或城市规划师

企业和家庭是私人物品的消费者。家庭占用住宅用地，而企业占用商业用地（图 3.11 中的第 4、5 行 a、b 列）。我将办公室、商店、仓库和工厂等所有建筑物都包括在“企业”标签下。博物馆、剧院和餐馆等服务设施的功能与公司类似，他们的员工是劳动力的一部分，他们的顾客是消费者。不太明显的是，我还将政府所有和运营的设施包含在“企业”内，如政府办公楼、学校、医院、监狱和邮局。就劳动力市场而言，它们的功能与企业完全一样。在学校，教师和职工是劳动力，学校是一个向学生出售教育和服务的企业，学生是消费者，可以看成父母通过税收间接地为他们的孩子所消费的服务买单。换言之，我认为各级政府都类似于企业，他们雇用劳动力来给他们的顾客，即公民提供服务。同理，政府所有的设施属于“市场”范畴，

因为政府持有的房地产应该很容易以市场价格买卖或出租。事实上，只有少数政府向公众出售土地或向私人部门租赁房屋，但这也不能成为将它们归为不同类别的理由。[15] 政府出售或出租土地和建筑面积，或从私营部门租赁土地和建筑面积，都不应该受到阻止。对政府来说，定期评估其持有土地的资本价值，并估计其是否有效地利用了城市土地是相当有益的一件事。[16]

现在让我们看看变量之间的联系。有两个数量关系流：第一个是通过市场力量提供私人物品，第二个是通过政府设计提供公共物品。

3.6.4　城市化的驱动因素：人口和工作岗位数（第 4 行，a 列和 b 列）

第一个投入是城市人口（第 4 行），它在流程图中是外生的。人口规模决定了消费住宅建筑面积的人数和消费商业建筑面积的员工人数。总人口乘以劳动年龄人口（16 岁到 65 岁之间的人口）的百分比乘以劳动参与率 [17] 乘以就业率等于就业数量。在流程图中，这将等于需要商业建筑面积的员工人数。

3.6.5　市场，自变量：人均建筑消费面积（第 5 行，a 列和 b 列）

企业和家庭消费建筑面积。每个居民和每位员工消费的建筑面积取决于供求关系。这种消费并不固定，会根据经济条件不断变化。大多数法规根据“最优”的设计为建筑面积消费设定了最低标准，但在现实中，考虑到企业和家庭的收入以及当前的土地和建造价格，实际消费的建筑面积完全取决于企业和家庭的可负担能力。土地和建造价格取决于土地供应和房地产行业的生产力。因此，每个人和每位员工消费的建筑面积完全由市场决定；它不是一个设计参数。

人口乘以人均住宅建筑面积等于住宅建筑面积的总面积，工作岗位的数量乘以每个员工的商业建筑面积等于商业建筑面积的总面积。由此我们可以看到城市中住宅和商业的总建筑面积完全取决于市场，不受设计的限制。总建筑面积将随时间而改变，视人口和市场情况而定。一座城市的繁荣取决于随着经济和人口条件变化的、其建筑面积供应的弹性。建筑空间的数量并不取决于总体规划预先确定的固定设计。

3.6.6　市场，自变量：容积率，以资本换取土地（第 6 行，a 列和 b 列）

正如本章开始所讨论的，建造总建筑面积所需要的土地面积（在图 3.11 的 5a 和 5b 中计算）取决于住宅和商业用地的容积率。容积率取决于建筑价格与土地价格的相对值。如果一单位土地面积比一单位建筑面积更昂贵，那么就有必要用资本来换取土地，也就是建造拥有更高容积率的高层建筑。因此，容积率是一个最好由市场设定的参数。然而，由于高层建筑可能产生的负外部性，规划师往往会限制容积率。

住宅总建筑面积除以住宅容积率等于总住宅用地面积。我们将对商业建筑面积进行同样的操作以获得总商业用地面积。正如我们所看到的，这两个领域完全取决于市场。在容积率受到法规（即设计）严格限制的城市，居住人均或员工人均用地将高于没有受到容积率限制的城市。

3.6.7　公共物品的流动取决于政府设计和投资

该模型中被公共物品占用的面积分为两部分：道路总面积和公共开放 / 公园总面积（图 3.11 d 列）。这两个部分都是被设计出来的，因为目前还没有一种已知的市场机制能够准确地满足某一区域的道路需求。对于大型公园和开放空间以及对文化遗产或特殊环境资产的保护也是如此。这些公共物品的确定和提供的数量只能通过主观的设计或规范来实现。规范一旦确定，就不存在调节供需的市场机制。只有对原有设计进行修改，像最初设计决策那样主观，才能改变公共物品的供给。

3.6.8　设计，自变量：城市道路标准（第 6 行，d 列）

政府通常为高速公路、主干道、次干道和支路制定城市道路标准。总体规划、规范或法规通常规定了每类道路之间的理想距离。各种规范的结果通常可以用“必须用于道路建设的已开发总面积的百分比”来概括。例如，一项规范要求建立一个每 800 米宽 30 米的主干道网格系统，这就意味着需要 7.6% 的开发总面积用于主干道。在曼哈顿的道路网络中，一个典型的街区长 280 米（920 英尺），有 30 米（100 英尺）宽的大道和 18 米（60 英尺）宽的街道，即相当于街道面积占开发总面积的 33%（从街道和大道轴线的四个交叉点测量）。显然，道路规范是基于经验法则和对街道多种功能的假设。比如为建筑物提供照明和通风，处理行人和车辆交通，提供娱乐空间和停车场，允许种植树木等。对于街道空间的土地分配，既没有基于“科学”的方法，也没有基于市场的方法。

在图 3.11 的流程图中，我假设不同的道路监管规范被总结为一个单一的数字，代表总建成区面积的百分比（方框 5d）。适用于住宅和商业用地面积的这一百分比可用于计算符合规范的总道路面积（方框 6d）。

3.6.9　设计，自变量：公园和开放空间标准（方框 6d）

公园和开放空间有时是土地细分法规中监管规范的对象，但大多数关于公园和开放空间的规定都是“机会主义的”。例如，河岸或滨海地带通常被分配为公共空间。

作为开放空间提供的土地数量通常取决于我所说的地形或历史机遇。例如，在首尔，由于地形原因，大部分的公共开放空间已经被分配到汉江沿岸和不可开发的山坡上。相比之下，在巴黎，如布洛涅森林公园、万塞讷公园、杜伊勒里宫和卢森堡公园等大部分的大型开放空间的面积和位置都是历史机遇的结果。他们最初是皇室领地的一部分，后来被改造成公园。

开放空间的规定通常是城市土地利用的设计组成部分。由于大型开放空间的特殊性，在计算城市的建成区时，我没有把大型公园包括在内。

3.6.10 因变量：建筑面积和土地的总消耗及密度指标

如上所述，流程图的人口统计、市场和设计输入允许我们计算因变量，即总建筑面积和以下三个指标：

1. 平均建成容积率；
2. 平均建成密度；
3. 平均人均道路面积。

这些指标对于监测城市结构随时间演变的方式最为重要。下面，我将解释为什么这些指标如此重要，以及如何使用它们来监测城市在维持可负担能力和机动性方面的演变。这些指标衡量的是市场和设计对城市结构的综合影响。

3.6.11 指标：平均建成容积率（方框 9a、9b）

平均建成容积率衡量每单位土地可建造的建筑面积单位数量。它是土地和建筑面积之间的平均转化率。由于建筑面积是城市发展真正的最终产物，而土地往往是生产它所需要的最昂贵投入，因此这是一个非常重要的城市指标。对城市用地需求的敏感度取决于该指标值的变化。对于相同的人口，平均建成容积率增长一倍，人们对土地的需求就会减少一半。

但据我所知，尽管它很重要，平均建成容积率[18]从来都不是城市指标的一部分，总体规划也从未提及。

总体规划通常以不同的方式限制单个私人地块的最高容积率值，具体取决于地块的位置（纽约区划法在不同的分区类别中有 20 多个不同的最高容积率）。然而，出于某种原因，总体规划从未汇总这些详细规定对土地总体需求的总体影响。因此，他们也没能评估用户在总体规划区域内合法建造的最大建筑面积。平均容积率在规划中很重要，因为它可以根据规划中预计的建筑面积需求和道路设计规范来预测土地需求。

平均容积率的提高并不总是增加人口密度。

最近，提倡“精明增长”的人越来越多。这些提倡者认为，规划师可以通过提高容积率监管值来增加城市人口密度。

提高容积率的最高监管值，会导致人口密度只在建筑面积需求受容积率法规限制的地区增加。在地价与建筑成本比率较低的地区，增加规范中所允许的容积率不会有影响，因为在这些地区，没有必要用资本代替土地。

例如，在孟买这样的城市，容积率的值受到了严格的监管。毫无疑问，规范中所允许的容积率的提高将极大地增加高层建筑的数量。然而，建造高层建筑的成本比建造低层建筑的成本要高得多。在孟买有大量生活在贫困线以下的家庭，只有高收入人群才能负担得起新的高层建筑，而他们的人均建筑面积要比低收入人群大得多。这就解释了为什么在孟买水平状的贫民窟住宅密度非常高，每公顷约 1000 人，而在高层建筑中，每公顷的人口密度仅为 400 人。这种矛盾的情况将在第 6 章的具体例子中详细解释。

在纽约、上海等富裕城市的中心地区，人们观察到，平均住房面积显著增加，而密度却在下降，因为家庭住房面积增加的速度快于容积率的增长。据索利·安杰尔（Solly Angel）[1] 称，1910 年曼哈顿的人口密度为每公顷 575 人，但到 2010 年已降至每公顷 350 人，尽管在华尔街地区，高层住宅建筑激增，高层写字楼也被改造成了住宅。

因此，人口密度取决于几个经济因素，而不是由建筑物的设计来决定的。

---

1. 什洛莫·安杰尔，[Shlomo（Solly）Angel] 与帕特里克·拉姆森－霍尔（Patrick Lamson-Hall），“曼哈顿城市密度之兴衰——1800-2010 年”，纽约大学马伦研究所，纽约，2015 年。

3.6.12　指标：平均建成人口密度（方框 9c）

平均建成人口密度是人均土地消费的指标。它结合了市场和设计（以道路的形式）对土地总消费的影响。虽然人口密度是一个常规测量指标，但规划师往往把密度作为一个设计选项，而不是市场结果。

虽然人口密度是预测未来土地需求的有效指标，但我们没有理由把高密度或低密度作为理想的规划目标。然而，至少对较贫穷的城市人口来说，更高的建筑面积消费可能是一个合理的规划目标。根据容积率的不同可能导致更高或更低的密度。

3.6.13 指标：人均道路面积（方框 9d）

人均道路面积是一个消费指标，主要取决于市场，部分取决于设计。由于道路的面积在设计和建造后通常不会改变，因此人均道路面积的变化主要取决于人口密度的变化，这是一个市场变量。

由于通勤者在高峰时间需要占用道路空间去上班，对人均道路面积的测算是潜在的一个拥堵预测指标。道路的面积在建成后不能轻易调整，所以人均道路面积对交通系统设计者来说是一个可参考的指标。交通系统的设计应该适应当前的空间结构，而不是像人们通常主张的那样，让空间结构去适应交通系统的设计。在第 5 章中，我将会讨论人均道路面积在不同城市体现的价值以及其对城市交通系统的影响。让我们记住，除了某些情况，增加大城市街道面积的可能性几乎不存在；19 世纪中叶奥斯曼在巴黎进行的尝试极为罕见，因为其存在极大的财务风险和高昂的社会成本。

3.7 构建更复杂的流程图

制定上述土地利用流程图（见图 3.11）的目的是要证明人口密度是市场力量的结果，它们会自己对外生事件作出反应。我建议规划师进行密度预测，以评估未来可能的转换为城市用地的需求。但规划人员必须基于收入和价格的可靠市场情景来进行预测，而不是根据他们自己对低密度或高密度的设计偏好。

为了能够作出更可信的密度预测，规划师可能想要使流程图更加复杂。例如，按收入对人口进行分类，从而区分不同家庭收入区间的建筑和土地利用。同样的，将商业用地分解成不同的用地类型，例如零售、办公和工业用地，可以使预测更加符合现实。

3.8 规划师应当了解市场和设计在塑造城市中的作用

大多数花费了纳税人巨资的总体规划往往是无效的，很快就会变得无关紧要，在发展快的城市尤其如此。市场影响和设计影响之间的混淆是造成这种糟糕情况的主要原因。

3.8.1 预测不应成为法规

这并不意味着基于预测的规划是无用的。相反，能够预测城市增长并调动资源来应对这种增长的规划是必不可少的。然而，要想有效，规划必须基于现实市场假设的、可信的预测消费水平，而不是基于乌托邦式的设计偏好或民粹主义教条。

规划者常常把他们对土地利用的预测转化成法规。例如，基于过去需求的对工业用地的预测，变成了区划法（zoning law），用以确定未来工业用地的边界和面积。即使是基于过去的趋势，预测也只是一种猜测。因此，规划者应该通过土地价格和租金的变化不断监测需求，并相应地调整他们的预测。尽管需求变化明显，但分区规划仍旧常常错误地分配土地，因为错误的需求预测已经演变成了区划法。印度孟买和中国香港的规划师不同态度的对比（本章前面已经描述过了）说明了监测需求以允许土地利用变化的好处。

因此，规划师应充分了解市场机制，各规划部门应监测房地产价格变化的空间分布，并且应注意供应方的情况，包括土地供应的弹性、房地产业的生产力，以及降低建筑许可证和产权转让所需要的交易费用。

3.8.2 规划师可以通过利用市场，而不是通过强加规范来影响消费

当然在城市发展中，将市场与设计分开，并不意味着规划师只能被动地监控市场。例如，规划师应该关注低收入家庭非常低的住房消费，并应该采取行动提高它。但是同时，他们也应该认识到，增加住房消费的方法最好是通过市场机制（例如，增加供应或降低交易成本），而不是通过设计监管（例如，通过法律规定最低建筑面积或地块面积或每个公寓的租金）来实现。如果规划师想对城市发展产生更大的影响，他们应该制定一套完整的指标，如土地价格、租金、不同交通方式下的平均通勤时间。当这些指标超过一定的阈值时，应该将其视为一种闪烁警示，规划师应立即通过消除供应瓶颈来应对这些红色级别的预警。供应瓶颈可能包括过时的法规、道路和交通基础设施投资不足等。我将在第 8 章讨论规划师在对指标作出反馈的过程中起到的作用。

第 4 章

土地价格和密度的空间分布：经济学家构建的模型

4.1 了解市场运作的必要性

我们已经看到，市场对人口密度具有重要影响。对特定地点的需求越高，人口密度也就越高；反之，需求越低，人口密度也就越低。人口密度是土地消耗的指标之一，反映了特定地点土地供求之间的平衡状况。人口密度指标主要取决于家庭收入、土地供应弹性、交通速度和成本等市场参数。

换句话说，人口密度反映了消费者在不同价格选项之间作出选择时的偏好。同一城市人口密度的巨大差异反映了家庭偏好的多样性。这种多样性反映了不同家庭之间的收入差异，同时也反映了收入相近但城市环境不同（如市中心或郊区）的家庭所作出的不同选择。

规划师无法通过设计来强加人口密度。相反，他们需要根据自己对市场和消费者偏好的理解来预测人口密度。规划师准确预测密度的能力是十分重要的，这一能力能很好地助力他们完成基础设施和社区配套的设计。然而，规划师应该意识到，市场不可避免地会受到难以预料的外部冲击，他们的预测充其量也仅仅是有根据的推测。他们应该避免将作出的密度预测以土地利用法规的形式固化下来，而是应根据市场影响下产生的密度去调整现有的基础设施容量。

为了预测市场可能产生的密度，规划师应当深入理解土地市场的运作模式。市场运作的模式并不神秘。例如，经济学家很容易预测到增加家庭收入或减少土地供给会对房价产生影响。当市场受到意料之外的外部冲击，例如，汽油价格的突然波动，城市空间结构所受到的影响并不是立即发生的，因此规划师有时间去调整他们的预测，当然前提是他们了解这些变化可能带来的影响。

得益于城市经济学家的贡献，在这一章中，我将说明城市的密度变化——高点和低点所在——通常是可以预测的。同时，本章将重点介绍市场力量的可预测性和忽视它们所将带来的风险。

经济学家加深了我们对由土地市场机制塑造空间模式的理解，为这种可预测性作出了巨大贡献。城市经济学家建立了一系列数学模型来预测区位、土地租金和土地消耗量之间的关系。接下来我们将看到，尽管它们是对真实城市粗略的简化，但这些理论模型的预测质量已经在很大程度上得到了经验数据的验证。

在本章的第二部分（4.2 节），我将说明经济学家建立的理论模型是如何识别城市发展战略与劳动力和土地市场的可预测功能之间的潜在冲突的。

与经济现实明显冲突的城市战略不太可能被最终实施，即使得到实施，也将极大地损害城市经济。构思拙劣的城市战略不仅仅是天真的乌托邦，它们将稀缺的城市投资误导至最不需要的地方，并大大降低城市家庭的福利水平。这些失败的城市战略最终将会使人们的住房负担变得更沉重，通勤时间也变得更长。

4.1.1 经济学家使用的定量模型

规划师和城市经济学家的目的往往不同。规划师努力改造现有的城市。他们喜欢用“愿景”[1]来描述他们的计划。“愿景”通常用抽象的、不可量化的限定词来表达，比如“宜居城市”“弹性城市”或“可持续城市”。一个城市规划师的愿景可以通过设计、法规和资本投资来实现。相比之下，经济学家的角色则不那么充满野心，而是更善于分析。他们最感兴趣的是了解市场力量和政府行动在塑造城市中的相互作用方式。经济学家试图通过分析经验数据来找出改变城市物价和形态的原因。经济学家与其他社会科学家一样，往往会忽视经济的空间维度，但城市经济学家则特别关注空间组织。

经济学家通常会使用对城市现实极度简化的数学模型来展示他们所提出的理论和研究假设。这些模型同时具有描述和预测能力。通过对数学模型得出的、具有描述性和预测性的数值与实际在城市中收集的经验数据进行比较，经济学家可以检验模型的相关性。

当我们试图理解事物如何运作时，简化并不一定是件坏事。毕竟，城市规划师使用的地图也是对现实世界的极端简化。尽管地图是现实的一个极简版本，但它的实际用途仍是毋庸置疑的。比例为 1 : 1 的地图有效性并不高。我们不应该仅仅因为它建立在一个对真实而非常复杂的城市进行粗略简化的模型之上就排斥先验的理论建构。以下所述的标准城市模型，是理解城市空间结构如何被地价塑造以及地价如何产生和演变的必要起点。

4.2 单中心模型或标准城市经济模型

单中心城市模型，也称标准城市经济模型，最初由威廉·阿隆索（William

Alonso）、埃德温·米尔斯（Edwin Mills）、理查德·穆特（Richard Muth）和威廉·惠顿（William Wheaton）于 20 世纪 60 年代和 70 年代开发和改进时，形式非常简单，甚至可以说是过于简单化。然而，单中心模型已被证明是一个强有力的指南或基准，可以用于比较许多大型和复杂的城市形式，因此经济学家通常称其为标准城市模型。我将在本书的后续部分使用这个术语。

标准城市模型为更复杂的模型提供了基础，使得复杂模型中一些最初的简化假设得到放宽。这种复杂模型，如亚历克斯·阿纳斯（Alex Anas）开发的区域经济、土地利用和交通模型（RELU-TRAN），会比单中心模型需要更多的输入变量。[2] 这些输入变量中有很多都是某城市特有的，例如主要交通网络的空间结构。因此，当某些输入变量发生变化时，这些模型会提供更准确的结果，这一点可以体现在 RELU-TRAN 模型对预计通勤时间和非公务旅行的计算上。然而，由于这些更复杂的模型需要许多城市特定变量的输入，依靠这类模型很难得出大至结论，如市场是如何影响不同空间结构的城市形态和人口密度的。

基于此，在本章中我只讨论标准城市模型的运用。这个模型的最简版本不仅建立在对真实城市空间结构极度简化的基础上，而且它的假设也与真实城市的组织方式有很大出入。尽管标准城市模型与现实情况并不相同，但它具有对大多数现有城市结构进行描述和预测的强大能力，包括佐治亚州的亚特兰大或加利福尼亚州的洛杉矶等完全不是单一中心的城市。

标准城市模型并不是一个局限于专业期刊学术上辩论的悖论，规划师也可以用它来解决例如预期土地价格与人口密度等实际的日常问题。我将展示如何使用一个简单的模型来评估一座城市是否会以牺牲农村土地为代价来消耗过多的土地，也就是大众媒体所说的“蔓延”。许多关于密度和土地用途的问题往往以感性的而非定量的方法被处理，而使用经济模型则有助于厘清这些问题。

标准城市模型的应用也有例外，像苏联那样没有土地市场的城市，是标准城市模型唯一无法描述和预测的情况。但是，由于该模型的搭建是为了明确地反映土地市场对城市结构的影响，这一例外也是可以被预料到的。此外，像东欧那样在几十年计划经济下发展起来的城市，在市场条件恢复运作时，它们的结构往往会再次与模型预测的模式趋同。[3]

最简单的标准城市模型基于以下假设：

1. 该城市坐落在一片匀质的平原上，农地租金是统一的；

2. 所有的工作都集中在中央商务区（CBD）；

3. 人们沿着无数条放射状的直线道路通勤（上下班）。

自此读者可以发现，上文我所谈到模型对真实城市的粗略简化时，并没有夸大其词！

该模型旨在预测当土地使用者相互竞争且他们的交通成本与其居住地和城市中心之间的距离成比例时，土地价格和人口密度的变化。然而，规划师和经济学家也可以使用标准城市模型来分析一个特定的城市，因为放宽模型的一些假设以反映现实相对容易。例如，真实的道路距离可以代替模型假设的“直线距离”。这在考虑到具有特殊地形的城市时特别实用，比如科特迪瓦的阿比让（Abidjan）、巴西的里约热内卢。

预测距中央商务区给定距离的土地价格和人口密度的方程构成了标准城市模型最有用的属性。[4]这些公式表明，租金、土地价格和人口密度在中央商务区将是最高的，并且随着其与中心距离的增加而下降。

城市土地价格是由使用者支付的交通运输成本（直接运输成本，例如，过境费、通行费或汽油成本，加上通勤时间的机会成本）所驱动的。距离市中心越远，交通费用越高。土地使用者在不同区位的交通运输成本和他们消费土地的欲望之间进行权衡，导致土地价格随着交通运输成本的增加而下降。对于土地价格的差异，土地使用者的反应是：土地越贵的地方，购买量越小，而土地越便宜，购买量越大。因此，离市中心越远，人口密度越低。由负斜率的密度曲线可以看出，离城市中心越近，土地价格越高，家庭和企业使用土地的方式更节约（图 4.1）。土地使用者可以通过建造更高的建筑来减少对更昂贵地段（靠近城市中心）的土地占用，而在比较便宜的地方兴建那些不太高的建筑（在城市边缘）。从中心到外围土地价格的下降是人口密度随着中心距离的增加而下降的原因。换句话说，家庭和企业需要花费更长的通勤时间，换来的是更多的可利用土地和建筑空间。

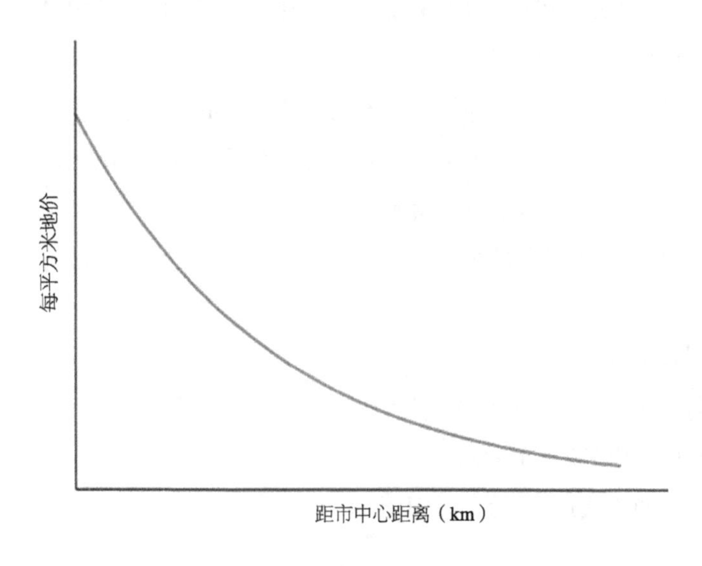

图 4.1　土地价格与距市中心距离的关系

我们必须要认识到，高地价会导致高人口密度，而不是高人口密度会导致高地价。在本章对河内城市总体规划的评估部分，我将对土地价格与人口密度间的这种关系的重要性展开分析。

标准模型表明，地租函数随距市中心距离的增加而下降，其函数形式取决于基本假设。因此，随着距市中心距离的增加，土地价格预计将下降，这与图 4.1 所示的情况类似。

公式 4.1 为人口密度随距市中心距离变化的公式。

公式 4.1 距离与人口密度的关系

$$D(x)=D_0 e^{-gx} \tag{4.1}$$

其中，

D 是距离城市中心 x 处的人口密度；

D_0 是中心的密度；

e 是自然对数的底数；

g 是密度梯度，也就是人口密度从市中心向外降低的速率。

密度梯度 g 是模型最重要的输出值，因为它代表着密度随距市中心的距离变化的速率。交通时间越长，交通成本越高，密度梯度就越大。

在现实生活的城市中，通过对距市中心不同距离的价格观测或密度点进行回归分析，我们可以很容易地计算出现有的密度梯度（图 4.2）。

图 4.1 和图 4.2 分别展示了以距市中心距离为自变量的平均地价和密度函数。然而，在一些城市中，地价和密度梯度可能有很大不同，这取决于测量的是从市中心

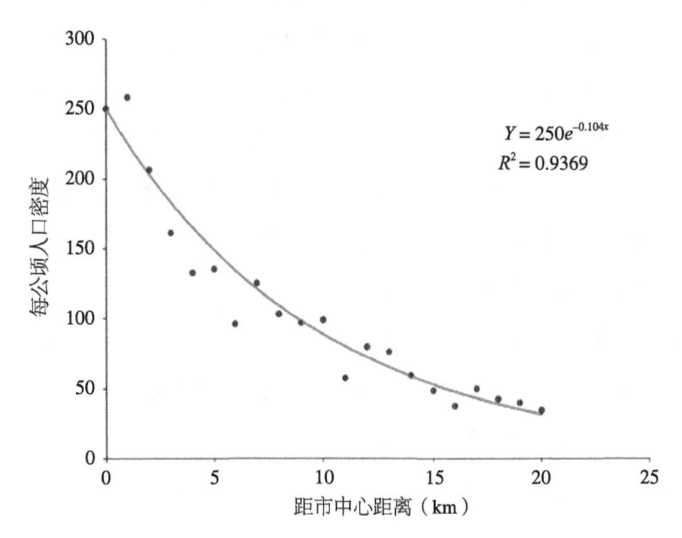

图 4.2 基于实际城市密度观测的回归计算密度梯度

到城市的哪个方向。例如，在像巴黎这样的城市中，家庭收入在城市的西部比在城市的东部要高得多，那么城市西部的梯度就比城市东部的要平缓，因为梯度大小取决于家庭收入和交通成本的比例。芝加哥的北部和南部也存在同样的不对称性现象。

图 4.2 所示的人口密度分布，会随着收入及交通技术的改变而改变。例如，家庭收入的增加、成本的降低和交通速度的提高会使物价和人口密度的变化趋于平缓。相反，在其他条件相同的情况下，人口的增长会提高土地地价和密度。

在过去 50 年里，许多城市的家庭收入都有所增加，交通技术也使通勤时间变得更短、耗费更低。由此产生的结果，是土地价格梯度和密度梯度都变得更平缓。密度剖面的预期扁平化使得城市经济学家斯蒂芬·马尔佩齐（Stephen Malpezzi）认为“单中心模型包含其自我毁灭的种子！”为什么会这么说呢？因为随着城市的发展，收入的增加和交通成本的降低，原先的单中心城市反而变成了多中心城市，而最初“陡峭”的价格 / 租金 / 密度梯度不可避免地趋于平缓。这些并没有内置于模型的特征和预测。

4.2.1 土地价格的空间分布是否符合最优空间组织？

开发标准城市模型的经济学家并没有把它作为绝对最优的城市结构。他们只是说，在满足模型假设的前提下，如果给定运输成本、收入和总人口，这将会是市场力量围绕中心点分配土地价格和人口密度的方式。该模型的目标是进行描述和预测，而不是规定。例如，如果运输成本下降了 x 个百分点，而其他一切保持不变，城市可能会扩大 y 公里。

然而，经济学家假设，如果构成该模型基础的效用和生产函数是正确的，那么当土地价格和密度达到该模型预测的均衡分布时，家庭和企业的福利将达到最优化。在远离市中心的地区选址的家庭和企业可以用较低的土地价格来补偿较高的运输成本。

该模型假设，如果土地市场能够在没有太多干扰的情况下正常运转，那么地价和密度的分布曲线将与使用者之间的土地分配相对应，从而反映出“最佳和最高效益的土地利用”。因此，当补贴、税收或法规没有扭曲土地价格和运输成本时，就会出现空间优化的迹象。虽然这些条件在现实世界中可能永远不会得到满足，但模型表明，如果消除扭曲，价格和人口密度将朝哪个方向移动。

例如，在汽油价格得到大量补贴的国家，如埃及、伊朗或墨西哥，标准模型立即告诉我们，与汽油价格反映市场价格的城市相比，这些国家的城市将向外延伸得更远。[5] 那么在这些国家，规划师试图设置监管壁垒来阻止“蔓延”的做法是毫无用处的，只有取消对汽油的补贴，才能使其所消耗的土地距离和数量两者接近最优平衡。因此，抽象理论模型的应用可以帮助规划师在工作的现实世界中提出实际的解决方案。

城市道路使用者很少为他们在通勤时占用的道路面积支付市场租金[6]，他们的交通成本实际上从他们未支付的道路租金中得到了某种补贴。据此，从标准城市模型可以推断，道路空间的使用补贴会增加城市的建成区面积，该面积大小最终可以计算获得。通过收费的形式为道路的使用定价，最终可能会使土地消耗恢复到最优水平。利用市场机制来提高土地利用效率比制定法规得到的效果更好。

由于该模型提供了未被干扰的市场条件下的密度和价格概况，因此我们可以将一座城市当前的地价和密度概况与该模型预测的情况进行比较，并计算扭曲的成本。例如，我和经济学家扬·布吕克纳利用标准城市模型，计算出了印度班加罗尔市（Bangalore）在设计不当的法规的严格限制下所造成的非必要扩张。[7]而在另一个有趣的实际应用中，扬·布吕克纳用这个模型计算了南非城市废除种族隔离政策所获得的福利收益。他分析了在给予所有公民居住地点自由后，价格和土地消耗的变化，并证明了当种族隔离政策下土地利用法规施加的空间扭曲被消除时可以带来哪些可观的总体福利收益（即由于交通方面的开支减少，人们可以把更多的钱花在住房和食品等商品上）。[8]这一结果同样也适用于其他由土地利用法规或各种类型歧视造成的各种各样的城市隔离，其中最常见的一种是收入隔离。

在本章，我将证明当一座城市在不太扭曲的市场条件下发展时，该模型将会是一个相当好的地价和密度的空间分布预测器。由此还可以推出，该模型既可用于测试现有城市的实际市场扭曲，也可用于测试某个空间规划战略是否与市场决定的地价和密度的可预测模式相矛盾。我将使用“河内总体规划”（Hanoi Master Plan）案例研究来说明标准模型的实际使用。

4.3 标准城市模型对真实城市的拟合程度如何？

标准城市模型具有描述性和预测性。想要确定模型的操作实用性，首先要验证其方程是否准确地描述了现有城市密度和土地价格的变化；其次要确定，当收入、运输成本和人口规模等变量变化时，密度模式和价格的变化是否与模型预测相一致。

4.3.1 测试模型的描述质量

在现实城市中测试标准城市模型的准确性相对容易，但是比较耗时。由于土地交易的价格并不总是能够被准确地记录下来，因此密度比地价更容易计算。我和我

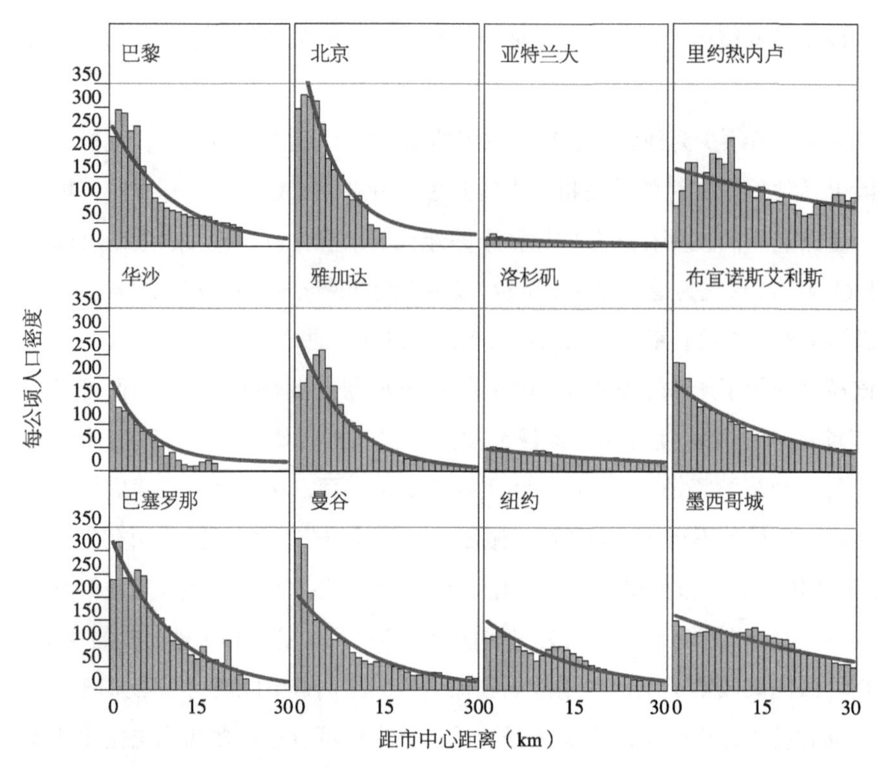

图 4.3　12 座大都会城市的密度分布图（见彩图）

的同事斯蒂芬·马尔佩齐以及我的妻子玛丽－阿格尼丝一起，计算了世界上大约 50 个大都市地区距市中心 1 公里区间的人口密度。[9]

图 4.3 显示了亚洲、欧洲、北美和南美 12 个城市样本的密度分布图。横轴表示距市中心的距离（0–30 公里），纵轴表示每公顷建筑密度的变化（0–350 人 / 公顷）。图中的条形区域显示了在距离城市中心 1 至 30 公里的范围内，每隔 1 公里环带内测得的密度。我用环带中人口普查的总人口除以总建筑面积，得到平均密度。GIS 软件的使用使这些操作变得没那么繁琐复杂。

所选城市的文化、历史、经济、气候和地形都各不相同，且都不符合模型中严格规定的单中心标准。有些城市的中心人口稠密，工作岗位集中度高，比如巴黎、纽约和巴塞罗那；而有些城市的工作地点分布极为分散，比如亚特兰大和洛杉矶，其余大多数城市则介于两者之间。

图 4.3 中 12 座城市的密度分布是否与标准城市模型的预测相吻合呢？按照该模型的预测，城市人口密度将从中心点向外围递减，是一条斜率为负的指数曲线。12 座城市的观测密度分布（图 4.3 中的蓝条表示）符合模型预测的指数密度曲线。实际密度剖面与模型指数曲线（图中红线表示）之间的拟合度是惊人的。表 4.1 给

出了代表每公里间隔的观测密度与模型预测的指数曲线之间相似性的拟合优度 R^2 值。[10] 除了里约热内卢外，所有 R^2 值都高于 0.8，12 个 R^2 中有 7 个高于 0.9！

表 4.1　12 座城市的密度梯度

城市	梯度	拟合优度 R^2
北京	−0.17	0.92
华沙	−0.17	0.86
雅加达	−0.12	0.97
巴塞罗那	−0.1	0.89
巴黎	−0.1	0.90
曼谷	−0.08	0.92
北京	−0.17	0.92
纽约	−0.07	0.90
布宜诺斯艾利斯	−0.05	0.95
亚特兰大	−0.04	0.84
墨西哥城	−0.03	0.81
洛杉矶	−0.03	0.91
里约热内卢	−0.02	0.37

为什么在 12 个城市样本中，里约热内卢是唯一一座具有显著却中等拟合的城市，其 R^2 只有 0.37？里约热内卢的地形美丽而复杂，众多的海洋入口和陡峭的岩石山峰把建成区分割开。在模型中，假设所有的距离都是沿着汇聚在市中心的放射状道路计算的。对于像北京、布宜诺斯艾利斯或巴黎这样建在平坦平原上的城市与模型这种假设是相似的；但是对于里约热内卢这样的城市来说，这个假设却并不符合，因为在那里，地形构成了直接进入市中心的障碍，因此延长了到市中心的实际距离。对于地形复杂的城市，用现有路网的实际距离代替径向距离，可以很容易地放宽模型的径向假设。为了展现距市中心实际的交通距离，可以对图 4.3 中里约热内卢的密度分布图沿着现存的道路而非假想的半径进行重新绘制。如果这样做，拟合度很可能会更优。

可靠的地价或地租空间数据比密度数据更难获取。在发展中国家的城市中，很难找到可靠的交易数据，因为这些城市的许多土地交易是非正规的，即使是正规的土地交易也常常因极高的产权转让税而瞒报。相反，对于经合组织（OECD）城市，有可靠的交易数据可以获得，大量的文献涵盖了从城市中心到外围地区的土地价格变化的可靠数据。图 4.4 显示了从巴黎市中心的市政厅（Hotel de Ville）到周围地区的地价概况。观测价格与模型预测的期望指数曲线之间的拟合度较好（R^2=0.87）。通

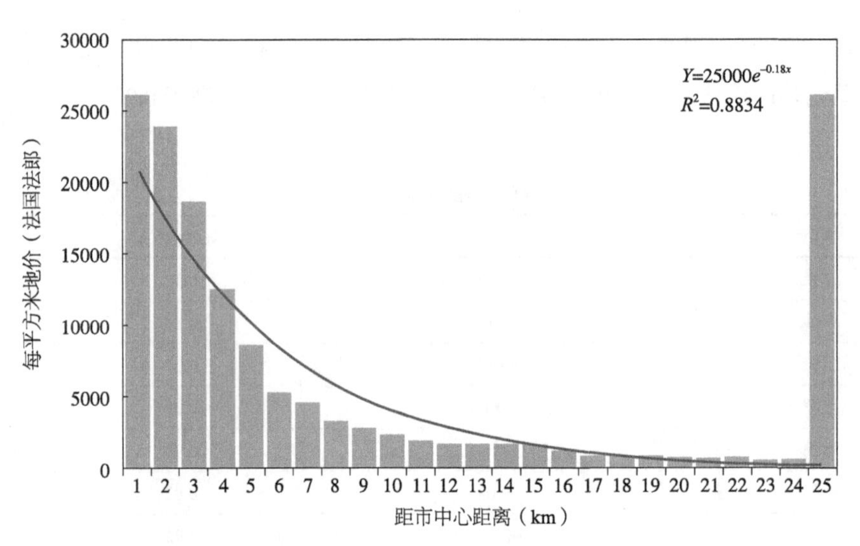

图 4.4　1990 年巴黎土地价格概况

过对历史价格的研究[11]发现，当收入增加、交通成本降低时，价格梯度变化的方向与标准城市模型所预计的方向一致。然而存在一个问题，在非常大的城市里，有时很难就城市中心的具体位置达成一致。例如，对纽约历史价格的研究是以市政厅为中心的，而安德鲁·豪沃特（Andrew Haughwout）在 2008 年 12 月对整个纽约大都市区的研究则是以帝国大厦作为城市的中心。[12]

从图 4.3 的密度分布图和图 4.4 的巴黎土地价格分布图可以看出，密度和地价并不是被设计出来的，而是由市场力量产生的。因此，一位认为城市会因更高的密度而得到改善的规划者，应该提倡更高的土地价格。在其他条件相同的情况下，更昂贵或更慢的交通将增强市中心附近社区的吸引力，继而抬高土地价格。

“紧凑城市”的定义是，一座城市使用较少的土地来容纳与另一座城市相同数量的人口，而“紧凑城市”倡导者应该认识到，这是需要代价的。这个代价不会由提倡它的城市规划师承担，而是会最终落在居住在这座紧凑城市的家庭和企业身上。然而，提倡紧凑城市战略的规划师却认为，只要在总体规划中为不同的城市区位分配密度，就能实现这一目标。

毫不夸张地说，许多总体规划在“设计”密度时，就像建筑师决定建筑物的颜色时一样随心所欲。在本章的最后一部分，我给出了一个随意规划密度的具体例子——河内的总体规划，并将指出这种规划所引起的问题。

4.3.2　为什么这个模型似乎适用于洛杉矶这样无明显中心的城市？

为什么这个模型似乎既适用于单中心城市，又适用于像亚特兰大、洛杉矶这样

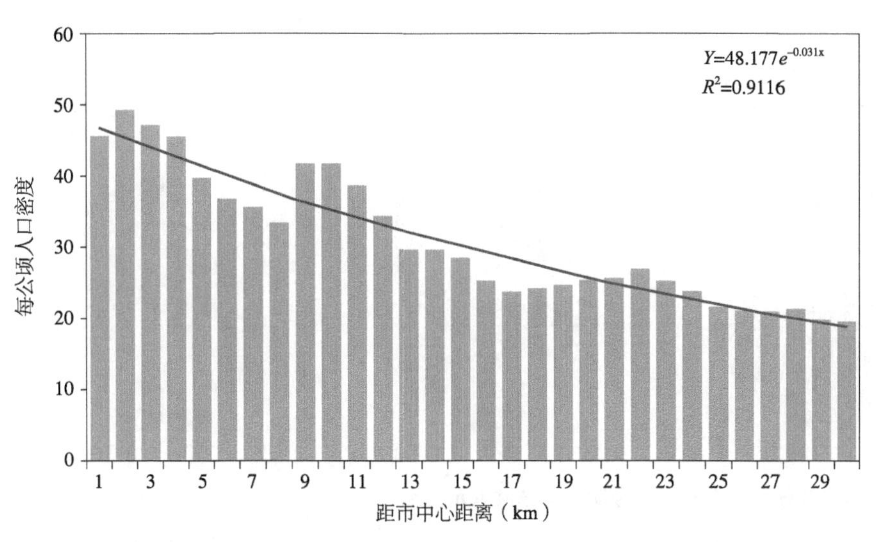

图 4.5　洛杉矶的密度分布图

资料来源：人口：美国人口普查数据，2000 年；建成区：卫星图像解释和矢量化，由玛丽－阿格尼丝·贝尔托提供。

中央商务区就业集中度很低的无中心城市？图 4.5 显示的同样是洛杉矶人口密度分布图，与图 4.3 相比，规模更大。图中市中心的最高密度只有每公顷 50 人，在离中心 30 公里的地方，每公顷的人口减少了 60%，只有约 20 人。而在离市中心同样距离的地方，曼谷的密度则下降了 93%。由此可以看出，与曼谷相比，洛杉矶的密度下降幅度很小。然而，在 R^2=0.91 的水平下，即使该城市不满足所有工作都集中在 CBD 的初始假设，其密度曲线也符合模型的预测。洛杉矶的中央商务区（CBD）大致位于大都市建成区的中心，与其他大都市区相比，这里的就业机会只占很小的比例（据奥沙利文说，约占该市所有就业机会的 11%）。[13] 让我们试着找出密度分布与标准城市模型预测一致的原因。

假设有一个半径为 12 公里的环形城市，工作机会均匀地分布在建成区（图 4.6）。我将这种类型的城市称为"无中心"的城市，以区别于工作机会集中在一个或几个位置的单中心和多中心的空间组织。在一座无中心的城市，工作机会一般会均匀地分布在建成区。这与洛杉矶的就业分布大致相似。因为根据定义，无中心城市不存在任何高工作集中度的区域，它没有 CBD，但它确实有一个"质心"。"质心"是指形状内到所有其他位置的距离之和最小的点。

简单地假设三个工人住在 A、B、C 不同的地方，平均交通速度为 20 公里 / 小时（相当于一个半径为 10 公里的圆），让我们来测量一下在任意 30 分钟的交通时间内他们可能获得的工作的数量。为简单起见，我们假设三个工人向任意方向的交通时间都是相同的，在 30 分钟内，这三个工人可以到达半径为 10 公里的圆形区域内的

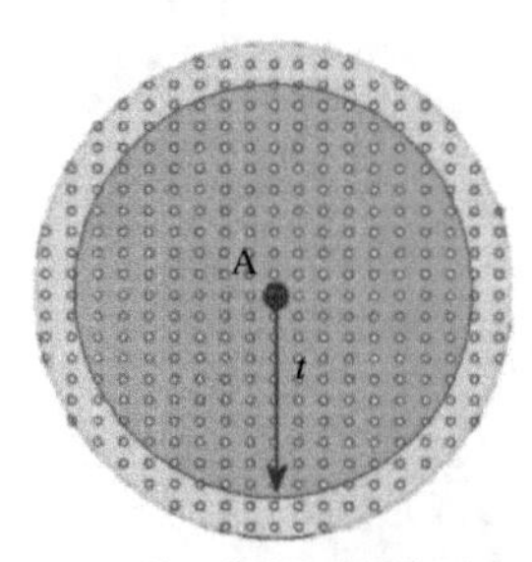

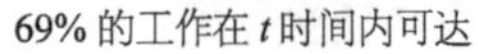
69% 的工作在 t 时间内可达

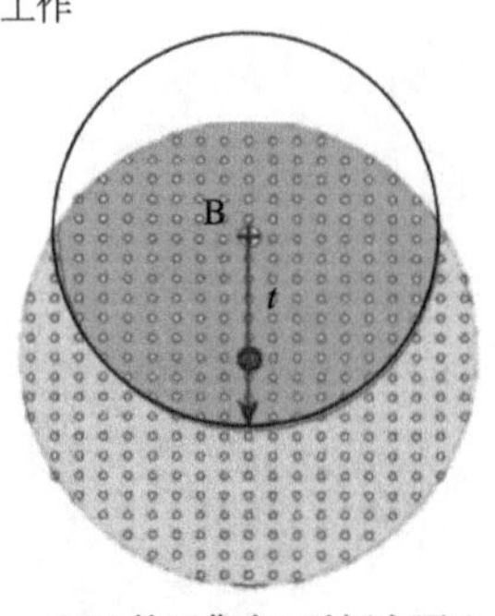

54% 的工作在 t 时间内可达

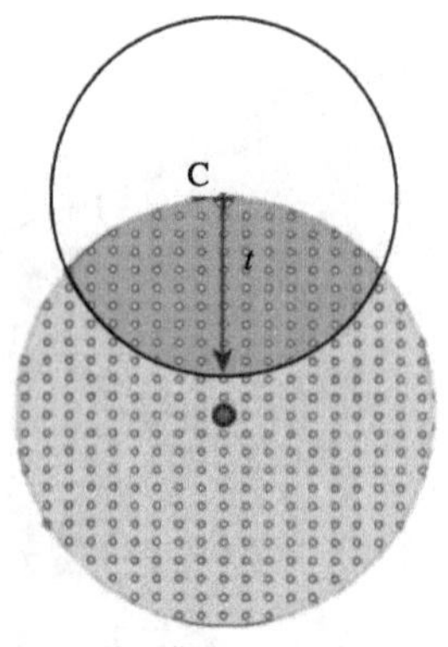

28% 的工作在 t 时间内可达

图 4.6　工作地点分布均匀的城市劳动力市场准入示意图

任何工作地点。虽然在 30 分钟内可以到达的区域对于三个工人来说都是大小一样的，但是此范围内工作数量分布是不同的，工作数量的多少取决于他们在城市中所居住的位置。

首先来看居住在城市中心 A 点的工人（图 4.6 中的左图）。从 A 出发，这名工人可以在 30 分钟内到达建成区内 69% 的部分（半径 10 公里的圆圈与城市整个区域的比值）。基于上述工作地点均匀地分布在建成区的假设，因此，这些工人可以到达城市中 69% 的工作地点。

第二名工人位于 B 点（图 4.6 中的中图），距离建成区的质心 6 公里，即位于市中心和建成区边缘之间。他只能到达 54% 的工作地点，因为 30 分钟车程所能到达的区域与工作所在的城市建成区并不完全重合。

第三名工人位于 C 区，在建成区的边缘（图 4.6 中的右图）。他将只能到达该市 28% 的建成区，因而只能得到该市 28% 的就业机会。如果工人 C 想要达到和工人 A 一样的工作数量，他只能通过增加通勤时间来实现。

从这个示意图的例子中我们可以看到，即使工作机会平均分布在无中心的城市中，但中心位置在进入劳动力市场和便利设施方面的优势仍然存在。尽管工作和便利设施都均匀分布在建成区，靠近城市形态中心（并不需要是 CBD）的家庭，在相同的出行时间下，比周边家庭有更多的就业机会，获得便利设施也更为便利。这种区位优势将增加对更集中的住房的需求，这也解释了密度梯度的存在原因，密度会从城市形状的中心向外递减，如洛杉矶的密度分布图（见图 4.5）所示。

在无中心城市中，位于市中心家庭的可达性优势虽不如单中心的城市强，但它仍然是显著的。如果图 4.6 所解释的假设是正确的，那么即使没有可识别的 CBD，工作均匀或准均匀分布的无中心城市，其密度梯度也会随着距离建成区质心的距离增大而减小。

显然，一个无中心城市的密度梯度要低于像北京、巴塞罗那和巴黎那样保留了主要 CBD 的城市。洛杉矶的密度梯度值（见表 4.1）仅约为北京的 1/6，是巴塞罗那和巴黎的约 1/3，这与我们对无中心城市的假设是一致的。表 4.1 中给出的小样本并不能确凿地证明在大都市区，当工作分散度增加时，人口密度梯度会下降，但它起码可以表明，标准城市模型仍然适用于多中心或无中心城市。

4.3.3 为何一些城市根本不适合这个模型，却又增强了模型的可信度？

经验证据表明，标准城市模型的斜率为负的指数曲线可以很好地代表大多数单中心、多中心和无中心城市的人口密度变化。然而，如果标准城市模型的使用只限于对城市现有密度模式的描述，那么它对规划师用处不大。如上图所示，现有密度相对容易测量，并不需要借助模型。这个模型之所以重要是因为当某些市场变量的值随时间变化时，它可以预测密度和土地价格会发生的变化。因为我对模型的预测能力很有信心，此时有必要解释为什么一些城市的密度曲线斜率不为负，且为什么工作地点完全分散的城市也可以很好地被该模型预测。

在我收集的 53 座城市的数据中，有几座城市完全不符合这个模型。例如，标准城市模型不能准确地描述 1990 年莫斯科、2000 年巴西利亚和 1990 年约翰内斯堡的人口密度（图 4.7）。[14] 它们的密度不仅没有从市中心向外呈指数级下降，有时反而会呈 U 形增加。但这些案例并不让人意外。毕竟，该模型的主要目的是反映自由土地市场产生的空间结构。而规划师和工程师在设计这些反常城市时，该国的政治体系往往导致他们会忽略土地价格。

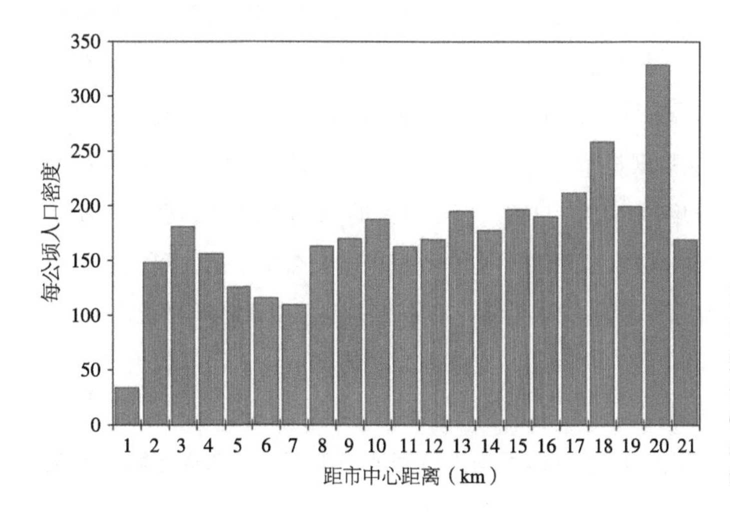

图 4.7 1989 年莫斯科人口密度分布图

资料来源：1989 年苏联人口普查数据，国家统计委员会（State Committee for Statistics），莫斯科，1990 年；卫星图像矢量化，笔者提供。

市场的缺失产生了一个不同于标准城市模型预测的替代形式。而正是这种在计划经济中不存在的供需力量，塑造了该模型预测的城市结构。

4.4 经济模型的预测能力对于可操作的城市规划很重要

尽管经济模型在理论上进行了简化，但它们仍然具有强大的预测能力。经济模型的使用价值在于，当收入、土地供应、运输成本和运输速度发生变化时，它们能够预测土地和住房的价格水平和人口密度大致的变化方向。经济模型不能提供城市特定地区密度的准确预测，但它们对于预测相对价格和密度的总体方向是有用的。从经济模型的使用中，我们可以认识到，密度和土地价格的变化通常是可以预测的，并且这些变化是由家庭和企业的收入、运输成本以及城市土地供应的弹性所引起的。

土地和住房的价格与密度遵循基本的供求关系机制。就像行星的引力会随着距离的增加而减少一样，大城市中心创造的高地价会随着距离的增加而降低。忽略基于区位的可预测土地价值而规划未来的土地使用，就像忽略地心引力的影响而设计飞机一样没有意义。本章在后面将讨论河内总体规划的现实案例，在这个规划师试图“设计”密度的典型案例中，规划师隐含地设计了土地价值，而不是基于收入和运输成本的可预测变化所产生的土地价值和密度的预测来进行设计。

4.4.1 人口密度随时间推移而下降

根据标准城市模型的预测，随着城市收入的增加和交通成本的降低，人口密度梯度绝对值将下降。什洛莫·安杰尔和他的同事在考察过的许多现代城市中都观察到了这种密度曲线的平坦化。[15] 安杰尔详细探究了世界城市密度的历史演变。他提供了五大洲 30 座大城市的历史数据，展示了 1800 年至 2000 年建筑密度的演变。他的数据显示，虽然这些城市的人口密度通常在 1900 年左右达到峰值，但此后所有城市的人口密度都大幅下降，这主要是由收入的增加、运输成本的降低和运输技术的进步造成。安杰尔分析的另一组数据显示了 1990 年至 2000 年全球 120 座城市的人口密度变化。数据显示，在 120 座城市中，只有发展中国家的 16 座城市人口密度有所增加，除此以外其他城市的建成区人口密度都呈下降趋势。安杰尔指出，建成区人口密度的下降与家庭收入的增加和交通成本的降低有强相关性，两者之间呈正比关系，这与标准城市模型的预测是一致的。因此，安杰尔详尽的城市人口密度数据一定程度上证实了该模型的预测质量。

当收入和交通成本下降时，城市总体平均人口密度趋于下降，那么在同样的条

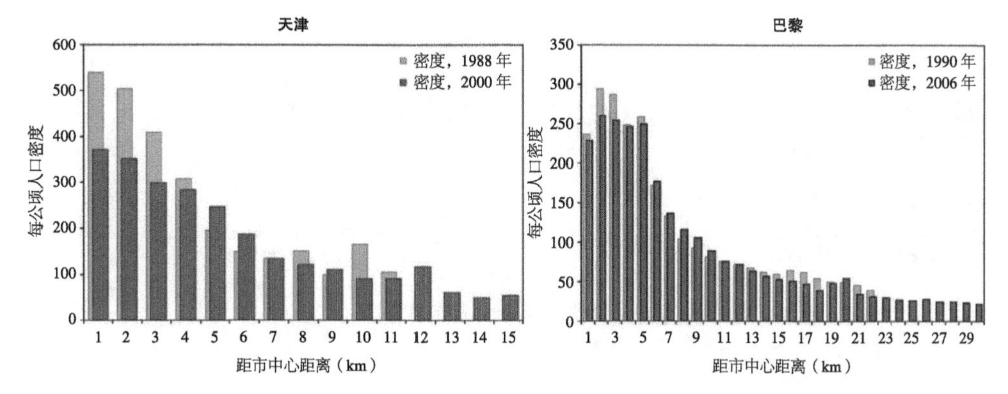

图 4.8 天津（1988 年和 2000 年）和巴黎（1990 年和 2006 年）的密度梯度随时间的变化
资料来源：天津人口普查资料、天津统计年鉴；巴黎人口，1990 年法国人口普查，法国国家统计与经济研究所 2006 年人口估计数；卫星数据矢量化，来自玛丽－阿格尼丝·罗伊·贝尔托。

件下，一座城市的社区人口密度是如何变化的呢？标准城市模型预测，密度梯度也将会下降。换句话说，随着时间的推移，密度分布将会变得越来越平坦，中心的密度逐渐减小，而外围的密度略有增加。图 4.8 显示了 1988 年至 2000 年天津和 1990 年至 2006 年巴黎建成区人口密度的变化。尽管这两座城市的历史和经济基础有很大不同，但家庭收入的增加和交通成本的降低使它们产生了同样的空间变化。天津的密度梯度每年下降 1.1%，而巴黎的密度梯度每年下降 0.4%。而这种密度梯度下降的差异与天津家庭收入增长快于巴黎是一致的。

从图中可以看出，这两座城市的密度曲线变化相对缓慢。即使 1988 年至 2000 年正是天津经济建设的热潮，经济总量变化较快，城市密度的变化也并没有很剧烈。这是因为城市结构具有很强的弹性，且变化缓慢。标准城市模型成功预测了这两座城市的密度曲线变化。

4.4.2 扭曲土地价格的法规

法规可能会减少在给定面积的地块上可建造的总建筑面积。这些法规显然会改变标准城市模型为无约束市场所预测的地价和密度分布。例如，法规通常会限制建筑物的高度，或对每公顷可建住宅单元的数量设置最高限制。如果这些法规具有一定约束力，减少了开发商为迎合消费者对这些地区的偏好而建造的住房数量，那么在高需求地区，这些法规将会造成建筑面积的短缺，这种短缺进而会造成建筑价格与没有法规影响的情况相比有所上涨。继而，价格的上升可能会导致更高的人口密度，因为一些消费者为了留在理想的位置，可能会决定使用更少的居住面积，以减轻昂贵的费用所带来的压力。

出售：一区单间公寓

6层
无电梯

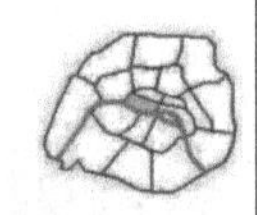

户型面积：11m²
197400美元
每平方米17945美元

出租：十六区单间公寓

楼层区域：9m²
月租750美元
每平方米每年1000美元

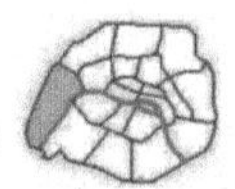

出租：八区单间公寓

户型面积：11m²
月租1050美元
每平方米每年1145美元

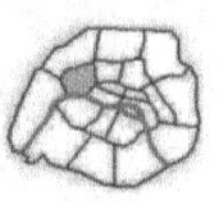

图4.9　2014年巴黎小型公寓的销售价格和租金（见彩图）

巴黎市政府对建筑物高度的限制就很好地证明了这一点。由于巴黎市中心便利的设施和集中的工作机会，人们的居住需求很高。但是高度限制导致建筑空间供应不足，由此造成公寓的面积减小，价格上涨。

由图4.9中的房地产广告可以看出，9–11平方米的小房间，无论是出租还是出售，价格都非常高。一些历史建筑中由于没有电梯，公寓价格相对较低，图4.9的左图广告所示的11平方米的工作室就是这种情况。这个房间（每平方米17945美元）和位于芝加哥市中心市政厅旁边的一居室公寓（每平方米1944美元）的价格之间的巨大差异表明，法规对房地产价格的影响是巨大的。

我并不是在这里建议市政当局一定要修改其在市中心的建筑高度限制。这些规定确实达到了一定的审美目的，它完美地保留了巴黎的历史轮廓。然而，巴黎的许多人都在哀叹极高的房价和狭小的公寓。高房价和低房屋面积消费是保护历史悠久的巴黎的直接结果。如果高度限制被广泛放宽，将会增加住宅建筑面积的供应，降低房价，但巴黎的主要景点之一如果消失，中心地段的美学品质降低，市场对其需求也可能会随之减少。

除了巴黎，大多数城市对容积率的限制都旨在控制密度，从而人为地造成了建筑面积或开发用地的短缺。因此，这些法规通常会增加密度——与期望的结果相反。孟买的规划师试图通过严格限制建筑面积比例来降低密度，结果是孟买成了世界上平均建成区人口密度最高的城市之一。[16]

对于旨在增加密度的法规也是如此。在缺乏了解消费者需求的情况下，规划师无法通过监管法令来增加密度。那些限制每公顷住宅数量的法规便是试图通过法规途径对密度进行设计的例子之一。

规划师试图预测本应由市场提供的某一特定街区每公顷住宅的数量，这并没有错。但是，如果规划师试图将这种猜测转化融入某种法规，对城市则百害而无一利，而且也不可能实现。

4.5 “蔓延”：标准模型与城市扩张

城市经济学家开发的模型有助于解释土地市场对城市的塑造。我们已经看到，是土地市场决定了人口密度，而不是规划师的设计。密度是土地消耗的指标。[17] 如果市场决定了人口密度，那么它们也决定了一座城市将消耗土地的数量，进而决定了城市和农村土地的边界。正如我下面将要展示的，无论市场是否被干涉，标准城市模型都可以解释市场如何以及为何建立这一界限。

城市向农村扩张，当这种扩张被认为是一种浪费时，通常被称为“蔓延”（sprawl），这可能是大众媒体和倡导团体讨论的最热烈的城市问题之一。谷歌搜索单词“sprawl”会出现 590 万个词条！[18]

“精明增长”和“可持续发展”这两种流行理念主张的核心，是对不断扩大的城市界限的担忧，这些主张要求有力地遏制城市的扩张。许多城市评论家和规划师认为，不受监管的城市会过度向农村扩张，这将导致通勤距离增加，农业用途的土地面积减少，这是十分危险的。当城市过度扩张且密度过低时，评论家称之为“蔓延”。

假设存在某种人口密度阈值，高于该阈值，城市的发展是“非蔓延”的，低于该阈值，城市的发展是“蔓延”的。然而，呼吁更紧凑城市的反蔓延倡导者还没有定义这个人口密度阈值，却用这个词来形容美国亚特兰大和中国天津，这两座城市每公顷人口密度分别为 6 人和 170 人。那么在反蔓延倡导者眼中，一座城市合理利用的密度是多少呢？

就连世界银行也加入了反蔓延行列，在其 2014 年发布的《中国城市化报告》（*report on urbanization in China*）中，将上海 – 苏州 – 常州城市群的地图命名为“2000 年至 2010 年上海都市圈的蔓延”。[19] 这幅地图仅仅显示了这个经济高度发达的大都市区在过去 10 年里的城市扩张。世界银行的报告中没有任何数据可以证明地图上显示的城市扩张是没有用处或低效的。考虑到这一时期该地区人口和家庭收入的大幅增长，土地扩张在意料之中，这没有任何问题。那么我们如何知道土地利用是否有效呢？标准城市模型可以为我们提供一个更理性的评估。

4.5.1 关注农业用地流失

通常情况下，城市扩张必然占用宝贵的农业用地，这看起来可能很像某种农业用地和城市用地之间的零和博弈。在人们的心目中，农业面积的减少与粮食产量的减少有关，因此这可以理解为一个情感问题。而实际上，粮食产量的增加和减少，更多与土地生产力和气候变化，而非名义耕作面积有关。不过考虑到 20 世纪困扰南亚和东亚的历史性饥荒，农业用地的减少会引起人们更多关注也是完全可以理解的。[20]

中国政府已经对城市的快速扩张感到担忧，并且制定了城市土地开发配额，以严格限制农用地向城市用地的转化。中国政府发布的《国家新型城镇化规划(2014–2020年)》旨在指导中国到2020年的城镇化进程。该规划规定，为了保护农业用地，每一个新的城市居民点每公顷人口密度不能低于100人。此外，任何造成耕地减少的城市扩张都需要占用成本高昂的转换配额。

许多致力观察亚洲快速城市化的人士对城市土地扩张速度快于城市人口增加的事实感到震惊。2007年我为天津的发展提供咨询时，天津发达地区的土地面积正在以比其人口更快的速度扩张（表4.2），天津的管理者也因此而感到震惊。12年来，天津人口增长了22%，建成区增长了63%。然而，1988年至2000年，天津的实际家庭收入增长了约55%。住房面积从人均14平方米增加到人均22平方米，这与家庭收入的增长一致。与家庭收入的增长相比，土地消费的增长并不惊人。如果收入增加了，但土地和最低消费却停滞不前，相关部门才该有所警觉。

表4.2　1988–2000年天津三环内人口和建筑面积的增长

	1998年	2000年
人口	3499718	4264577
建成区面积（平方公里）	153.72	250.74
密度（人/公顷）	228	170
人均建成区面积（平方米）	44	59
人口增长（%）		22
建成区域面积增长（%）		63
人均土地消费增长（%）		34

标准城市模型表明，随着城市居民收入的增加，城市人口密度会降低；而城市交通成本与收入成正比下降。即使不套用模型方程，人口密度的变化也很容易解释。随着收入的增加，家庭将消费更多的房屋面积；以前密集生产型的企业，现在也可以购买更多的土地，为员工和更精密的机器提供更多的工作空间；为了适应日益繁忙的交通，道路也变得更宽。所有这些要素都促成更多的人均土地消耗。因此，在经济扩张过程中，密度的降低并不一定代表土地的浪费。这一切都取决于家庭和企业的收入、运输成本和速度，以及该时期的农业用地价格。如果期望城市以与中心区一样的密度进行扩张，就意味着密度从中心到外围都一致，且密度从城市建立之初就已经是最优状态。

标准城市模型告诉我们，随着家庭收入的增加和交通技术的改善，人口密度将会下降。这不是效率低下的表现，而是投入的合理再分配。由于新开发的土地大多位于城市周边，因此新开发土地的密度低于城市平均水平也是正常的。

城市发展中边缘地区的低密度是正常且合理的，因为它代表了在市场价格没有扭曲的情况下，企业和家庭效用的最大化。然而，要客观地衡量城市边缘地带开发的土地密度是否偏低且低效，有一个标准可界定的尺度是很重要的。

反城市蔓延运动虽然声势浩大，但并没有一致的代表意见。彼得·戈登（Peter Gordon）和哈里·理查森（Harry Richardson）等一些规划师和许多经济学家认为，随着一座城市人口和收入的增长，弹性土地供应对于维持经济适用房价格不可或缺。这也是我的同事什洛莫·安杰尔在他的《城市扩张地图集》(*Atlas of Urban Expansion*)一书中提出的主要论点之一。罗伯特·布吕格曼（Robert Bruegmann）在其名为《蔓延》(*Sprawl*)的著作中，将城市扩张的问题置于具体情景中分析，并反驳了很多对城市进行不恰当论述的传闻，这些传闻将城市称为贪婪的土地消耗者。

城市经济学家的研究表明，城市占地多少、城市化的极限在哪里以及城市化的极限所依赖的主要变量是什么，这些都没有什么特殊之处。城市所占的土地面积和建成区边界的位置取决于三个比率的相对值：农村与城市收入比、通勤成本与城市收入比、农地租金与市地租金比。城市所占用的土地面积，无论是蔓延的还是紧凑的，与只顾金钱利益的开发商、土地所有者或不负责任开车的上班族都没什么太大关系。

我的目标并非回顾、评论或解释城市经济学家的研究，而是要说明规划师如何利用他们的研究来更好地理解城市在人口增长时要如何利用土地，以及哪些经济和人口变量可以决定密度的设定。我关注的，是关于城市化的局限性标准城市模型可以教给我们什么，从而进一步得知是什么决定了城市的面积。

4.6 标准城市模型有助于解释城市扩张的程度和原因

随着距市中心距离的增加，城市土地价格的下降反映出由于交通成本的增加，土地对消费者（无论是企业还是家庭）效用的减少。图 4.10 中的曲线 U 表示了一座假想城市的地价随着距市中心距离的增加而变化的曲线。水平线 A 代表这座城市周边的农业用地价格。这里的假设是该价格代表了农民从他们的作物中获得的资本化租金，且这个数值不随距离而变化。土壤越肥沃，生产力越高，农业用地的价格就会越高。[21] 城市土地价格曲线 U 与表示农业用地价格的水平线 A 相交于距离市中心 x 处的 d 点。城市建成区的外部界限将位于距市中心 x 的地方。距离小于 x 的地方，

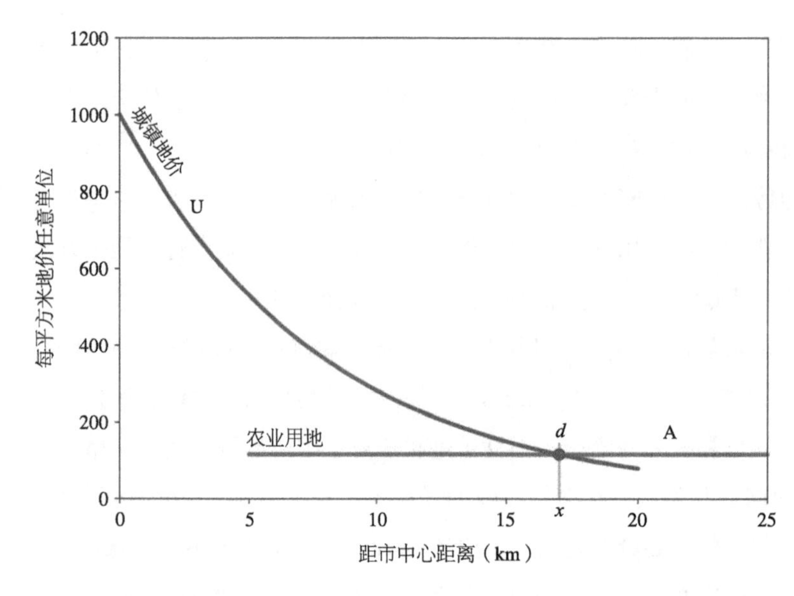

图 4.10　城市土地价格和农用地价格决定了城市化的界限

开发商能用高于农民原收入的价格，来吸引农民出售土地。因此，这部分土地将由农业用地逐渐转为城市用地。而如果距离大于 x，开发商只能提供低于农业用地的价格。因此，农民不太可能出售他们的土地，土地将仍是农业用地。在其他条件相同的情况下，农业用地价格越高，城市化半径 x 越小。

这也间接指明了城市扩张的方式。人口不变的情况下，对于一座正在扩张的城市，农业用地价格越高，它的土地价格和密度将会越高。

这种动力相当简单直观。设定城市化的极限并不需要贪婪的开发商与狡猾的汽车制造商勾结的阴谋论，因为这是最持久的城市传说之一。[22]

我们可以看到，如果我们接受模型中隐含的企业和家庭的效用函数，则城市的面积和密度（隐含在 x 的位置）并不存在标准的“最佳实践”值，而是取决于处于城市化边缘的城市土地价格与农业用地价格之比。在其他条件相同的情况下，城市向高产农业土地扩张的面积比向沙漠扩张的面积还要小。如果我们强行设定一个最低标准密度，比如设置中国城市的最低密度为每公顷 100 人，则可能会导致资源配置不当。这个密度对于扩展到高价值的农业土地的城市来说可能太低了，而对于扩展到几乎没有其他用途的土地（如沙漠或泥滩）的城市来说则可能太高了。

4.6.1　农地价格扭曲时的城乡边界

图 4.10 中表示距离市中心 x 的点 d 为城市化极限处，其中城市土地价格与农业土地价格相等。如果这两种价格都没有被扭曲，那么这一距离以及由此延伸的整个城市建成区可以被认为是最优的。换句话说，这个距离和由此延伸的整个城市建成

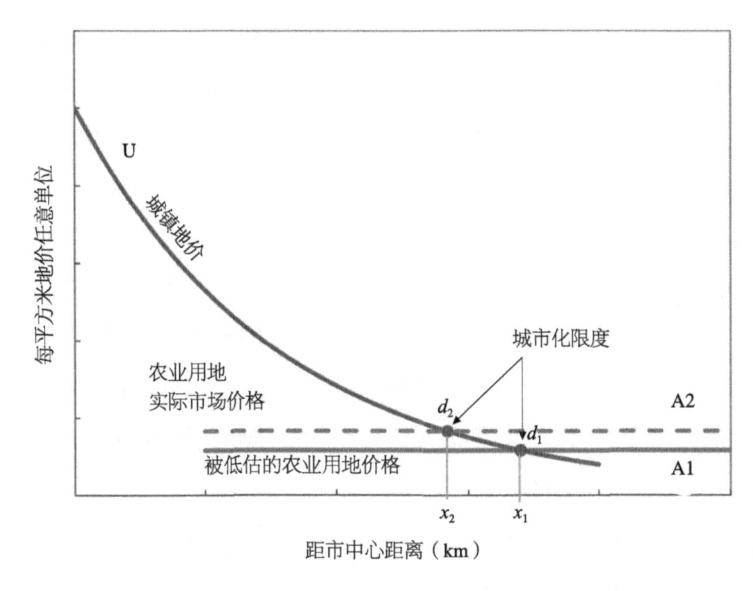

图 4.11　农地价格扭曲时城市化的极限

区将使城市居民和企业，以及农民在城市边缘的耕地的效用最大化。

但是，如果其中一个或两个价格被扭曲，d 点就不再是城市化的最佳极限值。例如，基于农业生产率，当农地收购价格低于其实际市场价值时，我们来看看对城市化极限的影响结果，以及由此对城市土地消费的影响（图 4.11）。

假设农地收购价格（线 A1）低于其实际隐含市场价值（线 A2）。这种农地价格的扭曲，是由于政府行使土地征用权征收农民土地时支付的价格低于农民在自由市场中交易本会获得的价格造成的，在自由市场中，农业土地价格是以地租资本化为基础的。在一些发展中国家这类征用经常发生在城市边缘地带，在这些地方，政府在补偿被征用土地的农民时使用的行政价格通常低于市场价格。[23]

图 4.11 就说明了这种情形。在点 d_1 离中心 x_1 距离处，城市土地的价格等于被低估的农业土地价格。但是，如果使用正常的市场价格，那么城市化的极限将在 d_2 处，即城市地价在距离市中心 x_2 处与线 A2 相交。我们可以看到，当农业用地价格被低估时，城市化的极限在 x_1 处，比 x_2 要远得多。因此，低估农业用地价格会导致城市的土地使用者以牺牲农业用地为代价来过度消耗土地，这是一种资源的错误配置。

4.6.2　价格扭曲可能导致城市土地的过度消耗或利用不足

使用标准城市模型虽然不太可能让我们计算出与自由市场中未扭曲的农业土地价格相对应的精确的城市化距离，但我们可以确定，低估农业用地价格将导致城市对土地的过度消费。担心城市化造成农业土地潜在流失问题的人们，可以应用标准城市模型来识别那些最终会导致城市土地过度消耗的价格扭曲。该模型的使用为将土地消耗降低到更优水平提供了显而易见的解决方案，即让开发商以市场价格购买农业用地。另一种替代解决方案，即规定一个城市增长边界（Urban Growth Boundary，UGB）[24]，或在距离 x_2 处建立一个绿化带，以防止城市的进一步扩张。但这种替代解决方案不会奏效，原因有二。其一，该模型不够精确，无法计算出准确的距离 x_2；其二，即使可以精确地计算出 x_2，它不会在很长时间内一直保持最优。随着时间的推移，农业生产率、城市收入和运输成本可能会发生变化，x_2 的位置也会随之移动。

价格还会以其他方式受到扭曲。例如，农业用地价格可能因补贴灌溉而抬高，从而导致城市土地减少，土地分配不当。大量的基础设施补贴、交通补贴或汽油补贴也会扭曲城市土地价格。政府应该通过抑制或减少价格干扰来纠正城市和农业用地之间的错误分配，而不是通过诸如分区法规之类的设计来解决问题。

为了纠正可能存在的过度城市土地消耗，规划师通常提倡使用绿地或城市增长边界（UGB）来限制城市扩张。经济模型使我们能够了解哪些情况可能导致城市消耗过量的土地。而当过度消耗发生时，这些模型告诉我们如何利用市场机制来纠正它，而不是武断地设计解决方案。

市场解决方案会不断地顺应变化调整。设计解决方案在面对变化时并不能作出调整，如俄勒冈州波特兰市的 UGB 方案（UGB à la Portland，Oregon），进而会造成僵化并加剧扭曲。

4.6.3 当农地价格不统一时，城市建成区边界会发生什么变化？

标准城市模型的最简形式假设城市周围的农地价格统一。接近这种假设的城市，预计将围绕着传统的城市中心对称发展，建成区近似于以传统 CBD 为中心的圆圈。北京、伦敦和巴黎等城市的情况大致如此。

然而，标准城市模型表明，当不同方向的农业用地价格存在较大差异时，一座城市就会不对称地发展。城市会倾向于向廉价的农业用地方向扩张，而不是向昂贵的土地方向扩张。让我们来测试一下标准模型在一座真实的城市中的适应方式，在这座城市中，每个方向农业用地的价格并不统一。位于法国勃艮第大区（Burgundy）葡萄酒产区中部的博讷市（Beaune）就说明了标准模型在农业用地价格某个方向远高于另一个方向时的预测结果。

每年，在博讷市的中世纪城市中心都会举行一场国际葡萄酒拍卖会，其中包括一些世界上最负盛名、最昂贵的葡萄酒。博讷市在勃艮第葡萄酒领域扮演着华尔街的角色。生产最昂贵的“特级园”和“顶级园”勃艮第葡萄酒的葡萄园只位于城市的西部，沿着平缓的斜坡，在东南早晨的阳光下熠熠生辉，如图 4.12 所示。

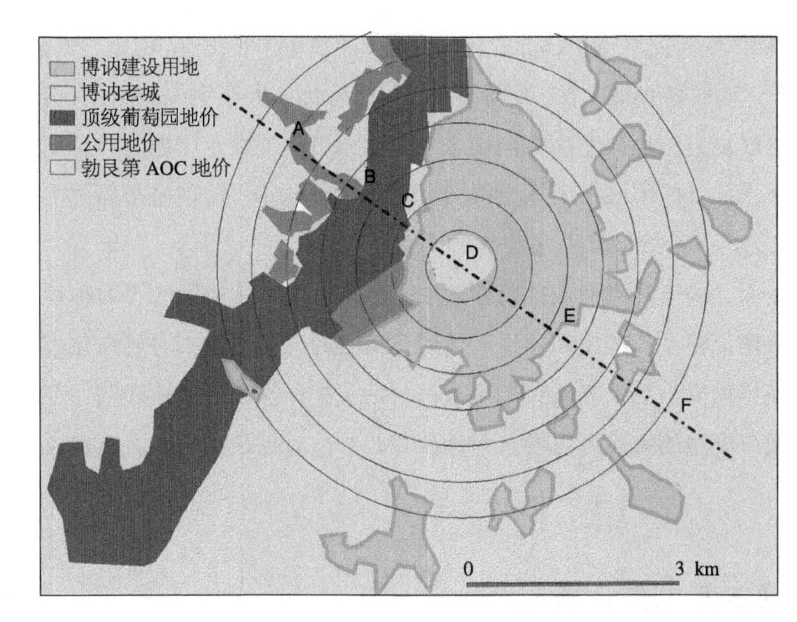

图 4.12　建成区和顶级葡萄园（博讷市）（见彩图）

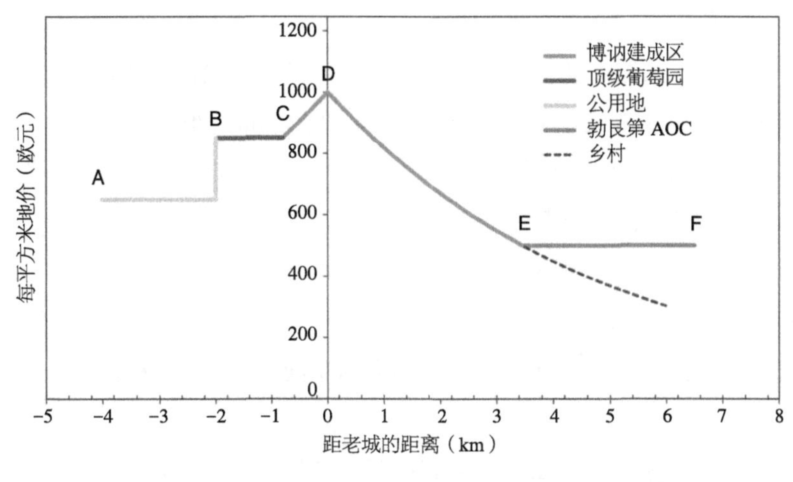

图 4.13　沿 AB 轴的城市和农业用地价格分布（博讷市）（见彩图）

2013 年，该地区葡萄园的地价约为每平方米 500 美元。对农业用地来说，这显然是一个很高的价格。相比之下，2013 年堪萨斯州农业用地的平均价格仅为每平方米约 0.5 美元。在博讷市东部区域，由于土壤和日照条件的不同，葡萄园的价格则降到每平方米 200 美元以下。

我们必须调整标准模型来反映博讷市周围不对称的农业用地价格。这次我们不像前面的图中那样——按距离市中心的距离来平均城市土地的价格，而是使用标准模型来表示沿东南方向穿过市中心的轴线 AF 的土地价格（图 4.12）。在图 4.13 中，大家可以看到沿 AF 轴的城市土地价格和各葡萄园土地价格的概况。

从图 4.12 和图 4.13 中可以看出，正如模型预测的那样，城市扩张是不对称的。向西北方向，距中世纪的城市较近的土地更具开发吸引力，但城市开发商没有能力以更高的价格购买葡萄园。因此城市西北部的建成区边界距离市中心很近。相比之下，在东南部地区，生产“勃艮第 AOC”（二级葡萄园区）葡萄酒的葡萄园价格要便宜得多，这使得该城市可以更自由地向东南方向扩张。博讷城市周围农业用地的异常高价限制了城市的扩张，并可能使城市用地变得异常昂贵。2014 年，博讷城市历史中心区附近的待售公寓的广告价格是每平方米 4000 美元。

博讷市的例子表明，城市和农业用地价格塑造了城市。博讷建成区的不对称性与设计无关，而是市场价格差异的反映。生产优质葡萄酒的宝贵土地不需要绿化带或分区的保护，它受到世界市场上勃艮第葡萄酒高价的保护。这个例子还表明，在需要的时候，标准城市模型的假设可以有选择地放宽，并适应与最初的假设有很大差异的情况。

4.7　土地开发成本与城市化极限

在前几段中，我假定农村土地可以免费转化为城市土地，而现实情况并非如此。

在许多城市，土地用途条例规定了开发商将农业用转变为城市用地所必须达到的最低标准。[25] 遵守这些条例会产生四类费用：

1. 道路、人行道和基础设施的土建工程费用；

2. 土地成本，因为一些从农民手中购买的土地需要留作道路、社会设施和开放空间使用；

3. 管理费用（间接成本），包括设计、管理以及从不同部门获得各种许可证文件的督办工作；

4. 建设期以利息为代表的财务成本（从获得征用农业用地到准备将地块出售给建筑商期间支付的金额必须交付利息）。

因此，开发商出售给城市土地使用者的土地总面积小于开发商从农民手中购买的土地面积。开发商修建的道路和开放空间通常会免费移交给当地政府。式 4.2 给出了市场出清状态下，每平方米可售已开发土地的总成本，即位于或低于图 4.14 中的曲线 U。

公式 4.2 市场出清状态下每平方米可售已开发土地的成本

$$k=\frac{a+c+h+f}{1-r} \tag{4.2}$$

k = 城市可售土地的每平方米土地开发成本；

a = 每平方米农业用地价格；

c = 每平方米土建工程费用；

h = 开发人员开销；

f = 财务成本；

r = 开发土地中用于道路和开放空间的百分比。

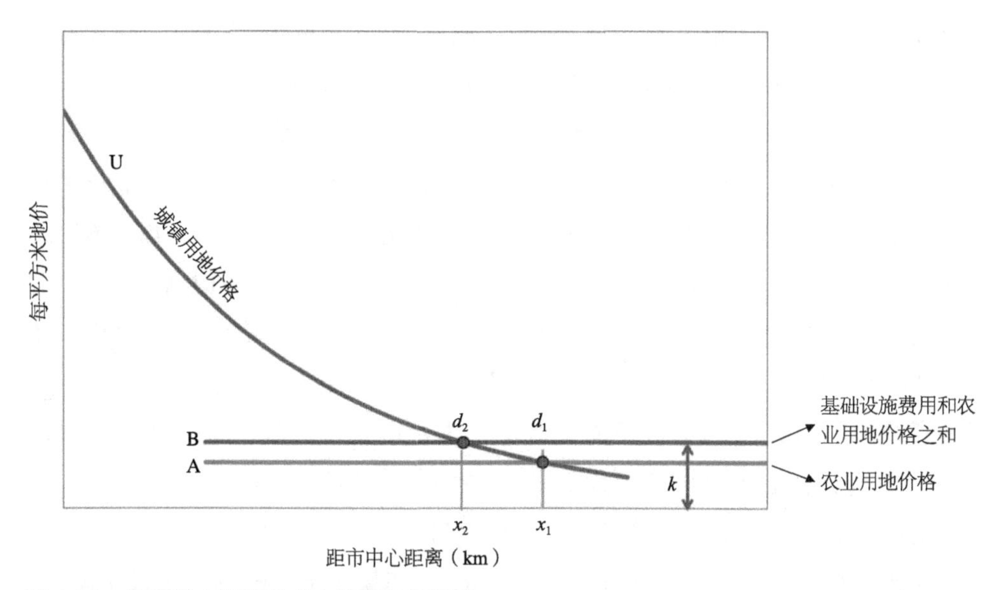

图 4.14　考虑到土地开发成本的城市化极限

变量 k 表示开发土地的开发成本。开发商的利润是 k 与已开发土地最终售价之差。由于从征用农业用地到将已开发地块准备出售给建筑商之间需要很长时间（大型项目甚至需要几年），所以在出售时已开发地块的价格往往具有很高的不确定性。[26] 这个销售价格可能高于或低于 k。如果它低于 k，那么土地开发人员将不得不承担项目的损失或等待已开发土地价格的上涨，直到它高于 k。然而，在此期间开发人员将需要为 k 支付利息，这进一步提高了开发土地的成本。

因此，将农业用地价格与已开发土地的销售价格进行比较，并假设这种差异代表开发商利润的做法，是完全错误的。

假设开发商以每平方米 100 美元的价格从农民手中购买土地；土建工程、管理费用和财务费用为每平方米 50 美元；法规要求道路和开放空间占开发土地的 40%。在这种情况下，开发土地的价格必须至少达到每平方米 250 美元，才能出清市场。[27] 地方政府制定的土地开发标准越“慷慨”，最终土地使用者为开发土地支付的价格就越高。

式 4.2 中所列土地开发成本只在土地利用由农村向城市转变时产生。

城市边缘农业用地的卖价与已开发土地的卖价之间的巨大差异，往往给人一种印象，即土地所有者或开发商在这个过程中获得了非常高的利润。而事实上，大部分看似巨大的资本收益通常反映了参数 c、h、f 和 k 的高数值，反映了一个复杂而困难的监管过程，而不是一位或其他某位参与者的投机狂欢。

k 和 a 之间的比率，将未开发的农业用地的价格和已开发的土地价格联系起来，是一个重要的城市指标，该指标被什洛莫·安杰尔在 1994 年为世界银行开展的住房指标方案工作中对世界中的 53 座城市进行了测量。安杰尔称这个指标为"土地开发乘数"。在他的著作《住房政策问题》(*Housing Policy Matters*)[28] 中，安杰尔分析了这一指标对住房可负担性的影响。他发现，1990 年土地开发乘数的中位数在发展中国家为 4.0，在工业化国家为 2.4。因此，发展中国家的城市扩张甚至比工业化国家更受限制，进而导致土地和住房价格上涨。不现实的高监管开发标准，加上糟糕的产权登记和官僚主义的繁文缛节造成的高交易成本最终导致了成本的增加。

接下来，在考虑了当地法规规定的土地开发成本后，让我们重新审视城市化极限与城市中心之间的距离（图 4.14）。农业用地市场价格直线 A（类似于图 4.10 中所示的直线 A）与城市地价 U 在距离 x_1 对应的点 d_1 处相交。直线 B 对应的是土地开发成本 k（包括农业用地价格和开发土地的其他成本）。直线 B 与曲线 U 的交点 d_2 为正规土地开发界定了城市化的新极限。我们看到，当考虑到土地开发的成本时，城市化的极限从 x_1 下降到 x_2，开发土地总面积减少。正规基础设施建设的成本 k 越高，与 x_1 相比距离 x_2 就越短，开发土地总面积就越小，因此，在其他条件相同的情况下，平均建成密度也就越高。k 的值，主要由规划师的设计决定，并对土地开发成本有双重影响：它增加了城市边缘土地开发成本，并降低了可开发土地的供应（通过增加 x_1 和 x_2 之间的距离），从而提高了城市其他区域的土地价格。

市场力量受既定法规（例如规定道路面积百分比和间接成本的法规）约束，将城市发展极限限制在 x_2。然而，许多国家存在着无视法规的非正规建筑部门。这一非正规部门包括个人以及开发商，他们建造的房屋和商业建筑不符合法规规定的最低标准，因此，x_2 的限制对他们来说无关紧要。x_1 和 x_2 之间的地区很可能成为城市边缘地区，在那里，城市劳动力市场规模将通过让农民逐步转入城市工作而扩大，在执法薄弱的国家将发展出非正规定居点。在下一节中，我将说明在何种情况下会出现这种城市边缘地带的扩展。

4.7.1 劳动力市场可能会扩展到 x_2 以外：城市边缘的村庄

在图 4.14 所示的距离 x_2 之外，通常不会出现新的、正规的城市发展。然而，已经生活在 x_2 以外的农民可能会发现城市工资和农村工资之间的差距值得他们支出费用

中国河南省洛阳市东部大约 25km 的乡村分布

所展示区域面积 54.91km²

乡村总面积 5.64km²

乡村的平均人口密度 220 人

总人口大约 124000 人

所展示区域人口总密度为每公顷 23 人

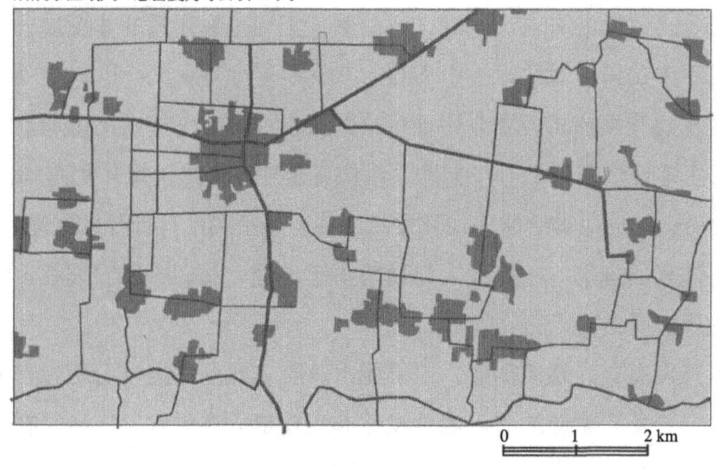

图 4.15 中国洛阳扩建区以东部现有村庄分布

资料来源：2015 年谷歌地球图像矢量化；基于村庄调查的人口估计。

通勤到城市工作。这些农民生活在 x_2 距离之外的农场，他们不需要购买任何土地来参与城市工作，也不需要支付土地开发成本 k。如果到城市的通勤成本低于其潜在的城市工资和当前农村工资差额，他们很可能决定加入城市劳动力，即使他们生活在城市建成边界之外。廉价的摩托车可以在农村公路上方便地行驶，这大大降低了个人通勤成本，而不需要连接到主要公路或交通网络。在人们可负担的情况下，个人交通工具的使用大大扩大了劳动力市场的规模，可以超越都市化现有的极限限制。在本章后面讨论河内的总体规划时，我们将看到城市劳动力市场向农村地区扩张所产生的结果。

许多亚洲城市处在人口稠密的农村地区的环绕之中。居住在大城市附近农村地区的人口往往不需要迁移就能够对劳动力市场规模的扩大作出了贡献。这种扩大在亚洲农村人口密度较高的地区可能很重要，如孟加拉国、东南亚和中国东部。图 4.15 展示了位于中国洛阳以东 20–30 公里的大量村庄。该地区没有正规城市化的迹象，但一辆摩托车可以使农民在 40 分钟内通勤到洛阳。这些村庄的人们，即使农业用地尚未转化为城市使用，就已经可以参与到城市劳动力大军中。当这些村庄所在地区的城市土地价格高于农业用地价格时，这些村庄很可能也将被纳入城市建成区范围。

4.7.2 在 x_1 和 x_2 之间会发生什么类型的开发？非正规部门与平行市场的出现

x_1 和 x_2 之间会发生什么？介于这两点之间属于城市的边缘地带，这里的农民很可能愿意以高于农业用地的价格把土地卖给开发商。[29] 然而，正规开发商如果想申请建设融资，就不能绕过建筑许可。因此，他们将不会购买 x_1 和 x_2 之间的土地，因为符合监管标准的开发成本将无法使市场出清（x_1 和 x_2 之间，k 在曲线 U 之上）。

然而有时当土地开发标准低于法规规定的标准进而导致房价下降时，一些消费者可能会对此感到满意。当这样的需求产生时，不依赖于正规金融体系的非正规开发商，将很乐意从农民手中购买土地并以小于 k 的标准成本进行开发。x_1 和 x_2 之间的农民将会收到来自非正规开发商高于农业用地价格的报价。这时一些农民可能愿意继续耕作，等待城市土地价格日后进一步上涨，以便将土地出售给正规开发商。[30] 而还有一些农民可能会决定把土地卖给非正规开发商，甚至非正规地自行开发土地。在一些城市，由于城市法规的规定，一部分人口负担不起土地，我们可以预期在 x_1 和 x_2 之间会看到由非正规定居点构成的分散城市化。

非正规开发可能由开发商有计划地创建，也可能由政府土地上的擅自占用者自发创建。根据我的经验，开发商驱动的非正规开发比非正规定居点更常见，尽管在世界范围内没有相关确切数据。我使用“非正规开发”（informal development）一词来特指开发商开发的一种低于规范要求却满足一部分人口需求的，成本一般低于公式 4.2 所定义的成本 k 的处理方式。

非正规开发通常发生在城市化的边缘地区，这些城市的土地开发成本超出了一部分人口的承受能力（或愿意支付的水平）。当大部分城市人口负担不起法规所规定的最低标准成本时，规划条例的实施就不再可能。在许多发展中国家和新兴经济体的城市中，非正规定居点通常占住房存量的20%-60%。以印度最繁荣的城市孟买为例，2010 年，非正规定居点达到了住房存量的 55% 以上。[31] 非正规的增长并不一定是由贫困推动的，而是由土地利用法规的随意性和高成本造成的。

在新土地开发受到严格控制的发达经济体中，非正规部门很可能以非法分隔和扩建现有房屋和公寓的形式出现在建成区。2008 年的一份报告 [32] 估计，1990 年至 2000 年，纽约市共建造了 11.4 万套非法住房。这些新单元是通过细分和扩建现有开发项目中合法获得的房屋而创建的。因此，发达国家和发展中国家都存在着因负担不起的城市法规所造成的非正规部门。在发展中国家，非正规部门大多采取违法土地开发的形式；在发达国家，在正规开发项目中违法分隔和扩建房屋或公寓则更为常见。发达国家和发展中国家非正规部门的增长有着同样的原因：土地使用法规未能充分考虑贫困家庭的收入因素。

在土地开发管理薄弱的国家，标准城市模型定义的城市地价曲线将反映两种类型的开发：位于市中心和 x_2 之间区域的新正规开发，以及可能在 x_1 和 x_2 之间增长的新非正规开发。最终，随着家庭收入的增加和交通运输成本减少，城市土地价格将增加，将正规开发边界向 x_2 的外侧进一步推动，正规和非正规开发会在同一地区一并出现，而新的非正规定居点将会出现在新的 x_2 点之外。

非正规开发是对法规强加的设计刚性的市场回应。在城市中，法规对市场的影响显著减少了土地供应（x_2 小于 x_1），而非正规土地开发为城市引入了一种土地供应的弹性形式。在缺乏新的非正规开发的情况下，只有通过增加现有低收入社区的密度，减少低收入家庭的土地和建筑面积消费，才能增加低收入家庭的住房供应。因此，城市规划条例的实施往往降低了穷人可负担住房的质量和数量（详见第 6 章）。图 4.16 中的两幅航拍图展示了印度尼西亚泗水（Surabaya，Indonesia）和墨西哥联邦区边缘的非正规开发。在泗水，村民们联合开发了低于政府规定的街道宽度和地块面积最低标准的农业用地。但是，印度尼西亚政府容忍了这种开发形式，只要他们形成一个称为“甘榜”（kampung）的有组织的社区，这种社区在许多方面类似于公寓。当地政府之后将与该社区首领进行谈判，将社区与市政基础设施网络连接起来。

如图 4.16 所示，墨西哥城的非正规定居点与印度尼西亚的甘榜有很大不同，因为它们现在是，且未来也会维持非法的性质。土地开发标准——如街道宽度、地块大小和建筑退缩尺度——都低于法规规定的标准，左图中所示的定居点位于总体规划不允许城市化的区域。该定居点位于联邦区西南部的一个 30% 坡度的斜坡上，该地区因环境原因不得进行任何开发活动。我们可以看到，墨西哥城非正规定居点周围的地区仍在耕种。无论该区域是否被总体规划划定为开发区域，标准城市模型定义的价格梯度仍然定义了其土地价格。在法规禁止任何开发的地区，土地可能会折价出售。但最终决定城市地价的是距墨西哥城劳动力市场的距离。如果这个地区城市用地的价格高于农业用地价格，该地区有可能城市化。在 30% 坡度的地区，农业用地价值可能不是很高，因此，农民将他们的土地卖给开发商的可能性就相当大。

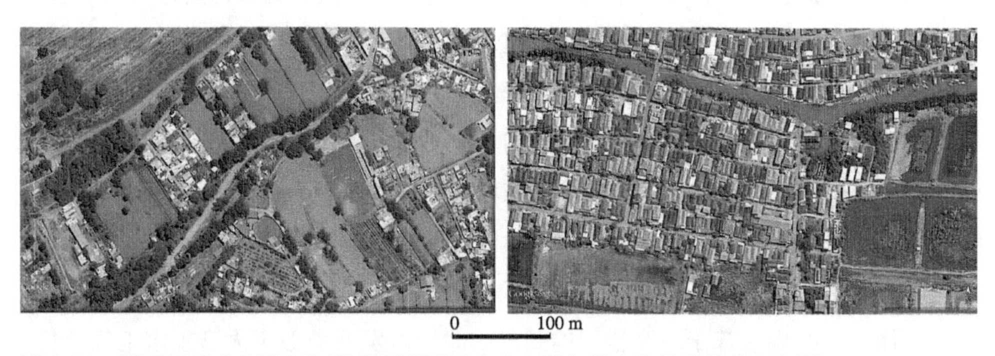

图 4.16　墨西哥城（左图）和印度尼西亚泗水（右图）城市化边缘的非正规区

注：两幅图的比例相同。

我举这些例子并不是为了鼓吹人们无视城市法规。阻止墨西哥城周围火山斜坡开发活动的环境法规当然也是合理的。然而，由距城市劳动力市场距离决定的城市土地价格的确存在。在总规划中指定非建筑区域并不会使地价变得无关紧要。墨西哥市政当局应该认识到穷人希望打破这些法规的强大经济动机。法规是有代价的。在这个案例中，土地使用法规的代价就是土地价值的破坏，而土地的所有者无疑是在火山山坡上辛苦劳作的贫穷农民。解决办法可能是为继续在该地区耕作向农民提供补偿，进而提供足够的激励，使非正规开发这一替代方法对他们没有吸引力。同时，政府应允许在墨西哥城其他不受此类环境约束的地区开发更多低收入家庭负担得起的土地。无论解决方案是什么，我们都可以看到土地开发标准和非正规性之间的联系，以及标准城市模式如何帮助城市规划师预测城市边缘地带可能发生的情形。

4.8 标准城市模型的具体应用：河内总体规划评估

大约每十年，许多城市都会制定一个新的总体规划来指导未来发展。总体规划通常需要基于新的十年人口普查结果进行编制。比较典型的总体规划会包括三个部分：

- 回顾过去的发展趋势，并识别当前问题；
- 明确发展目标和优先事项；
- 未来发展的提案（包括待开发地区的土地利用图，新分区法规的提案，以及一份与计划目标实施相一致的土木工程和社会基础设施的公共投资清单）。

在民主选举的城市，总体规划筹备的各个阶段和市政府最后批准之前，都会举行公开听证会，公众会参与进来。

当然，定期地重新审视并调整城市的发展目标以及进行中的基础设施投资的需求是非常合理的。然而，是否应该每隔十年进行一次审查，是否需要进行大规模的数据收集工作，而不管其他城市动态如何，这是值得思考的。传统的总体规划实践似乎是全球风靡的计划经济规划实践时期遗留下来的“化石”。对城市来说，更有意义的是实时监测数据和指标，根据有效和无效的结果来调整政策和投资，而不是等待十年才评估结果并最终改变方向。新加坡和中国香港等一些城市已经采取了实时监控调整方法来管理它们的发展，它们的管理体制变得越来越像企业，必须迅速地适应外部的冲击。

总体规划的概念基于一个错误的假设，即城市发展类似于大型土木工程项目，需要准备一份详细的蓝图，有着长达十年的建设期。虽然我认为编制总体规划浪费金钱和精力，但事实是，大多数发展中国家的大城市都会聘请大型工程咨询公司来编制这些总体规划。因此，研究它们对城市发展的影响是很重要的。通常，许多大型国际贷款机构，如世界银行和双边发展机构，会为发展中国家的部分城市基础设施提供资金。对这些机构来说，总体规划、“结构规划”或“城市战略”是向他们提供一份潜在投资清单的便捷方式，供他们选择中期贷款计划。因此，他们往往在财政上支持这类文件的编制，因为这简化了他们的评估过程。

总体规划基于城市发展的工程设计方法为城市发展提供了空间蓝图。因此，他们经常完全忽略了本章前几节所述的将土地价格和密度联系起来的市场力量。他们使用自上而下的设计方法，根据设计师的喜好来规划大都市区域内的工作和人员的空间分布，这通常被认为是能够识别“需求”的“科学方法”。而下文中回顾的河内总体规划却很能代表我在过去 40 年为世界银行和其他城市发展组织工作期间所审阅的大多数总体规划。我们将看到，它所包含的空间发展蓝图是与标准城市模型相关的大部分理论和经验原则相违背的。

4.8.1 河内：基于“科学原理”的总体规划

2010 年，一个由著名国际咨询公司组成的国际财团为河内制定了一份总体规划，名为“2030 年河内基本建设总体规划和 2050 年远景”（*Hanoi Capital Construction Master Plan to 2030 and Vision to 2050*），其中预测了 2030 年的人口、土地利用和基础设施需求。该规划方案在 2011 年获得了纽约美国建筑师协会（American Institute of Architects，AIA）颁发的城市设计优秀奖（Merit Award for Urban Design）。

河内总体规划的制定者表示，他们对人口空间分布的设计是基于“科学设计原则”进行的。[33] 尽管越南政府公布了战略，要更多地使用市场机制来配置资源，然而“市场”或“土地价格”这些词在整个报告中却一次都没有出现。越南于 2007 年加入世界贸易组织，这是越南从计划经济向市场经济转变的决定性一步。越南的房地产市场一片繁荣，从小型企业家到大型国际开发商都参与其中。安妮特·金（Annette Kim）在 2008 年出版的书中描述了越南房地产市场早期的运作和特点。[34] 从那以后，越南的房地产市场变得越来越复杂，从农民建造的低收入城镇住宅到融汇了高端商业、办公和住宅楼的大型城市开发项目，到处都能看到令人印象深刻的房地产建筑。走在河内的大街小巷，谁也不会错过各路创业者的活力和创造力，他们正忙着建设这座快速发展的城市。而与这一现实形成对比的是，河内总体规划制定中却没有这些创业者的角色，这很令人惊讶。

4.8.2 总体规划的目标

我引用了规划序言中的河内总体规划目标：

> “该规划最重要的特点之一是提出了一条被广泛认可的建议，即作为广泛可持续发展战略的一部分，永久性地保护河内 70% 的地区（包括其剩余的自然区域和最具生产力的农业用地）不受进一步开发的影响。”[35]

“保护农业”被明确确定为指导河内空间扩张的主要目标。对于一个在 2012 年拥有 350 万人口，并且在 2000 年到 2010 年人口每年会增长 3.5% 的城市来说，这是一个奇怪的首要目标。根据总体规划，到 2030 年，大都市区的人口预计将增加到 900 万。规划这座城市的扩张并构建一个可以支持劳动力市场运转的交通系统，很可能会成为首要挑战。交通规划在总体规划中值得高度重视，但制定者却把重点放在保护农业用地上。不幸的是，这忽视了一个现实，即人口增长三倍，至少需要三倍的开发土地。从长远来看，如果不考虑这种扩张的话，将导致城市基础设施的落后。反过来，这也将不利于制定者所要追求的城市可持续发展目标。

4.8.3 总体规划的空间理念：保护农业

土地利用规划示意图如图 4.17 所示。图左侧的数字展示了 2010 年河内大都市区的土地利用现状。这个空间概念由一个大约 16 公里宽的农业带组成，将河内的人口分为两部分：核心城市（包括现在的河内 CBD）和高密度卫星城。在农业带，将创建 3 个 6 万人的“生态乡 / 村”，但只允许发展农业。一些穿过农业带的新高速公路、公园道路和快速铁路将卫星城与主要核心城市连接起来（图 4.17）。2010 年的土地利用情况表明，农业带包括许多村庄，这些村庄已经占据了该地区 24% 的面积。根据 2009 年的人口普查，河内已经有 200 万人生活在农业带的村庄里。“总体规划”的制定者假设，已经生活在农业带的这部分人口仍将是农村人口，并将继续在该地区耕作。

为了保护河内西南部肥沃的农业土地，城市应该沿着农业带两侧进行扩张。总体规划的制定者提出了三个理由防止河内向非常邻近的稻田扩张。

第一，相比从越南其他地方运输大米，从邻近农地将大米运输到河内所节省的能源是相当可观的；

第二，稻田将为高密度的核心城市提供一处关键的绿地；

第三，河内周围现有的稻田容易发生洪水，而且开发成本高昂。

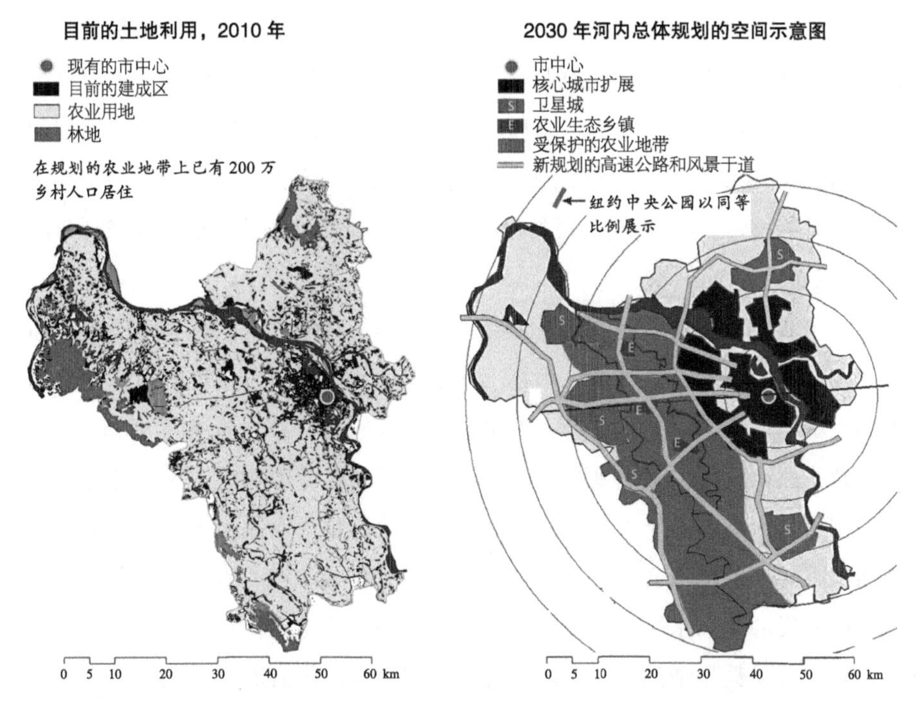

图 4.17　2010 年河内现有土地利用和 2030 年基本建设总体规划（见彩图）

总体规划没有提供相关数字来证明这些论断，而这些论断却是空间发展战略的核心。我们将在下文中看到，河内居民因阻止农业带的城市化而付出了极其高昂的代价，远远超过了上述论断所暗示的任何好处。我反对创建一个把城市分成两部分的农业带的主要理由是，这会破坏居民之间的相互交流，并且阻碍人们有效抵达劳动力和房地产市场。如果忽视我们对劳动力和房地产市场已有的了解，事实将证明河内家庭和企业付出的代价是惨痛的。

让我们测试一下图 4.17 所示的总体规划空间概念与我们所了解的劳动力和土地市场运作的一致性。如果总规划所规定的人口的空间扩张与劳动力和土地市场的运作方式相矛盾，家庭和企业将为此付出高昂的成本，规划就不太可能得到实施。那么，城市很可能会按照与规划预期不同的空间模式发展。不幸的是，政府却依然可能按规划建设基础设施。这将导致更多的浪费，因为基础设施建造地并不会是新人口的定居地。这在总体规划实施中是常见的一种结果。我在卡拉奇（Karachi）和开罗（Cairo）等不同的城市都看到过这种情况。

4.8.4　总体规划空间理念与劳动力市场运作不一致

总体规划预计，到 2030 年，河内大都市区将有 900 万人口居住。其中，300 万人仍将留在“农村”，不是因为他们居住的太偏远而无法参与城市劳动力市场，而是因为他们恰好生活在规划师划定的农业带范围内。而农业带比卫星城离河内市中心更近（8–24公里）。图4.17左侧的土地利用现状图显示，许多村庄已经位于规划的农业带。根据2009年人口普查，该地区农村人口约为200万。从河内市中心骑摩托车到这些村庄大约需要40分钟或更短的时间。随着新高速公路的规划，未来到河内的通勤时间将变得更短。

目前在河内农业带种植水稻的工人工资可能与越南其他地区的稻农差不多。如果他们的工资提高，农业带生产的大米将不得不以高于其他地方生产的大米的价格出售，因为土壤生产力本身是相同的。如果农业工人的工资必须与河内城市工人的工资保持一致，那么将大米运送到河内消费者所需要的较低运输成本不可能弥补农业工人较高工资的成本。由于大米是一种由市场定价的日用商品，大米的价格不会上涨，因而工人的工资也不会随之上涨，从而导致务农劳动者的收入低于那些决定去城市就业的农民的收入水平。从农业带到河内市中心的距离很短，加上总体规划中预计要修建的公路数量增加，通勤时间进一步缩短，这将为那些寻找城市工作的农民提供与居住在更远卫星城镇的工人相比更为显著的就业优势。总体规划将工人分配到农村或城市工作时，纯粹只是基于他们是否将生活在划定的农业带范围内考虑的，而不是基于他们与城市工作的距离。

将工人随意分配到农村或者城市工作完全基于规划师的选择，因此不太可能实施：任何分区法规都不能强迫人们到一个经济部门而不能到另一个经济部门工作！很有可能在2030年，由于无法与工资更高的城市工作竞争，农业带稻田所有者将面临无法找到足够劳动力的困境。因此，阻止农业带的城市开发不太可能实现其主要目标，即保护该地区的水稻生产。与劳动力市场运作相矛盾的规划很难成功。

4.8.5 总体规划空间理念与土地市场的运作不一致

位于农业带的现状村庄约占农业带总面积的23%（见图4.17）。一旦规划的道路基础设施建成，前往河内主要就业地区的通勤时间和成本很可能会减少。因此，按照标准城市模型的预测，这些村庄的房价将会上涨，并可能遵循以河内市中心为中心的城市价格梯度。这些村庄的建筑面积所可能产生的高额租金将有力地激励农民增加现有房屋的楼层数或在自家后院建造新的房屋。因此，该地区可能会变得更加密集，为城市农民家庭以及更多的城市工人提供住所。与过去河内周边地区的村庄一样，这些村庄的密度将同样会增加。

当然，农业带村庄周围的耕地将面临与村庄所占用土地同样的发展压力。最初，农业带的土地价格会反映种植水稻的收入水平。但是随着城市家庭收入的增加以及到河内中心的交通运输成本的降低,家庭和企业对城市土地的需求会随之增加。最终,农业带的土地价格将会上涨，并远远高于农业用地价格。土地价格和人口密度的分布将遵循标准城市模型预测的分布，与图 4.10 相似，最高地价和人口密度都位于河内 CBD。我们可以有把握地假设，规划的农业带中大部分农业用地很快将具有远高于其农业价值的城市土地价值。2014 年拍摄的谷歌地球图像显示，新的正规和非正规的住宅开发已在农业带出现，这与标准城市模型的预测相一致。

4.8.6 总体规划设计的人口空间分布不太可能实现

即使政府准备强制执行，法规也不太可能阻止农业带的城市化发展。原则上，越南所有土地都归国家所有。但是，农民对他们所占用的土地拥有集体土地使用权。自 2005 年改革以来，农民被允许向开发商出售土地，尽管地方政府仍经常作为中间人进行干预，并从中获取大量收入。

在规划的空间概念下，农业带以外的农民被允许将土地出售给开发商，为自己和当地政府带来可观的收入，而农业带范围内的农民则别无选择，只能继续在自己的土地上种植水稻。显然，这将会产生许多政治阻力，特别是考虑到规划对农业带范围的确定是随意的。农民、地方政府和开发商将因农业带的创建而损失大量的潜在收入，因此他们会组成一个强大的联盟来阻止农业带的实际执行。在就业机会良好的地区寻求租金或售价低廉住房的家庭更愿意在农业地带定居，而不是被迫住在离工作点更远的卫星城。

因阻止农业带发展的做法而导致土地价值的明显下降，也可能会成为不公平和腐败的一大根源。地方政府可以从农民手中征用土地，并为其支付农业用地的价格，因为这是官方允许的唯一途径。随后，无良的中介在获得总体规划修订方案后，可以通过在农业带建立城市开发飞地（Enclaves），以更高的价格将土地转售给开发商。

4.8.7 建设总体规划中设计的基础设施会产生什么后果？

由于设计总体规划的规划师未能考虑劳动力和房地产市场的运作方式，2030 年的人口密度空间分布可能与规划中设计的密度有很大不同。较高的人口密度将集中在农业带的东部，并向西部逐渐递减。如果政府实施了总体规划中规划的基础设施投资，那么所建设的基础设施将与实际人口空间分布不匹配。绿化带中将出现的新密集开发项目，这将产生许多没有匹配道路和交通网络的出行需求。农业带中的大片新城市化地区将缺失一个可以保护环境并防止周期性洪水的综合下水道和排水网络。的确，维持农业带的稻田需要维持现有的灌溉网络。预防季节性洪水的城市暴雨排水系统与灌溉是无法兼容的。最终，在很久以后农业带完全城市化的时候，政府将不得不像曼谷和雅加达正在做的那样，建造一个全面的下水道和排水系统，但那时所支出的费用要比在城市化出现之前就设计所支出的费用高得多。像河内这样在季风气候国家的城市，如果建设区域性雨水排放系统需要对该地区进行复杂的水文研究，但由于河内的农业带已被划定为稻田种植区域，这方面的研究尚未开展。

缺乏精心设计的休闲区将是总体规划的另一个不良后果。该规划认为稻田本身是一个“绿色保护区”，因此没有在农业带中为休闲活动保留任何特定区域。随着稻田逐渐被非正规的城市化所取代，地理位置优越的开放空间可能会消失。有两条河流穿过农业带，注入池塘和小湖。鉴于农业城市化的必然趋势，在现有水体周围区域创建缓冲区至关重要，这些区域将成为正规的公园，且应该被整合到城市雨水排放系统之中。

4.8.8 如果政府能够执行总体规划规定的人口空间分布，会产生哪些社会效益？

与河内的总体规划一样，大多数总体规划具有同种缺陷，因而无法得到实施。最终，通过规划的减损或通过非正规部门的增长，人口密度和土地价格的分布将遵循基于家庭和企业所需要的土地需求的模式，正如标准城市模型所预测的那样。这就是河内总体规划可预见的命运。

想必，政府如果通过严格实施土地使用法规，可能会阻止农业带的开发。我们可以通过两个指标，即土地可负担性和平均通勤距离，来评估这些举措对人民福利的影响。

该规划对城市土地和房价的影响是显而易见的。农业带占地 870 平方公里，比 2030 年河内规划的 850 平方公里建成区面积略大！将如此大面积的土地从土地供应中移除，将抬高按规划进行城市化发展的剩余地区的土地价格。它还将进一步增加已经非常密集的城市核心区的密度，加剧拥堵，减少贫困家庭的土地和建筑面积消费。许多城市经济学家，包括扬·布吕克纳、埃德温·米尔斯（Edwin Mills）和金钧焕（Kyung-Hwan Kim），都详细记录了绿化带对土地和房价的影响。

与开发价格和密度遵循标准城市模式相比，该规划的实施还将大大增加城市交通的通勤时间和能源消耗。这条 20–30 公里宽的农业带将核心城市与卫星城分隔开来。对于居住在卫星城但在中心城区工作的人，以及居住在中心城区但在卫星城工作的人，这一距离无疑会增加通勤时间。

那么总体规划的实施是否会带来好处以弥补住房和交通费用的增加呢？总体规划提出了从其拟定的空间布局中可直接获得的三大好处。第一，农业带将节省河内城市居民消费大米的运输成本。第二，农业带将提供一个良好的休闲绿地。第三，避免稻田开发可以降低农业带基础设施的开发成本。

在河内市区中部建立农业区将节省农业运输成本的观点是天真的。每年从越南任何地方运输一次大米都要比每天两次运送数百万人穿越河内市区要便宜得多。

第二个论点——农业带将构成一个必要的休闲区——与第一个论点一样没有说服力。在总体规划中占据农业带的稻田将是一个糟糕的休闲区，因为它们大部分时间都被水淹没。农业带面积大约是河内核心城区面积的 10 倍。它足够大，可以容纳 300 多个纽约的中央公园！如果河内周围的农业区被城市化，那么沿着这两条河和几个湖保留休闲区是完全可能的，这样就可以创造出一个宽阔而宜人的绿色空间，从邻近社区可以很容易到达。河内已经有许多设计良好、利用良好的公园，它们位于人口密集的社区中心，沿河、沿湖分布。

第三种论点认为，稻田容易被淹，而且开发成本高昂，在某种程度上比前两个观点更有说服力。然而，在 2010 年，大约 200 万人口居住的村庄已经占据了农业带 23% 的面积。该地区似乎并非没有开发的可能性。无论如何，与总体规划所提议的不占用公路附近土地的情况相比，穿越匀质的稻田来建设高速公路和快速交通网络（见图 4.17）将更加昂贵。东南亚的许多大城市，包括曼谷和雅加达，都是在原有稻田的基础上发展起来的。稻田地区的土地开发需要精心设计一个复杂的排水系统，东南亚各地都在这样做。

4.8.9 对河内总体规划的最终评估

河内总体规划的问题并不是由一个不当的设计决策引起的，而是由一种错误观念造成的。分配城市土地和各类活动不是一个简单的设计工作：它需要深入理解劳动力和土地市场如何运作。如果不考虑劳动力和土地市场对未来人口分布的影响，就不可能设计出城市的未来增长计划。在总体规划总计近千页的文本、地图和表格中，对土地价格、租金和通勤时间只字未提。这是一份相当典型的文件，暴露了规划师的狂妄自大，他们认为一座城市只需要一个聪明的工程师来设计，而不需要考虑其实持续在发挥作用的市场机制。试图阻碍市场总是会产生严重的后果。

标准城市模型向我们展示了大城市的土地价格类似大型行星的重力场，随着距离的增加会以可预测的速度下降。在设计城市时忽略土地价格就像在设计飞机时忽略重力一样，是不合理的。

4.9 标准城市模型的操作应用

要想作出明智的城市管理选择，理解标准城市模型是必不可少的。让我们总结一下从模型中得出的价格和密度的空间分布的实操意义。

对城市过度消耗土地（“蔓延”）的担忧最好通过查明扭曲土地市场可能的原因来解决，这种扭曲由滥用征地权、农地定价过低和汽油补贴造成。然而，为城市扩张设置随意空间障碍，如绿化带和城市增长边界（UGB），会导致更高的土地和住房价格、更长的通勤时间，以及河内总体规划中呈现的其他负面结果。

土地价格与人口密度的密切相关由市场力量产生。我们也看到，城市发展不存在最优密度，在同一城市内，从中心到外围的密度可能会有数量级的变化。一个特定社区的人口密度取决于居民消费更多土地和建筑空间的意愿以及通勤时间和金钱成本之间的权衡。不同偏好和收入的家庭会作出不同的权衡。一些低收入家庭为了降低通勤成本，更愿意大幅度减少土地和建筑面积的消费。其他收入相似的家庭也可能会作出不同的权衡。规划师不可能知道住户选择特定住房地点和土地消耗水平的原因。因此，规划师应避免通过法规去随意确定人口密度。同时，不管几何布局看起来多么巧妙，他们也不应该试图按照设计好的空间格局来分配人口。

规划师应该使用标准城市模型来更好地理解他们所管理的城市中市场的运作。他们可以利用该模型预测法规和基础设施对土地价格和租金的影响，进而可以规划、投资和建设基础设施，以增加土地供给，从而降低住房成本。他们可以设计减少通勤时间和成本的交通系统，这是增加土地供应和机动性的另一种方式。他们应该设计与土地市场设定的密度相一致的交通系统，而不是反过来设计使预先选定的交通系统可行的密度。

标准城市模型是一个非常粗略的工具，它提供了对土地价格和租金随收入、交通成本随土地供应变化而变化的基本理解。规划师可以设计更复杂的模型，以预测那些具有特定约束条件的城市的价格变动或通勤模式，特别是受如水体或陡峭的山脉等地形约束的城市。但是，在没有考虑对土地市场影响的情况下，任何基础设施或管制的设计决策都不应该被制定。

一般来说，通过对最小地块面积、最大容积率和每公顷最大住宅单元数等的规定来确定土地和建筑面积的最低消费，会导致市场僵化，从而对受这些法规约束的贫困家庭产生负面影响（第 6 章中详细讨论）。因此规划师应该避免使用这些最低土地和住房消费的监管限制，因为它们对穷人的伤害最大，并会引发非正规市场的增长。

只有在充分了解当地房地产市场的运作之后，规划师才能预测未来的土地市场价值，继而规划与预期密度相一致的基础设施网络。对土地价格和租金的持续监测可以为规划师提供反馈，如果他们的预测与现实不符，这些反馈可以帮助他们修改基础设施规划。

负担不起的住房是影响许多大城市的通病。监测收入中位数和房价中位数之间的比率，使我们能够不断衡量住房的可负担性。当房价收入比高于 4 时，规划师应立即采取行动。这项行动可以是通过开发新的基础设施来增加土地供应，或者是审查可能导致已开发土地和住房价格人为偏高的土地使用法规和建筑许可证。城市规划师应当对无法承受的高房价 / 收入比负责，就像公共卫生官员应当对传染病疫情负责，或者警察应当对高犯罪率负责一样。

就河内的总体规划而言，规划师本应调查农业带新住房开发项目的房屋租金和土地价格。如果他们这样做了就会清楚地看到，已经生活在那里的 200 万农民因阻止农业带的进一步开发而付出的高昂代价。而对农业工人工资与城市工人工资进行快速调查，也可以让规划师预测，一旦大多数农业工人能够通过更好的交通网络获得工作机会，他们最终会转向城市工作。由于缺乏对土地和劳动力市场的了解，规划师设计的城市基础设施将与未来可能的人口空间分布不相匹配。

第 5 章

机动性：交通是一个房地产问题——城市道路和交通系统的设计

5.1 机动性需求

城市的主体是大型劳动力和消费者市场。当劳动者与企业之间、企业自身之间以及消费者与商业和文化设施之间联系紧密时，这些市场运转最佳。在本书中，术语“机动性”（mobility）定义了以最少的时间和最小的摩擦来增强上述这些联系的能力。

劳动者从众多工作中进行选择的能力以及企业遴选最合格员工的能力均取决于机动性。机动性的定义不是快速到达当前工作的能力，而是指在通勤时间少于 1 小时的条件下，劳动者在大都市区提供的所有工作和便利设施中进行选择的能力。当在特定时间内人们可到达的工作和便利设施数量增加时，机动性就会增强。由于机动性对城市福利带来影响，因此，测量并监控随着人口的增加、土地利用变化和交通系统改善或恶化而带来的机动性上下变化情况是至关重要的。我将在本章后面的“机动性和交通方式”小节中提出测量和比较不同城市交通状况的方法。

城市交通战略的目标应该是尽可能让最大数量的人员到达工作岗位和便利设施所需要的时间最小化。不幸的是，诸如“紧凑城市”之类的许多城市交通策略仅仅旨在最小化居民的出行距离。这些策略减少了穷人的收入，对他们来说，就业机会减少到只能选择其住所附近的狭窄半径范围内。

城市因变化、可能性和创新而繁荣。因此，城市交通系统如果仅仅是使所有劳动者从家到当前工作地点之间的出行时间最短，将会导致机动性越来越差，在未来，工人可能无法找到许多可以提高他们工作满意度或薪资的替代工作。

机动性和新移民

在最近一次参观纽约公寓博物馆（Tenement Museum）时，一位讲解员告诉我们，在 19 世纪 50 年代初到的移民通常只会在经济公寓待几个月；随着就业和财务状况的变化，他们会继续流动。通常，在同一公寓的停留时间大约是6–8个月。然后，我和妻子相视而笑，想起我们在1968年1月初到纽约也是如此。我们在30个月内换了三次公寓。我们从即将被拆除的上东区的一个经济公寓搬到了上东区“旧法公寓”的一个单间公寓，然后搬到了布鲁克林高地一栋联排别墅中的一层。我也换了三次工作。每次，我都会换一份更有趣和更高薪水的工作。这就是我们将在本章讨论的机动性：人们能够从一个工作岗位移动到另一个工作岗位，从一个住所移动到另一个住所，这都得益于交通基础设施，使人们能够在不到1小时的通勤时间内获得数百万个潜在的工作岗位。

这种机动性是由活跃的住房和就业市场促成的，确保改变工作和地点的低交易成本。相比之下，在巴黎（我们的家乡），住房机动性就会受到两年期租约的阻碍，若打破租约必然会受到处罚。此外，工作机动性被认为是不稳定的标志，一份30个月换三次工作的简历将令人瞠目结舌。

当我在纽约的第一个雇主那里待了6个月之后，我找到了一份更符合我长期利益的工作，可当我想到要告诉我的雇主我要辞职时，我感到非常尴尬。我的同事十分肯定地告诉我，这在纽约很普遍，更高的薪水是更换工作的正当理由。事实上，我的雇主甚至在我辞职的时候还为我举办了一个好运派对！

这就是机动性。一个灵活的劳动力市场，一个开放的住房市场——低配标准但租金非常低的经济公寓是我们起步的关键——以及一个快速、经济、广泛的交通系统，足以让人们在整个大都市地区寻找工作，而不再局限于有限的位置。

城市交通的好处不仅仅是节省了通勤时间。机动性对于促进不同文化和知识领域个体之间的随机面对面接触交流也是很有必要的。这些偶然的相遇增强了城市的创造力和生产力。在工作场所之外容易到达的集聚场所的多样性增加了偶遇的可能性，进而增强了大城市的溢出效应。古希腊城市露天集市（agoras）或古罗马城市公共集会场所（forum）正好满足了这些需求。集市和公共集会场所是人们聚集在一起进行商业活动、会见朋友、参加宗教仪式和政治会议、接受公正审判和经常进行公共洗浴的地方。现代城市也在不同的场所具有许多这样的功能。不幸的是，严格的区划法规往往限制了这些多功能场所的存在和布局。

当交通系统提供足够的机动性时，大批人在大都市区的聚集就可以提高生产率并激发创造力。经验数据证实了大规模人口集聚与生产力之间的联系。圣非研究所（Santa Fe Institute）的物理学家表明，平均而言，当城市人口增加一倍时，人均经济生产力将提高 15%。[1]

圣非研究所科学家的有趣发现应当得到认可。他们的数据库包含 360 个美国大都市地区的数据，按照世界标准，这些地区都拥有非常良好的交通基础设施网络，从而确保了机动性和空间集聚。从某种意义上说，这些科学家在使用“城市”一词时就隐含了交通系统有效性的假设。如果将他们的工作阐释为要去证明只有人的集聚才能提高生产力，那就错了。

机动性解释了城市规模与生产力之间的联系。单靠人的集聚不会增加生产力。例如，亚洲某些农村地区的人口密度高于某些北美城市，如亚特兰大或休斯敦的人口密度。但是在这些农村地区，村庄之间的机动性很差，甚至不存在。在缺乏机动性的情况下，尽管密度高，但生产力没有提高。因此，城市的生产力既需要人的集聚，又需要高机动性。

当横跨城市所需要的时间和金钱成本增加时，机动性就会下降。发生这种情况时，工人在城市中可选择的潜在工作机会就更少，而公司在招聘工人时的选择也就更少。在这种情况下，大都市的劳动力市场趋向于分裂成多个规模较小、生产力较低的市场；工资水平趋于下降，消费价格则由于缺乏竞争而上涨。实际上，劳动力市场的分散化意味着劳动者可能找不到适合的工作，因为他无法在少于 1 小时的通勤时间内到达可以雇用他的企业。同理，企业也很难找到需要的专业人员。单程通勤时间超过 1 个小时的劳动者需要承担社会成本，这会逐渐降低他们的个人生活品质。对于必须在市区交易商品和服务的企业，机动性差也可能导致高昂的运输成本。因此，大都市地区的机动性增加对于城市家庭的福利以及企业的创造力和繁荣都是必不可少的。

在城市中，工人的机动性通常取决于他的收入。例如，在印度的一些大城市中，最贫穷的工人只能步行上班。即使走 90 分钟，他们也只能获得极少量的潜在工作，从而减少了他们的潜在收入。规划师应分别衡量不同收入群体的机动性，并考虑每个群体可以负担得起的交通方式。

机动性不仅会产生收益，也会带来成本，包括交通拥堵、污染、噪声和事故。为了减少这些负面影响，许多城市规划师主张限制或至少不鼓励人们出行。他们梦想设计一个巧妙的土地利用布局，即使在特大城市中，人们也只需要以步行或骑自行车这些轻松的短途出行便可抵达。这些乌托邦式的土地利用布局通常依赖于复杂的土地利用法规[2]，使规划师可以将雇主的地点与员工的住所相匹配。

机动性是需要被鼓励的城市必需要素，而不应当被剥夺或限制。机动性差使得许多现有大城市的巨大经济潜力无法实现。不幸的是，在许多城市，收入最低的家庭是机动性差的最大受害者。如果他们的机动性增加，他们的收入将大大增加，他们可以在整个大都市地区寻找工作以及文化和商业设施。相反的是，由于出行不便，他们的出行活动被限制在居所周围的小范围内。

随着大都市区的规模和人口的增加，由于缺乏机动性，其潜在的大型劳动力市场可能会分裂成小型市场。因此，有必要区分劳动力市场的潜在和实际规模。潜在规模等于城市中的工人和岗位数量。而实际规模则由工人在一小时的通勤时间内可以到达的平均工作数量决定。

5.1.1 通勤出行和其他出行

尽管通勤出行只是城市出行的一小部分，在本章中我们仍将考察通勤出行（从家到工作单位和回程的出行）范畴下的城市机动性。2013 年，在美国，通勤出行仅占工作日城市出行的 20%，占车辆行驶公里数的 28%，以及公共交通乘客公里数的 39%。[3]

家庭和企业会产生多种不同目的的出行（例如上班、上学、拜访朋友、购物等），并且许多出行也有多重目的。交通工程师将这种出行称为短途链式出行（excursion chained trips）或链接出行（linked trips）。例如，在链式出行中，一个人可能会先送孩子去学校，随后上班，而后再去购物。链式出行既方便了通勤者，又提高了交通出行效率，因为与单独进行相同的行程相比，他们节省了时间且减少了行驶距离。皮萨尔斯基（Pisarski）和波尔青（Polzin）的研究表明，在美国，女性中 19% 的出行为链式出行，而男性只为 14%。然而链式出行虽然能够提高出行效率，却与公共交通和拼车服务几乎不兼容。

尽管通勤出行仅占所有出行的一小部分，我将继续使用它们来衡量机动性。对于城市的经济生存能力而言，最重要的出行是上下班（通勤出行），因为劳动力市场产生的财富使其他出行成为可能。另外，通勤出行时间通常不是由出行者选择的。通勤出行一般集中在高峰时段，这也是造成最严重拥堵和污染的原因。因此，交通基础设施的容纳量需要根据高峰时段的需求进行校准，这在很大程度上取决于通勤出行。

一些选择性的出行，例如假日购物或夏季周末的休闲出行，也可能造成严重的交通拥堵，但它们是季节性的，因此年化成本没有通勤出行造成的日常拥堵那么高。

5.1.2 提高机动性并非像提高城市密度那么简单

理想情况下，员工和企业之间的距离越近，会面并进行业务交易所需要的行程就越短。在人口数量既定的城市地区，当人口和工作岗位密度较高时，人、企业和便利设施彼此也越接近。因此，人口数量既定的情况下，随着家庭和企业之间的距离缩短，人口密度增加，机动性也会随之提高。同样，随着企业与员工之间距离的增加，机动性会下降。

可惜,事情并非这么简单。我们假定在城市建成区中选择的随机点A和B之间的通勤平均距离为 d。对于给定的人口，如果城市的密度更高，距离 d 确实会更短。当从A到B的行程距离 d 所需要的出行时间 t 也减少时，机动性会提高，而当 d 单独缩短时，机动性不一定提高。因此，只有行程距离 d 缩短，且行程行驶速度 v（$t=d/v$）提高时，机动性才会提高。行驶速度 v 取决于交通方式和道路区域情况。因此，增加密度可能会减少人与工作之间的平均距离 d，但也可能会增加交通拥堵，从而降低行驶速度 v。

让我们通过一个例子来说明这一点。拥有血汗工厂和贫民窟的19世纪伦敦非常紧凑。根据什洛莫·安杰尔及其同事的说法[4]，1830年伦敦的人口密度极高，达到了每公顷325人。但是，到2005年，伦敦的人口密度已经降低到每公顷只有44人。但自工业革命以来，伦敦的人口密度大幅度下降并未导致机动性相应地下降。1830年伦敦的交通方式主要是步行和马车，比2015年伦敦机动化的交通方式要慢得多。2015年，通勤者可通过公共交通在不到1小时的时间内完成从郊区到市区26公里的行程。相比之下,在1830年,距离伦敦市中心约7公里的通勤路程大约需要1.5小时。在这种情况下，即使密度降低到原来的 $\frac{1}{7}$ 也不会导致机动性降低；相反，尽管人口密度急剧下降，但交通技术的进步仍使机动性提高。

城市交通系统的目标是减少出行所花费的时间和金钱成本，而不必缩短出行距离。交通方式和交通网络的设计对机动性的影响将比出行距离带来的影响要大得多。

5.1.3 随着城市扩张，如何提高机动性

由于大型劳动力市场提供的经济优势，成功城市的人口不断增加。为了随着城市人口的增长保持机动性，城市交通系统必须适应新的城市规模。在相对较小的城市（如牛津或普罗旺斯地区艾克斯等大约20万人口的城市）中，步行、自行车和城市公交车等多种交通方式的结合为市区提供了充足的交通方式，而私人汽车和摩托车则被用于周边出行。但当一个城市的人口增加到100万以上时，这些交通工具就不够用了，必须创造和建设更快的新型交通工具。由于大城市中心的土地变得更加昂贵，新的交通方式不仅要更快，而且还应减少占用昂贵的城市土地，因此有必要发展地下或高架交通系统。

对于一个给定的城市规模来说，交通系统可能是足够的，但是放到一个更大的城市中，交通系统很快就会变得不足。当城市规模扩大时，交通系统不仅仅要扩大规模，还需要进行整体重新设计。将阿姆斯特丹或哥本哈根的交通系统用作孟买或上海等大城市的模型是徒劳的。

随着城市规模的扩大和传统土地利用方式的不断变化，政府必须持续监测机动性、通勤者承担的直接成本以及其对城市环境造成的负面影响。

5.1.4 机动性产生摩擦损失

城市机动性会产生摩擦损失（friction）。城市越大，机动性造成的摩擦损失就越严重。这些摩擦损失包括从城市的一个地方到另一个地方所需要的时间和金钱成本，以及由此造成的拥堵和污染。

城市交通造成的摩擦损失并不是新事物。城市交通拥堵并非始于汽车的出现。城市无拥堵的黄金时代从未存在过。拉丁诗人尤维纳利斯（Juvenal）在他的《讽刺诗（三）》（*Satire Ⅲ*）中提到 1 世纪在古罗马出行的困难。罗马帝国的交通拥挤甚至成为近期出版的一本书的主题。[5] 在 17 世纪，诗人布瓦洛（Boileau）写了一首讽刺诗，描写了巴黎市区的交通堵塞（les embarras de Paris / the gridlocks of Paris）。

在 19 世纪末，交通造成的污染令人担忧，以至于有些人将其视为城市发展的限制因素。伦敦当时是世界上最大的城市，拥有 600 万人口。当时备受诟病的污染是每天牵拉公交车和出租车的马匹产生的大量马粪。确实，这是一个重大的环境健康问题。认识到伦敦未来的人口增长，科学家们预测，交通产生的马粪很快就会使这座现代城市如庞贝古城一样被掩埋！事后看来，我们知道汽车的引入使伦敦免于被粪便淹没，但拥堵和污染仍然是当今城市交通的主要制约因素。

自城市化开始以来，由城市交通引起的各种摩擦损失一直是人们持续关注的问题。虽然使用当前技术还无法消除它们，但至少可以减少它们。接下来我将对这些摩擦损失分别讨论：它们包括直接出行成本、出行所花费的时间、交通拥堵、污染以及其他间接成本。任何能够显著减少交通摩擦损失的城市，其生产力和居民福利都会相应提高，因为他们将有更多的时间用于工作和休闲。

城市管理者的首要任务应该是尽量减少城市交通造成的摩擦损失。这项工作永远没有尽头——随着城市的扩张，上下班出行的距离变得更长。城市结构及其交通系统必须不断适应其不断变化的规模。随着城市的人口规模从 100 万扩大到 1000 万[例如，首尔（汉城）市在 1950 年至 2015 年之间人口规模的变化]，原有的交通系统无法简单地扩展，必须重新设计并且借助技术的变革来适应劳动力市场的新规模。

这样做的目的是保持机动性，以使大多数通勤出行时间在出行距离变得更远的情况下仍然能维持在 1 小时以内。

当前不幸的趋势是许多交通管理者通过限制出行来避免拥堵。而实际上他们应该更好地管理可用的道路空间，或者采用新技术以允许更多更快的出行。

5.1.5 “距离之死”被大大夸大了

在电视剧《星际迷航》中，只要一句“Beam me up”（传送我上去）就可以通过传送机瞬间将人和货物运送到任何地方。这种想象的技术实现了通用的无摩擦移动。可惜，这是虚构的。

如果无摩擦移动成为可能，那么城市中就不需要人口的密集。我可以在新泽西州的一个小镇开启一天的早晨，几分钟后在巴黎的一家咖啡馆喝着咖啡吃着牛角包，喝完咖啡后，我又可以开始在孟买或世界上其他任何地方工作。在无摩擦移动的世界中，位置将不再重要。我们大多数人已经用虚拟出行代替了一些物理出行。例如，我以前经常去书店，但我现在在网上买书，然后他们通过电子方式交付给我。书店之行本来是一次面对面的接触，现在取而代之的是一次“beam me up”行动，只不过传送的是一本书，而非一个人。

虽然《星际迷航》中的传送机很可能仍然是虚构的，但通信技术——尤其是日益现实的电话会议——是否会让位置变得过时，为无摩擦移动提供一种替代品？或者，更简单地说，通信技术能否取代产生我们大部分通勤旅行的面对面接触？事实上，移动数据比移动人员便宜得多。这正是弗朗西斯·凯恩克罗斯（Frances Cairncross）在她的《距离之死》（*The Death of Distance*，2001 年）中提出的主要论点。凯恩克罗斯指出，互联网和无线技术的全球传播使距离越来越无关紧要。通信技术将取代面对面的联系，从这个意义上讲，我们将更接近《星际迷航》中的无摩擦移动，用数据的机动性代替人的机动性。虚拟现实的相遇将取代“肉体”面对面相遇的必要性。

5.1.6 居家办公者

居家办公但经常与前台联系的人越来越多，这似乎证实了凯恩克罗斯的预测。在美国居家办公人数最多的十座城市中（图 5.1），有八座居家办公的人数比例大于使用公共交通工具的人数比例。

在其中九座城市中，居家办公人数的增长大于公共交通乘客的增长。但是，除旧金山外，图 5.1 所示的所有城市的密度都远低于世界标准。这或许能解释为何这些城市公共交通乘客的增长比例会低于居家办公人数的增长比例。另外，许多劳动者

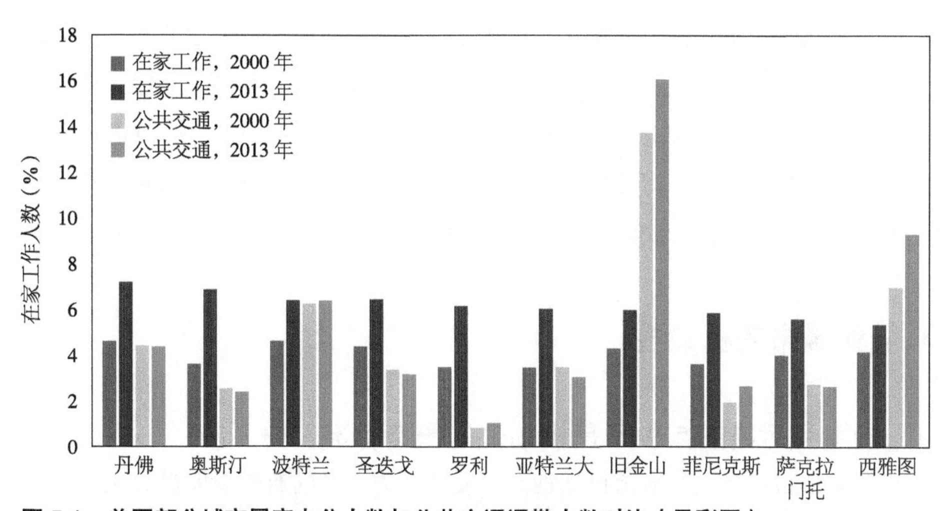

图 5.1　美国部分城市居家办公人数与公共交通通勤人数对比（见彩图）

资料来源：温德尔·考克斯（Wendell Cox），《新地理》（*New Geography*），2015 年 5 月 30 日。

一周仅工作几天，而且还是在家里做兼职。如果这种趋势持续下去，家庭是否可能成为主要工作场所，导致人们出行主要是为了休闲或者个人原因而非通勤？

当然，居家办公并非新鲜事。早在 20 世纪初，工匠和服务人员经常在家工作，并每周将完成的工作交付给雇主。这些人包括洗衣女工和手工编织者，以及制造机械手表零件的瑞士工匠。然而，新的情况是，传统上在大型办公场所工作的文职人员和技术人员已经取代了居家办公的体力劳动者。但是，是否有可能很大一部分劳动力（大约超过 25%）将开始全职在家工作，从而显著减少高峰时段的交通流量呢？不过到目前为止，这种可能性还比较小。

最近雅虎人力资源部门的一份备忘录要求居家办公的员工回到办公室工作，并主张："一些最佳决策和见解来自走廊和自助餐厅的讨论、结识的新朋友和即兴的团队会议。居家办公往往会牺牲速度和质量。"在硅谷，最成功的公司，例如谷歌（Google）和脸书（Facebook），除了在旧金山市中心购置大型办公楼外，还在建造大型总部。这些大型且昂贵的房地产收购表明，他们预计未来不会有很大一部分劳动力在家全职工作。

硅谷最大办公楼的设计，为员工提供了一个不同寻常的环境，包括美食自助餐厅、健身房和幼儿园，展示了管理层鼓励员工在办公室工作并在社交和专业上相互交流的意图。从某种意义上讲，硅谷的公司似乎正试图在其办公室内加强已知在大城市发生的知识外溢。基于这些原因，我认为居家办公的人数可能很快达到顶峰，未来可能不会对通勤流量产生重大影响。

如果凯恩克罗斯在 2001 年的说法是正确的，那么到 2015 年，我们应该已经看到世界各地城市土地价格的巨大变化。世界上最具环境吸引力但偏远的农村地区的价格会更高，而最缺乏环境吸引力、人口密度最高的地区则会贬值。显然这还没有发生。纽约、伦敦、德里和上海的房价仍在攀升，这足以证明距离之死可能被大大夸大了。高昂的房价表明，即使在机动性导致严重摩擦损失的城市，如在纽约、伦敦或上海，靠近人口、工作和便利设施高度集中的地方仍然值得付出很高的代价。

5.2 衡量城市的机动性

5.2.1 拥堵和污染的减少不是机动性的衡量标准

城市交通的目标是提高城市机动性，以使劳动力市场的有效规模最大化。拥堵和污染是机动性目标的重要制约因素，但它们仅仅是制约因素。解决问题时，混淆目标和约束条件可能导致错误的解决方案。城市管理者往往试图解决交通问题，但只专注于减少拥堵和污染，而没有过多考虑机动性，好像城市交通的目标仅限于减少其造成的滋扰。

一些政策依赖于减少出行距离，另一些政策则是迫使更多的通勤者使用较慢的交通方式。这些政策都没有有效地减少污染或拥堵，却降低了机动性。

那些认为减少污染和拥堵是城市交通主要目标的规划师，可能会合乎逻辑地尝试将大都市劳动力市场分割成较小的市场。例如，一些规划师建议将每个社区的工作岗位数量与工作人口规模相匹配，认为这样将显著缩短出行距离，从而达到通过步行和骑自行车就可以到达社区所有工作岗位的程度。

当然，拥有混合用途社区并没有错，前提是家庭和企业的需求推动了土地的混合利用。即使规划师可以在卫星城这样的地方实现工作数量和住房单元之间的完美匹配，经验表明，劳动者依然更喜欢进入更广泛的劳动力市场，而且出行距离并没有缩短。在首尔精心规划的卫星城已经证明了这一点。[6] 在对加利福尼亚州的土地使用和出行距离进行了详尽调查后，交通经济学家 G. 朱利亚诺（G. Giuliano）得出结论："旨在改善职住平衡的监管政策不太可能对通勤行为产生任何可衡量的影响，因此不能作为交通缓解策略。"[7]

要理解为什么职住平衡不会减少出行距离很简单。因为如果会减少出行距离，就意味着以下命题中至少有一个是正确的：

- 一个家庭中的所有劳动者只在离家不远的地方寻找工作；
- 当劳动者换工作时，他们也要换房子，且搬家的交易成本可忽略不计；
- 靠近工作地点是选择住房的唯一考虑因素。

显然，常识表明，对于大多数家庭来说，这些命题都不成立。如果这些命题中的任何一个是正确的，那么我们将会看到劳动力市场的碎片化和机动性的下降，从而导致城市生产力的下降。

当然，职住平衡政策在市场经济中是不可实施的。这是因为就业岗位数量和劳动者的数量总是不稳定的，而且无论多么专制的政府都不能强迫人们在特定的地点生活和工作。即使是在苏联和改革前的中国，大型国有企业为自己的工人提供住房，而这些工人通常在职业生涯中只为一家企业工作，规划师也无法实现空间上的匹配。当我 20 世纪 80 年代在中国和 90 年代在俄罗斯研究住房问题时，我惊讶地发现，即使在计划经济体中，就业和住房位置匹配的乌托邦梦想也无法实现。大型企业必须在远离劳动者住房的地方扩张，并且必须在可以找到土地的区域建造新的劳动者住宅区，而这些土地不一定靠近工厂。两国的劳动力市场开放后，平衡进一步恶化，流动的劳动力市场（这正是大城市如此吸引人的原因）和职住平衡是不相容的。

然而，尽管有这些负面经验，规划师仍然旨在制定能够促使人和工作岗位相匹配的土地利用法规。例如，斯德哥尔摩的一项法规要求开发商匹配新郊区的工作岗位数量和住宅单元数量。允许混合用途开发是一项很好的土地利用政策，因为它允许家庭和公司可以选择最能满足其需求的地点，而不必拘泥于自上而下的、随意的土地利用分区。要求每个社区的人口与工作岗位完美匹配以缩短出行距离是一个无法实现的乌托邦。

其他政策也急切地以牺牲机动性为代价来减少污染和拥堵。例如，拉丁美洲的几座城市 [如波哥大（Bogotá）、圣地亚哥（Santiago）和墨西哥城（Mexico City）] 已经建立了一种称为“pico y plata”的车辆定量配给系统，该系统根据车辆牌照的最后一个数字，要求车辆每周限制通行 2 天。这项政策降低了机动性。[8] 它迫使驾车者每周两次改用公共交通工具或拼车。在驾车者不得不转换交通方式的日子里，交通方式的改变可能需要更长的通勤时间。试想，如果公共交通速度更快，他们早在限制行车之前就使用它了。

研究显示，驾车者会通过购买车牌上最后一个号码不同的第二辆车来规避“pico y plata”法规。该法规实施后，交通拥堵最初会减少，但是当第二辆车加入交通时，交通拥堵会再次加剧。结果是污染变得更严重，因为路上的汽车变得更多，而且购买的第二辆汽车通常是旧的、污染更严重的车型。许多跨不同国家和不同收入城市的研究都证实了这一结果。但是，为减少污染和交通拥堵而限制机动性的法规仍受到城市管理者的欢迎。这种立场只会适得其反。

在一些城市，特殊的气候事件可能会在某些日子造成极其危险的污染高峰。在这种情况下，限制个人汽车的使用作为紧急措施当然是合法的（因为在紧急情况下要求工厂停止运营是合法的），但将这种限制作为永久性政策是无效的。

5.2.2 可达性和机动性：衡量城市机动性的最佳方法是什么？

交通政策应旨在提高机动性，同时减少拥堵和污染。声称量化机动性的报告实际上通常只能测量汽车拥堵和污染的成本。例如，得克萨斯州 A & M 交通研究所（Texas A&M Transportation Institute）在 2012 年编写的“机动性报告”（mobility report）[9] 认为，从汽车到公共交通的转变确实明显减少了道路拥堵，这被认为是交通状况的改善。出于某些原因，对于继续开车的驾车者来说，缩短通勤时间被认为是一种好处，而对于改乘公共交通工具的驾车者来说，通勤时间的延长并不被认为是一种成本。只有当改乘公共交通工具的驾车者的通勤时间因转换交通方式而缩短时，机动性才会提高。然而，如果乘坐公共交通工具的通勤时间原本就比开车要短的话，司机们早就已经转换交通方式了。

拥堵显然会降低城市机动性，但测量它并不能替代测量机动性。例如，想象一个人因为贫穷不得不步行 1 小时去上班，但最终能够负担得起出租车拼车的费用，将通勤时间缩短至 30 分钟。出租车拼车将导致交通拥挤，而走路不会。然而，从步行到拼车的转变使得劳动者的机动性和福利得以增加。因此，我们应该衡量和监测不同收入群体的机动性变化。

虽然一般仅针对汽车交通来测量拥堵，但实际上拥堵也可能发生在公交车站和快速公交（BRT）站以及地铁站。2014 年，当我尝试在墨西哥城使用 BRT 时，三辆公交车从我等待的车站经过，但我却无法上车，这些公交车只能容纳在站台上等候的 100 多位乘客中的一小部分。这也是交通拥堵，规划师应该加以衡量。试图将通勤者从一种交通拥堵模式转换为另一种交通拥堵模式，并不会缓解交通拥堵的问题。据我所知，北京交通研究中心（Beijing Transport Research Center）是当前唯一衡量地铁站日常拥堵情况的监测机构。该机构测量在高峰时段登上地铁所需要的时间。

因此，衡量和监测大都市层面所有交通方式的机动性是改善城市交通不可或缺的一步。为了给城市交通政策提供实质性内容，制定能够衡量机动性改善或退步的量化指标是必要的。提倡“机动性”，却没有方法去衡量它，只是增加一个类似于“可持续性”和“宜居性”的流行口号。而“可持续性”和“宜居性”都是无法衡量的，并且城市规划师经常使用它们来证明他们所支持的政策是合理的。衡量机动性并不容易。我将介绍一些目前使用的衡量方法，以及一些由新的数据记录技术而衍生出来的新兴方法。

在第 2 章中，我解释了为什么大型劳动力市场是城市“存在的原因”（raison d'être）。大型劳动力市场比小型劳动力市场具有更高的生产力水平。但是，劳动力市场的规模并不一定等于城市的工作岗位数量。如果由于交通方式不合理或者负担不起，劳动者无法通往在城市 1 小时通勤时间范围内的所有工作，那么劳动力市场的有效规模仅是该城市工作岗位总数的一部分。一个城市的生产力水平与劳动力市场的有效规模成正比。机动性使劳动者能够在特定的出行时间内到达一定数量的工作岗位，因此给定一个特定的出行时间，通过测量城市劳动力市场的有效规模可以衡量机动性。

衡量城市机动性的一个有效方法是计算出劳动者在单程一个小时的通勤时间内可以抵达的平均工作数量。我们可以通过汇总每个人口普查区在不到 1 小时内可到达的工作数量（按其人口加权）来测量机动性。因此，机动性指数将分两个阶段进行计算：首先，计算在选定的时限内每个普查区可以到达的工作数量；其次，计算所有普查区的劳动者加权平均可达性，最终得出一个能反映整个大都市区的机动性指数。

传统上，交通规划人员通过测量可从人口普查区获得的工作数量，并通过反映距离、成本和与距离相关的需求弹性的系数进行修正，从而衡量大都市区不同人口普查区的工作可达性。用于衡量人口普查区可达性的公式通常与我给出的公式 5.1 和公式 5.2 相似。

公式 5.1 每个人口普查区的工作可达性

可达性指数计算公式

$$A_i=\sum_{j=1}^{n}K_j e^{-\beta c d_{ij}} \tag{5.1}$$

其中，A_i 是普查区 i 的可达性指数；K_j 是普查区 j 中的工作数量；e 是自然对数的底数；β 是弹性系数；c 是在普查区 i 和普查区 j 之间的距离 d_{ij} 内的单位出行成本。虽然这些公式为测量从特定区域可获得的工作或设施提供了一种方法，但其提供的测量结果是一个抽象指数（取决于距离、成本和速度以及成本弹性的计算方式）。交通规划人员倾向于通过增加更多反映通勤者行为复杂性的变量，使可达性度量变得更加复杂。不幸的是，这种复杂性使可达性计算更加难以解释。结果，这些指数的“黑箱”效应阻止了它们在交通政策制订时被采用，交通政策必须由非专业人士（如市长或市议会）来批准。因此，开发一个更简单的可达性指数是必不可少的，它完全基于特定人口普查区内居民可获得的劳动力市场规模与纯粹基于使用现有交通方式的出行时间来构建。地理信息系统（GIS）技术的进步实现了地图的交互式使用，从而可以轻松地验证在给定的出行时间内可到达的区域，如下面的布宜诺斯艾利斯（Buenos Aires）示例所示。

公式 5.2 人口普查区在给定的出行时间内可到达的工作数量

开发机动性测量（反映在给定出行时间内可到达的工作数量）的第一步是将传统的可达性公式进行简化和明确：

$$A_i = \sum_{j=1}^{n} K_j \ f \text{或} \ v.d_{ij} \leqslant T \qquad (5.2)$$

其中，A_i 是在小于或等于最大出行时间 T 的通勤时间内可从普查区域 i 获得的工作数量；v 是在所选交通方式网络下通过距离 d_{ij} 的平均出行速度；d_{ij} 是区域 A_i 和区域 K_j 之间的距离。v 和 d_{ij} 的值取决于出行所选交通方式：公共交通、自行车或汽车。因此，针对每种交通方式，我们应该计算 A_i 的不同取值。这一衡量在出行时间 T 内可获得工作数量的可达性指数将重复用于市区的所有普查区和可用的主要交通方式（公共交通、汽车、摩托车、自行车）。

几年前，这样的计算会极其繁琐且成本高昂，而且如果进行的话，不太可能重复进行定期监测。现在有两个因素能够轻松地监测城市机动性指数。首先，基于 GIS 的新技术可以开发任何用户都可以使用的交互式工具；其次，交通网络数据的标准化[通用交通馈送规范（the General Transit Feed Specification，（GTFS）[10]] 正在变得普遍。这样就可以根据实际交通网络和出行时间（包括站点之间的换乘以及往返站点的步行时间）来计算可达性，而不是根据普查区之间粗略的直线距离来计算。在以下段落中，我将使用一些从塔蒂亚娜·奎罗斯（Tatiana Quirós）和索米克·梅恩迪拉塔（Shomik Mehndiratta）[11] 对布宜诺斯艾利斯的研究中提取得到的数据进行分析。

图 5.2 显示了从布宜诺斯艾利斯市随机选择的郊区普查区（用红色小圆圈标记）分别为开车（左图）和乘公共交通工具（右图）在 60 分钟内可到达的区域。通过将工作岗位普查数据与这些地图相叠加，可以计算出圆圈标记的普查区域在不到 60 分钟内可到达的工作总数。在不到 60 分钟的时间里，单独开车通勤能到达的工作岗位为 510 万（占布宜诺斯艾利斯工作总数的 95%），而对于使用公共交通的人来说只能到达 70 万个工作岗位（占工作总数的 15%）。[12]

两种不同交通方式之间的可达性差异非常明显。但是，如果布宜诺斯艾利斯的每个劳动者都改用汽车通勤，机动性也不一定会提高。汽车用户的通勤速度在很大程度上取决于道路上的汽车数量。汽车用户的增加会增加拥堵并可能导致交通瘫痪，减缓通行速度进而降低汽车用户的机动性。我将在下面讨论各种运输方式在提高机动性方面必要的互补性。

此外，开车通勤还有两个说明事项：首先，图 5.2 中所示的速度是平均速度，并

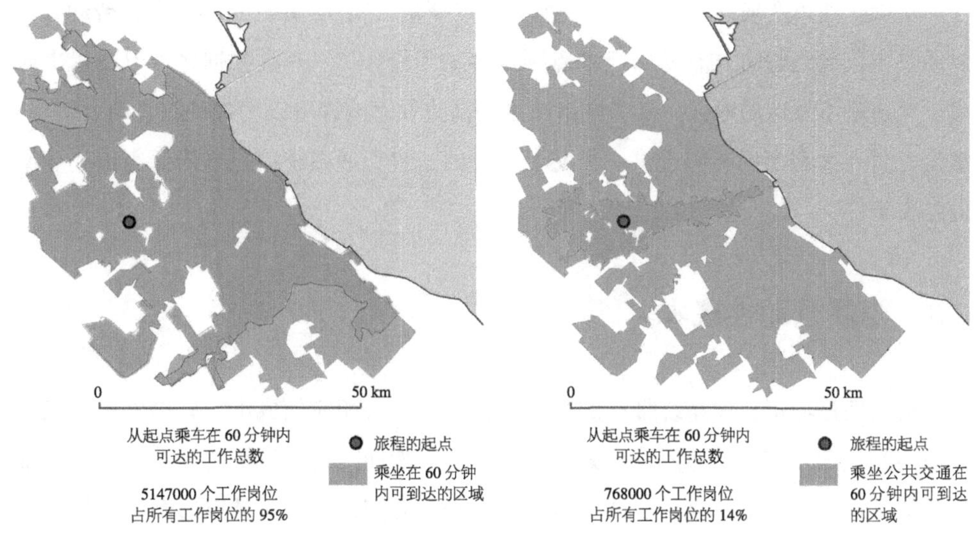

图 5.2 开车或乘坐公共交通工具可到达布宜诺斯艾利斯郊区的区域（见彩图）

未针对一天中的不同时段进行调整；其次，没有考虑不同地点的停车设施可及性。在某些地区，停车位的稀缺性或成本可能会大大降低驾车通勤的实用性。

我在这里展示布宜诺斯艾利斯可达性地图的目的，仅限于提供可达性和机动性这对相辅相成概念的具体示例。网站上提供的交互式地图可以让任何一名布宜诺斯艾利斯公民根据自己的经验来测试地图的准确性。这可以减少黑箱效应，这种效应习惯性地降低复杂交通研究对城市政策的影响。

使用这种方法，我们可以计算出整个大都市区的机动性指数（公式 5.3）。这一总体指数应该成为规划师对城市发展定期监测的指标。

公式 5.3 城市机动性指数

在获得每个普查区的工作可达性指数之后，我们可以计算城市的机动性指数，该指数表示所有普查区的加权平均工作可达性。

下式表示的机动性指数 M 显示了在给定的交通模式下，对于普通城市居民而言，在通勤时间 T 内可到达的总工作数量。

$$M = \frac{\sum_{i=1}^{n} A_i P_i}{P} \tag{5.3}$$

其中，M 是机动性指数；A_i 是在小于 T 出行时间内可从人口普查区 i 获得的工作数量；n 是普查区总数；P_i 是区域 i 的活跃人口；P 是大都市区活跃人口总数。

从操作性角度来看，必须能够按所处地点衡量机动性：在给定时间内，劳动者可以通过不同的运输方式，从给定地点到达多少工作岗位。这类数据将可以显示出城市中交通最不发达的地区。某些城市社区的高失业率或许可以用各种综合因素解释。事实上，在大都市区能够提供一个便于就业的适宜交通系统往往是降低当地失业率的先决条件。

5.3 衡量机动性成本

机动性是城市交通系统带来的好处，但也存在着相应的成本。只提倡提高机动性而不测量随之带来的边际成本是没有意义的。然而，交通系统的经济成本特别难以评估。通常，无论是乘坐公共交通工具还是私人交通工具，城市通勤者都仅需支付实际出行成本的一小部分。

城市交通与其他消费产品不同，因为其用户仅需支付部分成本。驾车者为自己的汽车和所消耗的汽油支付市场价格（在大多数国家 / 地区），但他们通常不为自己使用的公共道路空间或造成的污染、拥堵和其他成本付费。公共交通用户所支付的票价仅占系统运营和维护成本的一小部分，通常无须为系统的资产成本支付任何费用。显然，车主和公共交通用户最终会通过税收共同支付所有这些成本，但他们支付的成本与其使用的服务数量无关。由于缺乏实际定价，我们可以预见城市交通将被过度使用和供应不足。由于我们无法收回出行成本，因此机动性明显低于应有的水平。因此，如果我们能够以实际成本为城市出行定价，那么城市生产力就会大大提高。

由于许多补贴是不透明的，导致这些成本很难被评估。此外，经济学家称之为“负外部性”的成本（即对其他人造成负面影响的成本，如交通拥堵和污染）也不易被评估。自 20 世纪 80 年代以来，我们显然应该在其他传统外部性成本的基础上增加全球变暖的成本。全球碳排放价格应反映温室气体（GHG）排放造成的全球变暖成本。然而由于全球都未能为碳定价，因而为不同的运输方式定价并将其价格与性能进行比较就更加困难。

面对计算出行实际成本的困难，许多交通政策倡导者放弃做任何尝试，哪怕是粗略的估算，而只是在他们偏好的交通方式上加上“可持续”一词。在比较不同交通方式的成本和收益时，我将具有明确现金价值的交通成本（例如汽车或地铁票的成本）与污染或温室气体排放等交通成本区分开来，对于后者我将以“每辆车 / 公里”或“每乘客 / 公里”排放的气体为单位对其进行评估，而不试图对其进行定价。同样，我也不会尝试为通勤时间提供现金价值，而只会提供平均速度或出行时间。交通经济学家按照人们出行时间的机会成本，为通勤时间赋予了金钱价值。按照这一惯例，赚取最低工资的劳动者的一小时出行费用会低于工资是其最低工资数倍的主管的一小时出行费用。虽然这种计算方法对于计算城市交通的总经济成本是合理的，但它并不一定反映个人如何选择他们的出行方式。此外，低收入工人长途通勤的社会成本可能远高于他们的小时工资所反映的社会成本。

5.4　机动性和出行方式

5.4.1　城市交通方式分类

直到 1860 年左右的工业革命中期，步行一直是城市交通的主要方式。工人步行不到一个小时就可以到达的区域严重限制了城市的扩张。由于交通速度的限制，城市劳动力市场的增长主要是通过对现有建成区的致密化实现。什洛莫·安杰尔估计，工业革命[13]前的 1800 年，巴黎大都市区的人口密度为每公顷约 500 人，而现今为每公顷约 55 人。从那时起，许多机械化城市交通方式使城市在地理空间上得以扩张，人口密度得以降低，劳动力市场得以扩大。这些更大的劳动力市场反过来又带来了更多的专业化劳动力，进而提高了城市的生产力。因此，速度更快、性能更好的城市交通方式是城市成长繁荣的关键因素。除了增加劳动力市场的规模外，更快、更灵活的交通方式还使城市土地供应得以扩大，并迅速响应了人们对更好的新住房和新商业区日益增长的需求。

自工业革命以来，许多机械化城市交通方式得以开发和利用，其中包括汽车、自行车、摩托车、公交车、地铁、有轨电车和 BRT。政府在允许或资助随着技术变化而变得可用的不同运输方式方面发挥着重要作用。

那些从 20 世纪初就已存在的城市机械化交通运输方式至今并没有太大变化。当然，能源利用效率以及汽车、公交车和地铁的行驶速度肯定有所提高，但新的城市交通方式尚未出现。1974 年巴西的库里蒂巴市（Curitiba）发明的 BRT 系统，也只是将 19 世纪末应用于有轨电车的一项技术重新应用在公交车上而已。但是，在未来 20 年内，我们将很可能看到全新交通运输方式的出现。车辆共享和自动驾驶汽车相结合所带来的可能性可以彻底改变我们今天所知的城市交通。

尽管在过去的 100 年中没有出现任何新的城市交通方式，但新兴经济体的主要交通方式正在迅速变化。交通方式的变化反映了收入、城市规模和公共交通系统地理覆盖范围的变化。主要交通方式的变化具有指导意义，因为它们反映了用户的选择以及他们适应各种可用交通方式性能（速度、成本和空间覆盖范围）的方式。

5.4.2 个人交通方式与公共交通方式

在典型的中高收入城市，通勤者可以在多种交通方式之间进行选择：步行、骑自行车、驾驶私家车、乘坐出租车或使用公共交通工具。他们会在考虑出行时间、直接费用、舒适度以及出行目的（例如工作、去学校接孩子、购物）的基础上，选择最便捷的交通出行方式或多种方式的组合。在选择交通出行方式时，出行者并不会考虑他们所造成的负外部性成本，包括污染、全球变暖、噪声和交通拥堵。

交通方式多种多样，但可简要地划分为三类：个人交通（individual transports）、共享个人交通（shared individual transports）以及集体交通或公共交通（collective transport or public transport）（图 5.3）。个人交通和共享个人交通可以利用整个道路网络，但各种公共交通方式会受限于一个特定道路网络，而该网络必然是整个道路网络的一小部分。由于私人交通方式可以使用整个道路网络，因此选择这种交通方式出行的人们可直达目的地，中途无须更换其他交通方式。此外，私人交通可以提供一周 7 天全天 24 小时的连续服务，而公共交通服务仅限于高峰时段以外的低频率预设时间点。

与公共交通方式相比，个人交通方式具有许多优势，尤其是按需提供的门到门服务。鉴于这些相对于公共交通的优势，为什么私营企业和政府仍会提供公共交通服务呢?

5.4.3 多种交通方式的互补性

在许多城市中，图 5.3 中列出的大多数交通方式是共存的。有些方式占主导地位，例如河内的摩托车，占通勤出行总量的 80%，以及美国大都市区的汽车，占出行总量的 86%。然而，在大多数城市中，几种交通运输方式并存，并且它们在总通勤出行中的相对份额随时间而变化。这些变化反映了消费者的选择，这种选择随着家庭收入、城市结构或交通方式绩效的变化而不断变化。

	个人交通运输	共享个人交通运输	集体交通运输或公共交通运输
区域服务	整个道路网络	整个道路网路	有限的网络
时间表	按需	按需	固定时间表
从哪里到哪里	门到门	门到门	车站到车站

个人交通运输	共享个人交通运输	集体交通运输或公共交通运输
步行	出租车	公交车
自行车	拼车	轻轨，有轨电车
电动滑板车	优步，来福车	集体出租车
摩托车	Uber pool 多人拼车	快速公共交通（BRT）
独自开车	自动驾驶汽车	地铁
	丰田三轮电动车 i-Road	郊区铁路

图 5.3 城市交通方式

5.4.4 城市交通的主导方式可能会迅速变化

主导交通方式的转变反映了城市人口和家庭收入的增加。人们对于各种交通方式的选择不仅反映了通勤者的偏好，也反映了政府的相关措施。这种供求关系在经济迅速增长的城市中会迅速变化,在人口和收入更稳定的城市变化则不太明显。图 5.4 和图 5.5 显示了与相对稳定的巴黎相比，北京、河内和墨西哥城等城市的主要交通方式的快速演变。

1986 年至 2014 年，北京的交通方式经历了根本性变化。1986 年，尽管城市人口已经超过 500 万人，但自行车却仍是当时主要的交通方式。20 世纪 90 年代末，许多人从自行车和公共交通出行转向私家车出行。1994 年至 2000 年，从自行车和公共交通工具转向汽车出行期间，与此相对应地家庭收入快速增长约 47%。这当然不是政府政策所驱动的。对公共交通的大规模投资（地铁线路的覆盖距离从 1990 年的 53 公里增加到 2014 年的 527 公里，增加了 10 倍）扭转了公共交通在通勤出行中所占

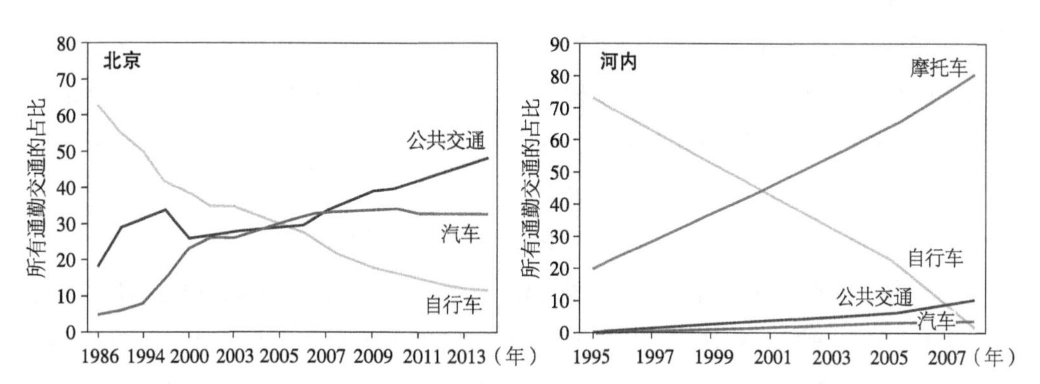

图 5.4 北京（左图）和河内（右图）主要交通模式的变化

资料来源：北京交通研究中心，2015 年。

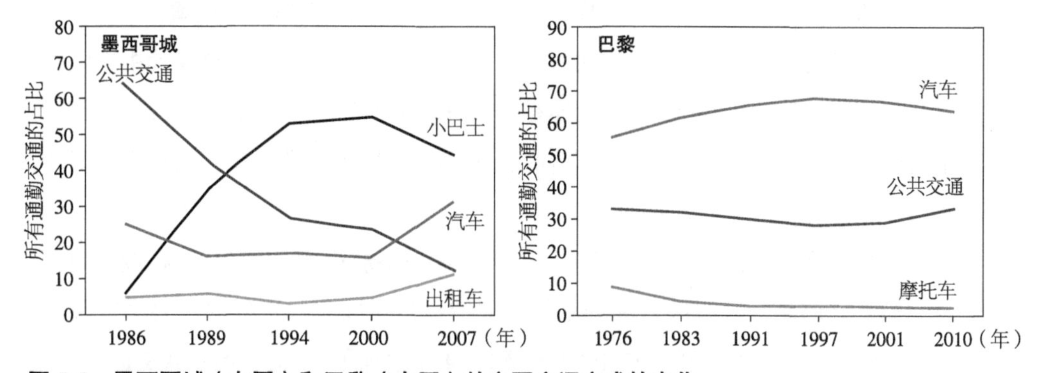

图 5.5 墨西哥城（左图）和巴黎（右图）的主要交通方式的变化

资料来源：墨西哥城：“科尔维托斯（Colectivos）逐步接管公共交通，1986–2000 年”，交通部长—世界资源研究所。巴黎：法国交通联盟网站。

份额下降的趋势。汽车交通拥堵和新车购买配额制度相结合，稳定了汽车出行的增长。同时，自行车使用者的占比持续下降。

河内的交通转型比北京更具戏剧性。从 1995 年到 2008 年，自行车出行的比例从 75% 下降到仅剩 4%！但与北京不同，摩托车成为河内唯一的主要交通方式，占所有出行的 80%（汽车和公共交通仅占约 15%）。与北京一样，河内的通勤者对当地条件的变化作出了反应。收入的增加使他们能够用摩托车取代自行车出行，从而大大缩短了通勤时间——2010 年河内的平均通勤时间为 18 分钟。河内的大部分区域可以通过狭窄、曲折的道路到达，这些道路汽车几乎无法进入，而 2014 年河内唯一的公共交通工具——公交车则更加难以进入。摩托车还为郊区旧村居民的出行提供了便利，因为农村只有未铺砌的道路可以通行，进而扩大了低收入农民工负担得起的住房供应。

1986 年至 2007 年，墨西哥城的通勤者大幅减少了对公共交通工具的使用，转而使用小型巴士和私家车，尽管市政府出台了强有力的政策来阻止这些私人交通工具。主要交通方式的变化既反映了收入的增加，也反映了墨西哥城市结构的变化。就业机会已经分散到郊区，部分原因是联邦区的政府对土地使用限制，而另一部分原因则是传统的公共交通网络在郊区之间的通勤效率较低。当工作分散时，小巴和汽车变得更加方便。而汽车和小巴造成的交通拥堵却大大降低了像墨西哥城这样人口密集的城市的交通速度（大都市区的平均密度约为每公顷 100 人）。

与上述三座城市不同，1976 年至 2010 年的巴黎大都市区（如图 5.5 右图所示）并未显示出交通方式有任何大的转变。巴黎的人口和家庭收入与北京、河内或墨西哥城相比稳定得多。汽车和公共交通出行的相对份额反映了巴黎的城市结构：约 200 万人居住在人口密集的核心区，约 800 万人住在郊区。通勤者在市中心以及前往核心区域的大多数行程中都使用公共交通工具，但在郊区范围内的通勤中，大约有 70% 的通勤者使用汽车（反映了相同的工作分配份额）。自 20 世纪 90 年代中期以来，巴黎远郊快速列车（fast train）的延伸在一定程度上增加了公共交通的份额。然而，汽车出行仍然是主导方式，反映了巴黎的空间结构，即大多数人口和工作都在郊区，因此，出行的起点和终点也都在郊区。

北京和巴黎交通方式的变化表明，公共交通网络规模的扩大会影响通勤者的交通方式偏好。但是，家庭收入和城市的空间结构是通勤方式选择的主要决定因素。例如，在北京，地铁线路长度在 1990 年至 2014 年增加了 10 倍，但公共交通出行比例只增加了 12%。虽然河内正在建设新的地铁交通系统，但最终也只会增加极低的公共交通份额，因为地铁出行不太可能与摩托车提供的速度和空间覆盖率竞争。

各种运输模式的存在反映了通勤者的选择。通勤者根据他们的住所地点、工作地点、上班时间点、回家时间点以及愿意用于交通的收入份额来选择交通方式。没有一种交通方式是完美的。居民常常对城市交通不满意，这也不奇怪。汽车通勤者抱怨交通拥堵和污染，而公共交通用户抱怨拥挤、时间准点率不高和地理覆盖面不够广泛。在下面小节中，我将分析各种交通运输方式的利弊，包括它们的速度及其造成的各种负外部性：交通拥堵、污染和温室气体排放。但是我们必须记住，城市交通的首要目标是增加机动性，同时减少机动性带来的负外部性。

5.5 出行时间、速度和出行模式

5.5.1 工作出行时间（通勤）的测量

如前所述，平均通勤时间是用于衡量机动性的常用指标。如果在计算平均出行时间时仅包括上班出行时间，而不包括其他类型的出行时间，那么“平均出行时间”将成为衡量“机动性”的一个有意义的指标。很显然，上班出行时间和去购物或去理发店的出行时间之间的平均值作为机动性的替代衡量标准没有意义。

通勤出行时间的测量应该是“门到门”。出行时间应包括从通勤者离开家直到他到达工作地点的时间。此外，通勤时间应按交通方式进行分类。巴黎市区和北京大都市区公共交通平均通勤时间的例子说明了在评估机动性时“从门到门”时间测量的重要性（图 5.6）。巴黎市区使用地铁出行的平均“门到门”通勤时间为 31 分钟，但实际花费在地铁上的时间仅为 15 分钟。到地铁站上车，然后再从地铁站步行到工作地点所需要的时间占门到门通勤时间的 52%。对北京大都市区的长途出行，“可达时间”（access time）* 的比例较低，占通勤总时间的 36%。

对于汽车通勤出行，我们也应该以相同的“门到门”进行计算，通常以郊区住宅的自家车道为起点，可能以停车场或地下车库为终点，而且需要相当长的步行时间到达工作地点。我找不到对汽车出行（包括步行往返停车场）的出行时间进行分类的统计数据。我自己每周开车从新泽西州格伦罗克（Glen Rock，New Jersey）到曼哈顿格林威治村的纽约大学的平均驾车时间为 55 分钟，从地下车库步行到大学还需 7.5 分钟（图 5.7）。这样的话，我的“可达时间”仅占通勤总时间的 12%。

---

* “可达时间”（access time）为总通勤时间中，除去乘坐交通工具之外的时间，如步行到交通工具的时间，停车场到目的地的步行时间等。——译者注

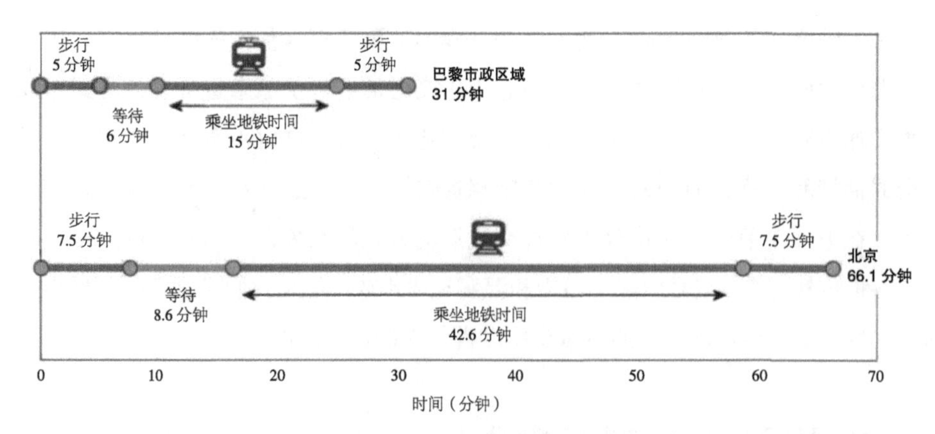

图 5.6　巴黎市区和北京大都市区通勤者“门到门”的公共交通工具平均出行时间

资料来源：巴黎数据：“出行研究（Etude sur les deplacements），巴黎自治交通区（Regie Autonome des Transports Parisiens），2014 年；北京：“北京，第四次交通综合调查简要报告”，北京交通研究中心（BTRC），北京市交通委员会，北京，中国，2012 年。

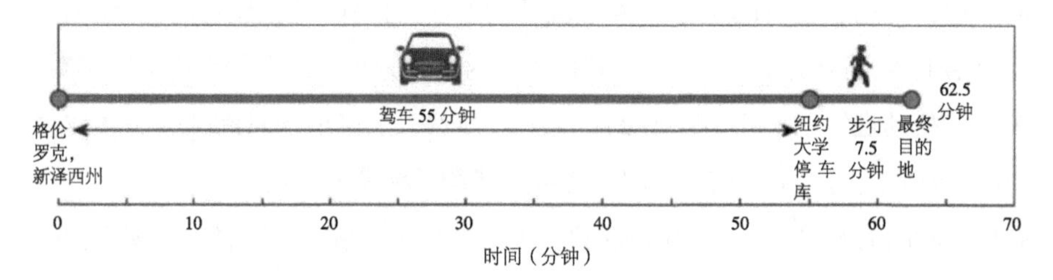

图 5.7　驾车从郊区到纽约市中心的通勤时间（案例研究，无统计意义）

由于交通方式的“可达时间”通常很长，因此各种交通工具的速度不足以成为反映“门到门”通勤时间的指标。当试图提高机动性时，减少各种交通方式的“可达时间”与提高交通工具的机动速度一样重要。表 5.1 显示了巴黎、北京和纽约三个案例中，“门到门”速度与交通工具速度之比。随着城市规模的扩大，公共交通网络变得更加复杂和密度降低，人们经常需要在不同方式之间换乘（例如，公共汽车换乘郊区火车）。从家到车站的距离越来越远，以及一些必要的换乘，往往会增加“可达时间”。如果目的地有指定的停车场，那么驾车出行就不太容易受到较长“可达时间”的影响。从郊区到郊区的汽车出行几乎没有“可达时间”，因为停车场通常非常靠近起点和目的地。郊区土地的低价格解释了为什么这种可实践性被认为是理所当然的。

在上面例子中，巴黎和北京的通勤者都是步行前往主要的机动交通方式，当然，许多其他交通工具可以组合在一次通勤出行中。南非豪滕省（Gauteng）的一个通勤案例是我所听过的最复杂、最长的通勤出行案例之一。[14] 一位有四个孩子的单身母亲每个工作日都会从豪滕大都市区 [包括约翰内斯堡（Johannesburg）和比勒陀利

表 5.1 "门到门"速度与出行车辆速度之间的比率

"门到门"速度与车速之间的比率

通勤方式	巴黎	北京	纽约
	地铁	公交车和地铁	汽车
总平均通勤距离（km）	9	19	38
"门到门"通勤时间（min）	31	66	63
车速（km/h）[a]	33	25	40
"门到门"速度（km/h）	17	17	36
"门到门"速度与车速的比率（%）	53	68	89

a. 对北京来说，这是公交车和地铁的平均速度。

亚（Pretoria）] 特姆比萨镇（Tembisa）的家中通勤到比勒陀利亚的商业区布鲁梅里亚（Brummeria），她在那里从事办公室清洁工作。她凌晨 5：00 离开家，需要在上午 7：30 抵达办公室。为此她先要从家步行 2 公里到一个公共的士站，然后乘坐出租车到火车站，再乘坐火车到比勒陀利亚，然后换乘另一辆公共出租车到布鲁梅里亚的一个车站停车点，最后再从车站步行到工作场所（图 5.8）。整个通勤单程共需要 2.5 小时，包括步行、等待出租车和火车的时间。她的通勤距离长达 47 公里。尽管她通过乘坐平均速度为 46 公里 / 小时的列车完成了全程大部分的出行距离，但是她的平均通勤速度仅为约 18 公里 / 小时。而且，为了避免全程乘坐公共出租车的较高成本，她换乘了火车，导致她的通勤距离（47 公里）远长于从她家到工作场所的道路距离（29 公里）。如果她有一辆摩托车，甚至是一辆轻便摩托车，那么她可以在约 1 小时内到达，而不是 2.5 小时。使用轻便摩托车可让她每天多获得 3 个小时的可支配时间！

对于既定的家庭和工作地点，通勤时间可能会因主要交通方式、换乘次数和"可达时间"而出现很大的不同。在此处描述的例子中，速度为 30 公里 / 小时的轻便摩托车将比平均速度为 46 公里 / 小时的郊区火车带来更高的机动性。

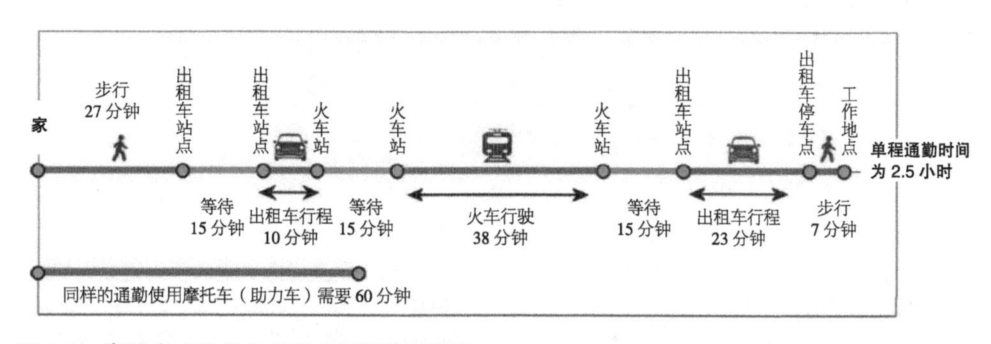

图 5.8 豪滕省（南非）的极端通勤案例研究

资料来源："2030 年国家发展远景规划"，总统国家计划委员会，南非，2011 年。

5.5.2 按交通方式划分的平均通勤时间

乘坐公共交通工具通勤的平均时间比单独开车通勤的时间要长。考虑到世界上大多数大城市的拥堵程度，这种说法令人感到惊讶。城市拥堵对公共巴士的影响与对私家车的影响一样大，但我们预计，在许多通勤者使用地下公共交通和公交专用车道的城市，公共交通出行时间会更短。然而不幸的是，事实并非如此。在一本全面而权威的书[15]中，城市公共交通的热心倡导者罗伯特·切尔韦罗（Robert Cervero）承认，即使在以公共交通为基础的欧洲和日本城市，开车出行时间更短，这也成为全球在过去几年中提升公共交通所占份额的主要挑战。让我们通过分析特定样本城市的例子，来了解为什么会出现这种情况。

五座国际大都市（达拉斯－沃思堡、中国香港、纽约、巴黎和新加坡）的通勤时间（图5.9）证实了切尔韦罗的观察结果：在这些城市中，私家车通勤的时间均明显短于公共交通通勤时间。公共交通与汽车通勤之间的出行时间增加幅度，从纽约的53%到新加坡的100%。

这些差异衡量的是具有很多不同始发地和目的地的出行的平均出行时间。平均值可能掩盖了与公共交通与私家车出行时间之比（即，使用公共交通工具的出行时间比使用私家车的出行时间短）相反的许多出行情况。例如，在曼哈顿或巴黎的某

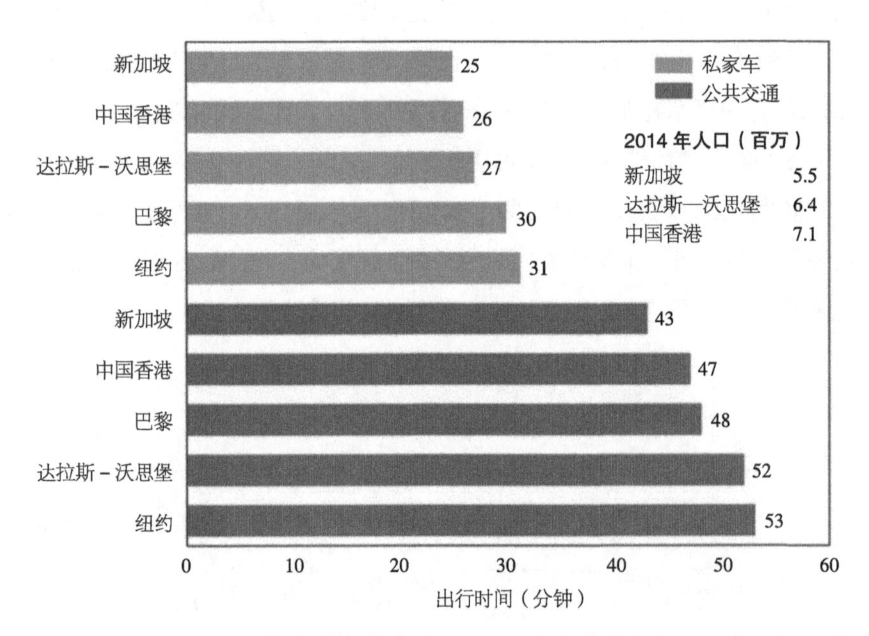

图5.9 新加坡、中国香港、达拉斯—沃思堡、巴黎和纽约不同交通方式下的平均通勤时间

资料来源：美国数据：“2013年美国通勤”，美国交通运输部（DOT）人口普查交通规划产品计划－华盛顿特区，2013年；巴黎：“2001-2002法国出行”（Les deplacements des Franciliens en 2001-2002年），法国地区设备管理局，巴黎，2004年；中国香港：“2011年出行特性调查最终报告”，香港特别行政区政府运输署，香港，2011年；新加坡：“2010年新加坡陆路交通运输统计摘要”，新加坡政府陆路交通管理局，新加坡，2010年。

些出行中，乘坐公共交通肯定要比开车快。对于住所或者工作地点离车站很近的人们来说，郊区出行乘坐公共交通也可能要比开车快。我们可以确信，在这种情况下，通勤者会选择更快的交通工具。然而，平均通勤时间显示，在所有这些城市中，使用汽车的通勤者比使用公共交通工具的通勤者花费的通勤时间更少。让我们尝试找出其中的原因。

图 5.9 中的五座城市并非随机选取，其特性如表 5.2 所示。其中 4 座城市公共交通的使用比例都相当高，从纽约的 26% 到中国香港的 88%。第 5 座城市——达拉斯 - 沃思堡，是一个例外，其公共交通通勤出行占比不到 2%。中国香港和新加坡的公共交通系统相对较新，它们益于现代化并以效率著称。所选的五座城市显示出各种各样的人口密度。中国香港和新加坡的人口密度很高，纽约和巴黎的人口密度中等，但二者核心地区的人口密度都比较高，这有利于公共交通工具的使用，但使汽车的使用变得更加困难。达拉斯 - 沃思堡是样本中唯一一个人口密度非常低的城市（12 人 / 公顷），人口仅有 620 万，与 2011 年香港的 680 万人相当。鉴于达拉斯 - 沃思堡的人口密度非常低，因此汽车的使用率在通勤出行中占比非常高，达到 98%。

表 5.2　五座样本城市的人口密度与公共交通出行份额

五座样本城市的密度和公共交通出行的比例

城市	人口（百万）	公共交通出行份额（%）	人口密度（人 / 公顷）	建筑面积（km^2）
达拉斯 - 沃思堡	6.20	2	12	5167
纽约大都会统计区	20.30	26	18	11278
巴黎（法国大区）	11.80	34	41	2878
新加坡	5.60	52	109	514
中国香港	6.80	88	264	258

资料来源：人口：2010 年人口普查。人口密度和建筑面积；作者测量。交通：达拉斯 - 沃思堡和纽约，“2009 年出行趋势总结”，美国家庭出行调查，华盛顿特区联邦公路管理局交通运输部；巴黎，E 2008 年国家交通与出行调查，表 5.1，巴黎可持续发展总委员会；新加坡，“2010 年新加坡陆路交通运输统计摘要”，新加坡陆路交通管理局，新加坡，2010 年；中国香港，“2011 年出特性调查最终报告”，香港特别行政区政府运输署，香港，2011 年。

然而，人们不应该得出这样的结论：因为目前的汽车出行通常比公共交通速度更快，由公共交通出行转向汽车出行会减少平均通勤时间，从而增加城市机动性。在上述四座中高密度城市中，当前的汽车行驶速度取决于使用公共交通工具的通勤者比例。实际上，在新加坡，政府会定期调整使用汽车的成本，以减少人们对汽车出行的需求，其目标很明确就是为有能力负担汽车出行成本的人维持最低的汽车出行速度。大多数将公共交通作为主要交通方式的城市也试图控制人们对汽车的使用需求，尽管方式不如新加坡那么明确和有力。减少对汽车出行的需求有多种形式。例如，纽约提高了桥梁和隧道的车辆通行费；巴黎减少了车道数量；中国香港增加了车辆购置税；北京规定了新车购买的年度配额，并通过摇号政策确定谁可以购买汽车；斯德哥尔摩、伦敦和罗马有一项特殊收费，以限制市中心的汽车通行。由于存在成本差异，所有城市都大力补贴公共交通运营成本，以说服通勤者从汽车出行转向公共交通出行。

中高密度城市的通勤车速较高，是因为这些城市的公共交通工具使用率较高。在这些城市中，汽车和公共交通这两种交通方式相辅相成。而在达拉斯，通勤时间短完全是因为人口密度低。正如我稍后将展示的，与高密度城区相比，低密度郊区为每个家庭提供了更大的道路面积。因此，郊区的人均道路面积更大，通勤速度更快。正如我在本章开始所提到的，像中国香港和新加坡这样的紧凑密度城市，虽然减少了平均通勤距离，但与达拉斯 - 沃思堡这样的低密度城市相比，通常通勤时间更长。在高密度城市中，短途通勤的潜在优势完全被拥堵（包括交通拥堵）造成的速度减慢所抵消。

5.5.3 出行成本

如上所述，我每周从新泽西郊区的格伦罗克到曼哈顿南部的纽约大学的单程车程距离为 37 公里，通行费为 14 美元，加上停车费 17 美元（其中 18.4% 为停车税），再加上约 2 加仑汽油费 5 美元，共 36 美元的往返车费（不包括保险、维护和资本成本）。单程门到门的通勤时间平均约为 63 分钟，对应的平均速度为 35 公里 / 小时。

使用公共交通工具（公交车和地铁）进行相同的往返行程仅需花费 14 美元，但单程通勤时间需要 102 分钟，对应的平均速度为 22 公里 / 小时。此外，在高峰时段以外，往返于格伦罗克的巴士仅每小时一班。在驾车上下班的双向通勤出行中，我额外花费了 22 美元来节省采用公共交通方式多花费的 78 分钟，这意味着我的时间机会成本约为每小时 17 美元。虽然这是个人个案没有统计价值，但它确实解释了许多通勤者选择交通方式的原因。我为公共交通和汽车通勤所支付的交通费用并没有反映出我所使用的交通服务（无论是汽车还是公共交通）的实际成本。大多数公共交通出行的票价通常仅占其运营成本的一小部分，通常根本没有涵盖任何资金成本。同理，通行费和汽油费不一定能反映我在出行中使用的道路和交通管理服务的全部维护费用，更不能反映因我用车而给他人带来的环境负外部性和拥堵。

到目前为止，如果仅考虑通勤的速度和时间，似乎驾车出行比公共交通出行更具优势。事实上，随着世界上许多大城市的工作岗位逐渐向郊区分散，家庭收入的增加，驾车出行相对于公共交通出行的比例似乎也在增加，这引起了交通规划师的警觉。汽车造成的拥堵是一个主要问题。对于这个问题，我提醒过，在城市人口稠密的地区，驾车出行所缩短的通勤时间取决于使用公共交通的通勤人数。使用公共交通工具的通勤者数量越多，使用汽车的通勤者的速度就会越快。这一趋势解释了亚特兰大等城市对公共交通投资的支持，这些城市中的大多数通勤者都在使用汽车，并打算在未来继续使用汽车。

5.6 速度、拥堵和交通方式

道路拥堵是一个房地产问题。通过法规，规划师或开发商在最初开发土地时将部分土地分配给街道。一旦街区完全建成，再增加分配给街道的土地面积在经济和社会成本上都是非常高昂的，因为这意味着分配给能产生城市租金的用途的土地减少了，同时不产生租金的街道面积增加了。此外，还需搬迁家庭和企业。

在大多数情况下，汽车、公共汽车和卡车不会为其占用的街道空间付费，因此，人们没有减少它们对土地消耗的动力。分配给街道的土地供应与对街道空间的需求之间的不匹配造成了拥堵——街道空间太少而用户过多。

交通拥堵降低了出行速度，从而降低了机动性。在我们寻求提高机动性的过程中，重要的是要衡量每种城市交通方式下的每位乘客消耗的街道面积，并最终对其定价，以便消耗更多道路面积的用户将比消耗更少道路面积的用户支付更高的价格。

根据房地产租赁价值对交通拥堵进行定价，将使我们能够提高机动性，与其说是通过增加供应，不如说是通过减少消耗。这样做的目的仍然是通过对拥堵进行定价来提高机动性，而非选择或“鼓励”一种首选的出行方式。

在下一节中，我将介绍如何衡量拥堵以及通过增加道路供给来管理需求的各种尝试。

5.6.1 测量拥堵

拥堵是街道空间供需失衡的表现。交通工程师将车辆行驶速度低于自由车流速度的道路状况定义为拥堵。车辆的畅通行驶速度确定了非拥堵速度，交通工程师将其用作衡量拥堵的基准。[16] 任何低于畅通行驶速度的速度都表示拥堵，并通过出行时间指数（travel time index，TTI）进行测量，该指数是高峰时段的出行时间与畅通行驶条件下出行时间的比值。例如，假设纽约的畅通行驶速度等于 40 公里 / 小时的最高监管速度，那么高峰时段在纽约第五大道以 15 公里 / 小时的速度行驶的汽车的 TTI 为 2.8。得克萨斯州 A&M 交通研究所 2012 年发布的“机动性报告”评估了美国 498 座城市的平均 TTI 为 1.18。洛杉矶的 TTI 是美国城市中最高的，为 1.37。纽约的

TTI 略低，为 1.33。TTI 的使用使我们能够测量与“在畅通行驶速度下行驶”相比所额外花费的驾驶小时数，并可推算所额外花费的汽油成本。基于 TTI 可以计算出拥堵的直接成本：即与畅通行驶相比，驾驶员的时间机会成本与额外的汽油成本。

使用 TTI 可以便捷地测量交通拥堵状况，但显然是很随意的。从 2014 年 11 月 1 日开始，纽约市将时速限制从 48 公里 / 小时降至 40 公里 / 小时。新的监管限制势必会降低城市畅通行驶速度。如果我们将40公里/小时的新监管速度作为畅通行驶速度，那么在 10 月 31 日至 11 月 1 日之间，以 15 公里 / 小时速度行驶的汽车的 TTI 从 3.2 降至 2.8。纽约旨在减少涉及行人的致命车祸的这种限速的降低显然并没有减少平均通勤时间；尽管 TTI 的下降意味着时间的减少，但事实上平均通勤时间甚至可能略有增加。就纽约而言，2014 年秋季 TTI 的下降将是一个误报。

使用 TTI 来衡量拥堵，将其作为城市机动性的一个相对衡量标准是有用的（当然，前提是基准畅通行驶速度没有像 2014 年纽约所做的那样发生变化）。同时对识别需要改善交通管理的街道也很有用。然而，在比较城市时，TTI 并不能很好地代表机动性。因为对机动性而言，重要的是平均出行时间的变化。

使用公交车的乘客同样会面临道路拥堵，尽管他们自身并不是造成拥堵的主要原因。因为与单独驾车的司机相比，公交车至少在高峰时段满员时，每位乘客占用的道路空间面积非常小，我们稍后将会看到这一点。然而，除了由于拥堵造成的时间延迟之外，当公交车和火车人满为患而无法上车，或由于管理不善或维护不善导致车辆无法按时到达时，公共交通用户也会被迫延误。

公共交通过度拥挤是公共交通系统内部的一种拥挤形式，因为它不会影响使用其他交通方式的通勤者。据我所知，北京市是唯一用地铁乘载容量百分比来对公共交通过度拥挤进行实时监测的城市。图 5.10 显示，北京地铁网络的大部分路段在高峰时段严重拥堵。当车内密度超过每平方米 6.5 人时，则判定地铁和公交车超载！因此，在同样交通拥挤的情况下，独自坐在汽车里听收音机，与在拥挤的公交车或地铁车厢里同其他 6 个人共用 1 平方米，或是被困在地铁站而无法登上拥挤的车厢，乘客的不适感是完全不同的！

然而，公共交通拥堵不仅会给乘客带来不适，还会增加出行时间，进而降低机动性。在北京，尽管自 2000 年以来修建的地铁线路长度大幅增加，2015 年时达到了 523 公里，但高峰时段拥堵程度仍如此之高，以至于地铁工作人员不得不限制每列车厢的乘客人数，以防止超载的危险。2015 年，北京约 64 个地铁站（约占车站总数的 20%）在高峰时段进行乘车限流管理。2015 年，北京的地铁系统还有 340 公里在建线路。希望这些新线路能够缓解公共交通拥堵。

图 5.10　2014 年北京地铁网络高峰时段拥堵情况（见彩图）

资料来源："北京第四次综合交通调查简要报告"，北京市交通委员会北京交通研究中心（BTRC），中国北京，2015 年。

5.7　供给侧：增加用于交通出行的面积

5.7.1　在已经高密度的地区增加道路供给几乎是不可能的

道路是世界上每个城市的默认交通系统，对于城市的建设是必不可少的。道路网络是任何公共交通系统的支柱，通常由政府来负责主要道路系统的设计、建设和维护。

那么政府能否像经济市场一样提供与现有需求相匹配的道路空间呢？随着城市向农村和低密度郊区扩张，政府或开发商通常会提供新的道路。然而，在过去密度已经十分紧凑的建成区（需求最高的地区）增加道路供应的尝试很少取得成功。

奥斯曼曾成功地将新道路引入 19 世纪巴黎高密度街区（见第 3 章）。然而奥斯曼的规划作品之所以在规划历史上如此出名，恰恰是因为它几乎不可复制且鲜有先例。况且，奥斯曼修建的所有林荫道现如今都很拥挤，进一步拓宽林荫道以适应当前的交通需求显然是不可能的，甚至是不可取的。

城市最具吸引力、最昂贵的地区通常对道路空间的需求更多。由于毗邻纽约第五大道、巴黎里沃利街或上海淮海路的房地产价值都非常高昂，因此尽管这些街道非常拥挤，却无法对其进行拓宽。这些街道的拓宽会破坏它们具有吸引力的宝贵房地产（道路旁的商店、办公室和住宅），并增加无定价土地（道路）比例。此外，行人也是中心城区街道的主要使用者，市中心地区交通流量的增加通常与安全愉悦的行人交通是矛盾的。

作为道路拓宽的替代方案，规划者经常试图通过在现有街道上方建造高架路来增加街道面积。高架路虽然不会像拓宽现有街道那样具有破坏性，但会大大降低其所经过街区的价值和宜居性。此外，车辆进出高架路需要使用坡道，这会破坏额外的高价值房地产，同时还会阻碍行人流动。

罗伯特·摩西（Robert Moses）为纽约曼哈顿下城高速公路设计的规划，就是为了增加高需求地区的街道供给而做的一次尝试。简·雅各布斯领导的民众运动反对建造高速公路可能造成的破坏，使得该项目被叫停。事实上，高架公路在密集城区造成的负面影响不仅限于对周边现有建筑物的破坏结果，它往往会延伸到周围的几个街区。由于高架公路的负面影响和高昂成本，不仅其建设在全世界被叫停，而且倡导拆除现有高架路的反对运动正在蔓延。

5.7.2 供给侧：更有效地利用现有道路空间

更有效地利用现有道路空间可以增加可供行人、地面公共交通和汽车行驶的街道面积。许多城市在其密集的核心区域允许大量路边停车，从而减少了行人、自行车、公交车和私家车的通行面积。在曼哈顿的一条典型街道上，停放的汽车甚至占用了车辆可用街道面积（不包括人行道）的44%。鉴于道路空间的稀缺，将所有路边停车位转移到私人运营的地下车库将大大提高城市机动性、行人安全性以及整座城市的总体舒适度。这样做的政治可行性是缺乏的，因为许多免费或者准免费路边停车的用户都将其视为一项基本人权。任何市长如果试图通过取消路边停车位来改善行人、地面公共交通和汽车机动性，都可能无法连任，甚至可能遭到弹劾。

巧妙地利用交通工程技术也可以提高机动性，且无须增加街道面积。塞缪尔·斯特利（Samuel Staley）和阿德里安·穆尔（Adrian Moore）在《机动性优先》（*Mobility First*）[17]一书中，用整整一章（题为“提高现有道路通行能力的七个步骤”）的篇幅，介绍了各种可提高城区车辆速度的方法，比如重新设计十字路口，引入“快车道”（hot lanes）等。交通指示灯管理的新技术也可以改善现有道路网络的机动性。特别有前途的是“群集技术”（swarm technology），它包括实时更新交通信号灯模式，以应对不断变化的交通流量和意外事件，如交通事故或民事事件。然而，如果采取这些措施，无疑会提高机动性，但如果不与需求侧解决方案相联系，就无法持久地解决拥堵问题。

5.7.3 供给侧：隧道增加街道面积

世界上第一条专门用于城市交通的地下铁路于1863年在伦敦开通。这条地铁线的长度只有6公里，使用的是蒸汽机车。虽然成本高昂，但它是几年前开始的奥斯曼拓宽巴黎街道的替代方案。19世纪中叶，伦敦的政治制度变得更加民主和自由，因此政府不可能允许在伦敦进行奥斯曼式的行动。由于土地价格高昂，在伦敦建造地下城市交通系统的决定是合理的。

建造地下交通系统是一种以资本替代土地的方式。尽管花费的资金成本可能很高，但它应该大致与所节省的道路面积的价值相当。伦敦修建第一条地铁系统的经济效益看起来是很理想的，因为欧洲其他国家的首都和美国的主要城市很快也修建了新的地铁。到 1914 年，全球已有 13 座城市[18]建立了城市地下交通网络。

在现有城市密集的市中心地区地下建造隧道是非常昂贵的。例如，一条 2.7 公里长的隧道中的三个车站（规划的第二大道地铁的一部分）于 2017 年 1 月在曼哈顿中城投入运营，耗资 44.5 亿美元（2015 年），每公里造价约 16 亿美元。对于相对较短的纽约地铁网络来说，这似乎是一笔天文数字。这值得么？建造隧道的目的是用资本代替土地，或者换句话说，通过投入资本来创造新的土地。为了证明这个成本是否合理，我们可以将“创造”土地的成本与隧道附近地区的土地价格进行比较。

纽约联邦储备银行（Federal Bank of New York）[19] 2008 年进行的一项土地价值研究，预估曼哈顿中城黄金地段的地价约为每平方英尺（1 平方英尺约为 0.093 平方米）5500 美元或每平方米约 60000 美元。如果我们计算隧道新建区域的成本，假设有 25 米的通行权，3 个 6000 平方米的地下车站，我们发现隧道新建的每平方米土地的成本约为 50000 美元。这与美联储在 2008 年的报告中评估的该地区每平方米 60000 美元的优质土地价格相似。鉴于曼哈顿的土地价格，44.5 亿美元的地铁隧道投资似乎是合理的。此外，新地铁线建成后，第二大道沿线的土地价值很可能相比 2008 年会增加。

因此，我们应该始终将交通问题与房地产价格联系起来。高地价向规划师表明该地区的需求量很大，因此，大量通勤者将试图进入该地区。与此同时，高昂的土地价格妨碍了拓宽街道以容纳交通流量。地下交通网络的合理性取决于土地单价与隧道单位成本之间的比率。如果该比率等于或大于 1，地下网络可能具有经济意义。如果该比率远低于 1，则应该寻找其他的解决方案。

值得说明的是，每公里 16 亿美元的地铁建设成本可能是世界纪录。隧道、地下轨道和车站的建设成本因许多因素而异，包括其深度、宽度、地质条件、人工成本和运用的建造技术。对近期地铁建设成本的一项简要调查显示，不同地铁的建造成本价格差异很大，从最近建成的新加坡地铁线路的每公里 6 亿美元到 2009 年建成的首尔 9 号线的每公里 4300 万美元。这些差异表明，即使在地价远低于曼哈顿的城市，地下交通也可能具有经济意义。

5.7.4 供给侧：还有多少土地可用？

在已经建成的城市中，我们或许无法增加街道面积，但我们是否知道如何更好地利用这一稀缺资源呢？

一些城市的土地利用统计资料提供了建成区内街道面积的百分比。例如，纽约市街道面积的百分比为26.6%，伦敦为20.8%。这些数字很难解释。看起来纽约市的街道面积似乎比伦敦大28%。虽然这两座城市（定义为市政边界内而不仅是大都市区）人口总数大致相同，都约为800万人，但二者人口密度差异很大（表5.3）。由于人口密度的差异，虽然纽约的道路份额较高，但其人均道路面积却低于伦敦。如果我们假设街道空间的需求与人口成正比，尽管伦敦的人均道路百分比明显较低，但其人均道路空间却比纽约多9%。

表5.3 纽约和伦敦的人均街道面积

	纽约	伦敦
人口普查年	2010年	2011年
人口	8175133	8173941
建成区（km^2）	666	941
人口密度（人/公顷）	123	87
街道面积百分比	26.6	20.8
人均道路面积（m^2）	22	24

我举这个例子意在说明，任何将城市道路面积固定在最佳状态以避免交通拥堵的规范方法都是异想天开。在永久性地将道路区域固定后，纽约和伦敦的人口密度都发生了很大的变化。城市人口密度随时间而变化，道路面积因历史而固定。因此，与拥堵明显相关的人均道路面积随时间而变化。交通系统必须根据可用的道路面积进行调整，而不是与之背道而驰。

城市不同地区的人口和工作密度差异很大，街道所占土地的百分比亦是如此。对街道面积的需求与街区密度有关。例如，在曼哈顿中城，工作岗位密度达到了惊人的每公顷2160个。相比之下，在纽约郊区的格伦罗克，居民密度仅为每公顷19人。显然，这两个街区对当地道路空间的需求会有所不同。如果我们将街区密度与街道用地比例相结合，就可以得到不同街区的人均或每份工作所需要的街道面积，这个数据已经比城市层面的总面积有用了一些。图5.11显示了世界上各大城市中选定的若干街区中，每人或每份工作的道路面积变化。表5.4显示了各街区密度和街道面积的多种组合方式，解释了不同街区人均道路面积的巨大差异。

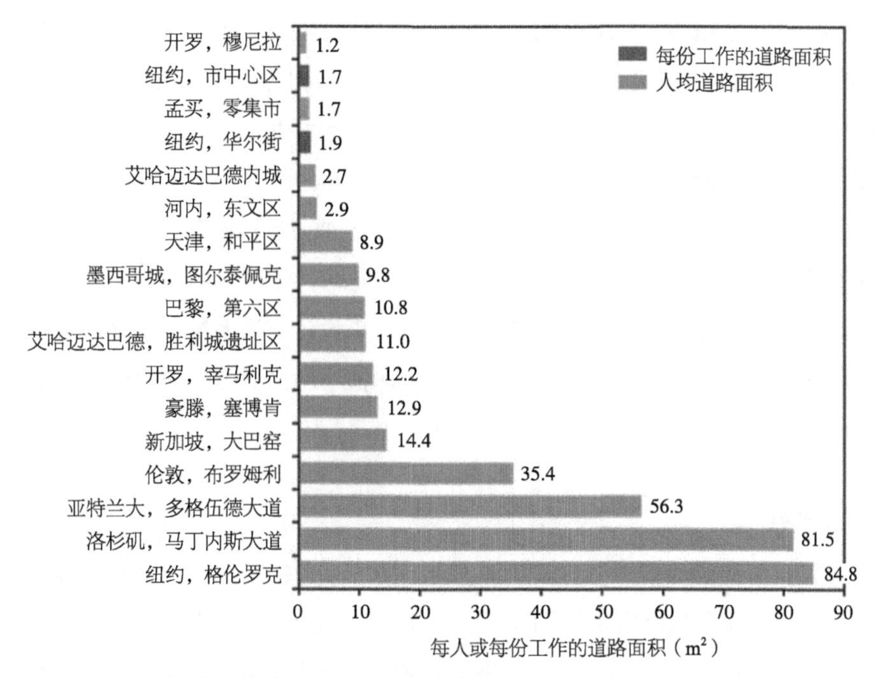

图 5.11　各街区中每人或每份工作的道路面积

表 5.4　各街区的密度、道路面积百分比以及人均道路面积

城市，社区	人口密度（人 / 公顷）	道路面积（%）	人均道路面积（m^2）
开罗，穆尼拉	1566	19.0	1.2
纽约，市中心区	2158	36.0	1.7
孟买，零集市	1649	27.9	1.7
纽约，华尔街	1208	23.1	1.9
艾哈迈达巴德，印度，内城	588	16.0	2.7
河内，东大区	929	27.3	2.9
天津，和平区	271	24.0	8.9
墨西哥城，图尔泰佩克	121	11.9	9.8
巴黎，第六区	266	28.8	10.8
艾哈迈达巴德，印度，胜利城遗址区	492	54.0	11.0
开罗，宰马利克	178	21.8	12.2
豪滕，南非，塞博肯	182	23.5	12.9
新加坡，大巴窑	186	26.9	14.4
伦敦，布罗姆利	49	17.4	35.4
亚特兰大，多格伍德大道	22	12.2	56.3
洛杉矶，马丁内斯大道	35	28.8	81.5
纽约，格伦罗克	19	15.7	84.8

在开罗、纽约和孟买的某些街区中，人均道路面积可能低于2平方米，而在亚特兰大、洛杉矶和纽约的某些郊区中，人均道路面积可能高于50平方米。人均道路面积或许是衡量交通方式兼容性的一个有趣指标。例如，在纽约中城，由于人均道路面积很低，如果每个劳动者都驾车出行，那么街道上会塞满汽车。而另一个极端，在纽约、亚特兰大或洛杉矶的某些郊区，人均道路面积大到足以容纳大量私家车的通行。

图5.11和表5.4中的数据表明，为了提供更好的交通，任何应用于整座城市密度或道路设计的规范性方法都注定会失败。规划师应该设计交通系统，使之适应于所服务的街区密度和街道设计。在下一节中，我将评估不同交通方式下每位乘客消耗的街道面积。

5.7.5 超越供给

历史和现有城市的经验表明，在现有建成区增加道路供给的可能性极其有限。拓宽街道或者通过修建高架路将街道面积扩大一倍，首先会破坏原本吸引交通的场所品质。隧道的建设成本非常昂贵，虽然在人口密集的大城市的市中心必不可少，但并不适用于土地价格较低且拥堵非常严重的城市。

因此，提高城市机动性（即减少从大都市区的一个位置到另一位置所需要的时间）需要在需求侧采取一致的行动。需求侧包括计算每个通勤者消耗多少街道空间，可以采取哪些措施来减少对街道空间的需求，而不是出行需求。

5.8 需求侧：衡量每种交通方式下每个通勤者的土地消耗量

减少通勤者对街道空间的需求只有两种方法：一种是减少每个通勤者对街道空间的消耗，另一种是减少人们在高峰时段的出行需求。首先让我们看看与各种交通方式相关的每个通勤者的街道空间消耗情况。

5.8.1 测量每个通勤者的街道空间消耗和每小时的道路乘客容量

在城市街道上行驶的车辆所需要的道路面积等于车辆尺寸相对应的面积加上防止与前车碰撞所需要的安全距离面积。两辆行驶中的车辆之间的安全距离是根据前车突然停车时，后车停车所需要的时间来确定的。汽车行驶所需要的大部分道路面积是由司机的反应时间快慢决定的，而不是车辆的大小。因此，车辆所需要的街道面积取决于车辆的速度：车速越高，所需要的道路面积就越大。

计算移动车辆之间最小安全距离的正规方法涉及许多参数，包括驾驶员的反应时间、最大制动减速度、路面附着力等。现实情况中，驾驶员被告知应该保持两车之间至少 2 秒的反应时间间隔。[20]

但在拥挤的道路上，前后车辆很难保持 2 秒的间隔，因为车辆会不断变化速度，车辆之间的平均间隔若趋于增加，则会进一步降低道路的通行能力。在本章的后续部分中，我假设行使车辆的标准安全间隔为 2 秒，但专用车道上行驶的公交车除外，因为公交车之间的距离是由公交时刻表确定的。

当汽车以 40 公里 / 小时的速度行驶时，保持 2 秒间隔所需要的安全缓冲区占行驶中汽车消耗的总街道面积的 82%。该区域面积随车速的增加而增加，如图 5.12 所示。因为汽车在标准宽度的车道上行驶，并且汽车所需要的大部分街道面积由 2 秒间隔决定，所以较小的汽车并不会消耗明显更少的道路空间，除非如下文分析的那样是在极低的速度下行驶。

只有两种方法可以减少行驶中的汽车消耗的街道面积：第一种方法是减小车辆的宽度，使两辆车可以适合在一条车道的宽度内行驶（例如摩托车）；第二种方法是使用自动驾驶汽车等技术来安全地减少 2 秒的反应时间。稍后我们将探讨这些可能性。

因此，对于在道路上行驶的车辆，每位乘客消耗的街道面积取决于 4 个参数：车辆的长度、确保车辆之间安全距离的反应时间、车辆的速度和乘客数量。

例如，当单独驾驶的通勤者以最大允许速度 40 公里 / 小时在纽约的街道上行驶时，每辆车需要占用 84 平方米的街道面积，以便与以相同速度行驶的前车保持安全距离（图 5.12）。如果汽车内只有驾驶员，那么每个通勤者占用的街道面积即为 84 平方米。但是，在美国市区，每辆车平均约载有 1.25 名乘客，因此当汽车以 40 公里 / 小时的速度行驶时，平均每位通勤者占用的道路面积为 67 平方米。如果车辆之间的距离在相同的行驶速度下保持恒定，那么每辆车的乘客越多，每位乘客消耗的平均道路空间面积就越小。

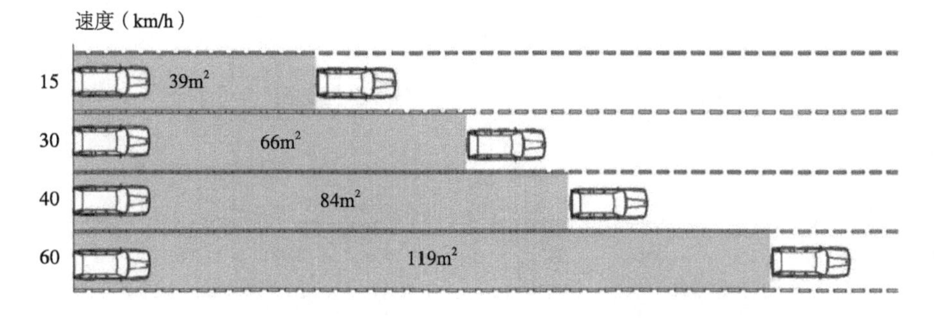

图 5.12　2 秒反应时间下不同行使速度的汽车所需要的街道面积

在给定长度的一段道路上，汽车数量决定了车辆的行驶速度，因为前后车之间需要保持约 2 秒的安全间隔。例如，为了保证车辆能以纽约市允许的最大时速 40 公里 / 小时行驶，就要求每条车道 1 公里的距离内汽车数量不得超过 38 辆（图 5.13 左图）。如果汽车数量超过 38 辆，所有汽车的速度都必须降低以保持两车之间 2 秒的安全间隔。而如果每公里车道的汽车数量增加到 100，那么车道中所有汽车的速度将降至 11 公里 / 小时。速度的降低也将降低车道载客的容量。车辆以 40 公里 / 小时的速度行驶时，一条车道单方向可承载 1900 名乘客；以 10 公里 / 小时的速度行驶时，载客量则会减少至 1360 名乘客（图 5.13 右图）。现实情况中，道路承载能力可能会进一步减少，因为随着更多的车辆驶入车道，驾驶员很难快速调整车距，进而难以维持车辆之间恒定的 2 秒间隔。经验数据表明，随着速度的降低，时间间隔趋于增加，从而导致载客量甚至低于图 5.13 所示的载客量，图 5.13 假设汽车之间的 2 秒间隔是恒定的。

因此，以纽约市为例，在每公里密度超过 38 辆车的车道上，每新加入一辆汽车都会降低车道上所有车辆的速度。这辆额外的汽车降低了车道上所有汽车的行驶速度，从而增加了人们的通勤时间，降低了机动性。此外，这辆车还降低了现有道路的承载能力。

尽管存在这些众所周知的问题，但交通规划师尚未找到任何直接的方法可以控制进入街道的车辆数量以保持预先设定的速度。在其他经济领域，“门卫”会将需求与现有的短期承载能力相匹配。例如，在电影院或餐厅，高峰时段的需求通常可能会大大超出其空间容量。如果入店顾客多于可用座位数，门卫将阻止顾客进入电影院或餐厅。从长远来看，价格将根据供求关系进行调整，或最终增加额外产能以满足供需关系。不幸的是，这在道路上是行不通的。如果道路使用者的需求高于道路的承载能力，在没有“门卫”或价格调整的情况下，所有使用者将不得不降低速度，

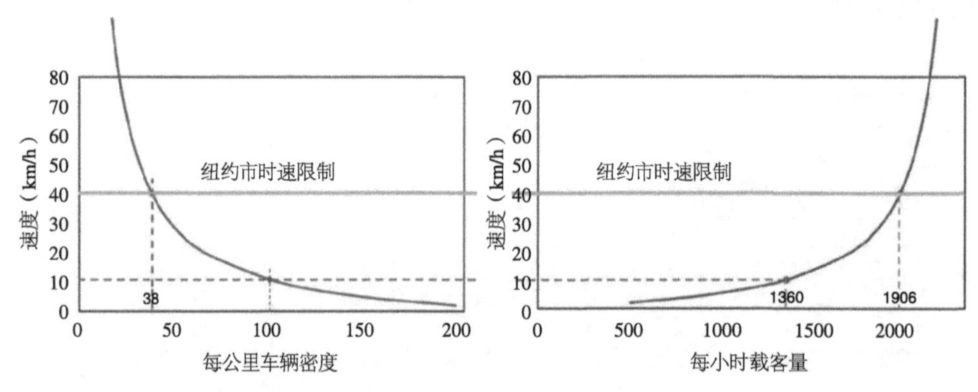

图 5.13　速度与车辆密度（左图）和速度与车道承载力（右图）的关系

直到所有需求都得到满足，即使这种需求将导致完全的交通堵塞！

我将在下面讨论目前用于减少进入城市道路网络汽车数量的间接方法。除了新加坡采取的可调整拥堵收费外，大多数方法通常都是笨拙且无效的。

到目前为止，我们仅研究了车辆密度、速度和车道承载力之间的联系，这些车可能是出租车或私家车。现在让我们来比较不同类型行使车辆的关系。

表 5.5 显示了使用公式 5.4 计算的在不同行驶速度下，即摩托车、普通汽车、短车（short car）[“智能汽车”（smart car）] 和城市公交车上，每位乘客所需要的街道面积。

公式 5.4 每位乘客所用的街道面积

行使车辆中每位乘客使用的街道面积可以表示为车速 S 和四个参数 R、L、W 和 P 的函数：

$$A = \frac{(\frac{S \times R}{3.6} + L)W}{P} \quad (5.4)$$

其中，A 是每位乘客所需要的街道面积，单位为平方米；S 是车辆的速度，单位为 km/h；R 是驾驶员防止两辆车相撞所需要的反应时间，单位为秒；L 是车辆的长度，单位为米；W 是车道的宽度，单位为米；P 是每辆车的乘客人数。

从以上公式可知，骑自行车和摩托车的人占用的街道面积比汽车少（我假设三辆自行车和两辆摩托车在 3.2 米宽的标准街道车道上并行骑行）。小型汽车的道路面积占用量仅略低于普通汽车，且两者之间的差异随着车速的提高会进一步减小。表 5.5 显示满员的城市公交车上的乘客所占用的街道面积竟然比其他任何运输方式都少很多，这很令人惊讶。以 40 公里 / 小时的速度行驶时，单独驾车的驾驶员所需要的街道面积是满员公交车乘客人均所需要街道面积的 50 倍以上！[21]

表 5.5 以不同速度行驶的各种交通工具的人均街道面积消耗

	车辆类型				
	自行车	摩托车	智能汽车	普通汽车	公交车
反应时间（s）	1.5	2	2	2	2
车辆长度（m）	1.8	2.1	2.7	4.0	12.0
车辆宽度（m）	1.1	1.6	3.2	3.2	3.2
每辆车的乘客人数	1	1	1.25	1.25	86
速度（km/h）	人均街道面积消耗（m^2）				
2.5	3.0	5.6	10.5	13.8	0.5
5	4.1	7.9	14.0	17.4	0.5

续表

速度（km/h）	人均街道面积消耗（m^2）				
10	6.4	12.3	21.1	24.5	0.7
15	8.6	16.8	28.2	31.6	0.8
20	10.8	21.2	35.3	38.7	0.9
25		25.6	42.5	45.8	1.0
30		30.1	49.6	52.9	1.1
35		34.5	56.7	60.0	1.2
40		39.0	63.8	67.1	1.3
45		43.4	70.9	74.2	1.4
50		47.9	78.0	81.4	1.5

这是主张在城市街道上限制汽车通行的人经常使用的论点。这也是德国明斯特市（Munster）2001 年制作的海报主题，该海报在互联网上风靡一时。[22] 海报并排显示了同一条街道的三个视图，分别是承载相同数量乘客的汽车、自行车和公交车使用街道的场景。海报的目的是要突出汽车、自行车和公交车之间人均道路面积消耗差异。表 5.5 中的街道面积占用量数据似乎支持了海报的说法，即与公交车相比，私家车作为交通工具是极大的浪费。

如果像表 5.5 中的数据所示，城市中公交车能以 40 公里 / 小时的速度行驶，而且每位乘客仅占用 1.3 平方米的街道面积，那么禁止所有汽车进入城市街道或许是合理的。然而不幸的是，无论是表格中的公交车乘客人均街道面积占用量，还是明斯特海报上的声明都具有严重的误导性。

5.8.2 行车速度和道路容量

表 5.5 中列出的所有类型的车辆都按照安全要求的距离相互跟随行驶。然而，公共汽车不能像汽车那样互相跟随。公交车之间必须保持比汽车更大的距离，我将在下文中介绍。这也就解释了为什么表 5.5 所示的公交车极低的街道面积占用在理论上是正确的，但实际上是不可能的。

公交车从车站出发必须按一定的时间间隔（称为车头时距）跟随行驶，这比两辆汽车之间所需要的间隔的几秒钟要长得多。市中心公交车的典型车头时距为 1 至 10 分钟，而不是汽车安全所需要的 2 至 3 秒。在城市街道上不可能完全挤满每隔 2 秒就开行的公交车。出于这个原因，每位公交车乘客占用非常小的街道面积的说法是不切实际的，因为使用同一公交车站的公交车必须彼此相距数百米，并且连续的两辆公交车之间的间隔要么填满了汽车，要么空置。

为什么城市公交车必须设置几分钟的车头间距呢？公交车必须定时停靠车站让乘客上下车，每次停站时间需要约 10 秒到 1 分钟。公交车在车站停留的时间称为停站时间。停站时间的长短取决于乘客上下车所需要的时间。在公交车站上下车的乘客越多，公交车的停站时间就越长。因此，公交车在高峰时段的停站时间较长，且具有不可预测性，因为这取决于乘客上下车时的敏捷性和乘客数量。公交车的发车间隔必须考虑停站时间可能的意外变化。

想象一下，一组公交车在两个站点之间的同一车道中以 2 秒的安全间隔互相跟随行驶。如果第一班公交车允许乘客上下车的时间为 20 秒，那么整个车队将不得不停下 20 秒让头车的乘客上下车。这个过程会在车队中的每一辆车上下车时重复发生。因此，这个假想的公交车队的速度最大为每 20 秒前进一辆公交车的长度，或者大约 2.2 公里 / 小时，速度还不到行人步行速度的一半。

每辆公交车的发车时间间隔必须确保车辆之间有足够的时间间隔，以防止前车在车站滞留时，后车在车站扎堆挤在一起。为避免这种情况，公交车之间的时间间隔安排是非常严格的。在城市密集地区公交站点距离更为接近，设置车头时距成为确保公交车正常运行的一个主要因素。

例如，在纽约，常规的城市公交车每 160 米停靠一次；而特快巴士只在高峰时段运行，大约每隔 550 米停靠一次，并与常规公交车交替。从哈勒姆（Harlem）到格林威治村（几乎贯穿整个曼哈顿）的 M1 路公交车在高峰时间（上午 7：00 至 9：30）平均车头时距为 5 分钟，包括常规公交车和特快巴士。M1 路线显示，特快巴士和常规公交车高峰时段的平均行驶速度在 9 公里 / 小时至 12 公里 / 小时之间变化，特快巴士平均速度接近 12 公里 / 小时，而常规公交车速度约为 9 公里 / 小时，运行特快巴士的主要优点是可以减少车头时距。特快巴士与常规公交车在公交线路上交替行驶，但途中绕过了许多停靠站，在停靠站之间的行驶时间更长，因此它们在公交停靠站聚拢的风险会降低。

让我们比较一下在早晨 7：00 至 8：30 的高峰时段，在第五大道第 110 街和第 8 街之间的一段路段上公交车和汽车的速度和车道容量。我将单独使用 M1 路线的速度和车道容量，以及使用与 M1 路线相同的第五大道段的其他三条公交路线的速度和车道容量。这些其他公交线路使用不同的公交车站，这样在不拥挤的情况下可以压缩车头时距。M1 在高峰时段的平均发车时间为 5 分钟，而使用同一路段的四条公交线路的总发车时间为 1 分 48 秒。因此，在同一条街道上为不同路线使用不同的公交车站可以让运营商增加车头时距，从而增加公共交通乘客的道路容量。

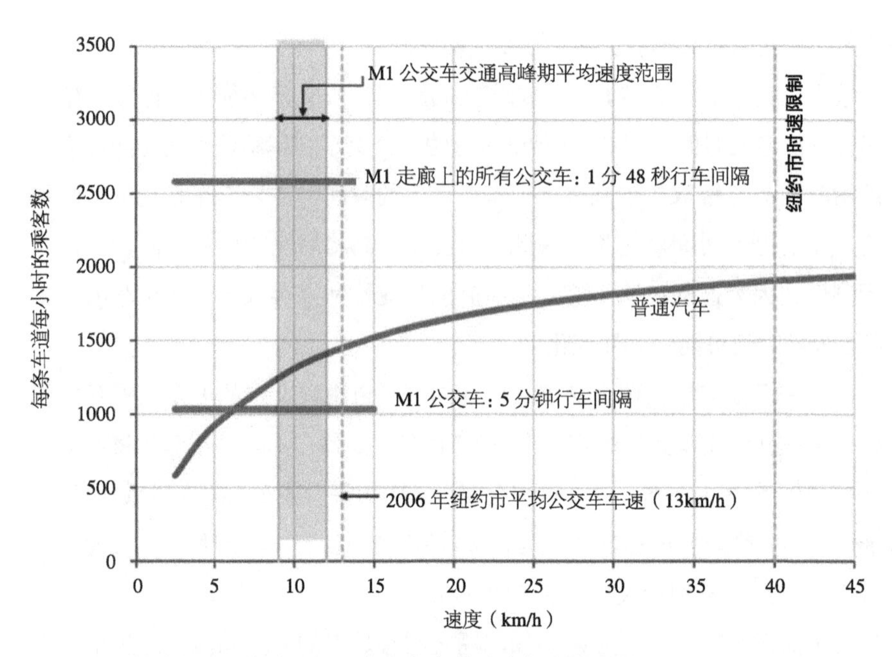

图 5.14　曼哈顿 M1 线路上公交车和汽车的速度与车道容量

现在让我们看看表 5.5 所示的公交车和汽车在速度和容量方面的表现，以每车道每小时乘客数表示（图 5.14）。汽车的车道容量随车辆行驶的速度而变化，而公交车的容量则与速度无关（图中的水平线），仅取决于车头时距。显然，汽车的车道容量还取决于汽车之间的距离，该距离随速度而变化，而公共交通的车距则与速度无关。

如图 5.13 所示，普通汽车的行驶速度以及车道容量取决于每公里汽车的密度。如果汽车密度所允许速度区间是 20 公里 / 小时至 40 公里 / 小时，那么每条车道每小时的车道容量将在 1650 至 1900 名乘客之间变化。如果汽车密度使车辆行驶速度降到 5 公里 / 小时以下，交通瘫痪时，那么容量将迅速下降到接近 0。

相反，公交车每小时载客量与其车速无关。它仅取决于设计恒定的车头时距（headways）（公式 5.5）。

公式 5.5 车道承载能力

$$C=\frac{60}{H}P \tag{5.5}$$

其中，C 为车道承载力，以每个方向每小时乘客数表示；H 为车头时距（单位：分钟）；P 是每辆车的乘客人数。

因此，在纽约，以 5 分钟平均车头时距发车的 M1 公交车每小时只能载运 1032 名乘客 [（60/5）× 86]，低于时速超过 6 公里 / 小时的汽车（图 5.14）。然而，如果将使用第五大道这一路段的四条公交路线都计算在内，它们的总承载量将达到每小时2800名乘客。

在现实情况中，公交车实际上只使用右车道，当快速公交超越常规公交时可使用第二车道。其他车道公交车不允许使用，因而只供汽车使用。在公交车与汽车同时在第五大道上三条可用车道行驶时，单向行驶的总承载力为每小时约5000名乘客。这比第五大道的这一路段仅由汽车或公交车使用时的容量要高。因此，按照目前的设计，汽车或许不够灵活且效率低下，但它们却是城市交通系统必不可少的组成部分。另外，如果汽车的密度可以保持在比如每车道每公里50辆以下，那么它们将提供比公共交通更快的出行方式。这两种交通方式的互补性很重要。在纽约、伦敦或上海等人口密集的城市地区，大量的公共交通乘客有助于保持较低的汽车密度，从而为乘客提供更高的机动性。

现在让我们看看表5.4中显示的各种交通出行方式的性能比较。我们将研究以每车道每小时乘客数来表示车辆行驶速度和道路承载容量（公式5.5）。图5.15中用于绘制曲线的参数，如反应时间、车辆长度、车道宽度和每辆车的乘客数量，与表5.5中使用的参数相同。

我们可以发现，当速度低于15公里/小时时，自行车的道路承载容量比其他交通出行方式都高得多。该结论基于以下假设：自行车在其专用车道上行驶，这在中国城市仍然常见，但在欧美城市中并不常见。然而，在多数情况下，图中所示的这种

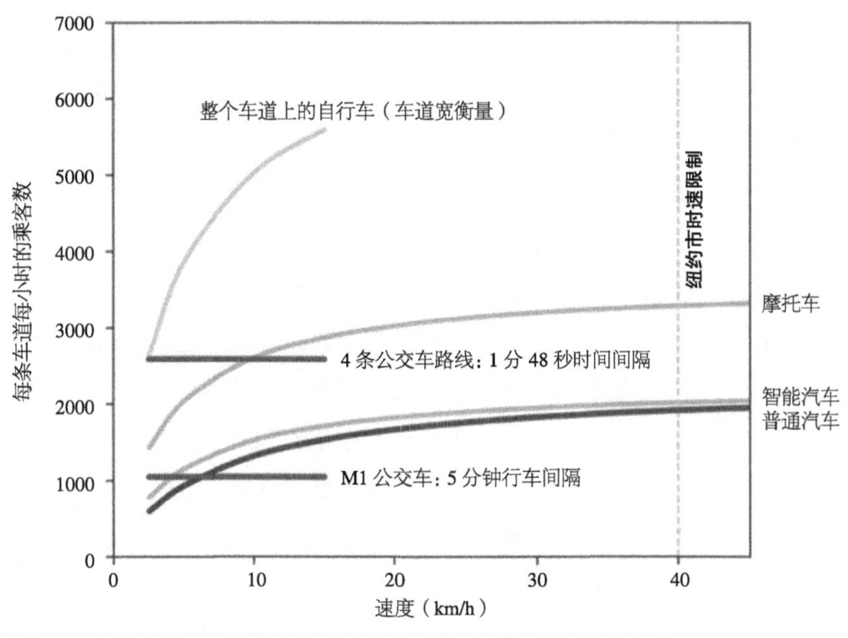

图5.15　曼哈顿M1线路上各种交通方式的速度与车辆承载容量

情况仍然是理论上的，因为在大多数人口密集的大城市，一条道路每小时通行 5000 辆自行车的道路需求不太可能发生。纽约或巴黎等许多城市提供的更多是较窄的自行车道，其自行车密度非常低。然而，图 5.15 显示，在文化上广泛接受骑自行车出行的城市（即对自行车出行有很高需求的城市），自行车道可以显著提高机动性。然而，自行车的低速度使其无法成为人口超过 100 万的城市的重要通勤方式。由于电动自行车速度更快、舒适度更高，在其获得授权的地方（如中国成都），作为大城市通勤方式，电动自行车可以与公交车或汽车进行有意义的竞争。

就速度和道路承载容量而言，摩托车也被证明是公交车的有趣替代品（图 5.15）。在文化上对其广泛接受的国家（如东南亚国家），摩托车可能成为大都市尺度上一种非常有效的大众交通工具。摩托车能比汽车更有效地利用能源和街道空间。随着电动摩托车的普及，那些与传统摩托车相关的噪声和环境污染问题将很快成为过去时。因两轮车导致的事故风险增加是真实存在的，但在摩托车作为主要交通方式的河内等城市，而城市管理者在改造交通工程和设计以适应摩托车出行方面时的疏忽也加剧了这种风险的产生。未来随着像“丰田 i-Road”（Toyota i-Road）[23] 这样更稳定的全封闭倾斜式电动三轮车的出现，可以在给河内市民带来机动性优势的同时，使市民不再遭受传统摩托车带来的麻烦、风险和不适感。

与摩托车相比，紧凑型智能汽车在道路承载容量方面的性能表现（除能源消耗外）并没有比普通汽车好很多（图 5.15）。车辆的宽度而非长度，是尝试减少城市街道面积占用时需要考虑的重要参数。紧凑型智能车宽 166 厘米，而“丰田 i-Road”车宽仅有 87 厘米，这使得在 320 厘米宽的标准车道上可以并排行驶两辆丰田 i-Road。

图 5.14 和图 5.15 表明，在评估不同交通出行方式的性能时，速度和道路承载容量同等重要。我们将在下文中讲到，仅关注道路承载容量，而忽视速度，虽然会明显地减少拥堵，但却可能会导致机动性下降。

5.8.3 需求侧：将街道面积分配给首选的交通方式

我们已经看到，每个通勤者的街道面积占用量随交通方式而变化。以 30 公里 / 小时速度行驶的满载公交车上的每位乘客占用街道面积约为 1 平方米，而以相同速度行驶的汽车乘客（平均每辆车上 1.25 名乘客）占用的街道面积为 55 平方米。

鉴于交通拥挤是世界上大多数大城市的主要问题，城市管理者试图将道路空间优先分配给“每位乘客占用较少街道空间的交通方式”，以增加街道承载容量，这是可以理解的。例如，许多市政当局为公交车和出租车预留专用车道。许多郊区公路都为高载客量车辆（high-occupancy vehicle，HOV）预留了专用车道，试图通过鼓励拼车来减少每个通勤者使用的道路面积。通勤者将在不拥挤的情况下使用 HOV 车道（共乘车道），因此，他们的出行速度会更快。然而，拼车在美国通勤中的比重一直在下降，从 1980 年的 19.7% 下降到 2010 年的 9.7%。[24] 这种趋势可以用拼车所涉及的通勤时间增加来解释。显然，在美国，HOV 车道可能会减少出行时间但并不足以弥补为了接送拼车乘客所花费的额外时间。只有当拼车者能够保持接近于自由流动的车速（例如 60 公里 / 小时）时，他们才能通过使用 HOV 车道有效节省时间。这就意味着车辆之间的距离约为 33 米，或者每公里车道的车辆密度约为 30 辆。如果每公里 HOV 车道有 30 辆以上的汽车，那么车辆速度将降低，并有可能与非 HOV 车道速度相等。如果汽车密度低于每公里 30 辆，那么在 HOV 车道上行驶将畅通无阻，这时拼车相较于单独驾驶将成为具有吸引力的选择。然而，如果汽车密度远远低于每公里 30 辆，那么高速公路的通行能力将会减少，此时 HOV 车道将增加而不是减少大多数人的拥堵。

未来高占用收费（high-occupancy toll，HOT）车道将可能取代 HOV 车道。HOT 车道是专门为 HOV 和愿意支付通行费以加快速度的汽车保留的车道。与传统 HOV 车道相比，HOT 的设置更具限制性，这确保了 HOT 车道上的交通是流畅的，同时每小时车流量足以确保充分利用车道容量。

HOV 和 HOT 车道是地方政府致力于将稀缺道路面积分配给可以更有效利用它们的车辆的尝试。我们将在下文看到，拥堵收费和技术的使用有朝一日会如何普及推广，以确保更有效地利用城市道路资源。

最近 BRT 系统的增加提供了另一种将街道资源分配给一种交通方式的专用方式。让我们探讨一下这种新的交通方式在提高机动性方面取得的成功。

5.8.4 BRT 系统的道路分配

1974 年，巴西的库里蒂巴市（Curitiba）首创的 BRT 系统，为在交通方式之间的分配道路提供了一个更激进的案例。作为地铁的经济型替代品，第一个 BRT 在库里蒂巴创建。当时面临的挑战在于证明以原先几分之一的成本来提高街道车道的承载能力，使其接近地铁的承载能力是有可能的。一条每辆车满载 86 名乘客和 3 分钟发车间隔的普通公交线路能够每小时单向运送（passengers per hour per direction，PPHPD）约 1720 名乘客。库里蒂巴 BRT 系统每小时单向每个车道能够运送约 10800 名乘客。而更新的 BRT 系统，如波哥大的 TransMilenio 系统，通过增加比库里蒂巴使用额外的快车道和更宽的通行权，能够实现高达 33000 PPHPD 的载运量。通常地铁的载运量为 22000（伦敦地铁维多利亚线）至 80000 PPHPD（中国香港地铁）。

自库里蒂巴成功以来，世界上许多城市都采用了类似的 BRT 系统，只是在设计和性能上有所不同。市长和城市规划师经常将 BRT 系统的发明赞扬为“银色子弹”（silver bullet），因为它无须投入大量的资本建设地下地铁系统，便可以解决大城市的公共交通问题。BRT 的目标不是增加道路面积，因为 BRT 通常建立在现有道路上，而是通过将现有道路空间分配给最高效的用户来增加现有道路的容量。

BRT 系统有两个主要特点：一个是专供公交车使用的现有道路区域；另一个是专门设计的公交车站系统，确保乘客可以在上车前支付车费，并可以快速上下车，从而将公交车在车站的停靠时间缩短至 20 秒或更少。BRT 系统的车辆通常专门设计有许多大车门，以减少停靠时间并提高载客量（铰接式公交车通常最多可容纳 270 名乘客）。通过以短到约 90 秒的车头时距运行大型公交车，使高 PPHPD 容量成为可能。

那么 BRT 系统是否比普通公交车更有效地利用街道面积呢？

在库里蒂巴，提高的路缘带将 BRT 系统的车道与汽车车道进行了物理分隔。乘客上下车的车站按照大约 500 米的间隔进行设置。图 5.16 显示了库里蒂巴九月大道（Avenida Sete Setembre）上位于两个街区之间 BRT 系统南轴线（Eixo Sul line）的布局。BRT 系统的车道和车站使用了 44% 的道路空间，专门供 BRT 系统的车辆使用。此外，为了保持车速并避开红绿灯，通过中断大约五分之三的十字路口来尽量减少十字路口数量。

而那些与汽车共用一条车道的公交车仅使用它需要与前方车辆保持安全距离的街道区域。在 30 公里 / 小时的速度下，普通公交车的乘客每人仅使用 1 平方米左右的道路（见表 5.4）。但是，对于 BRT 系统，每个通勤者所使用的街道面积与普通公交车不同。BRT 系统有专用的道路空间，其他车辆无法使用。公式 5.6 定义了 BRT 系统每个乘客使用的街道面积。

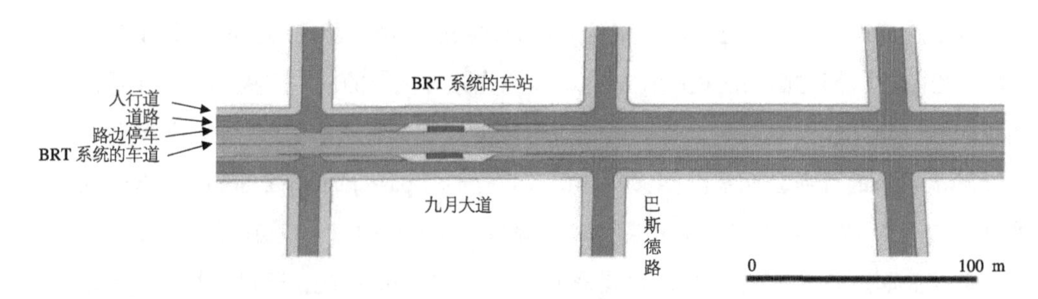

图 5.16　库里蒂巴 BRT 系统（南轴线）的典型车站和路权地图

公式 5.6 BRT 系统每位乘客使用的街道面积

$$A=\frac{100H\times S\times W}{6P} \tag{5.6}$$

其中，A 是每位乘客使用街道面积（单位：m^2）；H 是车头时距（单位：秒）；S 是公交车速度（单位：km/h）；W 是 BRT 系统路权的平均宽度；P 是每辆公交车的乘客人数。

每位 BRT 系统乘客使用的街道面积随车头时距的变化而变化（图 5.17）。车头时距越大，乘客人均使用的街道面积就越大。为了提高道路承载力，BRT 系统运营商强烈希望减少车头时距并增加每辆公交车的乘客人数。增加每辆公交车的乘客人数会有助于降低运营成本，因为驾驶员的薪水通常占公交运营成本的 60% 以上。这就是库里蒂巴的 BRT 系统使用大型铰接式公交车（每辆车可容纳 270 名乘客）的原因。

然而，车头时距是有下限的。当车头时距过短（例如不到 1 分钟）时，后面的公交车可能会追上前面的公交车，从而导致公交车站出现拥挤。库里蒂巴的一些报告提到了 90 秒的车头时距。而这对于可载 270 名乘客的铰接式公交车来说是过于紧凑的。在高峰时间，BRT 系统最常见的车头时距约为 2 分钟。[25] 每位乘客的道路面积占用量取决于车头时距和公交车载客率。图 5.17 中展示了乘客使用的道路面积如何随车头时距和车辆载客率的变化而变化。

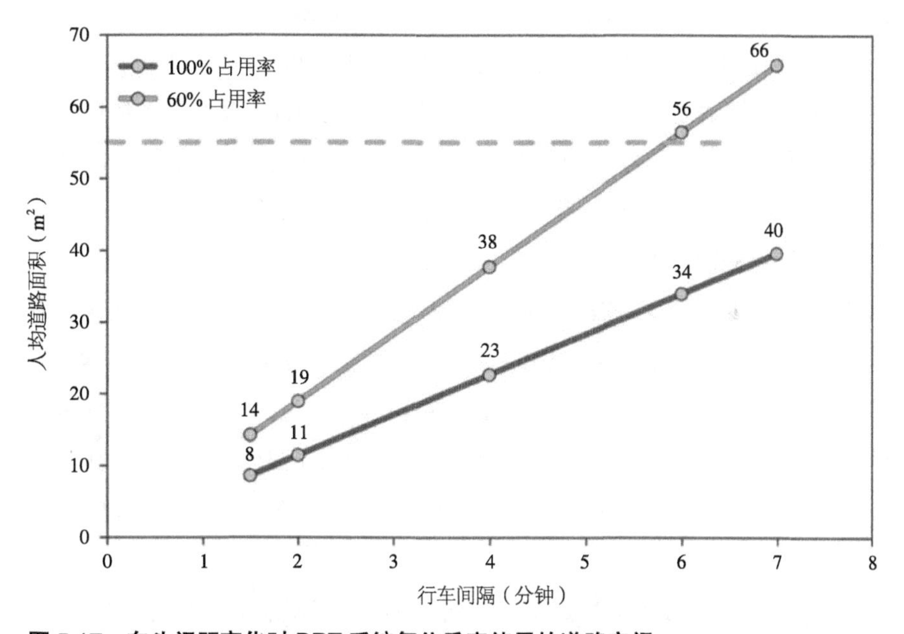

图 5.17　车头间距变化时 BRT 系统每位乘客使用的道路空间

注：水平虚线表示以 30 公里 / 小时的速度行驶且车头时距为 2 秒的汽车每位乘客使用的道路面积。

在车头时距为 90 秒且全车满员的情况下，BRT 系统每位乘客占用的街道面积量非常低，仅为 8 平方米（图 5.17），约比以 30 公里 / 小时速度行驶的汽车中的通勤者占用的道路面积少至 1/7。如图 5.17 所示，BRT 系统每位乘客占用的街道面积随着车头时距的增加和载客率的降低而迅速增加。在车头时距为 6 分钟且载客率为 60% 的情况下，BRT 系统乘客的道路占用量与驾驶汽车通勤者的道路占用量相似。一份 2004 年有关库里蒂巴 BRT 系统的数据分析报告[26]分析了不同来源的数据，报告显示南北轴上的车头时距为 3 至 7 分钟不等。在 2015 年晚 7 点，507 路公交车的时间表显示车头时距为 7 分钟。如果 3 至 7 分钟是 BRT 系统运营的车头时距范围，那么最高车头时距下，满员时每名乘客的街道面积占用量为 40 平方米，在载客率为 60% 时这个数值为 66 平方米。这与以 30 公里 / 小时的速度行驶的汽车乘客所使用的 55 平方米相比，并没有很明显的差异。

相比之下，在任何速度下，甚至在载客率不到 10% 的情况下，普通公交车每位乘客的道路占用量仍只是汽车乘客占用量的一小部分。为了提高效率，BRT 系统线路必须沿一条轴建造，在这条轴上，高峰时段的道路容量需求确保了 BRT 系统有充足的载客量，并证明很短的车头时距是合理的。通常情况下，初次运行后，车辆车头时距会增加。根据公交车运行的基本统计数据，高峰时段 BRT 系统主轴上的实际车头时距为 3 至 10 分钟不等。

为了提高性能，BRT 系统需要少则 36 米、多则 42 米的相对较宽的道路通行权。然而，由于其对道路空间更为有效的使用以及相对较低的成本，BRT 系统在过去 20 年中在世界各地迅速普及，尤其是在已经有地铁系统的城市。那么 BRT 系统是否构成了对传统公交和地铁系统的另一种突破，既提高了机动性，又避免了拥堵呢？BRT 系统是一种利用稀缺道路空间的创新方式，但在未来其应用将受到三个因素的限制：第一，它需要宽阔的通行权；第二，它暗示了单中心或线性城市结构；第三，速度有限，不适合大城市使用。

BRT 系统显著减少街道空间需求的能力在很大程度上取决于其持续的高运营绩效：保持很短的车头时距和高载客率。由于 BRT 系统站点之间的距离一般约为 500 米，因此想要保持 90 秒的车头时距需要系统不能出现任何故障。公交车在车站让乘客上下车的停留时间不得超过 20 秒。上下车期间发生的任何延误都会导致多个公交车在同一站点排队，因为站点之间的距离太短，无法通过提高公交车速度来弥补停留时间上的延误。

重要的是要认识到，用 PPHPD 表示的道路通行能力，无论高低，都与速度无关。图 5.18 显示了目前运营的 8 个 BRT 系统和 8 条不同城市的地铁线路对应的 PPHPD

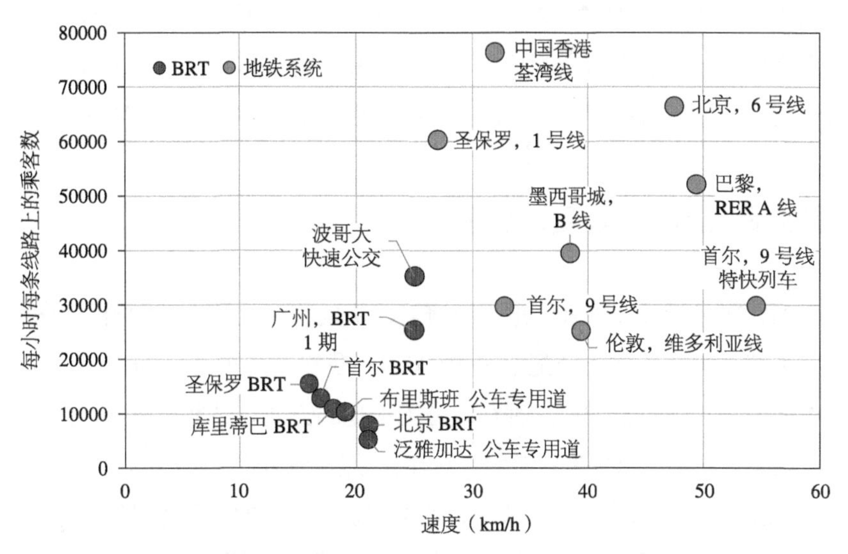

图 5.18 BRT 系统和地铁的速度和承载力

资料来源：BRT 系统数据来自沃尔特·胡克（Walter Hook），“快速公交：国际视野”（Bus Rapid Transit：An International View），发展与交通政策研究所，纽约，2008 年；“公共交通铁路：业务概述，运营和服务”（Mass Transit Railway：Business Overview，Operations and Services），中国香港，2014 年。

及其各自的速度。这些速度是公交车和地铁从线路的始发站到终点站的平均速度；车辆的平均速度远远快于乘客从出发地到目的地的实际速度。

虽然效果最好的 BRT 系统的承载力可能与效果最差的地铁线路的承载力相当，但没有一条 BRT 系统的速度能与地铁的速度相提并论。中国香港地铁的载客量是巴西库里蒂巴 BRT 系统的 7 倍，而且速度也快了约 75%。

BRT 系统有限的速度（图 5.18）表明，如果城市规模过大，快速公交速度过慢，则无法提供超大城市所需要的机动性。例如，首尔大都市地区大约为一个直径超过 100 公里的圆形。显然，以 25 公里 / 小时的速度，即使最快的 BRT 系统也无法到达首尔等大型都市区的全部就业市场。然而，BRT 系统对于在特定区域（例如 CBD）内提供具有高承载力的机动性，或者连接两个密集的就业集群或许有所帮助。然而，在大都市地区的出行必须通过更快的交通工具提供。如果最终的行程时间比在受拥堵的车辆中消耗的时间更长，那么关于高容量的公共交通可以减少拥堵的论点就不能令人信服。

此外，BRT 系统和地铁的设计通常是为了服务于从城市周边通勤到工作高度集中的 CBD 的放射状地区。然而在大都市地区，就业岗位正在分散到郊区。BRT 系统线路在相对较慢的速度下提供的高容量无法很好地适应新出现的、分散的就业岗位空间格局。墨西哥和约翰内斯堡等城市中摩托车和集体出租车数量的增加表明，通勤者正在选择更适合其出行的交通方式：在多条不同路线上以更快速度行驶并保持较低的载客量。不幸的是，大多数城市管理者不接受摩托车与集体出租车作为合法的交通工具，因此不会提供道路设计和车道标识，以提高这些车辆的行驶效率和安全性。

5.9 通过定价管理需求来减少拥堵

我们已经看到，通过设计和法规，地方政府可以决定将稀缺的街道空间分配给他们首选的交通方式。将街道空间分配给 HOV 车道、公交专用车道和 BRT 系统车道都是为了更有效地利用街道面积。这种行政分配土地的方式在某些情况下可能是合理的，但当对道路空间的需求发生转变时，往往会导致街道面积的使用效率低下。例如，HOV 车道经常出现要么使用不足或要么就很拥挤。同样的问题也可能发生在 BRT 系统线路上，只有当承载力的需求很高、车头时距低于 2 分钟、车辆载客率或负载系数接近 100% 时，这些线路的运营才是有效的。在某些情况下，通过行政方式将街道空间分配给特定的交通方式可能会产生一些积极的结果，但当需求在一天不同时段或某段时间内波动时，它也导致了僵化，而这种僵化可能会导致机动性损失。

在市场经济中，供需通过定价机制来匹配。那么是否有可能建立一个定价系统，通过定价机制确定不同交通方式的最佳组合，而无须依赖行政分配去将街道空间分配给特定的交通方式呢?

正如前面我所提到的那样，我们应该将城市交通视为一个地产问题。市政当局是街道的所有者。使用街道的租金应根据通勤者使用街道的面积、长度、时间和地点而定。使用城市街道的通勤者应当接受与租用酒店房间或乘坐飞行航班的旅行者相同类型的定价系统。酒店房间的价格取决于其位置、大小、住店时间和租期。理想情况下，想要达到完美的供需匹配需要对使用城市道路的车辆采用类似的租赁制度。该制度下的定价，就像对酒店客房实施的收费标准那样，应当进行动态调整使其尽可能接近道路满载的状态。对于城市道路，拥堵收费的目标不是最大化城市的收入，而是防止拥堵超过其设定水平。因此，应当向汽车收取，由于其在道路上的存在而额外增加所有其他驾驶员的出行时间所对应的费用。

拥堵收费通过两种方式调整对道路的需求：一是不鼓励那些本可以在其他时段出行却在高峰时段驾驶出行的行为；另一个是鼓励更高效地使用车辆，比如通过提高载客率，共享车辆，或使用道路密集程度较低的交通工具（例如，摩托车或公共交通工具）。

新加坡可能是迄今为止世界上唯一一个逐步接近这一理论上理想定价的城市，

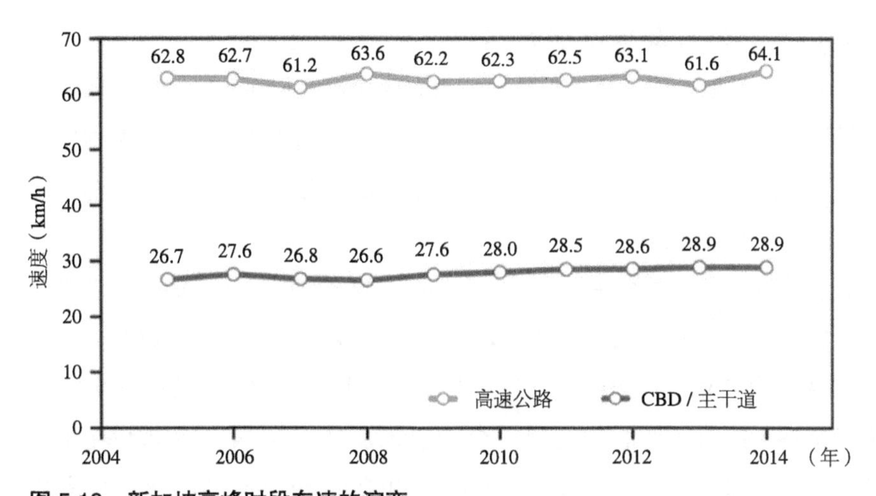

图 5.19　新加坡高峰时段车速的演变

资料来源：数据来自“2005–2014 年新加坡陆路交通运输统计资料”，陆路交通管理局，新加坡，2015 年。

尽管将这一理想转变为现实的实践尚未完全实现。

新加坡是第一个实行拥堵收费的城市，最早实施于 1975 年。最初，只是对进入商业区的车辆收取通行费。最终随着新技术的出现，新加坡于 1988 年引入了电子道路收费系统。新加坡道路收费的目标是确保 CBD、主要干道和高速公路的车辆达到高峰时段的最低小时速度。白天通行费会根据时间和地点而进行调整。同时车辆速度被连续监测，通行费会按照季度进行定期调整，以使车辆保持最低速度。此外，政府还采取了其他措施，如定期拍卖新车购买权，来限制岛内汽车数量。

图 5.19 显示了新加坡拥堵收费政策的有效性。2005 年至 2014 年，高速公路的平均高峰时速只有 61 公里 / 小时至 64 公里 / 小时，商业区和主干道的平均时速只有 27 公里 / 小时至 29 公里 / 小时。同期，新加坡人口增长了 31%！

新加坡的交通拥堵收费系统是全球最接近我上述提到的理论模型的系统：以酒店房间收费的方式（理想情况下，按房间出租的小时数收费）收取道路租金。车辆在进入城市不同区域时，交通部门通过设置升降路标架来收取通行费。但是收费标准只会根据进入区域的时间和车辆类型进行调整，而在车辆进入需求较高的地区并不会随着时间进行调整。毫无疑问，随着新技术的出现，新加坡政府将不断改进其收费系统，得以实现在不产生高昂交易成本的前提下，按道路使用时间进行收费。

一些城市，如伦敦和斯德哥尔摩，也对进入市中心区的车辆收取费用，但只是一种费用，而不是租金，因为它并没有反映人们使用道路的面积或时间长度。

5.9.1 收取道路养护费和建造成本费

收取拥堵费用的目的是防止道路拥堵，或者更确切地说是在高峰时段将通勤者的出行速度保持在设定的水平。然而，城市交通面临的另一个问题是：建造和维护道路所涉及的所有费用都不向用户收费。这种给予道路使用者的隐性补贴可能会导致道路被过度使用，造成拥堵加剧。

通常的做法是政府通过对汽油价格征税来收回维护道路的成本（如果不进行道路建设）。但是，大多数政府征收的汽油税太低，根本不足以涵盖城市道路维护的费用。例如在美国，联邦汽油税仅为每加仑 18.4 美分。该税种上一次上调是在 1993 年，而且没有与通货膨胀挂钩。在此基础上每个州都会增加自己的税收，但即使在相邻的州之间税收数额也相差很大，而且税收设置显然更多的是受到了当地政治因素的影响，而并不是为了使交通经济合理化。

无论如何，通过征收汽油税来从道路用户那里收回成本是不切实际的，即使该税收与通货膨胀挂钩。近年来生产的汽车，包括混合动力汽车，每公里的汽油消耗量比老款汽车要少得多，每公里的道路税收也就更少，这进一步扭曲了道路的实际使用成本。此外，纯电动汽车将很快取代目前大部分的汽油车车型，使驾驶成本与实际成本相差得更远。加上许多国家经常补贴能源，特别是汽油，这进一步扭曲了道路使用的实际成本。

对城市交通进行更接近其实际成本的定价，包括能源使用、产生的负外部性（污染、全球变暖和事故）和房地产使用，将大大提高城市交通的经济效益。新 GPS 技术和应答器可以实现用户按行程实际距离支付出行费用，包括保险等固定成本。随着每公里出行成本的透明化，出行决策和交通方式选择可能会发生变化，包括在私家车或共享汽车或公共交通工具之间进行选择。从长远来看，更接近实际经济成本的出行定价也可能改变城市土地的使用方式。由于交通的实际价格是透明的，城市用户将在多样的选择中，决定交通方式和人口密度的适当组合，而不是服从于自上而下的笨拙的城市规划决策。“让价格合理”不仅仅是经济学家的理论梦想，它还可能带来一个更加底层驱动的城市环境，改善机动性，减少拥堵和污染，并提供更好的经济适用房。

5.10 分配给停车场的街道空间

在每座城市，很大一部分街道区域没有分配给移动的交通，而是分配给路边停车位。在路边停车装卸人员和货物的可能性对于城市的运行和维护是必不可少的。

卸下要在商店出售的货物、在餐馆准备的食材以及建造或维修建筑物的材料是维持城市正常运转的必要活动。但是在拥挤的街道上占用稀缺的街道面积永久地停放闲置的汽车是不合理的。

在曼哈顿的大多数街道上，53% 的街道面积分配给车辆交通，44%（通常为两条车道）预留给了路边停车，该区域中只有一小部分需要计时缴纳停车费。在华盛顿特区，许多社区的居民每年只需支付 25 美元就可以将汽车长期停放在街道上。而私人停车场的停车位每月的费用从 200 美元到 350 美元不等。由于长期停放的汽车占据了大部分街道的路缘空间，因此必要的货物装卸需要并排停车，这进一步减少了专用于交通的面积，造成更多的道路拥堵。

为什么市政当局要分配这么多稀缺的街道空间给永久停车位，并对其进行补贴呢？最初，收取停车费的高交易成本阻碍了停车费的定价。然而，新技术使它变得容易得多。

区分路边的汽车是装卸还是长期停车一直都是难点。解决办法和解决交通拥堵一样，就是通过定价。可以设置每个街区的停车费以维持 20% 至 75% 的路缘空间空置率。这与拥堵定价的原理是一样的。

纽约在曼哈顿中央商务区的几条街道上设置了商业车辆装卸专用的计时收费停车位。每辆车的停车时间限制为 3 小时，第一小时的停车费为 4 美元，第三小时的停车费为 5 美元。虽然采用停车费率累进方法大方向是正确的，然而过低的费率仍难以维持全天足够的空闲车位。市政员工需要检查存放在车辆仪表板上的票据所打印的停车时间来计费，高昂的执行成本无法阻止违法和滥用行为的发生。基于停车计时器进行收费的高交易成本阻碍了该政策的有效实施。当技术可以自动识别停放的车辆（以及停放时间点和时间段），并自动向车主收取应支付的停车费（一种类似于应用于收费公路的应答器的系统），免费或低价使用公共街道停车位的现象将会真正消失。

5.11 供需影响定价的总结思考

交通拥堵是由于道路空间供需不匹配而造成的。

由于增加城市道路的供给既昂贵又困难，减少交通拥堵的最有效方法是从需求层面着手去处理问题。对通勤者占用道路的行为收费是调整供求关系以及减少拥堵的最佳途径。通行费越来越多地被用于减少对城市道路空间的需求。但是，城市通行费通常都是固定的金额，并不考虑使用多长时间的街道空间。因此，对某个短缺物品的临时使用来收取费用是不妥当的。考虑到城市道路不是公共物品，而是房地产市场的一部分，市政当局对道路的使用收取租金更为合理。租金应随时间点、地点、面积和道路使用时间的长短而变化。道路租金应与航空公司向乘客收取的票价或酒店收取的房价相似，不同的是，该租金不是以固定的 24 小时计算，而是以实际使用道路空间的分钟数进行计费。

截至目前，向汽车收取这类道路租金的交易成本仍非常高昂。然而，当前的科技可以很容易地实现向道路使用者收取“道路租金”，这体现出短期用户房地产租金的所有特征。道路租金对缓解交通拥堵的效果是立竿见影的。通勤出行将更有效地分散于白天或夜晚各个时段。例如，卡车运输将被强烈鼓励在夜间进行。较小体积的车辆将得到奖励，从而在不降低个人机动性的情况下减少交通拥堵。

收取道路租金还会对土地使用产生有利影响。会有强烈的动机将造成大量车流交通的很多活动转移到道路需求低于供给的地区（即城市的郊区）。通过电子智能匹配相似路线的同程拼车也会减少车辆对道路空间的需求，而不会减少通勤者的机动性。

5.12　交通带来的机动性，污染和温室气体排放

5.12.1　机动性，污染和温室气体排放

城市机动性会消耗能源。自工业革命以来，能源的价格一直比较低廉，来源主要是矿物燃料。因此，城市机动性一直是城市污染和温室气体（Green-house Gas，GHC）的主要来源。城市规划师对交通造成的污染感到担忧，他们提倡减少城市足迹（提高住房价格），而非专注于可以减少交通造成的污染的技术。限制土地使用是错误的战略，推广无污染交通才是正确的战略，并且现在是可以实现的。技术变革之下，通过实现更长、更快的出行来提高机动性并不一定意味着会产生更多的污染和温室气体排放。正如下面所示，通过提高出行速度和长度来提高机动性，同时降低每位乘客的能耗，减少每单位的能源耗用带来的污染和温室气体排放是可行的。

5.12.2　污染和温室气体排放是两个不同的问题

在有关“可持续性”的议程中，污染和温室气体排放常常会被混为一谈。实际上，污染和温室气体排放是两个完全不同的问题，其解决方法也各不相同。当交通污染集中在中心城区时，会对城市造成更大的危害。等量的污染物当散布在大面积区域时造成的危害很小，但是当它集中在人口稠密的市区时，可能会产生致命的后果。此外，一些尾气排放污染物（例如一氧化碳），从长远来看并不稳定，它们很快

就会变成无害气体。相比之下，温室气体（主要是二氧化碳）对排放地不会造成危害，即使是集中排放；但二氧化碳极为稳定，并会在大气中积聚。因此，交通运输污染物和温室气体造成的危害和相关代价是完全不同的，应当采取不同方法加以解决。

5.13 城市交通与污染

城市交通是城市污染排放的主要来源。然而，这些污染物对人体健康的影响因气体浓度的不同而有很大差异。气体浓度取决于三个因素：某一地点的车辆密集度、单个车辆的气体排放率以及城市的地形和气候。当风和温度共同作用下污染物无法有效扩散时，洛杉矶、德里和巴黎等城市的污染水平可能会达到非常危险的水平。因此，即使在车辆排放标准相同的情况下，不同城市的车辆污染排放对城市公民健康的影响可能有很大差异。对此，遏制交通污染的措施制定应该根据每座城市的气候和地形进行调整。

5.13.1 过去 20 年中汽油车造成的污染趋势

现今控制城市交通车辆的污染排放的必要性，已经形成广泛共识。理想情况下，通过对排气管处测量的污染排放进行收费最终会将污染降低到可接受的水平，甚至降到零。然而到目前为止，这项技术尚未实现。使用不同类型的发动机和不同质量燃油的车辆的异质性使得直接随车测量变得困难。

北美、欧洲和日本的政府已经面向新车制定了强制性最大污染标准。2015 年秋天，大众汽车故意逃避新车排放检测的丑闻表明，政府标准并非万无一失，不论是标准制定方面，还是标准强制执行方面都必须进一步改进。然而，尽管存在执法缺陷，但在保持最高污染标准的较富裕国家中，过去 30 年来减少污染的趋势是决定性的。

在美国，环境保护署（Environmental Protection Agency，EPA）描述了 1970 年至 2004 年汽车污染的演变过程，如下所示：

> 《清洁空气法》要求 EPA 发布一系列规则，以减少车辆尾气，燃料排放和汽油挥发造成的污染。因此，如今购买的新汽车排放的污染物与 1970 年购买的新汽车相比要清洁 90% 以上。这也适用于 SUV 和皮卡车。从 2004 年开始，所有新乘用车（包括 SUV、微型货车和皮卡车）都必须遵守更严格的尾气排放标准。[27]

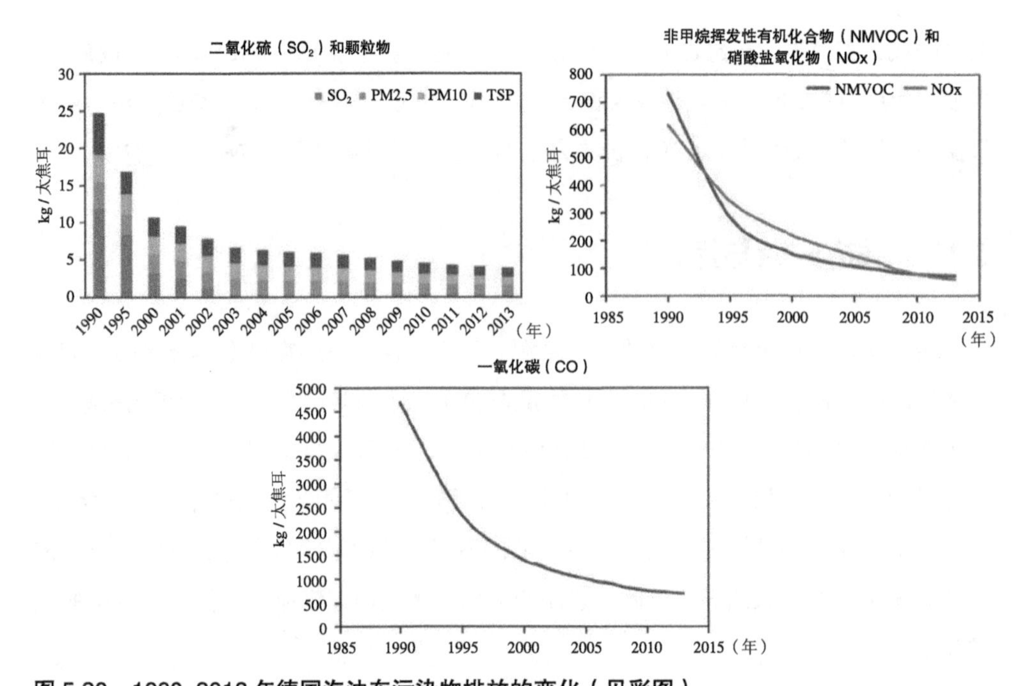

图 5.20　1990–2013 年德国汽油车污染物排放的变化（见彩图）

资料来源：表 2：乘用车专用燃油 IEF（Fkg / TJ），联邦环境局环境部（Umweltbundesamt，UBA），德绍—罗斯劳（Dessau-Roßlau），德国。

图 5.20 展示了数十年来德国新型非柴油的汽油车造成的污染的变化情况。这些变化表明，尽管政府的规定并不完善，但在推动必要的技术变革以减少污染方面仍然有效，而在缺乏定价机制的情况下，市场是无法达到如此效果的。

图 5.20 所示的污染气体排放量减少是综合效应的结果，一方面技术变革使得每公里油耗减少，另一方面发动机和排气处理的变化减少了尾气污染物。

图中显示的数据仅涉及汽油车。在过去几年中，混合动力汽车和电动汽车已经实现商业化量产，尽管它们仍然只占整座城市交通车辆的很小一部分。此外，氢燃料电池汽车已经完成了试验阶段，并将慢慢投放于指定城市。[28]

当电动汽车和氢燃料电池汽车最终成为城市交通车辆的主要组成部分时，城市环境质量将被彻底改善。污染排放不再来自车辆的排气管，而来自电源端。这并不一定意味着没有污染，但至少可以避免污染集中在城市地区，将处于不利气候和地形的城市从目前影响它们的污染高峰中解放出来。电源端污染标准的实施和执行要比目前需要环境机构周期性地测试数百万辆汽车的系统容易很多。这也将大大提高不太富裕城市控制污染排放的可能性，因为这些城市无法承担对城市车辆进行定期污染控制的成本。最后，对电源端造成的污染进行定价没有巨额交易成本或政治阻力，因而更可能得以实施。

5.14 城市机动性与温室气体排放

5.14.1 燃气动力汽车

正如我们所见，交通造成的污染难以衡量，也很难按其实际成本定价。温室气体排放的测量则是更大的挑战。

最简单的测量包括测量排气管的碳排放量，也称为油箱到车轮（tank-to-wheel）的排放。这种测量很简单，因为发动机燃烧每升汽油释放约2.3公斤的二氧化碳。因此，车辆汽油消耗量越低，排出的二氧化碳对全球变暖的影响就越小。温室气体测量似乎比污染测量更简单的原因在于，污染的测量不仅取决于汽油消耗量，还与车辆的发动机和排气系统的设计有关。然而，这种简单只是表面上的。许多人有理由认为，我们应该测量的是从油井到车轮（well-to-wheel）的碳排放量：在提取、精炼和运输1升汽油到汽车油箱整个过程中排放的碳。这种从油井到车轮的测量结果比油箱到车轮的二氧化碳排放量增加了约10%，从而使温室气体排放量增加到每升汽油约2.73公斤。

最后，为了更准确地测量由于交通而产生的温室气体排放量，将车辆制造、维护和回收、道路建设和维护等过程中产生的温室气体排放量包括在内也许是合理的。这种“生命周期”式的排放量计算方法可能很诱人，但可能适得其反，因为计算过程的复杂性及其附带的许多假设可能需要整个学术领域的发展支持。而汽车制造工人从家到工厂的过程中排放的温室气体是否也应该包括在内燃机燃烧1升汽油所排放的二氧化碳的最终计算中呢？可以想象，那么每个国家的交通部都会变成一个庞大的会计办公室，类似于苏联的国家计划委员会（Gosplan），需要准备庞大的投入产出表来计算每一升汽油所排放的更精确的温室气体数量。在以下段落中，我将使用“油井到车轮”的排放数据来表示汽油动力车的碳排放量。

我们不应该忘记，市场经济通过简单地利用价格在整个经济中传递信息，从而避免了苏联国家计划委员会的“卡夫卡式复杂性”。如果我们的政府能够同意对碳排放定价，就没有必要计算车辆生命周期中温室气体的排放量。所有行业的碳排放量都将与降低排放产生的成本同比例地减少，并且碳价格还将刺激新技术的产生，从而减少各行业的碳排放量。

在没有对碳排放量进行定价的情况下，次优解决方案是政府实施行业标准。在美国，国家公路交通安全管理局（National Highway Traffic Safety Administration）和美国环境保护署（EPA）联合发布了一项新的国家计划，以监管2012年至2016年生产的汽车的燃油经济性和温室气体排放。欧盟、日本和韩国也发布了他们自己的新

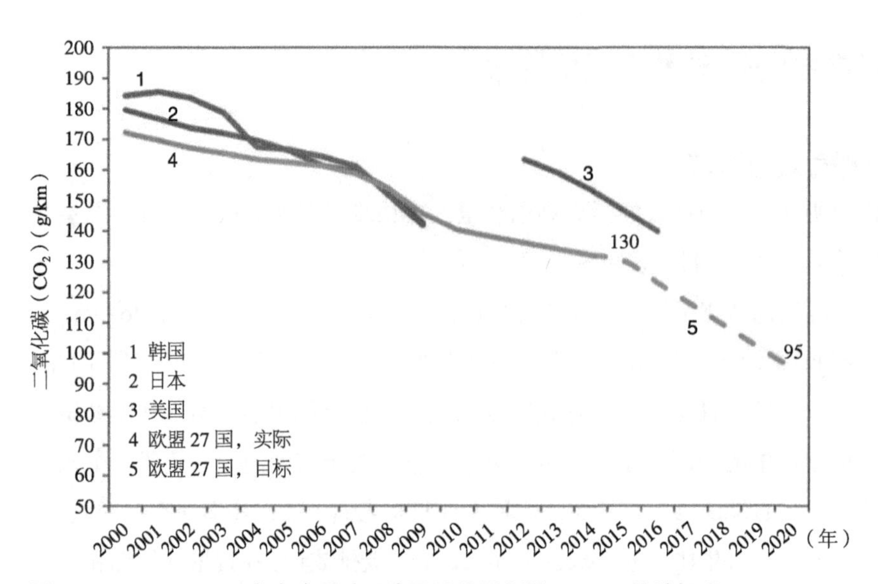

图 5.21　2000–2020 年各个国家 / 地区平均强制性 CO_2–e 排放标准

资料来源：欧洲、韩国和日本的数据："2015 年新乘用车和货车的 CO_2 排放检测"，欧洲经济区（EEA）报告第 27/2016 号，欧洲环境署，哥本哈根，欧盟出版物办公室，卢森堡，2016 年；美国："轻型汽车温室气体排放标准和企业平均燃油经济性标准；最终规则"，美国环境保护署（EPA）和交通部国家公路交通安全管理局（NHTSA），《联邦公报》，第 75 卷，第 88 号，2010 年 5 月 7 日，《规则与条例》。

车年度强制性二氧化碳当量（CO_2–equivalent, CO_2–e）[29] 最大排放标准。2000 年以来，新车二氧化碳排放标准的变化如图 5.21 所示。

排放标准只针对新车，而不是全部车辆。但是，这些排放标准可以用来预测在不久的将来整个国家全部车辆的二氧化碳平均排放量。欧盟 2000 年至 2014 年的实际温室气体排放量减少了 23%。如果 2020 年欧盟能够达到相应的排放标准，那么整体排放量将减少 44%。这表明，在没有更有效的价格信号的情况下，强制性标准在减少温室气体方面是有效的。

5.14.2　混合动力、电动和燃料电池车辆

图 5.21 中显示的标准仅涉及汽油车、混合动力车和柴油汽车。而电力或氢燃料电池可能越来越多地为城市地区通勤车辆提供动力。目前，电动汽车所占的市场份额还很小。2014 年，旧金山在美国主要城市中拥有最大的电动汽车和混合动力汽车市场份额，占所有车辆的 5.5%。然而，考虑到投入电动汽车和电池的研发投资，电动汽车很可能将最终成为城市交通车辆中的主导者。

2016 年石油价格的下跌反映了供过于求，这可能会抑制电动汽车的发展。然而，电气技术为城市交通提供了许多优势，尤其是没有噪声和污染。这种优越的技术最终将在未来独占鳌头。正如一位沙特石油部长曾在 OPEC 会议上所说，"石器时代的

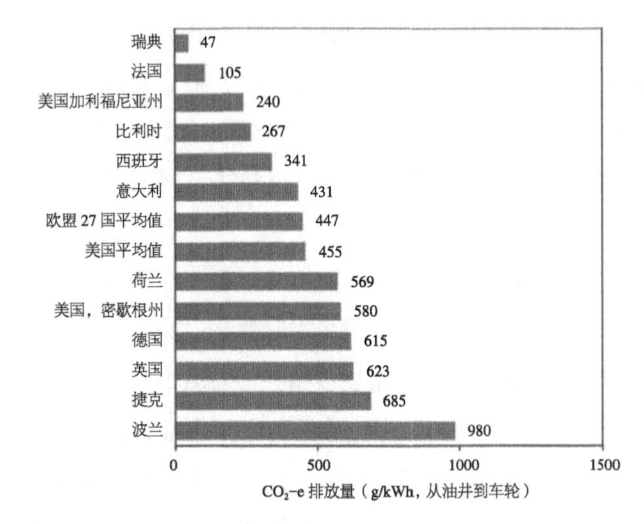

图 5.22　所选国家 / 地区电网的每千瓦时 CO_2–e 排放量

资料来源：美国：美国环境保护署，2018 年，eGRID 汇总表，2016 年；欧洲：Alberto Moro 和 Laura Lonza，“欧洲成员国的电力碳强度：对电动汽车温室气体排放的影响”，《交通研究 D 部分：交通与环境》，Elsevier 出版社出版，2017 年 7 月。

结束不是由石头短缺造成的！”

电动汽车排放的温室气体来自为电网供电的发电厂发电机，而不是汽车发动机本身。因此，对温室气体排放的担忧不再集中在汽车制造商上，而是转向电动汽车的发电来源。

目前，不同电网的温室气体排放存在很大差异，这取决于为发电机提供燃料的能源来源（图 5.22）。瑞典和法国电网的低二氧化碳排放量源于核能和水力发电的结合，而波兰和美国电网的高二氧化碳排放量源于一些发电机使用煤炭作为燃料。然而，加利福尼亚州电网的排放量几乎是美国平均水平的一半！美国电网排放的地区差异也可以用其发电燃料的差异来解释：加利福尼亚州水力发电和核能发电的占比较高，而密歇根州发电厂的主要燃料是煤炭和原油。

在瑞典、法国和美国加利福尼亚州，任何关心温室气体排放的人应该都改用电动汽车出行了，而在美国密歇根州或波兰开车时人们应该还在使用汽油！

5.14.3　各种交通方式的二氧化碳排放量

现在，让我们基于不同车辆品牌和所使用的技术（图 5.23）来比较城市交通车辆的温室气体排放量 [单位为克每乘客每公里（g/pkm）]。对于汽油和混合动力汽车，计算的是排气管处的二氧化碳当量。而实际上，每辆车的实际温室气体排放量要高于排气管排放量，因为生产和运输汽车发动机本身消耗的汽油量会产生额外的温室气体排放量。对于仅从电网获取能量的电动汽车，我使用了汽车行驶所在国家或地区的平均温室气体排放量 [单位为克 / 千瓦时（g/kWh）] 进行计算。然而，许多国家或地区的电网温室气体排放量是依据从油井到车轮进行计算的（即，排放量考虑了每个国家或地区电网的能源提取和运输过程中排放的温室气体)。我选择了日产聆风(Nissan Leaf)作为目前市场上几种电动汽车车型的典型例子。然后,将每千瓦时的温室气体排放量乘以每公里运送一名乘客所需要的平均千瓦时数。如图 5.23 所示,对于耗电量相同的电动汽车,温室气体排放量差异较大,这反映了不同国家用于发电的能源来源是不同的(见图 5.22)。

图 5.23 包含了纽约车辆二氧化碳排放量的数据,纽约是美国最广泛使用公共交通系统的城市。用"g/pkm"为单位对二氧化碳当量排放量进行测量,城市公交车的温室气体排放量是地铁的 3 倍。这很容易解释:一般地铁线路只沿着城市公共交通需求最大的线路运行。而许多公交车是地铁站的接驳车,并且公交车通常为交通需求较少的郊区提供服务。为了维持公共交通的日常正常运营,公交车甚至必须在高峰时段外的时间段近乎空载地运营。此外,由于驾驶员的薪水是公交服务的主要运营成本之一,因此相关运营部门增加了公交车体积,以保证每位驾驶员能够承载最大数量的乘客。在高峰时段,这在经济上是有效的,但是在需求较低时(即非常大的公交车在高峰时段之外载有很少的乘客时),在能源上是低效的。公交车站通常每隔 150 米设置一处,致使公交车经常在满负荷下加速和制动,这会导致更多的能源使用,进而造成更多的气体排放。相比之下,纽约地铁与纽约电网相关联,据美国环境保

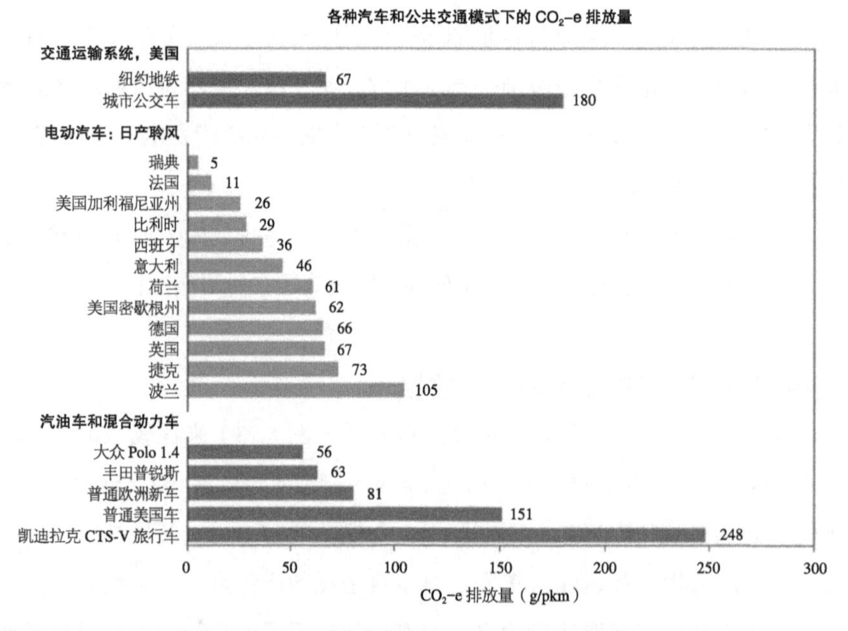

图 5.23 2015 年各种汽车和公共交通模式下的 CO_2-e 排放量(g/pkm)

来源:美国:美国环境保护署,2018 年,eGRID 汇总表,2016 年;欧洲:Alberto Moro 和 Laura Lonza,"欧洲成员国的电力碳强度:对电动汽车温室气体排放的影响",《交通研究 D 部分:交通与环境》,Elsevier 出版社出版,2017 年 7 月;各种汽车制造商,2016 年。

护署（EPA）称，纽约电网每千瓦时排放 411 克 CO_2–e，与美国平均电网相比，这是一个相当低的排放率。

图 5.23 的底部展示了美国车辆中最常见汽车的 CO_2–e（单位：g/pkm）排放量。乘坐常见汽车的通勤者出行排放的 CO_2–e 是乘地铁通勤者出行相同距离所排放的 CO_2–e 的两倍以上。但是与乘坐城市公交车出行相比，这种常见汽车出行产生的 CO_2–e 要少得多。使用混合动力汽车通勤出行（虽然仍然只占城市出行总数的一小部分），产生的 CO_2–e 与乘坐地铁的相同。最后，一些西欧国家和美国加利福尼亚州的通勤者乘坐电动汽车出行所排放的 CO_2–e 约为纽约地铁乘客的一半，而瑞典电动汽车的 CO_2–e 排放量微乎其微。事实上，在瑞典驾驶的日产聆风的 5 克每乘客每公里的 CO_2–e 排放量低于一个体重 70 公斤、以 4.7 公里 / 小时的速度行走的人所呼出的 6 克 / 公里 CO_2–e！[30]

图 5.23 的目的并不是要提倡通勤者从使用城市公交车转向日产聆风汽车，而是要表明我们不应该因为担心全球变暖，而将私家车排除在现代城市的潜在交通方式之外。正如我们所看到的，如果人们借助私家车（可能是共享车辆）出行，那么城市的机动性将会增加。由于技术的日新月异，与当前的交通方式（无论是公共交通还是传统的汽油车）相比，将重新设计的、可以共享的私家车作为主要方式可能会减少温室气体排放。

过去几年中，按交通方式划分的每名乘客 1 公里的能源使用趋势（图 5.24）证实了图 5.23 的结果。通勤铁路（包括地铁和郊区铁路）使用的能源大致保持不变，并且与传统的汽油车和公交车相比是最节能的。公共交通（公交车和铁路）的能源

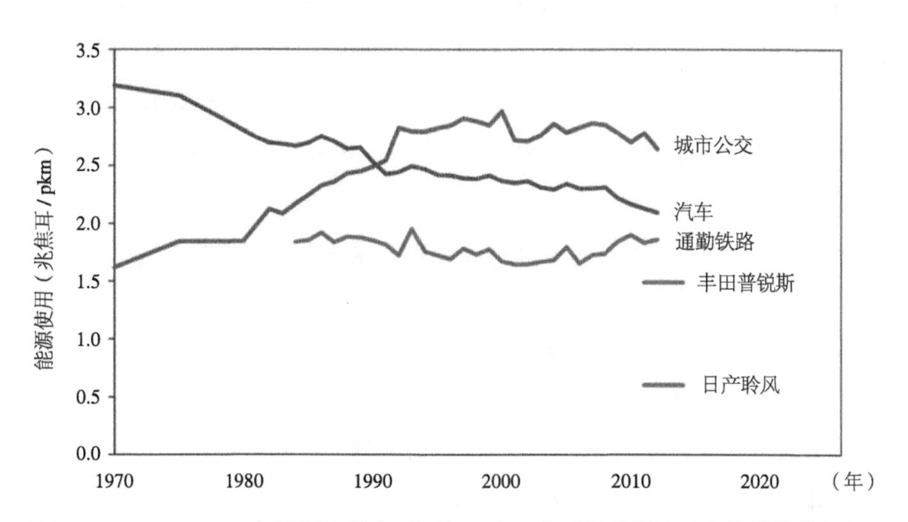

图 5.24　1970–2012 年不同交通方式下每乘客 1 公里的能源消耗变化（见彩图）

资料来源：美国能源部，《交通能源数据手册》，第 33 版，华盛顿特区，2014 年。

效率在很大程度上取决于荷载系数（每辆车的乘客人数），随着城市空间结构的变化和人们收入的增加，公共交通的荷载系数会发生很大的变化。相比之下，用于通勤的汽车的荷载系数大致保持不变（市区每辆汽车约 1.3 名乘客）。随着时间的推移，由政府燃油经济性指令刺激的技术进步是导致私家车每名乘客 1 公里能源减少的原因。城市公交车人均能源消耗大幅增加可能是由于本节前面讨论的两个因素：将公交车服务扩展到低密度郊区以及城市公交车体积的增加。

最后，丰田普锐斯混合动力车和“插电式”全电动日产聆风等最新汽车比所有以前的交通方式（无论是公共交通还是汽油车）都更加节能。然而，这些汽车仍然低效地利用稀缺的道路空间。虽然它们可能是低密度郊区进行郊区旅行的更好解决方案，但它们会在密集的城市核心区造成与传统汽车一样的拥堵。此外，这些汽车目前在城市汽车车流中仍微不足道。

5.15 大都市城市结构演变中的机动性

5.15.1 当前交通方式的三大危害

当前的城市交通系统给它们服务的城市造成了三大危害：交通拥挤、严重污染浓度和高温室气体排放量。在本章前面的部分中已经讨论了这些不同的方面。在这里，我简要总结每种交通方式对“三大危害”的“贡献”。

- 私家车。它们主要造成了城市交通拥堵。无论是行驶中的还是停放的汽车，在城市人口密集的地区占据宝贵的街道空间带来的成本是非常昂贵的，而且通常难以定价。污染浓度仍然是一个严重的问题，但从长远来看，可以通过正在出现的技术变革来解决。汽车排放仍占温室气体排放的很大一部分。尽管有这些缺点，但它们是郊区到郊区出行最快的交通方式，所以它们很可能仍会是城市交通的重要方式。
- 摩托车。它们对街道空间的使用效率很高，但噪声大、污染多并且更为危险。市政当局并未将它们视为一种严格意义上的交通工具，因此摩托车无法从诸如特殊车道标记等基本交通管理措施中受益。它们可以快速高效地到达市政当局尚未提供适当道路的郊区。在中低收入城市，它们可能会成为一种主要交通方式。汽油向电力或燃料电池的转换将最终解决这些车辆造成的噪声、污染和全球变暖问题。
- 集体出租车和人力车。它们通常是污染和拥堵的主要来源。它们具有路线灵活的优点，而且往往是低收入劳动者负担得起的唯一交通工具，但政府很难对其进行管理。司机常常为同一条路线激烈竞争，市政当局通常更关心如何压制这些车辆，而不是如何有效管理这些车辆。它们的优势是可以迅速适应新开发地区不断变化的需求。

- 城市公交车。它们有效地利用了稀缺的道路空间，拥有灵活的路线，并且对于短距离出行也非常有效。但是，对于大城市中的长途出行而言，它们太慢了，因为它们必须经常停靠公交站，并且由于高峰时段之外的荷载系数低，它们的能源利用效率低下。对于郊区到郊区的路线，它们的效率不高。
- 快速公交系统（BRT）。这些系统的载客量比公交车大，但对于大城市和长途通勤距离来说太慢了。它们难以适应不断变化的路线，因为它们需要使用现有的宽阔的道路通行权。它们在高峰时段以外的人均占用道路面积过大。快速公交由于占用专用车道而大大降低了货运和其他交通方式的速度，而且它们对于低交通量的郊区到郊区的出行没有用处。
- 地铁和郊区铁路。这些系统不会对城市造成污染。它们对温室气体排放的影响取决于电网效率。在类似纽约、伦敦和首尔等人口密集城市的中心地区，它们的空间效率很高。它们是从郊区到市中心的高效交通方式，但在像北京或上海这样人口非常密集的城市，容易出现极度拥挤的情况。对于郊区到郊区的通勤出行，它们的效率低下。而且高资本成本限制了它们在低收入城市的推广。

5.16 将当前的城市交通方式扩展到更大的城市是行不通的

当前，通勤者在一些公共交通工具和私家车之间进行选择。许多公共交通用户会使用铁路和接驳巴士两种方式，而由于这两种方式之间的换乘时间较长，导致通勤时间较长。很少有通勤者将汽车和公共交通结合起来，因为成本高昂或车站周围没有停车位。大多数都市区的交通政策都试图增加公共交通通勤者的数量并减少汽车通勤者的数量，即使孟买这样公共交通严重拥挤的城市也是如此。但是，在大多数城市中，公共交通用户的出行时间总是比汽车用户长很久。正如戴维·莱文森（David Levinson）在他的标题为《谁从他人的公共交通使用中受益》[31] 的文章所说，似乎许多以公共交通为重点的政策的目的不是为了减少总出行时间，而是减少仍然负担得起汽车出行的人的出行时间。

城市交通政策的目标应该是增加每个人在不到 1 小时的时间内可达的工作和便利设施的数量，而不是减少已经获得最短出行时间的人（汽车使用者）的出行时间。在过去的 20 年中出现的新技术应该可以给过去 100 年中停滞不前的城市交通方式带来根本性的变化！现在，让我们试探性地探讨（1）大城市不断变化的特殊结构；（2）交通需要如何适应这种结构的变化，以及（3）新的需求驱动技术在推动变革中的作用。

5.16.1 大都市区的空间结构正在发生变化

世界上大多数地区的城市空间结构正在发生变化。大型低密度郊区围绕着传统的城市核心区和中央商务区（CBD）发展。在相比世界其他地区（非洲除外）城市化水平仍然较低的亚洲，我们看到了许多大型城市群的出现，例如德里 – 孟买、北京 – 天津、上海 – 苏州、珠江三角洲和首尔 – 仁川。

这些人口超过 2000 万的城市正在演变成更大的城市群，预计到 2020 年[*]人口将超过 3000 万。这些城市的空间结构受需求驱动，反映了其经济现代化的程度，其中大型的服务和制造业供应链的空间需求与过去传统单中心城市不同。

随着这些城市逐渐发展成不同的空间形态，由大众公共交通、集体出租车和个人交通组成的当前交通系统变得越来越低效。交通效率低下导致潜在的大型生产性劳动力市场分裂为规模较小、效率较低的劳动力市场。此外，交通效率低下还导致交通拥堵、污染和高温室气体排放量。

5.16.2 交通系统必须适应不断变化的城市结构

市政当局和规划师对当前城市交通方式的糟糕表现感到担忧，他们常常试图以一种更为紧凑的形式遏制城市扩张，他们认为这种形式更容易服务于传统的公共交通方式（公共大众交通和城市公交车）。限制新经济所需要的新土地需求的政策导致土地价格极高，而且在许多情况下，非正规开发无法获得足够的基础设施扩建来满足需求，例如墨西哥城就是这种情况。紧凑型城市的倡导者常常忽略这样一个事实，即城市的紧凑区域已经非常拥挤，而政府也无法提供密集的公共交通线路来避免通勤者使用公共交通和私家车造成的拥堵。上面讨论的北京新地铁线路拥堵的例子（见图 5.10）就很好地说明了这一问题。

市政当局和规划师应该直面新经济要求改变城市土地利用的现实。规划师不应为了保存过时而拥挤的土地利用方式而遏制主要由需求驱动的城市扩张，相反他们

---

* 英文版书出版于 2018 年。——编者注

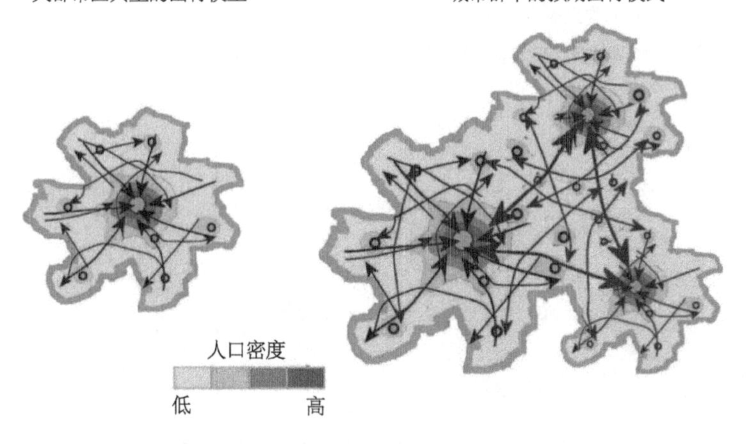

图 5.25 典型大都市区与城市群的城市出行模式比较（见彩图）

应当努力创建既能服务于传统的高密度 CBD，又能服务于较新的分散型城市群的新交通系统。图 5.25 的示意图说明了许多大城市空间结构的变化以及由此产生的出行模式。图 5.25 的左图代表了纽约或伦敦等城市，其 70% 以上的通勤出行是从郊区到郊区；右图代表了大城市新兴的结构，如德里、北京或上海，在这些城市中，从郊区到郊区的通勤出行和货运越来越多，正在演变成更加复杂的路线。这些城市当前的城市交通系统，很大一部分是以城市公交车为主呈放射状的公共交通线路网，并辅以汽车、集体出租车或人力车，已经无法适应图 5.25 右图所示的复杂城市形态。

5.16.3 需求驱动的新兴技术可以让劳动力市场在大型城市群中发挥作用

交通系统应如何适应新的城市形态？大型城市群的出现表明我们将看到城市交通方式发生重大的变化，这些大型城市群扩展到了约 100 公里的距离，由低密度郊区包围着高密度核心区，在这些低密度郊区，工作与居住区混合在一起。而新兴的技术变革将促进这一转变。

首先，汽车必须变得更加紧凑，以使用更少的道路空间和更少的能源，使它们看起来更像是汽车和摩托车的混合体。这种类型的车辆已经存在并且正在制造中，例如丰田 i-Road。

其次，地铁或郊区的火车站应该以租赁或共享的模式提供紧凑型车辆。这种情况已经发生。在东京郊区的一些车站和法国格勒诺布尔（Grenoble）的主要火车站都有丰田 i-Road 供人们使用。此类车辆使得通勤者能够将个人使用车辆的便利性与郊区铁路在较长距离上的高速度结合起来，以实现大都市区内的远距离出行。

再次，地铁和郊区铁路应该减少车站的数量，并以更高的速度运行，这样通勤者能够在不到 1 小时的时间内穿越整个城市群。为了做到这一点需要大约 150 公里 / 小时

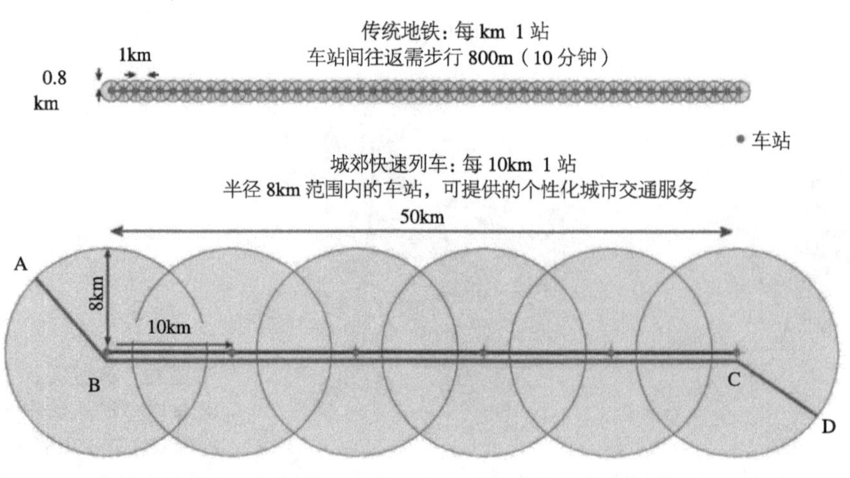

图 5.26　传统地铁服务区与提供个人使用车辆的郊区高速铁路的服务区的比较

的铁路速度。车站的服务区面积需要增加到 200 平方公里以上，以便提供足够的空间放置供个人使用的车辆（相比于目前受限于车站 800 米步行距离的 2 平方公里的面积）。图 5.26 和表 5.6 比较了传统地铁与郊区铁路系统的服务区，其中传统地铁的车站间距为 1 公里，而郊区铁路的车站间距为 10 公里，但是在 8 公里半径范围区域内，乘坐小型的个人车辆（从自行车到丰田 i-Road）很容易到达。使用表中所示的速度假设，通勤者可以在不到 1 小时的时间内行驶长达 66 公里，可以到达 600 平方公里以上的目的地区域。

表 5.6　传统地铁和郊区高速铁路车站，速度和服务区之间的距离比较

	传统地铁和步行	城郊快速列车及个人车辆
城郊铁路线路长度（km）	50	50
列车平均速度（km/h）	32	110
站间距离（km）	1	10
车站数量	50	5
到车站的半径距离（km）	步行　0.8	车辆　8
从行车起点到车站的速度（km/h）	5	35
一站的服务区面积（km^2）	0.01	201.06
线路总服务区面积（km^2）	53.79	623.76
50km 列车运行时间（分钟）	94	27
步行或个人车辆行驶时间（分钟）	19.2	27
总行程时间（分钟）	113	55
总行程（km）	51.6	66.0
总行程时间（分钟）	113	55
平均速度（km/h）	27	72

图 5.27　丰田 i-Road 个人机动车辆（左图）和北京三轮车（右图）已经可以按需提供从站到门以及从门到站的出行

最后，自动驾驶小巴应该能够搭载同一条路线上的一些乘客，并将其送到各自的最终目的地，而不必在途中停下来接送其他乘客。

地方政府不应偏爱特定的某种运输模式，而应当支持多种运输模式的混合并为其提供便利，其中包括在同一行程中将快速重轨与个人车辆相结合。地铁和快速郊区火车站的设计应具有较大的区域，以供自动驾驶车辆的乘客上下车（图 5.27）。

5.16.4　呼吁为机动性的未来采取行动

1. 维持机动性是市政当局和城市规划师的一项基本任务。最理想的情况是通过准入多模式交通系统以满足消费者需求来实现。通勤者应该能够在各种交通方式中自行选择最适合其通勤需求的交通方式。

2. 规划师不应人为地选择人口密度和城市空间结构去适应现有的预选交通系统。相反，应当是新的交通系统去适应不断变化的空间结构。

3. 由于缺乏大量交易成本，目前很难对污染和温室气体进行定价，因此政府应设定污染和温室气体排放标准来代替定价（直到可以使用技术直接对排放的污染物和释放的温室气体进行收费）。

4. 道路空间的定价也是市政当局的一项重要任务。道路拥堵费应逐步取代道路单一收费，拥堵收费应根据时间和地点不断调整，以维持特定路段的设定速度。按照新加坡目前的做法，CBD 和郊区干线道路的目标设定速度是不同的。目前已经有技术可以实现这种操作。

5. 最终，个人通勤车辆将不得不重新设计，以减少其道路足迹和车身重量。新兴的诸如丰田 i-Road 之类的新型个人出行车辆是可替代传统汽车的示例，它将提高机动性，减少道路空间使用，并减少车辆每公里能耗、污染程度和温室气体排放。

6. 按需共享小型自动驾驶车辆的可能性为未来许多郊区到郊区的出行提供了一个非常有效的选择。与传统汽车相比，自动驾驶汽车具有三个重要优势。第一，它们并不需要人类驾驶员所需要的 2 秒反应时间，因此可以靠得更近行驶，从而节省了街道空间；行驶速度约为 60 公里 / 小时，将预计节省约 65% 的道路空间；第二，它们将大幅减少事故的发生，从而降低道路通勤时间的不可预测性；第三，它们不需要在地产最昂贵的城市中心设置大型停车场。

许多新技术正在涌现，并将对城市交通产生巨大影响。这些技术可以将污染降低至接近零，大大减少城市交通对全球变暖的影响，防止大多数交通事故，并在不造成拥堵的情况下增加现有城市道路的通行能力。

大约 100 年前，作为城市交通的唯一非步行工具的马匹被机械车辆取代。这些车辆完全改变了城市，允许城市在不增加狄更斯贫民窟密度的情况下扩张，同时扩大了潜在的劳动力市场，极大地提高了城市居民的生产效率和福利。从那时起，汽车、公交车和地铁成为主要的城市交通方式并延续至今。我们现在可能正处在城市交通革命的边缘，这场革命可以与用机械牵引代替动物牵引相提并论，也将极大地提高 21 世纪末很可能居住在城市中的大部分人的福利。

小型、按需、共享型车辆的出现（与按固定的时间表和路线行驶的大型公交车完全不同）将改变城市交通的组织方式。道路和主干道的模式也可能改变，以适应这些新的城市交通方式。与少数高容量高速公路或主干道上的同心交通不同，许多较小的低容量道路将提高从分散的出发地到分散的目的地所需要的灵活性。

新型专业城市车辆（集体的或个人的，共享的或非共享的，自动驾驶或配置驾驶员的）未来都很可能成倍地增加。这些车辆的速度，街道足迹和车身大小将根据其服务的出行和通勤者的类型进行调整。因此，在纽约和孟买等人口密集的大城市，城市车辆的类型将与阿姆斯特丹和基韦斯特（Key West）这样小得多的城市有所不同。

第 6 章

可负担性：家庭收入、法规和土地供给

6.1 “需要有所作为”的经济适用房

住房供应的诸多限制是（我们）更有效地进行劳动力空间分配的主要阻碍。这些限制因素制约了进入美国生产力最高的城市的劳动者数量。在一般均衡中，这会降低所有美国工人的收入和福利。

——谢昌泰（Chang-Tai Hsish）和恩里科·莫雷蒂（Enrico Moretti）[1]

我们已经看到，繁荣的城市依赖于运转良好的劳动力市场。两位经济学家谢和莫雷蒂发现，美国一些极为成功的城市的高房价带来了连锁反应，造成全美劳动力空间分配的扭曲。他们计算出这种错配的成本约为美国 GDP 的 9.4%。因此，住房可负担性并不是一个小问题。两位经济学家认为，对住房供给的监管性限制是导致房价居高不下的主要原因，我非常同意并在本章中支持这一观点。一些可负担性问题是由于贫困造成的，但在大多数情况下，它们是因土地和建筑面积供给上的人为限制而引发或进一步加剧的。

6.1.1 家庭困境

为了使劳动力市场正常运作，家庭和企业必须找到其负担得起的置业空间。在选择这种空间的时候，他们必须在租金、建筑面积和位置之间进行权衡。他们对最终位置的选择体现了可以实现福利最大化的权衡结果。地理位置当然非常重要，因为该位置可通往该市其他地区及其劳动力市场。房地产开发商老生常谈的“位置、位置、位置”折射出常被许多政府研究住房可负担性的专家遗忘的一种现实与智慧。对每个潜在住户而言，家庭住房单元的建筑面积，位置和每平方米单价构成了其当前的“可负担性”水平。每个家庭所居住的“可负担的住房单位”都代表了他们在市场提供的所有住房选项中的最佳选择。

但是，即使在自由市场中，低收入家庭的最佳住房选择也常常不符合社会可接受的标准（例如，水和卫生设施的可得性，人均建筑面积标准或与劳动力市场的距离）。在低收入和中等收入国家，这些房屋的结构通常较差，达不到标准。在高收入国家，尽管住房质量通常为社会所接受，但是其他指标可能是不可接受的，例如人均建筑面积低于邻居，30% 以上的收入用于支付租金，或通勤时间超过 1 小时。因此，当一些家庭负担不起大城市高昂的土地和建筑成本时，他们的住房水平可能会不足（例如，体现在质量、价格或与劳动力市场的距离上）。

6.1.2 政府回应

显而易见，影响低收入人口的低住房标准和高租金会很快引起公众注意。社会压力最终将迫使政府“对住房采取措施”。

这种“有所作为”的需求促使政府制定新的住房政策，以所有人都负担得起的价格提供能够被社会接受的住房标准。安格斯·德亚顿（Angus Deaton）在他的著作《大逃亡》（*The Great Escape*）中写道：“有所作为的需求往往会胜过理解需要做什么的需求。在没有数据的情况下，任何人做任何事都可以自由地宣称自己成功了。”[2] 许多当时的住房政策设计便是完美的典型。

不幸的是，政府会通过法规监管和压缩城市扩张的投资来限制住房的供应，这常常加剧了城市住房的高成本。

在寻求解决方案时，城市管理者通常会忽略这一现实：住户的住房选择是由建筑面积、位置和每平方米价格这三个属性共同驱动的。因为建筑面积和建筑质量是三个属性中最直观的，所以规划师在起草住房政策时倾向于集中精力改进设计和增加房屋面积，而常常忽略了住房位置以及其对劳动力市场可达性的必然影响。

例如，政府经济适用房计划的目标，永远不是要吸引居住在其他城市或农村地区的家庭迁移到提供住房的城市。相反，社会住房计划通常规定，潜在受益人必须已经在城市居住数年才有资格获得政府帮助。此种仅针对居民的政策旨在防止移民涌入城市，但它忽略了重要的一点：劳动者无法接受前往劳动力市场的过长通勤时间。

当住房标准低下主要是由贫困所致时，不顾位置而一味提供更大的住房可能反而会给那些本应受惠于这项政策的人带来不利影响。本章中的一些示例将会说明这一点。

在本章中，我将展示如何才能提高低收入家庭的住房标准，而这就需要认识由供应制约因素所导致的两大要素之间的相对作用，即贫困和通货膨胀下的房价上涨。我将讨论几座城市的住房可负担性政策，并展示这些政策是如何影响四个关键属性的：建筑面积、土地面积、土地价格和每平方米建筑价格（式 6.1）。

公式 6.1 居民住房价格（P）

$$P = 土地面积 \times 土地价格 + 建筑面积 \times 施工成本 \quad (6.1)$$

其中，P 是住房价格。

支付的租金也与公式 6.1 右侧的四个变量相关。

土地价格取决于地理位置；具有较高工作可达性或接近优质设施的位置将对应较高的土地价格。通常来说，非常理想的位置土地价格会很高。

建筑成本取决于建筑质量。建造一个由木材、塑料和波纹铁制屋顶制成的非正规住所，每平方米的建筑成本仅需 25 美元。而一套配有厨房和浴室的公寓的建筑价格可能为每平方米数千美元（2013 年，纽约 3 至 7 层高的住宅的建筑价格约为每平方米 2500 美元）。

因此，在给定的价格基础上，寻找住房的家庭必须在位置、土地和建筑面积以及建筑质量之间进行权衡。有时，我会用位置作为替代指标来衡量土地价格，而用建筑质量作为替代指标来衡量建筑价格。

我们将看到，哪怕一个家庭的收入只是因为获得隐性补贴而有所增加，他们本会选择的房屋也将与他们实际居住的房屋大不相同。我将通过对比最终居住的房屋与他们在有收入补贴的情况下所选择的房屋来判断各种住房政策的优点。

对开发商而言，建造房屋的成本构成要复杂得多。除了上述实际成本外，开发商的成本还会包括财务成本、间接费用、管理费用和设计成本。土地和建筑面积之间的比例通常会受到法规的限制。建设成本也部分取决于法规。但是对于家庭而言，土地价格和建筑价格包括所有这些成本要素。

6.2 定义和衡量住房可负担性

6.2.1 住房可负担性不同于任何其他消费产品的可负担性

“可负担性”一词在用来形容住房时，往往与其形容其他对象，比如手机或汽车时有着不同的含义。一般买不起手机或汽车的人没有手机或者汽车。但是，当说收入低于 X 的家庭负担不起住房时，这并不意味着收入低于 X 的所有家庭都无家可归。这仅意味着这些家庭住在质量或建筑面积不佳的住房单元中，或者这些家庭将其收入的很大一部分用于支付租金或抵押贷款。

因此，住房可负担性决定了住房是否“得到了社会认可”，而不是家庭是否拥有住房单元。当我们看到收入低于 X 的家庭无法负担住房时，这意味着这些家庭在租赁现有住房时，在租金（收入的一部分）、建筑面积、建筑质量，或位置方面的权衡是不充分的。

每座城市的社会公认最低住房标准并不符合科学公认的普遍标准。在这一点上，它不同于许多其他标准。例如，每日最低营养摄取量是为全人类制定的普遍标准。大多数空气污染标准是由世界卫生组织制定的，并被普遍接受。相比之下，最低可接受住房标准与适用城市的现行标准有关。由于两座城市之间气候、文化以及家庭收入的差异，斯德哥尔摩社会可接受的最低住房标准与达卡（Dhaka）的标准就大不相同。

尽管许多幸福地生活在达卡的家庭所居住的房屋可能只达到了斯德哥尔摩现行的最低标准，但没有证据表明达卡的家庭因为生活在标准明显较低的房屋中而遭受了无法弥补的损失，因此，最低住房标准始终是主观的和因地而异的。这些标准可能是有用的基准，但是当它们被载入法律和法规时，可能会对本应得到帮助的人群造成极大的伤害。下面的例子就能很好地说明这一点。

在南非等许多国家，政府确定了一套最低住房标准，以定义最低的国家住房标准。设定最低住房标准是一项政治行为。正如所有政客都必须做的那样，政府会倾向于选择高标准，作为对城市未来发展的乐观信号。然后，统计人员将现有的城市住房存量标准（通过调查和普查获得）与政府制定的国家最低住房标准进行比较。据说，低于国家住房标准的现有住房数量会构成住房“积压”（backlog），而为了消除积压，政府承诺每年建造足够的住房。例如，南非在 17 年中为 38% 的公民创造了新的住房存量。这一壮举我们将在本章后面的案例研究中进行探讨。请注意，住房计划仅通过两个属性定义：价格和实际住房标准。由于欠缺位置方面的考量，该政策导致南非政府在距市中心 30 公里的地方建造了一些房屋。当然无论如何，在全国范围内定义位置标准确属难事。南非的住房计划给人们以警示，在定义住房可负担性时，忽视地理位置将导致不良后果。

因此，在制定住房计划帮助穷人时，政府如何定义住房可负担性非常重要。在价格、位置、面积和质量之间进行选择时，政府官员往往会作出与家庭自身不同的权衡。如果政府的权衡与家庭的权衡相差很大，那么尽管投资了大量资金，倾注了专家设计者的良好意愿，住房计划仍将失败。城市规划师没有足够的信息来为每个家庭和企业选择最佳的租金、建筑面积和位置组合。因此，在可能的情况下，最好将某一特定位置的用地数量和占地面积的选择权留给最终用户。

我看到许多政府实施了“贫民窟搬迁”计划，将贫民窟中的家庭搬迁到偏远地区的高质量且有补贴的正规住房中。但令政府官员沮丧的是，从前的贫民窟居民经常放弃正规住房又返回了贫民窟。虽然贫民窟的建筑质量较低，但更容易进入就业市场。这种现象（返回贫民窟）通常被归因于贫民窟居民缺乏判断力，然而事实并非如此。居民之所以返回，是因为他们宁愿选择质量较差、位置优越的房屋，也不愿选择位置偏远、质量较好的房屋。显然这就是决策者未能在租金、位置和住房标准之间作出最佳权衡。

然而这并不意味着是政府干预导致了住房质量的缺陷。许多低收入家庭渴望获得比他们目前负担得起的住房质量更高的住房。在许多情况下，卫生条件不佳或位置不佳的住房减缓了低收入家庭融入城市经济中更具生产力的市场的步伐。

“经济适用房”政策旨在增加低收入家庭的住房消费，直到达到社会可接受的水平。要设计此政策，我们需要建立并量化一个事实基础：首先，明确社会可接受的最低住房消费水平；其次，确定住房消费低于该水平的家庭数量。一旦确定了这两个数字，市政府便可以就采取哪些措施来处理可负担性问题进行明智的讨论。诸如他们是否应该以最低标准或高于最低标准建造经济适用房，然后以低于市场的价格出售或出租该房屋？是否需要为城市发展开辟新的区域，以增加住房供应并降低市场价格？是否应当修订限制开发商提供符合最低可接受标准住房的法规？是否通过扩大金融部门的手段，为低收入家庭提供抵押？抑或是否要直接补贴家庭收入，使这些家庭可以在自己选择的地点负担得起更高质量的住房？

解决可负担性的问题几乎总是需要同时采取多项行动，包括投资计划和监管改革。没有灵丹妙药可以轻易解决住房可负担性的问题。但是，政府必须先建立明确的事实基础，然后才能制定可靠的政策。因此，在详细讨论具体政策之前，让我们首先讨论衡量可负担性阈值和衡量低于该阈值的家庭数量的方法。有关家庭收入和当前住房标准的模糊数据严重阻碍了制定合理的经济适用房政策的进程。

6.3　一个简单的可负担性指数：价格 / 收入比

价格 / 收入比（Price/income Ratio，PIR）通过将住宅价格的中位数与家庭收入的中位数进行比较来衡量城市的住房可负担性。这一简单的定义使得不同收入水平的城市之间房屋价格的比较变得容易。但是，该指数并没有说明家庭在这个中位数价格下能够获得多少住房，也没有说明该住房位于何处。而且尽管使用收入中位数可以获得租金 / 收入比率，但是 PIR 仅适用于销售价格，而不适用于租金价格。

自 2004 年以来，每年发布的《人口统计国际住房可负担性调查》（*The Demographia International Housing Affordability Survey*）[3] 比较了 9 个发达国家 367 个大都市市场的 PIR。在这些城市中，有 87 个大都市区的人口超过 100 万。由于可负担性指数的计算方法相同，它为比较城市之间的PIR，以及观察这些比率随时间的变化情况提供了一个有价值的工具。

让我们来看看2015年30座城市的PIR（图6.1）。这里所选的城市在PIR的变化方面很具有代表性。在所选城市中，亚特兰大的PIR最低（3.1），而悉尼的PIR最高（12.2）。为什么不同城市之间的可负担性会有如此大的差异？我们注意到，许多PIR较高的城市（旧金山、奥克兰、温哥华和悉尼）的地形都很复杂（尽管风景很好）。水陆交融塑造了城市独特的吸引力，但同时限制了土地的开发。这种限制土地供应的地形可能会影响土地价格，进而影响住房价格。尽管地形确实可以解释PIR的某些变化，但这并不是绝对的影响因素。芝加哥、华盛顿特区和东京－横滨等城市也有靠近其CBD的重要水域，但已成功解决了水域影响住房价格的问题，其PIR均小于悉尼的PIR。我们将在下文看到，限制城市扩张的土地使用政策和法规往往才是导致高PIR的主要原因。

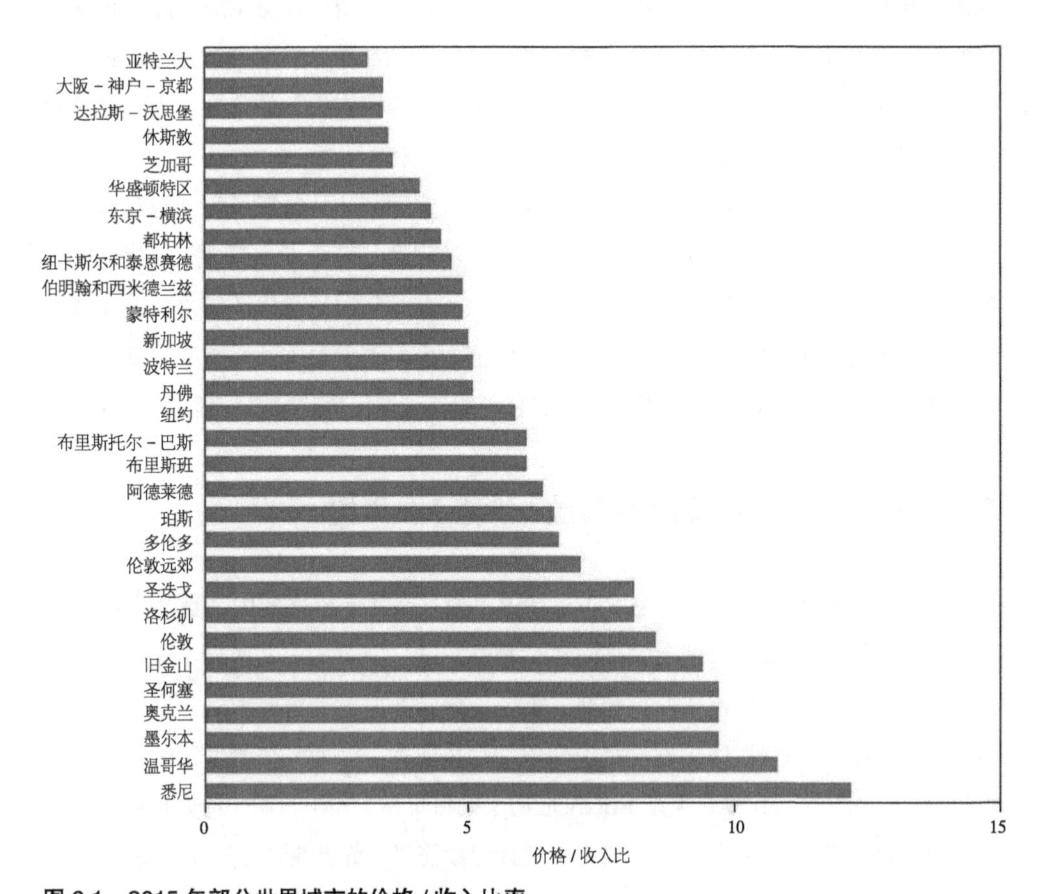

图6.1　2015年部分世界城市的价格/收入比率

资料来源：文德尔·考克斯（Wendell Cox）与休·帕夫莱蒂奇（Hugh Pavletich），《第12次年度住房可负担性调查》，贝尔维尔（Belleville），伊利诺伊州人口统计，2016年。

6.3.1 一座城市的 PIR 高于 8 意味着什么？

直觉上，我们认为 PIR 较低的城市的家庭福利应该高于 PIR 较高的城市。因为人们如果将更少部分的收入用于住房支出，就可以将更多的钱用于其他方面。但是，非常低的 PIR 可能表明存在经济压力。在 2015 年的人口统计调查中，底特律的 PIR 低至 2.8。一些人口严重流失的俄罗斯城市，住房需求大大减少，有的房价接近于零。显然，对 PIR 这一指标需要正确的解读。虽然与收入相比，较低的住房成本通常是一件好事，但它也可能表明存在其他问题。鉴于城市的经济困境，用底特律的 PIR 来证明该城市是良好住房政策和经济适用房的典范是不合理的。

那么多大的 PIR 值才可以表示可负担的住房存量呢？人口统计数据表明，PIR 等于或低于 3 的城市，住房是可负担的。图 6.1 中所示的城市没有一个符合条件，尽管亚特兰大的 PIR 为 3.1，但也只是接近。《人口统计国际住房可负担性调查》中的可负担性分类如下：

类别	PIR 值
负担得起的	≤ 3
中等负担不起	3.1–4.0
严重负担不起	4.1–5.0
极度负担不起	≥ 5.1

家庭通常贷款购买第一套住房，因此我们需要计算与各种 PIR 值相关的抵押付款。图 6.2 展示了在三种可能的借贷利率，即 5%、7% 和 9%（25 年，首付为 20%）下，住房费用占年收入的百分比与不同 PIR 值之间的关系。抵押放贷者通常仅在每月付款额不超过还贷者收入的 30% 时才会向家庭提供贷款。图 6.2 中的水平虚线表示可负担性阈值。当利率为 5% 时，只有在亚特兰大、休斯敦、东京和新加坡，中等收入家庭才能获得中等价位房屋的抵押贷款。在 9% 的较高利率下，只有在亚特兰大和休斯敦，中等收入家庭才能获得中等价位的房屋抵押贷款。而其他的城市中，高 PIR 意味着中等收入家庭将无法通过支付抵押贷款来购买中等价格的房屋，那么这些城市的家庭又是什么情况呢？

一些家庭可能在几年前 PIR 仍在可承受范围内时已经购买了房屋。以现在的视角来看，这些家庭所居住的房屋仅凭他们如今的收入根本负担不起，但是 PIR 的增加意味着他们的资本资产增加了。然而，即使 PIR 显示他们负担不起新房，但其仍可以通过出售当前的房子以负担新的房子。因此，即使 PIR 可能表示家庭负担不起住房，但他们对 PIR 值的增加可能还相当满意。这个事实可能解释了一些城市的监

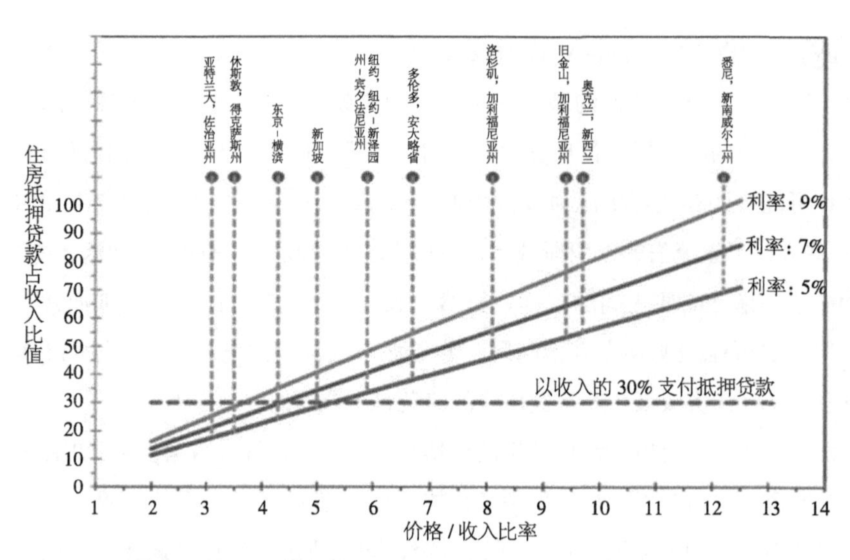

图 6.2　10 座所选城市的价格 / 收入比和可负担性

资料来源：文德尔·考克斯与休·帕夫莱蒂奇，《第 12 次年度住房可负担性调查》，贝尔维尔，伊利诺伊州人口统计，2016 年。

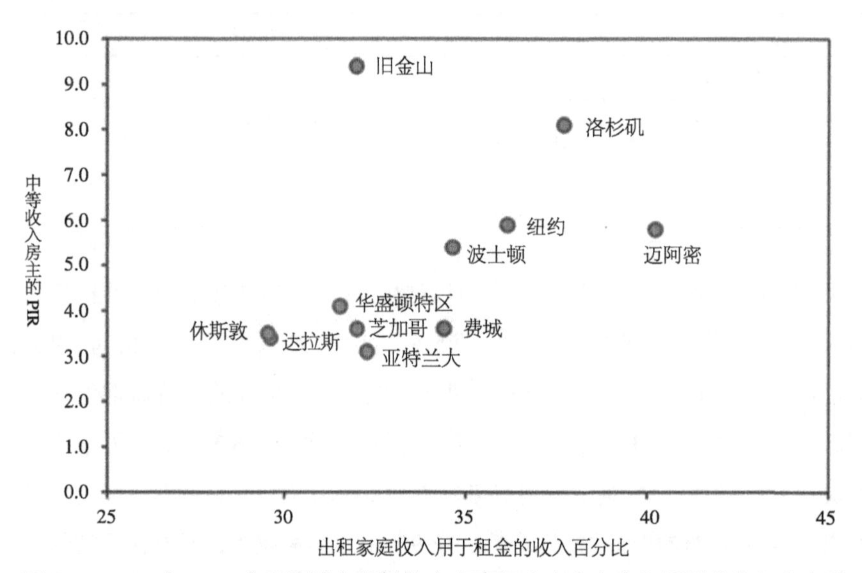

图 6.3　2015 年，10 个所选城市租赁住房家庭租金支出占收入的百分比与房主的 PIR 值

资料来源：PIR 数据：文德尔·考克斯与休·帕夫莱蒂奇，《第 12 次年度住房可负担性调查》，贝尔维尔，伊利诺伊州人口统计，2016 年；家庭租金支出占收入百分比：美国社区调查，弗曼中心（Furman Center），纽约大学，纽约。

管政策，这些政策似乎旨在通过限制新供应来不断提高房价。

然而，那些没有从之前的 PIR 增长中受益但生活在高 PIR 城市的家庭无力购买新住宅。有些人可能会决定搬迁到 PIR 较低的其他城市，但是更换居住城市会带来社会和财务成本和风险。更有可能的是，新家庭会尝试寻找其他方法来代替购房。例如，新家庭可能会选择租赁房屋而不是购买住房。通常，在 PIR 较高城市中，租赁住房的月租金低于购买同等住房时需要承担的抵押贷款。我在美国 10 座城市的样本中比较了新业主的 PIR 与租金支出占收入的百分比（图 6.3），这使我们能够更好地了解购房者和租房者用于住房的收入之间的关系。这两个数据都来源于政府报告，即使利率发生变化也保持不变。在 PIR 较高的城市中，租金占收入的百分比往往会更高。但即便如此，与购买住房相比，租房仍更加容易负担。旧金山是一个例外，其 PIR 高达 9.4，但租金只占承租人收入的 32%，这是一个相对来说负担得起的比例。[4]

然而，考虑到市场均衡，当 PIR 较高时，可供出租的住房数量可能会减少，因为在高房价和低租金的情况下，房东会更愿意出售房屋。

一些家庭可能会选择离开现在居住的城市，寻找 PIR 较低的城市，即使这意味着收入降低。而大多数家庭将有两种选择，要么调整他们的生活水平，选择较低的住房标准，要么将其收入的很大一部分用于住房。当家庭选择低质量住房并继续居住在城市中时，这种选择会产生级联效应（cascade effect），即人们通过比收入更低的阶层支付更高的价格，以占用较低质量的住房。这使收入最低家庭无法负担现有住房，只能选择离开城市或接受更小的住房（例如，通过细分和共享现有空间）。例如，新西兰的奥克兰，2015 年的 PIR 为 9.7，据报道那里的一些处在收入水平最底端的家庭住在车库、拖车或父母家中。在孟买，一些中等收入家庭的收入虽然一直在增长，但由于 PIR 的增长速度快于收入增长，也不得不住进贫民窟。

6.3.2 PIR 是识别可负担性问题的有用指标，但还不足以用于制定政策解决方案

PIR 是一种有用且易于理解的指标，可用来识别高收入城市的可负担性问题。但它只是将收入中位数与房价中位数联系起来，而没有谈论任何与中等价位房屋的位置和质量相关的信息。尽管 PIR 简单且少有争议，但在没有系统性销售登记系统的国家和拥有大量非正规部门的城市，收集收入和房价数据可能很困难。这也是为什么《人口统计国际住房可负担性调查》尚未涵盖发展中国家的原因。想要找到房价中位数意味着所有交易都必须是公开透明的。在许多发展中国家，高端住房的市场价格往往比低端的更容易查到。与现存房屋相比，新房屋的价格也更容易查到。因此，在许多城市，计算可信 PIR 所需要的数据并不存在。

6.4 家庭如何调整以适应难以承受的 PIR？

在 PIR 较高的城市，不仅穷人负担不起住房，中产阶级也负担不起。但是，我

们却没看到人们离开高 PIR 城市，转向能够负担得起的城市。在像悉尼、温哥华或旧金山这样的城市里，尽管 PIR 很高，但生活仍照常运转。孟买、拉各斯和雅加达等无法计算 PIR 但房地产价格高得出奇的城市也是如此。显然，绝大多数家庭并没有选择离开当前城市，而是选择适应这种“负担不起”的价格。我们甚至看到，尽管住房价格难以负担，但由于移民的涌入和新家庭的形成，城市的人口依旧在不断增长。

但是，高房价绝非良性。这种对迅速上涨的房价看似毫无影响的反应，可能会掩盖城市生活质量的下降，尽管这种生活质量的下降并不会影响到那些最富裕的居民。家庭只能通过减少房屋建筑面积且把更多的收入用于租金，或选择更长的通勤距离，来适应明显快于他们收入增速的房价增速。

如上所述，高昂的住房价格或绝对贫困将迫使贫困家庭的住房消费量低于法规规定的最低社会可接受水平。而低于最低标准将进一步降低穷人的住房标准。消费低于社会可接受标准的住房，通常会导致该住房无法获得合法性和永久性。由于贫困导致住房消费减少，从而进一步加剧了贫困，这将是一个恶性循环，不断增加贫困家庭的痛苦。

在中等收入和高收入国家，许多不太富裕的人们可以通过正规或者非正规的途径，将现有住房细分为较小单元来应对高房价。在另外的一些案例中，新家庭不得不与父母或其他亲戚共同居住较长的时间。无论哪种情况，高昂的住房成本都会导致住房消费的降低。下面讨论的两个案例说明了这些被迫的调整方式：北京郊区的公寓细分以及欧洲成年子女与父母的共同居住。

最终，有时城市会修改其社会可接受的最低住房消费标准，以反映不断变化的社会经济群体的需求。这种情况发生在 2016 年的纽约，许多单身家庭的存在促使城市管理者降低了最低住房标准。下文将更详细地讨论这一案例，因为它非常典型地说明了设置最低的社会可接受标准这一做法自始至终都是徒劳的。

6.4.1 中国公寓的非正规化细分

中国城市中几乎找不到非正规的住宅区。但是，低收入家庭的住房消费通常难以衡量。在中国城市外围建造的许多新公寓面积太大，低收入家庭负担不起。因此，低收入居民会通过在细分公寓中租房来负担住房。2013 年北京北郊街头的海报（图 6.4）刊登了一个出租 18 平方米房间的广告，该房间是一个大公寓其中的一间，公寓配有厨房和浴室，供租户共享。从住房供应的角度来看，这种调整适应方式是可取的，因为它可以将已建成的住房库存转变为负担得起的住房。一旦公寓楼建成，就很难通过减小单套住房面积来满足住户对较小住房单元的需求。对现有公寓进行非

低价大次卧
精装修 全家电
可做饭 上网 洗澡
交通购物方便 家具家电齐全
次卧【18㎡】800元/月
不收任何杂费
【包物业取暖 无中介费】
有需要者请与我联系
133--------

[Translation]
Large guest bedroom at low price
High-quality finish, full appliance package
Could cook, connect to Internet, bath
Close to transit and shopping, full set of furniture and appliances
Bedroom (18 m²) 800 yuan/month
No miscellaneous fees
(Condo fee and heating charges included, no brokerage fee)
Please contact me if interested at
133 ------------------------------

图 6.4 2013 年北京郊区细分公寓出租一间房间的海报广告（2013 年）

正规细分是匹配供需的最快方法。当然这种情况不一定是永久性的。随着时间的推移，新建住房的供应可以更好地满足需求，那时，公寓细分的做法将自行消失。

政府应监管但不应禁止将公寓细分的做法。但如果公寓细分的做法持续存在，那么就可能是法规的问题。比如，任意地规划最小公寓面积，或每个街区的最大住宅数量，这些可能都是导致供需不匹配的原因。取消这些看不到好处的法规，可以使房地产市场对不断变化的消费者需求作出响应。

6.4.2 与父母同住的年轻人

在富裕国家，很难评估高 PIR 对特定收入群体住房消费的影响。2013 年皮尤研究中心（Pew Research Center）的一项调查显示了在欧洲国家和美国，与父母同住的 25–35 岁人群所占的比例（图 6.5）。这一比例从丹麦的 1.8% 到捷克的 56.6% 不等。虽然文化因素可以解释国家之间的一些差异，但诸如就业率和住房供应问题之类的经济因素也会影响这一比率。无论造成国际差异的原因是什么，我的观点是，当住房供求之间存在差异时，住房消费就会进行调整。

6.4.3 降低“最低社会可接受”住房标准：纽约的小型公寓和微型公寓

在纽约，1987 年的城市分区法规规定，公寓面积至少应为 37.2 平方米。但是这种规模的公寓供应受到了另一个分区法规的限制，该法规对每个区域的住宅单元数量的最大值设置了限额，因而不论人们对小型（mini）公寓是否有需求，都间接地减少了可以在一个街区中建造的小型公寓的数量。

然而随着过去 50 年每户家庭人数的减少，人们对小型公寓的需求一直在增加。2015 年，非家庭住户（即由一个人或由非亲属个体组成的家庭）的数量占到了所有

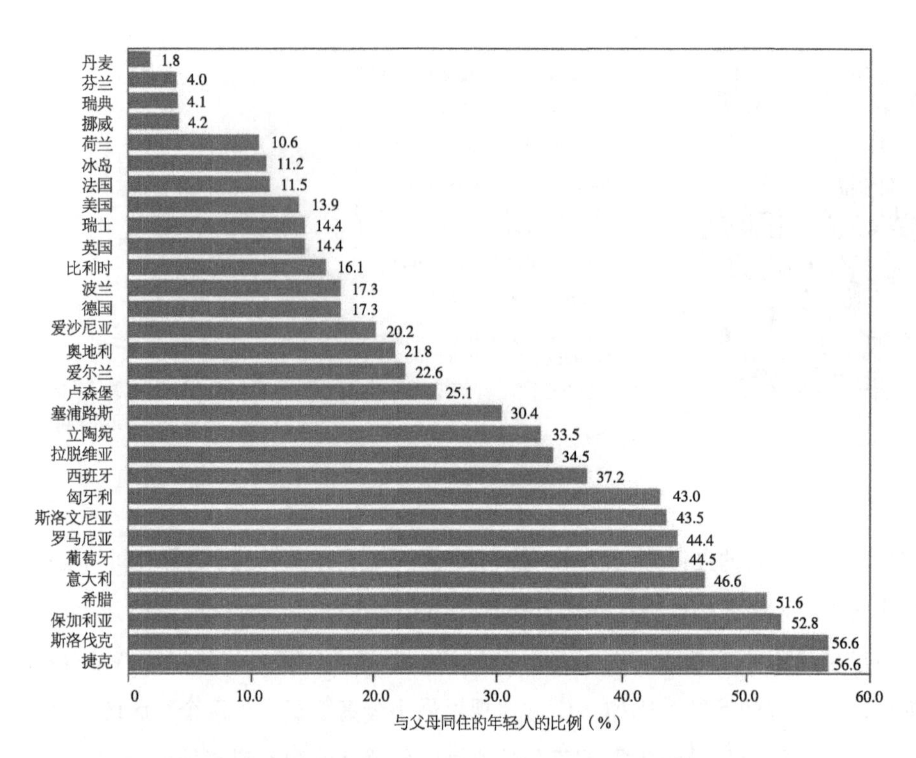

图 6.5　2010 年在欧洲和美国与父母同住的 25–34 岁年轻人的比例

资料来源：皮尤研究中心，华盛顿特区。

住户的 38%。意识到这一问题后，2015 年，分区委员会允许在曼哈顿东侧的一栋 9 层楼高的建筑中建造 55 套 24–33 平方米不等的小型公寓。这是朝着使用常识性方法废除社会可接受的最低标准迈出的一小步。

当 55 套小型公寓上市时，每套公寓有 4300 名申请人！这表明了对小型公寓的巨大需求，而这一需求受到了最低公寓面积规定的武断限制。该公寓楼位于市中心，可轻松进入纽约的劳动力市场。放宽最低公寓面积的限制，使人们可以在距离中心位置较远的大公寓和距离中心位置较近的小公寓之间自由进行取舍。

但是，即便地方政府取消了对整座城市公寓最低面积的限制，开发商仍不会建造更多的小型公寓。因为另一项限制每个街区内住宅单元数量的法规仍将阻止小型公寓的建造。限制每个街区内住宅单元的数量是为了限制居住密度。但是自从该法规实施以来，随着平均家庭人数的减少，居住密度已经下降了。最初目标经常被遗忘的层层法规阻碍了住房供应与需求的匹配。为了使住房供应能够及时响应住房需求，必须废除这些多层次的法规。

在纽约，最低住房面积的规定已经发展了几个世纪。图 6.6 显示了纽约在不同时期可接受的最低面积公寓的平面图示例。1860 年，住房建设标准几乎不受管制，因而开发商建造的房屋满足着各种社会经济群体的住房需求。建于 1860 年的楼房的标准层平面图（图 6.6 中的平面图 A）显示，每个楼层都有 4 个 27.2 平方米的公寓。每个公寓有三个房间，其中只有一个房间有窗户。浴室设置在后院的底层，由大楼内的所有住户共享。这种公寓设计使得每个家庭只能占用一个房间或多个连通房间。当时，家庭规模很大，通常每户有 6–7 个人。1860 年，这些公寓街区的人口密度约为每公顷 660 人[5]，并在 1910 年达到每公顷 1530 人的峰值，随后到 2010 年降至每公顷 390 人。

随着时间的推移，社会可接受的最低住房标准不断演变，一场改革运动推动了 1879 年《公寓房屋法》(*Tenement House Act*)（图 6.6 中的平面图 B）的诞生，该法案要求房间必须与通风井连通。此外，还要求每一层都要有浴室和卫生间供租户使用。最低公寓面积为 26.7 平方米。

住房类型	年份	公寓建筑面积（m^2）	校小房间的建筑面积（m^2）	每单位假定人数	人均建筑面积（m^2）
A. 经济公寓	1860	27.5	6.0	6	4.6
B. 旧法规公寓	1880	26.7	6.0	6	4.4
C. 翻新后的旧法规公寓	2016	26.7	无	2	13.3
D. 最小规模工作室	2016	38.0	无	2	19.0
E. 微型公寓	2016	27.8	无	1	27.8

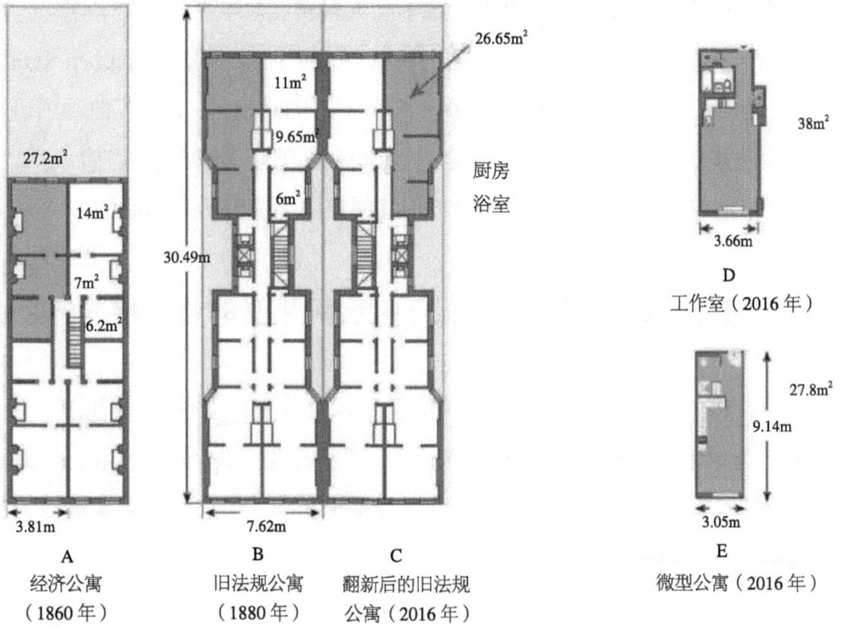

A 经济公寓（1860 年）

B 旧法规公寓（1880 年）

C 翻新后的旧法规公寓（2016 年）

D 工作室（2016 年）

E 微型公寓（2016 年）

图 6.6 自 1860 年以来，纽约市的最低可接受住房标准

最近一段时间，这些“旧法规公寓”得到了翻新，通过移动内墙并引入厨房和浴室，创造了总面积为 26.7 平方米的单间公寓（图 6.6 中的平面图 C）。我与妻子还有我们蹒跚学步的孩子在抵达纽约后曾在这样的公寓里住了一年。我们的家庭人均居住面积为 8.9 平方米。由于厨房和浴室不被归为房间，因此我们相当于在一间房里住了三个人。我们唯一的房间面积为 14 平方米（约 150.7 平方英尺），因此我们正好处于纽约州规定的社会可接受最低标准的极限[6]，即每个宜居房间每人 4.6 平方米（约 50 平方英尺）。联合国人居署将每个房间超过三个人定义为过度拥挤，因此几乎可以说我们的公寓就是联合国认定的贫民窟！实际上，独立卫浴、煤气炉和空调使我们的生活比原来的公寓住户要舒适得多。由于地理位置优越，我们非常喜欢住在这套公寓里。

1987 年，法规允许的最低公寓面积为 37.2 平方米。图 6.6 中的平面图 D 展示了 2016 年建成的这种规模单间公寓的平面图。图 6.6 中的平面图 E 展示的是上述提到的曼哈顿中城将建造的 55 套 28 平方米的微型公寓之一的平面图。然而，与曼哈顿和布鲁克林住房存量当中的重要组成部分的那些翻新的旧法规公寓相比，微型公寓的面积还要略大一点（我无法找到纽约仍在使用的旧法规公寓的确切数量，但它们可以在谷歌地球图像上被轻松地识别）。

这些示例说明了通过法规控制最大人口密度或最小人均居住面积是徒劳的。19 世纪 60 年代经济公寓的密度很高，并非是由设计或法规造成的，而是由市场造成的。公寓优越的地理位置和租户极低的低收入造就了高人口密度。

在曼哈顿，许多这样的旧法规公寓至今仍存在。斯蒂芬·史密斯（Stephen Smith）和桑迪普·特里维迪（Sandip Trivedi）于 2016 年在《纽约时报》[7]上发表的一项研究表明，由于重叠法规的复合效应，今天曼哈顿约 40% 的现有建筑无法建造！尽管世界上几乎每座城市都有类似的规定，但仍很难理解制定此类规定的基本原理。

6.4.4 纽约的非正规细分可以创造低于社会可接受的最低标准的经济适用房

在许多城市，将大型公寓划分成独立的单元出租给他人，让住户共同分享卫生间和浴室这一行为通常是合法的（但有一些限制，例如，纽约将该权利限制为每套公寓居住不超过三个相互无关的人）。但是，在大多数城市，将公寓或房屋细分为带有厨房和浴室的独立单元却是非法的。

2008 年的一项研究显示[8]，在 1990 年至 2000 年，纽约通过对现有住房进行细分以及将地下室和车库改造成新的住房单位，非法建造了约 114000 套新住房。这些未经许可的住宅占 20 世纪 90 年代纽约新增住房存量的一半，约占总住房存量的 4%，为约 30 万至 40 万人提供了住所。

尽管像这样细分房屋是非法的，但不得不承认此举在无任何政府补贴的情况下创造了负担得起的新住房。另一项研究描述了定居纽约的孟加拉国新移民的困境。这些家庭中的大多数收入非常低，无法负担任何合法建造的住房。因此，他们中的几个家庭会集资在皇后区的低收入地区购买一套独立式住宅，然后将其细分为几个独立的单元分别居住。这些非法住房单元随后也进入房屋市场，被出售或出租。

政府派出检查员以防止这种情况发生。而他们反对这些非正规细分的理由，是这些细分住房单元增加了人口密度，使公用事业系统、城市交通和学校负担过重。可是由于过去 30 年来大多数家庭规模在缩小，公用事业系统不太可能真正受到影响。不过移民家庭的孩子往往比本土家庭的孩子多，所以学校的确可能变得过于拥挤。然而，地方政府的主要职能之一便是为该市所有的儿童提供学校空间，以现有教室数量不足为借口阻止家庭在社区定居是没有道理的。禁止房屋细分的行为通常是掩盖地方政府无法为其居民提供足够教室数量的借口。许多分区法规的制定是为了防止任何性质的改变，包括阻止低收入家庭住进中等收入的社区里。就孟加拉国移民而言，他们比现有居民占用更少的建筑面积，因此能够比富裕的邻居出更高的价格购买房屋。这有悖于绅士化。尽管城市规划部门宣称以社会包容（即家庭收入混合的社区）为目标,但分区法规的制定阻止了低收入家庭负担得起在高收入社区的生活，从而防止混合收入社区的出现。

以上示例说明了家庭是如何通过减少住房消费来适应高房价的。理想情况下，住房供应和需求之间是匹配的。但由于需求和供给的变化之间不可避免地存在滞后性，例如当家庭规模缩小时，法规应该允许这些非正规的调整合法地进行。

6.5 当穷人无法用资本代替土地（即建造更高的楼房）时

随着城市的扩张，中心区域的土地变得更加昂贵。对此，家庭和公司采取的行动是搬入多层建筑（公寓和办公大楼），以减少土地占用。通过这一行动，实现了资本代替土地。通过建造多层建筑，他们可以增加建筑面积的利用，同时减少土地的占用。通过用资本代替土地，每个住宅单元就能消耗更少的土地，低收入家庭可以与高收入家庭竞争相同的土地。

在城市，低收入家庭可以负担增加的多层建筑成本。这是一种至少 18 平方米[9]的钢筋混凝土结构，其结构坚固，足以支撑将公寓一层一层地堆叠起来。在最低收入国家，建筑成本最低，对于一个 12 平方米的单间公寓而言，一个家庭至少需要负担得起 6000 美元的购买价格，因为 6000 美元是建造 12 平方米公寓所需要的混凝土和钢材等基本建筑材料的全球市场商品价格。

换句话说，用资本代替土地需要一个最低限度的成本。在某些城市，最贫困的家庭无法负担这一最低成本门槛。因为他们无法用资本代替土地（即建造更高的楼房），所以他们所占用的建筑面积甚至比他们所占用的土地还要小。他们通过占用很少的土地，甚至更少的建筑面积才能负担得起住处。例如，在图 6.7（A 栏）中，非正规住区的土地面积与建筑面积之比为 1 : 16。此外，在许多城市的贫民窟中发现的极其狭窄的通道并不是由于“设计不良”，而是那些迫切需要更多建筑面积的家庭的合理选择，由于他们太过贫穷无法建造更高的房屋，他们情愿以街道空间换取更多的建筑面积。这导致了非正规和正规住区分配给道路和开放空间的土地相差 30% 以上（图 6.7）。

正规住区和非正规住区的土地利用情况比较

	A. 非正规住区	B. 正规住区
平均楼层数	1	7
每户住宅平均建筑面积（m^2）	17.5	81.3
人均建筑面积（m^2）	3.50	23.21
人均土地面积（m^2）	4.04	6.16
每平方米建筑面积	1.16	0.27
每户住宅用地面积（m^2）	20.22	21.55
道路和开放空间百分比	13.5	46
总建筑面积比（FAR）	0.87	3.77
净居住密度（每公顷人口）	2473	1624

图 6.7　孟买北郊的非正规和正规住区（见彩图）

注：包括公用走廊和楼梯。

让我们对此进一步展开研究。下面选取自孟买北郊巴延达尔（Bhayandar）西部的这个案例，向我们展示了无法用资本替代土地的后果。图 6.7 展示了两个并排建造的定居点。左边的定居点 A 是一个收入很低的社区，是一个非正规的定居点，那里的房屋是用废弃的木材和波纹铁建造的，结构太脆弱，无法垂直延伸。右边（定居点 B）是一个中产阶级社区，由 7 层楼的公寓组成。社区 A 太穷了，无法用资本代替土地，而社区 B 却可以负担得起这种替换。让我们比较一下他们对土地和建筑面积消费的不同方式，如图 6.7 中的表格所示。

两个社区消费的人均建筑面积相差较大，中产阶级社区 B 为 23 平方米，而贫困社区 A 仅为 3.5 平方米。然而，这两个社区的人均土地消费相对接近：中产阶级社区 B 为 6 平方米，贫困社区 A 为 4 平方米。一座公寓楼中一间房间的最低建筑成本为 6000 美元，那些负担不起这一成本的贫困家庭，不得不比正规定居点 B 的相对富裕家庭就每单位建筑面积占用更多的宝贵土地。定居点 A 的贫困家庭每平方米建筑面积必须使用 1.16 平方米的土地，而定居点 B 的家庭每平方米建筑面积仅使用 0.27 平方米的土地。定居点 B 的家庭由于可以负担得起多层建筑中的公寓成本，因此他们也可以保留 46% 的土地为开放空间，相比之下，定居点 A 的家庭拥有的开放空间比例仅为 13.5%。

尽管仅由地面一层结构组成，但水平定居点 A 的居住密度远高于垂直定居点 B。

非正规定居点 A 中的住房大多是由住户通过回收废弃的材料自己建造的。房屋一旦建成，其售价或租金便通过非正规市场确定了。因此，制约极度贫困家庭的主要因素是土地的获取。尽管定居点 A 和 B 的每户住宅消耗土地面积大致相同，但定居点 A 的布局是法规所不允许的，而定居点 B 的布局则是法规允许的。

2016 年的成本门槛大概在 6000 美元左右，无力支付这笔费用的贫困家庭将被迫生活在非正规的底层住区。在土地价格昂贵的大城市中，与高收入家庭相比，最贫穷的家庭不得不在每单位建筑面积上消费更多的土地，这导致低收入家庭的住房消费极低。

相比之下，在贫困家庭能够负担得起每间房屋超过 6000 美元费用的城市中，图 6.7 中所示的地面层贫民窟往往会消失，取而代之的是消费更多建筑面积的多层公寓。

建筑技术的发展和推广，如预应力小型预制梁，可以大幅降低多层建筑中每间公寓原本 6000 美元的成本。因此，这种技术远比节省建筑成本更能提高穷人的住房消费，因为它可以使更多的家庭像高收入群体一样，用资本替代土地。

另外，建造多层公寓通常需要融资。因为住户几乎不可能自行承担这种结构的建筑资金，自行建造水平住房可能可行，那是因为水平住房相比多层公寓可以逐步改进。因此，城市的金融部门必须能够为开发商提供抵押贷款和建设融资，以提高土地利用效率。

6.6 衡量与住房消费相关的收入分布对于制定健全的政策是必不可少的

6.6.1 使用城市家庭收入分布

在比较不同城市或寻找时间序列中的趋势时，使用收入中位数来衡量可负担性是一种合理的简化。对于中产阶级人数众多的城市来说,这也是一种可以接受的简化,因为这些城市中大多数家庭的收入都集中在收入中位数附近。但是，当试图改善特定城市的住房可负担性时，则有必要研究收入分布，因为中等收入家庭可能只代表一个很小的社会经济群体。在发展中国家的大城市尤其如此，与较富裕的城市相比，这些城市的收入分布更加离散。

图 6.8 显示了 1998 年上海家庭收入的分布情况。收入在横轴上以等间隔呈现。条形图显示了每个收入区间的家庭数量（对应左轴上的刻度）。叠加在条形图上的虚线表示各收入区间内家庭的累计百分比（对应右纵轴上的比例）。该图显示了不同社会经济群体中争夺土地和住房的家庭数量。与使用收入中位数，或那些不精确的术语“低收入”“中等收入”等相比，这种包含城市中所有收入群体的图形可以传达的信息要多得多。例如，从图 6.8 中可以明显看出，年收入低于 6000 元人民币的 18 万个家庭的可负担性问题与年收入 14000 元人民币左右的 26 万个家庭的可负担性问题大不相同。但是，这两组群体的收入都远远低于上海的收入中位数（约 21000 元人民币，

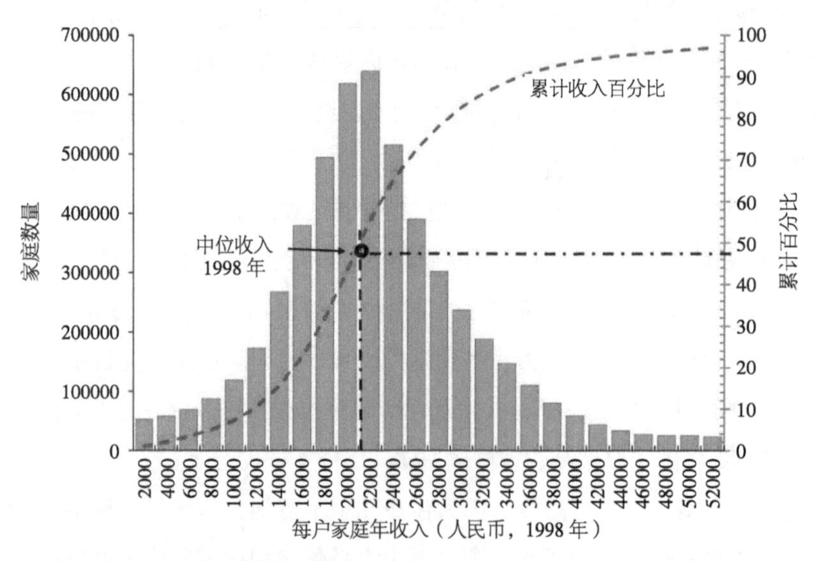

图 6.8 1998 年上海家庭收入分布

资料来源：陈洁（Jie Chen）、郝前进（Qianjin Hao）与马克·斯蒂芬斯（Mark Stephens），《改革后中国住房可负担性评估：以上海为例》（*Assessing Housing Affordability in Post-Reform China: A Case Study of Shanghai*），伦敦劳特利奇出版社，2010 年。

图 6.8 中所展示的水平虚线）。城市的收入分布曲线是分析和量化住房可负担性问题的必不可少的工具。

6.6.2 住房存量和流量，以及涓滴理论（Trickle-down Theory）

收入分布曲线的形状也有助于预测可负担性的政策影响。该图可以测试“涓滴”可负担性理论[10]是否可行。例如，假设开发商将年收入约为 1.4 万元人民币的家庭负担得起的新住房数量增长 10%（或约 2.4 万套新家庭住房），那么这将提高年收入低于 1.4 万元人民币家庭的可负担性。因为那些受益家庭腾出的住房数量可能会流向家庭数量比较少的低收入群体中，并产生重大影响。但是，如果同样的 10% 住房数量增幅是为收入在约 3.6 万元人民币（或约 1 万个新家庭单位）的家庭建造，虽然腾出的住房数量增加也将流向低收入群体，但由于低收入群体家庭数量要多很多，因此产生的影响不大。对于低收入人群，以上每种情况，涓滴效应的确都会发生，但如果住宅单位增加针对的群体是收入与分布模式相当的家庭，涓滴效应将被完全稀释（在图 6.8 所示的上海案例中，该模式对应的是收入约为 2.2 万元人民币的家庭）。如果每个收入区间的家庭数量相等（即条形图的高度都相同），则“涓滴”效应将非常显著。

当然，涓滴效应也可能变成上滴效应。想象一下，一个政府如果限制了高收入群体的住房供应，而只支持建造成本较低的住房单元（在当时的中国对应着收入约 1.2 万元人民币的群体，如图 6.8 所示），那么在没有新供应的情况下，高收入群体将会比低收入群体出更高的价格来购买市场上仅有的新住房单元。由上及下的涓滴将变成由下及上。由下及上的涓滴意味着，以前低收入家庭买得起的住房被高收入群体购买（绅士化）。这种情况在政府保障性住房中经常发生，其原因可能是总体住房市场受到了土地使用法规的严重限制，或者缺乏基础设施扩张而限制了土地供应。高收入群体便“入侵”了低收入群体的住房存量。当高收入群体购置现存住房只是为了将其重新组装成更大的住房，从而减少整个存量中的住房单元数量时，这种影响尤其严重。

20 世纪 70 年代，在印度钦奈（Chennai），市政府制定了一项强有力的计划，建造有补贴的公共住房，同时通过法规和不完善的基础设施建设来限制所有其他收入类别的土地开发。然而，那些按照收入水平谨慎挑选出的可以受益于公共住房的低收入家庭，通常会将其公寓转租或非正规出售给高收入家庭。对此，政府应对的方法并不是调整其住房政策，以腾出更多土地用于住房，而是专注于防止这种向上涓滴的销售或转租行为。政府要求所有公共住房中的家庭成员都必须持有带照片的身份证，当检查员进行随机抽查时，需要向其出示。这是一个向上涓滴效应的例子，当土地开发政策和法规与住房政策不符时，这种效应非常普遍。我将在下文讨论住房政策选择问题时，对这一主题进行更详细的讨论。钦奈政府的反应也是许多国家政府的典型反应。当数据表明某项政策无效时（如受益的低收入人群将其补贴住房出售给高收入人群），政府试图通过实施更多的法规来促使该政策获得成功。

家庭收入分布曲线表明了任何旨在确保向所有家庭供应可负担住房的政策面对复杂性，尤其是在收入差异很大的情况下。我将使用收入分布曲线作为检验住房政策选择的主要工具。

6.6.3 当收入快速增长时会发生什么？

图 6.8 展示了 1998 年上海的收入分布情况。可能几年之后该曲线的形状就会完全不同。新的非技术性移民可能会增加图形左侧的收入极低家庭的数量。同时其他已长期城市化的家庭的收入，由于持续增长的生产力和技能水平，可能会迅速增加。收入的增加将使家庭移动到图形的中间和右侧位置。家庭收入分布的变化将改变住房需求，进而产生了调整新住房单元供应的新需求。新住房的价格和标准也需要去适应这种新的需求。

让我们比较一下 1998 年和 2003 年上海的收入分布状况（图 6.9）。在此期间，上海每户家庭实际年收入的中位数从 2.1 万元增加到 3.2 万元（人民币），增长了 52%，年均增长率为 7%。[11] 如此高的收入增长率是罕见的。在上海，过去十年中进

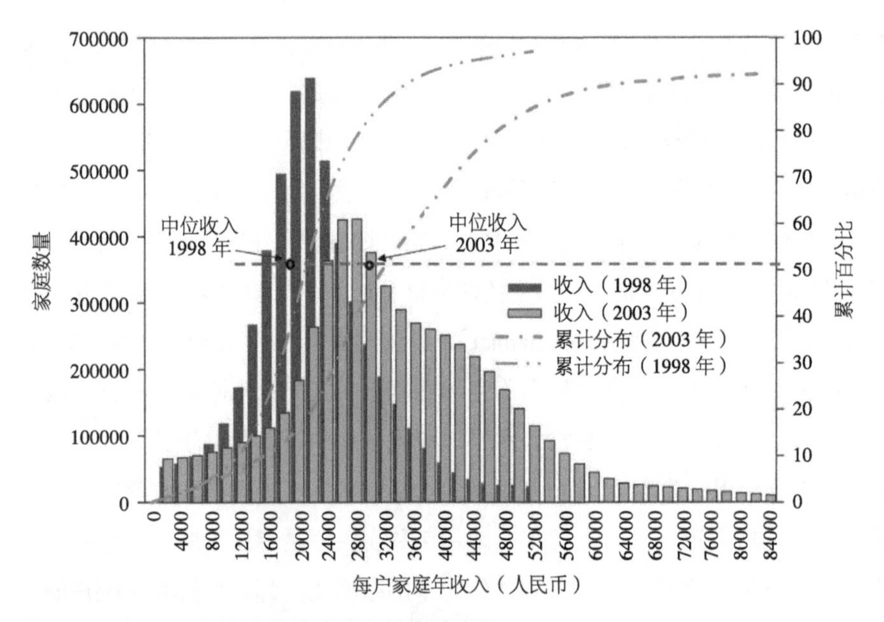

图 6.9　1998–2003 年上海家庭收入分布的变化

资料来源：陈洁（Jie Chen）、郝前进（Qianjin Hao）与马克·斯蒂芬斯（Mark Stephens），《改革后中国住房可负担性评估：以上海为例》，伦敦劳特利奇出版社，2010 年。

行的大胆的经济改革和大规模的基础设施投资，极大地提高了城市生产力。同期，家庭数量增长了 17%，即每年平均增长 3.3%。这对于 1998 年人口为 1550 万的城市来说也是一个惊人的增长率。而在此期间，上海的自然人口增长率为 –0.08%。因此，人口增长完全归因于移民。

尽管上海的人口和收入增长率不同寻常，这也为了解城市收入分布变化时出现的住房可负担性问题提供了参考。上海的这些变化在短短五年之中就完成了。在其他城市，类似的变化可能会持续更长的时间，比如 10 年，但这些变化仍然是令人生畏的，需要加以解决。在管理一个城市时，没有什么比假设一个静态情况更具破坏性的了。

收入中位数增加 52% 并不能反映所有收入阶层的一致增长。家庭收入分布方式对住房可负担性具有重要影响。尽管收入中位数大幅增加，但极低收入群体（每年收入在 6000 元人民币以下）的家庭数量却增长了 53%，即额外增加了 7.06 万户家庭。这种增加与高迁移率是一致的。因为许多移民来自农村，尚未掌握获得城市生产性工作所需要的技能。

而在中等收入群体 [从 6001 元到 2.4 万元（人民币）] 中，与 1998 年同组群体的家庭数量相比减少了 190 万户，即减少了 58%！相比之下，家庭收入 2.4 万元人民币以上的群体增加了 209 万户（比 1998 年增加了 124%）。

根据上海市统计局的数据，在此期间新增了 1.538 亿平方米的住宅建筑面积，即新增的每户家庭都能拥有 165 平方米的建筑面积。总体而言，住房供应似乎与人口增长并驾齐驱。鉴于上海人口的快速增长，这是一项了不起的成就。但是，建筑面积的总和并不能告诉我们建造的房屋单元总数有多少，房屋有多大，价格或位置如何，或者有能力负担此类房屋的家庭类别是怎样的。

住房可负担性不应按总收入来计算，而应按收入组别来计算。建筑面积不是按每平方米单独出售，而是作为公寓这个整体出售，而公寓的具体位置决定了它的价格。因此，低收入家庭可能无法使用到所有建造的建筑面积。可负担性的评估也不能只从总体的角度通过将新的住户构成与建造的新住房单元作比较来完成。以住房单元而非总建筑面积衡量的新住房供应量，应当按照投放到市场上的、特定收入群体所能负担得起的新单元数量进行分类。在进行可负担性评估以检测一项政策的有效性时，有必要从价格和收入、建筑面积消费量和位置等几方面对建造的住房单元数量进行分类。

6.6.4 与住房类型相关的收入分配

大家已经看到城市中收入存在巨大差异。每个在收入分配曲线上的家庭都住在某种在当前条件下可以负担得起的住所中。但是，该住所的质量可能从人行道上2平方米的硬纸板空间到带有室内游泳池的豪华别墅不等。为了识别真正的可负担性问题，我们必须使收入分布与住房消费相匹配，并确定住房消费在什么时候会低于社会可接受的最低水平。在寻求政策解决方案时，我们必须知道目前有多少家庭居住在低于最低可接受标准的住房中。政策的选择会根据低于此最低限额的具体家庭数量而有所不同。想象一下，在一个拥有100万人口的城市中，只有500人生活在纸板和塑料制成的庇护所中，那么对应的解决方案可能是通过福利预算拨款，将这500户（个人，即可能是单人家庭）家庭转移到城市中心位置的适当住所中，并为他们提供教育和培训，以便他们最终融入城市劳动力大军。但是，如果在同一城市中，有30%的人口居住在纸板和塑料房屋中，那么就要采取截然不同的政策解决方案了，必须仔细研究土地和房屋的供求情况。即使有时一些需求补贴会被使用，解决住房问题仍然需要市场的干预。因此，制定住房政策必然会将住房可负担性不足与遭受这些不足的家庭数量联系起来。这也是我将在下一节中提出的建议。无论是在孟买还是在纽约，家庭收入分布曲线都将是制定解决方案的首要基础。有必要从低于社会可接受最低标准的家庭所占比例的角度来量化这一问题。

然后，家庭收入分布应与按收入范围划分的住房消费相关联，这也是在PIR指数中缺少的重要维度。将“住房上的花费”与“家庭消费所获得的住房品质”这两个指标联系起来十分重要。住房政策的目标是提高因低收入而不得不接受低标准住房的家庭的住房消费。因此，住房政策绝不应仅仅把每年提供一定数量的住房单元来填补“积压”的不合标准住房作为目标。这种方法只对需要拆除旧住房的情况有效。本章前面介绍的纽约旧法规公寓（Old Law Tenements）的更新案例表明，通常并不需要销毁每一个旧住房单元。

图6.10左图所示的所有家庭都住在可通过卫星图像或航拍在地面上空观察到的住宅中。

因此，通过对高分辨率卫星图像进行分析，也可以识别按成本和物理特性区分的房屋类型。这样就可以测量每种房屋类型所占的面积，然后城市的整体住宅供应便可以按照不同的住房类型进行分类。人口普查数据和实地调查数据可以对卫星图像判读后获得的信息进行补充，进而，可以将整座城市的人口得以分配到不同的住房类型中。每种住房类型对应着可能与家庭收入相关的住房价格或租金范围，然后就可以把如图6.8所示的收入分布类型图和住房类型数据合并起来，以获得所有家庭依据收入组别和住房类型进行分布的范例。图6.10展示的即是此方法的结果。右图展示了河内的家庭收入分布，左图展示了在收入分配的基础上叠加的住房类型。这

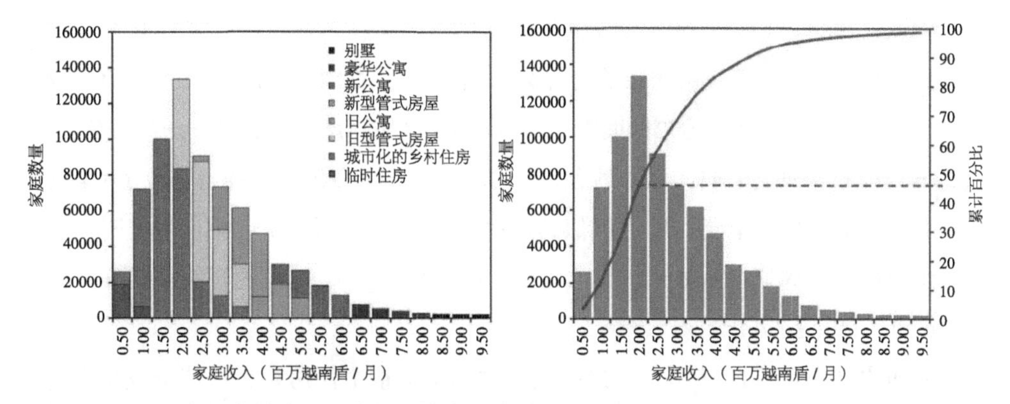

图 6.10　2005 年河内的收入分布与住房类型的关系（见彩图）

资料来源：数据来自《河内综合开发与环境计划》（*Hanoi Integrated Development and Environmental Programme, HAIDEP*），河内统计研究所（Hanoi Institute of Statistics），2005 年，以及作者根据实地调查和卫星图像得出的估计值。

些图展示了每个收入群体目前可以负担的住房类型（即他们目前所居住的住房）以及每种住房类型的家庭数量。

河内的人口分布在八种住房类型中。这些住房类型是河内特有的，可以在卫星图像中轻松识别。城市间不存在标准的住房类型，因此对于每个城市必须定义一个新的类型，以反映当地的历史和文化。以河内为例，越南有两种特有的住房类型：城中村住房和“管子房”（Tube House）。城中村住宅是原先位于河内外围村庄的住宅，现已被河内不断扩大的城市范围所包围。这些村庄保留了原始的街道布局和地块面积。“管子房”是传统的联排房屋，正面约 3.5 米，进深 22 米，有时有 6–7 层楼高。它们可能由一个大家庭使用，或被细分为公寓，甚至可能被作为一个个的房间出租。因此，能够负担得起管子房的收入群体在不同街区和不同时段之间可能会有很大差异。

分析住房政策时，住房类型的选择很重要。随着时间推移，某些房屋类型的数量会增加，而其他类型的住房数量则必然会减少。例如，位于河内历史核心区的旧管子房和旧公寓所构成的存量住房由于无法扩大，只能通过拆除和改造为其他类型的住房（例如“新公寓”）的方式慢慢消失，而这些住房通常会被另一些收入较高的人群购买。

图 6.10 只是调查时河内住房状况的一个写照。随着时间的变化，收入分布将发生变化，房屋将通过拆迁、重建和扩建转变为新的待开发土地。社区很少会一成不变，它们总会趋向于绅士化或者去绅士化。通常，如 21 世纪初的上海那样当收入水平迅速增长时，高收入群体倾向于迁往新建的住宅，低收入群体便迁往高收入群体以前生活过的旧住房中。但是，如果这些旧社区位置足够优越或历史悠久，高收入群体也可能会搬回旧社区的翻新住房。

例如，1949 年以前，北京的胡同经常居住着中高收入家庭。而在 1949 年之后，胡同经过细分，发生了致密化和随之而来的去士绅化。20 世纪 80 年代，北京的一些胡同被改造成高层公寓。在 21 世纪初，一些胡同区域再度流行起来，随后被重新改造为低密度的独户住宅或昂贵的酒店。士绅化和去士绅化的往复循环持续了大约 50 年。大多数城市的古老街区都有类似的过程，存在不同长短的士绅化、去士绅化和再士绅化的循环周期，例如，纽约的西村（West Village）、巴黎的玛莱（Marais）和伦敦的苏霍区（Soho）。

从历史城市的不断转型中得出的主要教训是，整个住房存量可能会发生变化。因此，经济适用房政策应该预测未来可能的住房存量和流量。存量和流量方法应用于不同住房类型时更为有效。例如，在河内的案例中，我们知道"旧公寓"流量必然为负，而别墅和新公寓的流量则可能为正。

一个常见的错误是，只关注像低收入社区这样的一小部分住房市场，并不断开发市郊绿地来增加供应，但其实所有类型的住房存量都在变化。特别是低收入家庭通常更愿意搬到他们刚好负担得起的、位于市中心的社区，而不是搬入城市周边新开发的有着较长通勤时间的低收入居住区。

6.7 收入分布与住房消费的关系

讨论了家庭收入与住房类型的联系之后，我们有必要将家庭收入与实际测量的住房消费关联起来。为了达到这个目标我们可以使用若干消费类型指标：每户建筑面积、每户土地面积、住宅公用事业消费（例如水和电）、交通可达和社区服务设施等。我们还可以使用一个综合指数来反映涵盖所有消费类型的家庭住房加权总消费。

无论我们选择哪种消费标准衡量模式，所有住房单位均根据其价格等级分布于不同家庭中。理论上，这个价格与家庭收入直接相关。通过将家庭住房消费与收入分布相关联，我们可以确定特别贫困的群体，并制定住房政策解决这种贫困问题。图 6.11 展示了河内的收入分布与每户建筑面积之间的关系。

图 6.11 下图再现了图 6.10 的家庭分布，此外我又在上面添加了一个新图，横轴同样为家庭收入，纵轴则为随收入变化的每个家庭消费的建筑面积。每张图中的实线代表人均收入。不同的家庭可能会基于他们的情况、喜好和位置而消费不同量的建筑面积。同一收入区间内家庭的不同建筑面积消费可以取一个平均值。这就是为什么消费量可以方便地用一条曲线来表示，该曲线显示了每个收入区间的平均消费，而不是用一个包含所有调查案例的散点图来表示。

图 6.11 中的两张图展示了不同类型家庭的住房消费情况。大多数住房政策的第一步是先定义社会可接受的最低住房消费，通常以建筑面积为单位。结合使用与每个收入区间的平均住房消费相关联的收入分布曲线，可以评估低于消费阈值的家庭数量，进而可以相应地调整策略以及可能的阈值。例如，在河内，有 50% 的家庭住房消费不足 40 平方米（图 6.11）。那么政府是否应该制定一个目前超过 50% 的人口都无法达到的标准呢？显然不是！每个收入区间的平均建筑面积消费量也可以由与收入相关的其他消费指标代替，比如水消费或任何其他指标。

图 6.11 中的两张图是对现实的简化，因为许多具有相同收入的家庭可能表现出不同的住房消费水平，但这种简化对于理解和讨论政策选择非常有帮助，我们将在以下章节中看到。

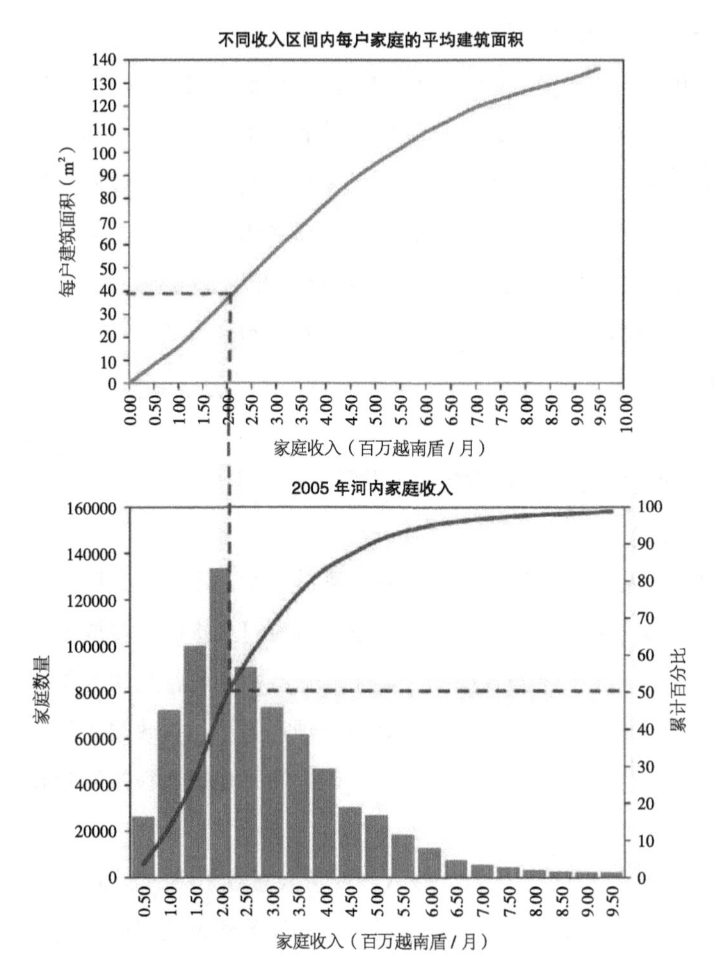

图 6.11　河内的家庭收入分布（下图）和建筑面积消费（上图）

资料来源：数据来自河内统计与河内综合开发与环境计划（HAIDEP），河内统计研究所，2005 年。

6.8 使用收入 – 消费关系来测试政策选项

我们可以使用有关收入、家庭数量和住房消费的图表来测试替代性住房政策。为了测试替代政策，我将使用一个与特定城市无关的假设案例，以避免描述任何可能影响结果或政策的特殊情况。在本章的后面部分，我将使用收入 – 消费图来讨论特定的研究案例城市中各种住房政策的有效性。

6.8.1 住房政策选择

政府常常宣称，很大一部分城市人口的住房质量差是市场失灵造成的。实际上，一些存量住房的质量很差是由贫困引起的。众所周知，市场是一种不具有同情心、盲目且冷酷的机制。可以预见，市场对低收入家庭将会提供质量很低的住房，而对那些几乎要将全部收入都用于充饥的家庭，市场根本不会为其提供住房。在一座有大量极低收入家庭的城市中，市场不太可能为他们提供任何看起来像住宅的东西。那么，政府是否应为收入最低的家庭提供住房呢?

政府代替了市场的角色为穷人提供社会可接受的住房，这没有错，实际上，这恰恰是政府的角色之一。如果这些住房还配有体面的学校和卫生设施，那么提供住房不仅是一种富有同情心的努力，更是对所有城市居民未来福利的投资。政府显然应该为无家可归的人提供庇护所，因为市场不会为无收入人群提供任何解决途径。

但是，一旦政府决定为低收入家庭建造住房，就面临着下面五个问题:

1. 应该包括多少户家庭? 换句话说: 政府应该在多大程度上替代市场?
2. 应该提供什么标准?
3. 政府每年应补贴多少住房?
4. 向所有潜在受益人（低收入群体）提供住房补贴需要多少年?
5. 每年需要多少预算拨款?

在制定住房政策之初，政府就应为这些问题提供明确的答案。政策的最终制定需要经过反复推敲，直到受益人的数量和所选择的标准与政府可负担的年度成本相符。通常，公共住房计划仅回答了五个问题中的一两个。这些数字通常反映的是感知到的需求，而不是切实可行的行动。许多住房计划由于预算紧张、行政限制和以此类推的其他问题，实际供给标准和供应数量都低于承诺水平，最终在很短的时间内就失去了信誉。

可靠的公共住房计划应包括与标准、受益人收入和受益人总数相关的定量评估。但常常有一种过度扩张的诱惑，将大量的受益人包括在内，导致建设住房成本超出了政府的承受能力。

6.9 收入分布、住房消费和市场结果

6.9.1 将收入分布与住房消费挂钩作为诊断工具

如图 6.12，我展示了一条典型的收入 - 消费曲线。下方的图展示了需求层面——收入与家庭数量之间的关系。上方的图则展示了供应层面——收入与消费之间的关系。纵轴是反映房屋质量的指数，该指数包括建筑面积同时也涉及安全水源的可获得性等特征。或者，住房质量指数可以仅用一个影响住房质量的参数来代替，例如每户住宅的建筑面积或人均用水量。

上方图中曲线 *ab* 展示了在没有补贴的市场条件下房屋质量的变化。曲线经过原点（0，0），因为零收入市场只能是零消费。通常，当收入从零开始向上增加时，住房消费最初非常缓慢地增长，随后当家庭收入达到中产阶级水平时，增长速度才会加快。

将住房消费与家庭收入相关联的消费曲线 *ab* 反映了市场状况。市场只是一种机制，它不具备情感，也不懂尊重道德价值。因此在许多低收入或中等收入国家的城市中，贫民窟和非常低的住房消费并不代表市场失灵，它们仅显示了在特定供需均衡条件下的市场结果。例如，在图 6.12 中，收入为 *d* 的家庭的住房消费量为 *g*。

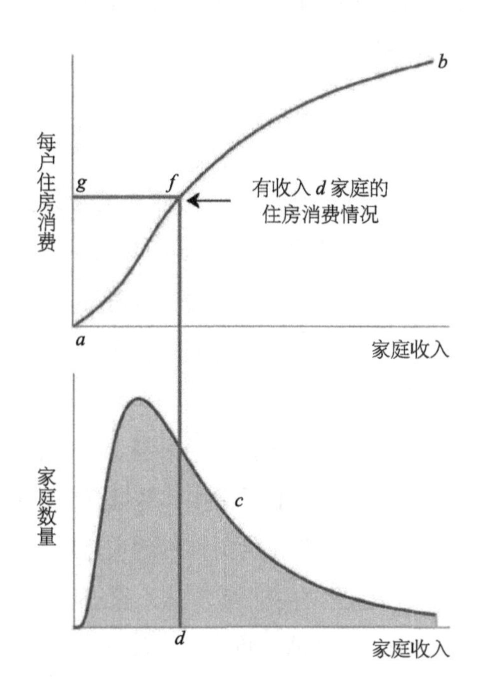

图 6.12 收入和住房消费——市场结果

6.10 住房政策的目标是改善现有住房

6.10.1 消费

住房政策的目标是改善住房消费曲线 *ab* 的形状，以使收入最低的家庭的住房消费增加到社会可接受的水平。在某些社会部门（例如卫生和教育部门）中，政府的政策应以收入的平均分布为目标，尽管这种理想分布在现实世界中很少实现。例如，与纵轴在 *g* 处相交的水平线代表了住房的均等分布。

但是，住房政策很少以均等分布为目标。所谓均等分布，即所有家庭，无论收入多少，都住在几乎完全相同的房屋中。在苏联和改革前的中国，住房被认为是生产要素，而不是反映消费者偏好的可以买卖的消费对象。实际上，他们也确实努力地建造了几近相同的住房单元，仅根据家庭的规模在房间数量上有微小的调整。20 世纪 90 年代初在俄罗斯和 20 世纪 80 年代在中国的工作经历使我相信，即使在由意识形态平等主义驱动的政权中，住房均等的目标也很难实现。即便提供了“同等”大小的住房，也可能一个住房单元位于市中心，而另外 30 个住房单元远在数公里之外。这意味着进入工作地点的机会非常不平等，从而导致实际住房存量的期望值不平等。住房政策的目标通常是确保低收入群体的住房消费不低于某个最低住房消费水平，但它对于高收入群体的消费却并无太大影响。

在以下段落中，我将假设大多数城市居民希望收入最低的家庭能够负担得起由许多实际标准决定的最低住房消费。这些标准可能是最小建筑面积、最小耗水量、卫生设施的可获得性、垃圾处理、雨水排放或社区服务等。

6.10.2 城市土地供应增加的影响

图 6.12 显示了特定城市在当前市场条件下在时间 *t* 的住房消费与收入的关系。正如我们在上海案例中所见，家庭收入分布和住房消费通常会随着时间而变化。

如果家庭收入不改变，政府可以通过消除供给层面的约束来增加住房消费。一些供给层面的约束仅仅是行政管理方面的，例如，获得建筑许可的规定程序。其他对策是监管性的，例如规定建筑物的高度、周围地段的密度、每个住房单元的建筑面积、城市扩张的障碍（绿化带），甚至是对建筑设计、创新或技术的限制。而其他类型供给层面约束的消除将需要进行投资。例如，通过扩大主要道路和基础设施网络来增加可开发土地的供应。图 6.13 中的虚线 *ac* 展示了消除供给层面的约束后所有家庭住房消费的潜在增长。消除供给层面约束产生的积极影响因收入群体而异。例如，在政府消除了住房供应的某些约束之后，收入为 *d* 的家庭的消费将从 *g* 增加到 *j*。

从长远来看，尽管每个家庭都可以从消除供给层面的约束中受益，但对于不同收入群体而言，受益的程度并不相同。从图 6.13 中我们可以看到低收入家庭（在收入分布曲线的左侧）的收益远低于中等收入群体的收益。即使市场运作良好，收入很低的群体的住房消费仍然可能很低。因为新的住房单位由中高收入群体购买，不会直接惠及低收入群体。因此，即使在成功实施供给层面改革之后，政府也有必要经常采取其他行动来增加赤贫者的住房消费。

消除供给层面约束后，住房消费可能会迎来较高的涨幅，并且对政府而言成本通常不高（如果有更多人能够住在更多的房屋中，实际上反而可能增加税收基数）。那么政府为什么不系统地审核其行政法规和监管体系，把因住房消费的提高而带来的利益分配给所有公民呢？一个可能的原因，是供给层面的改革通常需要几年才能显示出结果，改革的发起者很难因住房存量的改善而获得赞誉，因此进行改革的动力不足。另外，法规会对私营企业的决策造成什么影响也不明确，而私营企业决策往往受到利润的激励。因此，城市很少建立数学模型来预测法规对私营开发商在利润上的影响和在不同收入水平下建造新住房方面的激励程度。而且，正如我们前面所看到的那样，对住房"要有所作为"并想要尽快完成的动机，使人们忽视了要花费时间通过调查和监管审计去发现问题的必要性。

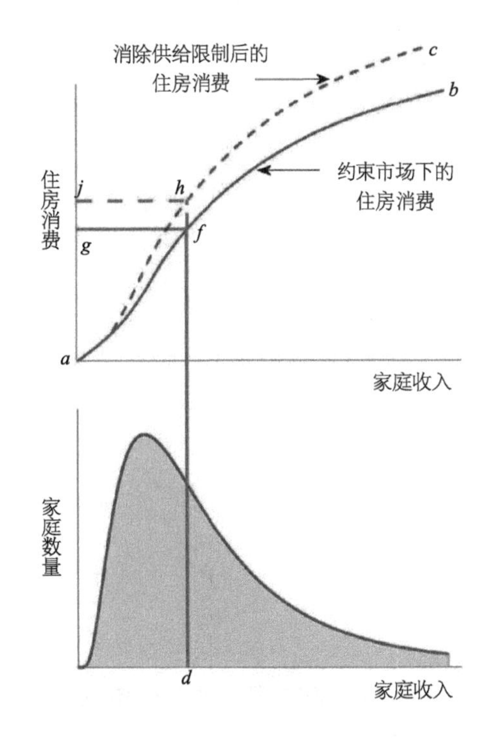

图 6.13 消除供给层面的约束对住房消费的影响

6.11 获得抵押贷款可能会增加大量家庭的住房消费

以抵押贷款的方式获得住房融资往往会增加有资格获得住房抵押贷款的家庭的住房消费。除了完全依靠家庭积蓄的途径，家庭可以从银行借入一部分必要的款项来购买住房。这使他们能够购买与仅依靠自身积蓄相比更大或更优越的房屋。获得抵押贷款的家庭还可以购买额外的住房，用于出租，从而大大增加了住房存量。因此，如图 6.14 所示，抵押贷款的可用性往往会增加有资格获得抵押贷款的人的住房消费。假设银行将为收入高于 d 的家庭提供抵押贷款，收入为 d 的家庭的住房消费则从 g 增加到 g_1，继而所有收入高于 d 的家庭的住房消费将成比例增加。我在此假设住房供应具有弹性（即，当对更好住房的需求增加时，开发商能够迅速响应需求），在这种情况下，新的消费曲线不再连续，而由两段 a–f 和 f_1–b 组成。

然而，让我们设想一种情形，由于法规约束或可开发土地缺乏，开发商无法应对抵押贷款带来的需求增加。那么，获得抵押贷款的家庭所增加的需求将集中在建造的少量房屋上，这时带来的可能就是房价的普遍上涨，而不是消费增加。虽然在城市经济中，任何对需求的刺激，无论是来自收入的增加还是购买力的增加，都是令人向往的，但当住房供应受到监管不力和可开发土地短缺的限制时，则会导致房价上涨。

在图 6.14，我假设只有收入高于 d 的家庭才能获得抵押贷款。这大约是总人口中最富有的三分之一的群体。这种情形在资本紧缺、金融部门仍然比较不成熟不发

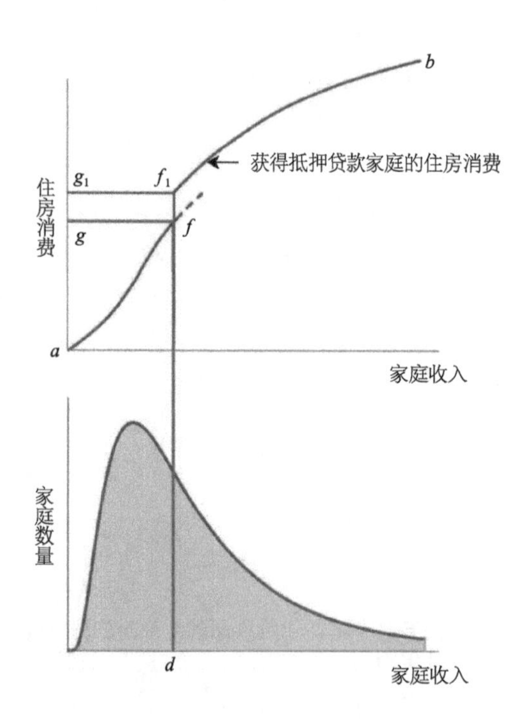

图 6.14 获得抵押贷款的住房消费

达的中低收入经济体中尤为典型。

为什么抵押贷款仅提供给收入高于 d 的家庭呢？因为金融部门可能没有能力动用大量的储蓄，而且由于资本紧缺，银行会首先向最富裕的家庭放贷，因为它们的风险被认为相对较低。随着金融部门的发展，贷款下限将向左移动，覆盖越来越多的中等收入家庭。最终，它可能覆盖多达 70% 的城市家庭。在持续并连贯地实施发展金融业的相关政策后，马来西亚和泰国等国家已经实现了这种突破，其带来的结果是惊人的，持续时间也是长期的。

然而，大量非正规就业家庭和土地所有权的不确定性也可能会限制获得抵押贷款的家庭的数量。因此，政府可以通过制定有助于金融部门发展的规则来增加住房消费。

6.12 确定最低住房消费会增加非正规住房部分的规模

6.12.1 为什么政府要确定最低住房消费？

在正常的住房市场运行下，家庭收入与住房消费之间的关系类似于图 6.12 中的曲线：贫困家庭的住房消费比中产阶级家庭少得多。在年迁移率更高的城市，贫困家庭数量更多，住房消费则更低。新迁入移民由于城市劳动技能水平低下，只能挤在贫民窟中。贫民窟的特点不仅是极低的土地和建筑面积消费，而且城市公用设施（例如水和卫生设施）的消费也非常低，社区设施（例如学校和诊所）的水平也很低。当贫民窟的数量增加到足以引起高收入群体的注意时，政治压力便会迫使地方政府“采取行动”。

政府的第一反应通常是制定最低住房标准，低于该标准的新建住房将是非法的。我工作过的所有国家 / 地区均设有最低住房标准。随后，新法规将规定最低住房消费，这一标准通常以最小地块面积、最小建筑面积、最大密度和建筑用地面积比（容积率，FAR）的组合表示，此外还有最低道路宽度和最低开敞空间标准。监管者自诩通过法律来禁止那些不被社会认可的住房建设，就可以改善低收入家庭拥挤的不卫生的居住环境。

通过规定最低住房消费，政府实际上是试图通过规范他们的城市来摆脱贫困，但调控最低住房消费这一方式却起到相反的作用。法规中所规定的最低住房标准对应最低住房成本，而当该成本高于一定数量家庭可能愿意支付的金额时，最低住房消费法规的唯一影响就是将那些低于新标准建造的定居点变得非法。此外，即便在未来，法规依旧将这些穷人唯一可以负担得起的定居点定义为非法的。

非法定居点的居民结社成为非法居民，可能无法获得某些服务以及法律的正常保护（不被驱离）。不符合最低住房标准的定居点通常被称为“非正规住房”，甚至贫民窟。

因此，即使并未实际执行，规定最低住房消费标准的法规也不是良性的，而且通常它们在很大程度上也无法执行。它们唯一的作用只能是使低于最低标准定居点的贫困家庭的生活变得更加困难。生活在非正规定居点中的人们通常很贫穷，而这些将他们的住所定义为非正规性（住宅）的法规则进一步加剧了他们的贫困。

对穷人来说，住在非正规住区的代价很高。第一，非正规性意味着居住权不确定性的增加，因此，它们的住所很可能在没有补偿的情况下被拆迁和征用。第二，许多市政服务，例如供水、雨水排放和垃圾处理，通常无法落实到非正规住区中。第三，诸如卫生和教育之类的社会服务（如果提供的话）往往是不达标的，因为定居点的非正规性意味着非永久性，而没有政府会在非永久性定居点投资建造学校或药房。

让我们看看最低标准规定对位于收入分布底层的家庭住房消费的影响，如图 6.15 所示。在图 6.15 上图的纵轴上，政府将最低住房消费水平设置为 *m*。该消费水平 *m* 与住房市场消费曲线 *C* 在 *h* 点处相交。从 *h* 处绘制一条垂直线，该垂直线与表示家庭收入的下图的横轴在 *n* 点处相交。下图中 *hn* 线左侧，曲线 *C* 下方的阴影区域为居住在最低标准以下的居住区的家庭数量。根据法规的定义，在 *hn* 左侧家庭所住的社区为非法住区。

如果政府提高标准 *m*，非法定居点的家庭数量将会增加，反之则会减少。

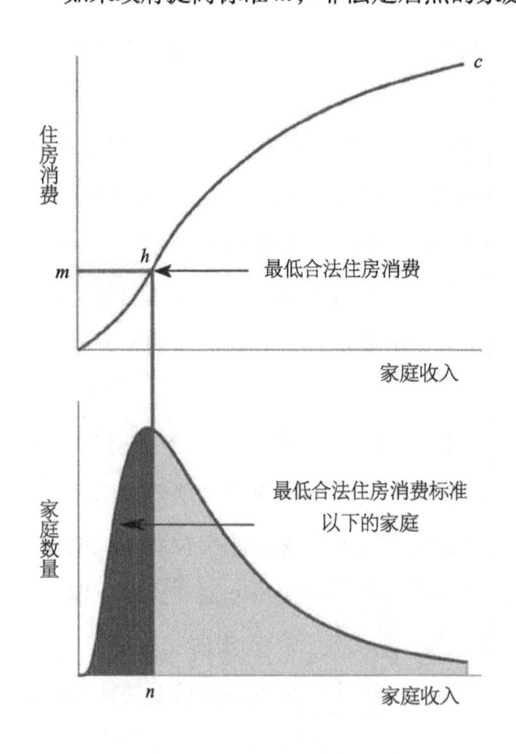

图 6.15　政府设定最低住房消费

最低住房标准的选择是武断的。事实上，并没有所谓的最佳住房标准。的确安全饮用水和卫生设施的获取是必不可少的，但是提供这种最低限度的服务有很多种方法可以实现，而不必对建筑面积、土地和道路强加一个最低面积。那么在设定获得用水和卫生设施的最低限度时，标准应该包括每人每天多少的水量呢？是按照五个家庭共用公共水龙头时，人均每天获得 30 升（lpcpd）的水量？还是欧洲的 150 升（lpcpd）？还是加利福尼亚州的 863 升（lpcpd）？相同的推理也可用于对最小地块大小或最小建筑面积大小的规定。我们将在下面描述印度尼西亚“甘榜”政策的案例研究中看到避免设定最低标准的积极影响。

调整最低住房标准不是一项技术任务，而是一项政治行为。在发展中国家的许多城市，甚至纽约和巴黎等城市，其最低标准都存在过高的问题。住房标准似乎有一个最低的政治界限值，没有一个地方政客会批准低于此临界值的最低标准值。因为他们认为，一旦接受极低的消费标准（可能是一部分人口唯一可以负担得起的消费标准），他们就在某种程度上承认了永久贫困，而通过设定高标准，说明社会正在进步。

对于不合理的高住房标准的存在，另一个更不友好的解释是制定者希望让贫困移民远离城市，让贫困家庭远离特定的社区。发达国家的许多住宅分区法旨在确保“同质化”社区，即防止收入较低的人迁入社区。

规定最低住房消费标准带来的后果，是人们会消费很少的住房，因为他们太穷了，买不起。法规规范并不会使穷人摆脱贫困。

然而，这些法规将阻止那些贫困家庭唯一能够负担得起的住房的建造。如果一些开发商准备继续建造低于最低标准的住房，这些房屋将成为非法住房，那么贫困家庭最终会受到驱逐或者他们唯一能负担的房屋将遭到拆除。因此，确定最低住房消费的法规剥夺了贫困家庭的权利。

因此，无法负担符合最低监管标准的住房价值的家庭会面临两种选择：居住在他们选择的城市的非法定居点，或返回房价更便宜或不受监管的农村地区。显然，绝大多数人选择了前者。发展中国家许多城市普遍存在的贫民窟表明，许多家庭往往只能负担得起原始形式的住房，且在他们生活的高密度环境中没有足够的基础设施。贫民窟是由贫困造成的，而政府强制实行最低住房标准的做法则进一步加剧了贫困。居住在非法定居点的家庭得不到生活用水、卫生设施这样最基础的生活供应，也没有垃圾处理等基本服务，这仅仅是因为生活在其中的人们无法负担最低消费法规强加的武断标准。

与提供最低面积的住房相比，提供最低限度的安全供水和卫生设施以及清理固体废物的基础设施要相对便宜。缺乏安全用水和卫生设施对穷人的健康造成的破坏性远大于其住房的面积或建造质量。

政府希望每个公民都至少享有一定量的建筑面积、基础设施和社会便利设施，这是合情合理的。但是，政府也应该作好准备通过实际的补贴来弥补家庭为满足这些最低标准而必须支付的租金差额。因此，关于最低住房消费水平的讨论其实是关于可负担性的。家庭无法负担的费用应由政府负担。政府常常设定高住房消费标准并许下对住房补贴的承诺，却并没有资源让他们实现承诺。贫困家庭的结局与图 6.15 中所示的结果相似。因为当地政府将最低标准设置得很高，导致家庭或政府都负担不起，他们最终只能生活在无法享受到城市服务的非法定居点中，而政府当局认为某个政府住房计划很快就会为居住在非法定居点的每个家庭提供“体面”的住房。

与普遍的看法相反，政府将住房标准定得过高，不仅是出于良性的经济乐观主义，而且正在作出对穷人产生灾难性影响的决定。

既然最低住房标准给穷人带来了如此明显的灾难性后果，为什么大多数城市规划师仍将其纳入总体规划中呢？我能想到的唯一答案是规划师对乌托邦的偏爱和对现实的厌恶。阿尔伯特·赫希曼（Albert Hirschman）的一句名言“无能者压迫弱者”[12]最能说明这一点。

现在我们来看看可供负责任的政府选择的住房政策，这些政府对改善最低收入群体的住房消费富有兴趣，并着手准备进行改革，有需要时他们也会将纳税人的钱投资于此。

6.13　需求侧补贴：需求侧补贴计划的影响

我们设想一下，一个地方政府决定所有家庭至少应享受图 6.16 上图中 *m* 对应的住房消费水平。为了实现这一目标，政府决定分发代金券给每个收入不足以支付与 *m* 相对应的住房标准的家庭。住房券的金额等于 *m* 标准下住房单元的市场租金与家庭可负担的租金之间的差额，并以家庭收入的固定百分比表示（例如 30%）。或者政府可以决定任何收入低于 *n*（图 6.16 下图）的家庭将会收到一张代金券，允许其在目前的房地产市场上消费不低于 *m* 水平的住房。

目前许多国家 / 地区都在使用代金券系统，例如美国[13]和智利[14]。这似乎是确保所有人达到最低住房消费且补贴资金透明的最明智的方法。另外，代金券系统允许住户选择他们的住房标准和位置，而这是供给层面的补贴所做不到的。接下来让我们来更详细地研究代金券计划引发的一些问题。

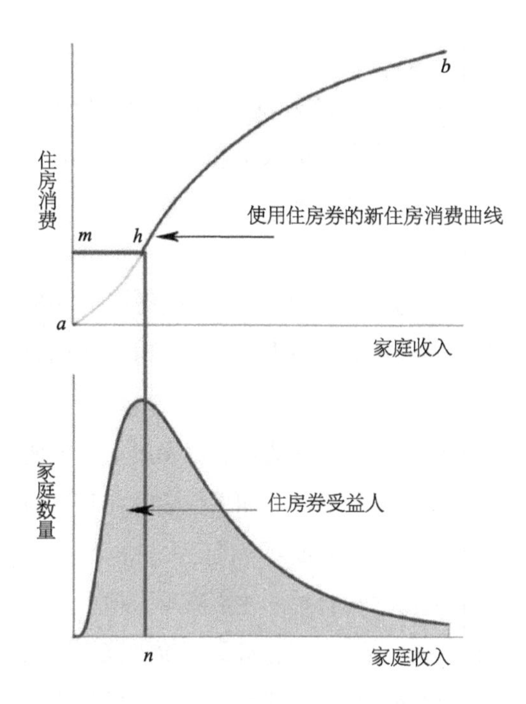

图 6.16 住房券的理论效应（部分均衡）

将代金券分配给所有受益人时的新住房消费曲线为图 6.16 中的 *mhb*。线段 *mh* 和曲线 *ah* 之差代表政府对每个收入区间每户家庭需要补贴的成本。政府补贴随着受益人收入的增加而减少。下图左侧阴影区域表示的是受益人的数量。通过将不同收入的受益家庭数量和他们有权获得的补贴相乘，可以很容易地计算出政府总成本。对于收入接近零的家庭，代金券将用于支付全部租金。当家庭收入增加时，代金券将调整为租金的一小部分。

取决于政府资源的不同，有时通过提高或降低消费标准 *m* 来调节是必要的。*h* 也有可能略高于 *m*，以便所有受益家庭都有动力增加收入以拥有更好的住房。确定受益人的数量后，政府应在相对较短的时间内提供代金券。此外，根据人口和经济预测，政府应计算每年有多少新家庭需要代金券，以及未来需要多少年度预算拨款来支持该计划。

政府往往倾向于选择住房标准 *m* 或基准收入 *n*，而不考虑有资格获得代金券的受益人数量对预算的影响。从图 6.16 中我们可以看到较高的基准收入 *n* 或较高的住房标准 *m* 将增加下图中左侧阴影区域表示的能够从代金券中受益的家庭总数。

政府只有有限的预算可分配给代金券。因此，在选择 *m* 或 *n* 时，应确保当前所有符合条件的家庭在三年内都能获得代金券。如果名单上众多受益人平均等待超过 3 年，却仍然无法获得代金券的话，那么这一住房计划就没有多大意义。对于那些被认为应该获得但可能永远不会获得补贴的人来说，这一类似低中奖率彩票的住房政策（正如纽约所采取的）有点残酷。

2016年9月，一家帮助申请人通过纽约市第8计划（Section 8 program）获得代金券的非政府组织在网站上发出了这样的警告："没有足够的代金券来满足所有有资格的申请人的需求。一旦等待名单开放，代理机构就会收到大量的申请。而人们只有几天的时间可以申请。"[15]

实际上，在2016年1月，纽约有86610户家庭收到了代金券，但仍有143033户符合条件的家庭在等待名单上。政府没有告知潜在的受益人要等多长时间才能获得代金券，这样的等待可能是无限期的。

代金券计划应该能够快速支付给符合条件的家庭。快速的代金券发放将大大增加对新住宅的需求，住房的供应应当能够迅速响应新的需求。如果代金券在几年内陆续发放，并且受益人的数量很大，则不能确定开发商能否立即供应大量 *m* 标准的住房。如果存在供应限制（比如土地难以购买或需要很长时间才能获得，抑或是建筑许可证处理缓慢），那么突然向建筑部门注入额外资本可能会导致房价上涨，那么达到住房标准 *m* 则可能需要比制定计划时预期更高的成本。代金券计划造成的通货膨胀可能导致所有低收入家庭的住房成本上涨。因此，与原始消费曲线 *ab* 表示的初始情况相比，该计划实际上可能导致标准下降。

这种情况曾发生在20世纪80年代的马来西亚，致使10年内房价每年上涨约19%，而名义收入每年增加10.5%。我与他人共同撰写的一份世界银行研究报告指出，监管供应限制加上补贴抵押贷款利率形式的金融刺激是导致房价上涨的主要原因。[16]

这个问题非常普遍，许多城市都出现了住房供应瓶颈。其原因可能是缺乏基础设施阻碍了新土地的开发，也可能是绿化带或其他城市增长边界，抑或是对土地开发或建筑本身的监管限制。对建筑行业本身的限制（例如劳动力或材料短缺）这一原因发生得相对少一些。只有当政府能够消除所有供应瓶颈时，代金券计划才能成功。消除供应瓶颈将产生与通货膨胀相反的效果，它将使消费曲线 *ab* 向上移动，如图6.13中的虚线所示。

代金券（或直接给予家庭的其他类型的补贴）等需求层面的补贴解决了住房消费低的主要原因：部分城市人口的收入非常低。需求层面的补贴使家庭可以在住房规模和位置之间进行权衡，也允许实施各种房屋设计和技术创新。所涉及的补贴是透明的，政府可将其纳入预算。它可以在不建立庞大官僚机构的情况下为大量住房的建设提供资金。但是，需求层面的补贴要求政府有能力负担代金券的费用，以使低收入家庭不至于沉浸在如中彩票般渺茫的虚幻希望中，还要求在分配代金券之前消除对土地和建筑的供应约束。

6.14 供给侧补贴：公共住房、包容性分区和租金控制

尽管需求侧的补贴有很多优势，但许多政府还是更喜欢提供供给侧的补贴。供给侧的补贴不是直接补贴给家庭的，而是给予开发商的，使他们可以在特定位置以特定价格建造预定类型住房。

为了从供给侧的补贴中受益，住户必须搬到获得补贴的住房中，它们的位置、面积和设计是由规划师而非最终用户决定的。为了继续享受补贴，受益人必须留在有补贴的住房中，继而失去了机动性。当他们的生活情况发生变化时若想改变住房位置或类型，就要失去补贴（进到新的等待名单中）。让我们使用将收入分配和消费联系起来的示意图（图 6.17）研究供给侧的补贴对住房存量的影响。

我们假设一个政府决定通过制定公共住房计划来解决贫民窟居民的低住房消费问题。出租给选定目标群体的所有住房的位置、大小和设计都由政府全权决定。受益人通常根据其收入来确定。在该图中，受益人的收入在 q 和 n 之间，满足条件的受益人数量在收入分配曲线上以深色阴影表示（图 6.17 中的图 1）。在收入曲线 ab 上，该收入组的当前住房消费量从 p 到 h 不等。政府建造了很多公寓，将用斜线阴影区域表示的受益人转移到 q 和 n 之间。新建公共住房的标准介于 p_1 至 h_1 之间，大大高

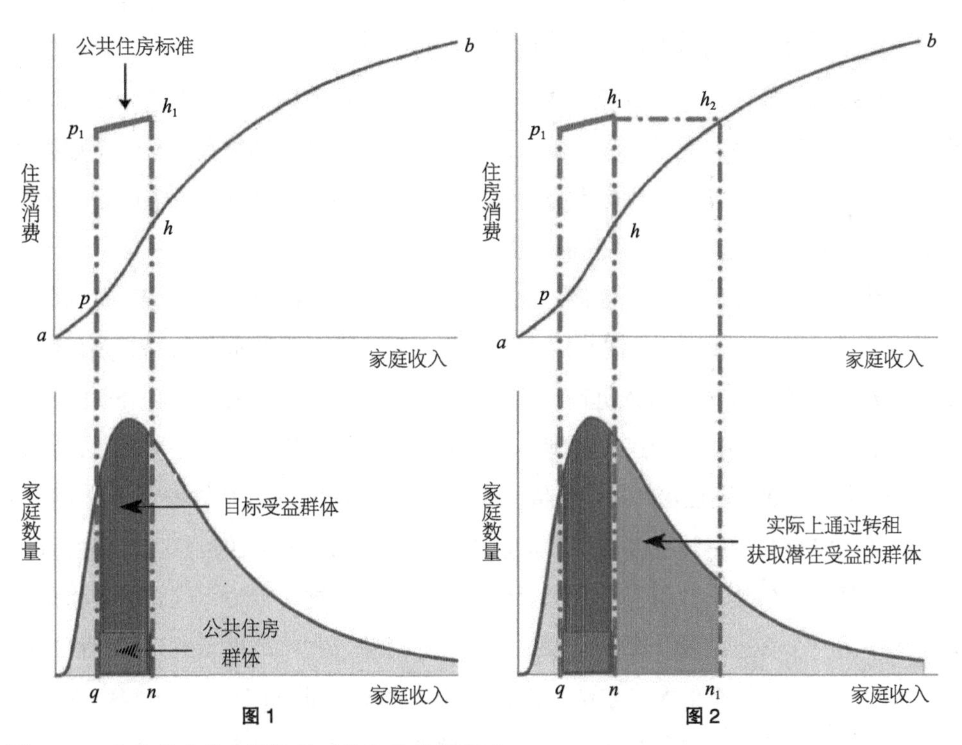

图 6.17　公共住房供应侧补贴对住房消费的影响

于目标受益群体的原始标准，即公共住房计划的目标 p 至 h。受益人支付的租金由政府确定，是其收入中一个可负担的固定比例，与提供标准在 p_1 至 h_1 间的住房的成本没有直接关系。

政府可以持续更新计划，直到图中深色阴影区域所代表的整个目标受益群体都被安置在公共住房单元中。但这不太可能真的发生，因为这将需要巨额的年度财政承诺，并且还需要征用大片的城市土地。不过到最后，许多低收入家庭的住房标准还是要比他们在自由市场上能够负担得起的水平高得多。那么，这种“公共住房”的方法又有什么问题呢？它其实存在着很多弊病，我将在下面作进一步陈述。

这种方法的主要问题，是受益家庭最终的住房标准高于收入较高的家庭，其原因出在受益人的收入等级的选择方式不同。

收入低于或等于 n 的公共住房家庭的住房标准远高于图 6.17 中 n 右侧所示的收入较高家庭的住房标准。一些受益于公共住房的家庭可能会通过将公共住房出租给更高收入群体来获取潜在租金，而这部分更高收入群体在当前市场条件下只能负担低于图 6.17 图 2 中 h_2 所示的住房标准。届时，成为公共住房计划中潜在受益者的家庭数量会变得更多。受益人群体的这种非正规扩张使他们的收入达到了 n_1 水平，潜在受益人额外增加的数量表示为 n–h_1 和 n_1–h_2 之间的收入曲线下方的阴影区域。

为什么从政府处获得补贴性住房的家庭会经不住诱惑将其转租给高收入家庭呢？转租将使得该家庭不得不搬入替代住房，并为此支付市场租金。用补贴性住房的市场租金减去替代住房的市场租金再减去补贴性住房的租金，如果最后可以为补贴性住房的原始受益家庭带来额外收入的话，那么这个转租就是有意义的。如果转租产生的额外收入比补贴性住房本身的高质量标准更能为家庭创造价值的话，那么接受补贴住房单元的家庭将有强烈的转租动机。

当补贴住房单元的标准足够高，足以吸引收入比原始受益人高得多的家庭时，就可能发生转租行为。这就是图 6.17 所表示的，其中住房标准 h_1 足够高，足以吸引收入为 n_1 的家庭，他们的收入远高于受益家庭的收入 n。纽约的包容性分区规划产生的补贴住房单元（如下所述）就满足这些条件。补贴住房单元一旦被转租，就表明受益家庭更喜欢补贴住房的现金价值，而不是较高住房标准所代表的实物价值。

受益人将公共住房转租或进行非正规出售是一种相对普遍的现象。几乎所有公共住房法规都严格禁止转租，并花费大量资源试图控制这一行为，这表明转租是公共住房中的一个普遍问题。像我前面提到的，为避免公共住房单元被其预先设定的受益人转租，印度钦奈的泰米尔纳德邦住房委员会（Tamil Nadu Housing Board）向其所有公共住房租户发放了身份证，并派遣检查员进行定期检查，以确定原始受益人是否的确居住在公寓中。禁止转租公共住房并不为钦奈所独有，纽约、巴黎、曼谷和大多数其他大城市也有类似做法，只是执行方式通常不像我在泰米尔纳德邦时观察到的那样麻烦。城市之间的唯一区别是法律的执行方式。

尽管转租这一行为通常被禁止，但其本身并不是问题。毕竟计划面向的受益人，虽然和预期并不相符，但其原本的住房标准是低于住房委员会认为的最低标准的。真正的问题在于，它扩大了受益人的数量，并且阻碍了在此收入范围内的私人住房的建造。

然而受益人数的增加并不是公共住房政策造成的唯一问题。正如我前面提到的，公共住房单元的位置、大小和设计是由规划师而非受益人自己选择的。因此，委员会在甄选和设计公共住房项目时，往往会把有相似收入的家庭分隔开，尽管这通常是出于好意，但他们对低收入家庭的偏好一无所知，最终导致了贫民窟的产生。在公共住房项目中通常缺少商业场所（如商店和服务性商店），而这正是人为设计的体现。

此外，公共住房单元中的家庭无法在不失去其补贴的情况下更换住房。或者说如果这种做法被允许，则必须视情况把他们移至另一个公共住房项目。收入增加超过收入限制 n 的家庭要么搬家，失去补贴，要么掩饰自己增加的收入得以继续留下来。

最后，由于所有政府合同都涉及冗长的行政程序，政府通常无法向所有公共住房的潜在受益人提供足够数量的公寓。如图 6.17 所示，获得公寓的家庭数量仍然只占目标群体的一小部分。为了从公共住房中受益，许多申请人通常会在名单上等待 10 年以上。例如在巴黎，如果将符合申请的家庭数量（23.4 万）除以年度实际分配的数量（1.2 万），则当前等待时间为 19 年。

还有其他住房计划依靠供给侧的补贴。在美国，低收入住房税收抵免计划（Low-Income Housing Tax Credit）为开发商提供税收抵免，这些开发商为收入低于该地区收入中位数 60% 的家庭提供能够负担得起的租赁单元。包容性分区计划（Inclusive zoning programs，如下面讨论的纽约项目）依赖于税收激励和区划奖励（zoning bonuses）的组合。尽管租金管制下的房产价值较低，地方政府也因此损失了部分房产税收入，但私营部门却承担了租金管制计划的所有补贴费用。这些供给层面的补贴计划遇到了许多与公共住房政策相同的问题。它们降低了受益人的机动性，因为补贴与特定的住房单元相关，如果家庭搬到另一间公寓，将会失去补贴。

如果供给侧补贴的缺点如此明显且有据可查，为什么这么多市政府似乎更喜欢它们而不是需求侧的补贴呢？我认为政客们可能更喜欢在有形的项目工程前剪彩，而且他们也没有像代金券这样的需求侧补贴机会。此外，在许多国家，负责建造公共住房的庞大官僚机构是赞助工作和项目合同的可靠来源。向受益人分配补贴的住房单元也成为政客们难以抗拒的赞助来源。

6.15 四种提供“可负担”住房的方法：四种结果

在本节中，我将描述四种提供可负担住房的方法，我曾有机会实地观察过这些方法，并与当地的拥护者和批评者进行了交谈。第一种是南非豪滕省的传统供给侧公共住房策略。第二种是纽约的包容性分区，这也是一种供应侧补贴策略，但成本应由受到税收和监管激励的开发商承担，而这些激励也并非是没有成本的。第三种是印度尼西亚泗水的甘榜改善计划（Kampung Improvement Program，KIP），其中包括设立正式的城市边界地区，在这些地区免除施行土地使用法规，而由政府完成对基础设施的补贴。第四种来自中国深圳，与印度尼西亚的 KIP 项目类似，其对界限分明的飞地豁免了土地使用法规。不同的是，飞地像一个共管组织一样运营，当地所有的基础设施成本由受益人承担，政府仅提供与城市基础设施的大批量连接。我们将看到这四种不同的策略在供应和满足目标收入群体的需求方面的表现。

6.16 案例 1：南非豪滕省的供应侧住房补贴

世界上大多数公共住房计划都包括在多层建筑物中建造出租公寓。公共住房计划通常无法交付本来计划的住房单元数量，因为对于财政部来说成本很高，而且很难及时获得土地。因此，实际受益人的数量比宣布的目标少，而且等待获得补贴住房的名单每年都在变长。

6.16.1 南非供给侧住房补贴不同的本质和表现

相比之下，就交付的住房数量而言，南非的补贴住房表现明显好于其他大多数国家 / 地区的公共住房计划。然而，正如我们将看到的，尽管南非成功地交付了大量可负担住房，但也显示出一些与供给侧补贴相关的不可避免的缺点。

南非宪法涵盖了公民享有“适居住房”的权利。于 1994 年上台执政的后种族隔离（post-apartheid）政府主要的优先事项之一，便是着手实施了一项雄心勃勃的住房计划，以履行其宪法义务。

鉴于住房交付问题的复杂性，南非政府明智地采取了几项住房补贴手段，其中许多是从供给侧考虑的，也有一些则是针对需求侧。其中，围绕着需求侧的补贴共有八项手段，例如购买现有住房的个人补贴贷款，甚至是为低收入家庭修缮和扩建现有住房的贷款。

但是，出于政治上的考虑，迅速提供大量新住房的必要性促使政府将大部分政府资源投入供应驱动型计划中，其中包括一种名为“项目挂钩补贴”（project linked subsidy）的手段，后被称为“重建与发展计划”（Reconstruction and Development Program，RDP）。RDP 计划会直接向供应商（通常为私人的供应商）提供补贴，前提是他们需要按照宪法中提到的充足住房标准来建造住房单元。与大多数公共住房计划相反，持有 RDP 资质的受益人将立即成为其住房的所有者。因此，补贴立即从政府转给了开发商，再转给了受益人。确实，与项目挂钩的补贴计划可以更快地大规模实施，因为在项目层面上，可以对数千套相同住房单元批量进行补贴资格鉴定。政府将补贴提供给供应商，然后由供应商转给受益人。由于无须就房屋的设计或位置咨询受益人，因此，供给侧补贴的管理也更为简单。此外还存在一种明显的规模经济，可以通过实施大规模的连续项目来降低建筑成本。

6.16.2 南非“适居住房”的定义

实施 RDP 的第一步需要定义是哪些构成了宪法中规定的“适居住房”。为此政府招募了一批技术专家和政治顾问，制定了一套涵盖住房、道路、公共服务、学校和卫生设施的标准。专家组设定的适居住房标准包括在 250 平方米的地块上建造一套 40 平方米的房子。新社区的土地使用率也被确定为住宅用地 50%，道路用地 30%，休憩用地和社区设施用地 20%。这一关于适居住房的统一规范定义为项目评估工作提供了极大的便利，促进了政府住房代理机构与建造住房单元的私人开发商之间的合同关系，从而提高了快速交付大量住房单元的可能性。然而，这一定义在选择潜在地点时却构成了巨大的固有刚性，那些大型空置的建筑场地会被优先选择，因为那里的土地价格便宜，但也因此远离了城市中心。

RDP 规定，所有城市住房均应采用相同的标准，而不论其位置或当地土地价格如何。这种一致性在政治上是合乎逻辑的，从某种意义上讲，它让公民在住房消费方面有明显的平等感。如果在分配资源时放弃了市场原则，则没有理由使用市场基准对行政分配的资源进行定价。距离约翰内斯堡市中心 5 公里和 20 公里的 250 平方米的土地将具有完全不同的市场价值。这种由于位置不同导致的相似土地间巨大的市场价值差异，事实上将导致受益人之间的经济不平等。但是，一旦住房计划管理者决定忽略市场作用，平等的表象往往比现实更为重要。

无论如何，关于不同地段的市场价值不平等的争论变得没有实际意义，因为大多数 RDP 项目都位于如此遥远的位置，以至于建造它们的土地价值差别不大，甚至大多都非常低。宽松的土地使用标准和较高的土地消费（参见图 6.18 的土地使用表）决定了 RDP 项目只能在距市中心很远、非常便宜的土地上建造。

南非豪滕省重建与发展计划（RDP）	
1995 年至 2014 年间豪滕省建造的补贴住房单元数量	925202
年均值	51400
2012 年每单元财政补贴	16194 美元
2014 年豪滕省的家庭总数	245 万
2014 年受益人比例	38

土地需求				
1000 块地	1000（块）		平均家庭规模	3.60（人）
单块土地面积	250（平方米）		人口密度	72（人 / 公顷）
住房用地总面积	25（公顷）	50%	每位受益人的土地面积	139（平方米 / 人）
道路	15.00（公顷）	30%	年均土地面积	7（平方公里）
社区设施	10（公顷）	20%	17 年以上的土地面积	121（平方公里）
总面积	50（公顷）	100%		

图 6.18　根据 RDP 住房补贴计划提供的住房单元数和土地使用要求

6.16.3　估计受益人数

第二步需要估计潜在的受益人数。为此，政府对各个城市的现有住房标准进行全面调查。依据调查结果对将现有住房存量与适居住房标准进行比较，然后计算住房积压量，该积压量表示符合适居住房标准的住房单元数量与现有存量之间的差额。根据人口增长的速度进行调整后，政府发现大约有 850 万户家庭（即 2000 年人口的 84%）必须获得补贴才能摆脱住房积压的困境，从而使南非政府能够履行其宪法规定的提供适居住房的义务。

潜在受益者的数量之多令人震惊，这引发了一个问题，即 RDP 是否真的如设想的那样，是一个从富人到穷人的资产再分配计划，还是说它是调动全体人民的财政资源（通过公司和个人税基）并以住房形式进行实物再分配的一种方法。

当以确定的价格交付大量住房时，该策略效果非常好。例如，仅在豪滕省，[17] 从 1995 年到 2014 年每年平均交付约 50000 个补贴住房单位（图 6.18）。2014 年，有 92.5 万户家庭受益于该计划，约占豪滕省家庭总数的 38%。该比例低于“积压”量，但与其他国家的类似供给层面补贴计划相比，这仍是一项非凡的成就。

6.17　南非计划失败的原因：住房供应和劳动力市场

迅速建造大量住房并不能确保公共住房计划的成功。正是由于高效的大型劳动力市场的存在，才诞生了像豪滕这样的大都市。只有当从补贴计划中受益的低收入家庭能够成为城市劳动力的一部分时，他们才有机会摆脱贫困。因此，良好的就业市场准入是为穷人提供的新住房最应具备的重要特征。

南非城市的空间结构仍然显示出 1994 年前种族隔离的特征。低密度、高收入社

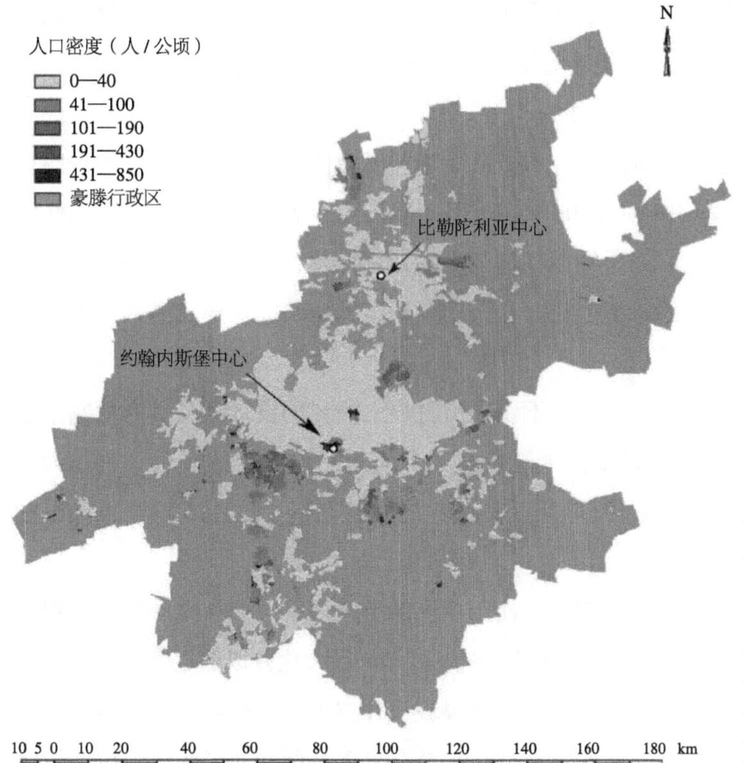

图 6.19　2001 年豪滕省人口密度的空间分布（见彩图）

资料来源：2001 年人口普查豪滕省市政报告，南非统计局，比勒陀利亚，2003 年。玛丽－阿格尼丝·罗伊·贝尔托使用卫星图像对建筑区域进行矢量化处理。

区（与美国郊区没有太大区别）仍然占据着城市的中心地区。就业机会分散在大都市的许多次中心，周围是低密度的富裕社区。在种族隔离制度下，非洲黑人工人生活在较远的、人口密集的“乡镇”，与白人郊区之间隔着广阔的缓冲区。南非种族隔离的城市结构与市场产生的城市空间结构相反，高密度的工作和人口集中在中心地区。不幸的是，RDP 住房计划的供应机制无意中加剧了从种族隔离遗留下来的空间缺陷，使穷人继续集中在远离市中心的高密度地区。2001 年的人口密度图已经显示出该计划的空间影响和人口分布（图 6.19），由图可见，2001 年南非家庭的空间分布仍然反映出种族隔离的城市结构特征而不是市场特征。

尽管在 RDP 下建立的新社区都通过主要道路和郊区火车（有时）与大都市地区的其他地方连接良好，但是通往就业中心的距离仍非常远，有时甚至超过 30 公里。另外，豪滕省的工作岗位分散在很大的区域范围内，这也极大地降低了公共交通的经济性。

种族隔离时期，少数白人居住的郊区住房类型启发了 RDP 项目的布局，尽管标准稍低。消除住房类型中明显的种族差异确实是重点。然而，个人交通是这种郊区定居点唯一可行的通勤方式。而大部分补贴项目中的低收入家庭买不起个人机动车辆。居住在豪滕省的低收入家庭必须乘坐集体出租车才能前往工作场所，这种出租车速度慢且价格昂贵，换乘时还需要等待很久。事实证明，这种方式也很难进行监管，最后往往会演变成驾驶员之间激烈的地盘争夺战。

大规模的住房补贴项目可能进一步分散了南非城市的劳动力市场，极大地降低了其生产力。南非的失业率在 2006 年至 2016 年一直徘徊在 22% 至 26% 之间。[18] 如此高的失业率不能完全归因于补贴住房计划的地理位置，但可以肯定的是，这项大规模的个人住房建造计划对于广泛分散，但又缺少经济快捷交通工具的社区无济于事。

新创建的社区缺少工作机会，这不仅是一处令人遗憾的设计疏忽。它受制于统一的建筑规范体系，在该体系中，土地价格是住房项目中唯一的变量。这是大多数公共住房项目的特征。让我们看一下是怎样的机制创造了这些“与世隔绝”的大型社区。

无论项目位于何处，开发商都必须使用相同的空间规范（例如地块面积、房屋面积、社区设施面积和街道宽度）。为了实现规模经济最大化并以商定的价格快速交付最大数量的住房单位，开发商必须以低价寻找大片空地，而空置土地只会在远离城市的边缘地区出现。任何开发商通常都会根据自己项目所在地区的土地价格调整土地使用变量（建筑物的高度和面积、开放空间和街道宽度）。而对 RDP 项目而言，所有土地使用变量均已固定，以符合适足住房标准。因此，为了满足固定的空间规范，开发商只能寻找价格低廉的土地，以保证财务可实施性。这个位置注定在一个地价便宜的遥远郊区，并不适合其他任何用途。

尽管 RDP 项目是土地密集型项目，但其密度（每公顷约 70 人）仍然高于靠近豪滕省几个城市中心之一（例如约翰内斯堡、比勒陀利亚或桑顿）的高收入郊区。这些项目造成了反向的密度梯度（外围的密度高于中心的密度），因此导致通勤行程更长，人口分散程度进一步增加。

6.17.1 有更好的替代方法吗？

考虑到 RDP 作为住房政策被采纳之前的特殊政治环境，南非政府是否可能设计出替代的策略呢？从理论上讲是可能的，那么政府应该立即取消所有在中心地区保留大型独栋住宅用地的分区法规。它可以调整有关地块面积和房屋面积的最低标准，以使位于中心地区的低收入群体也能够负担得起住房。它也可以选择一种低收入家庭可以在大都市地区任何地方自由使用代金券的需求方补贴方法。

但这些只是理论上的建议。实际上，考虑到民主制政府需要花费时间来调整现有的土地使用法规，供应侧的监管约束要很久以后（很可能是十多年后）才可能被消除。如果不进行供给侧改革，任何大型的需求侧计划（如代金券）都只会产生更高的住房价格，而不会带来更多的住房数量。人们对种族隔离制度垮台的期望非常高。令人遗憾的是，我不得不承认，RDP 计划尽管有缺陷，但它很可能是那个时期在政治上唯一可行的实施计划。毕竟，南非政府已经设计了许多替代性住房补贴计划。RDP 之所以获得了大量资源，那是因为 RDP 是所有计划里唯一可以快速交付大量住宅单元的方法。

6.17.2　居住在 RDP 项目中的家庭如何融入大都市劳动力市场？

在南非城市的远郊已经建造了数百万套低收入房屋，现在又有什么选择呢？与其纠结过去本应该做的事情，不如考虑这个更加相关的问题。政府现在应该集中精力使住房受益者进入劳动力市场，这是摆脱贫困的唯一途径。因此，应当思考如何将偏远郊区的低收入人群与城市中工作岗位联系起来（类似图 6.20）。

目前，集体出租车是低收入家庭最常用的交通工具（占所有公共交通出行的 72%）。在豪滕省这样的城市结构中，这种交通方式既昂贵又缓慢，但这是唯一为低收入人群服务的交通方式。

传统的公共交通（例如公共汽车、BRT 或郊区火车）在豪滕省这样分散的城市结构中不太有用。最近在约翰内斯堡市中心与奥兰多体育场和豪滕高铁之间修建的 BRT 线路，以及连接坦博（Tambo）国际机场与约翰内斯堡和比勒陀利亚中心的现代快速火车，无疑是豪滕省交通网络的有益补充，但对往来于分散的郊区和工作场所的低收入家庭而言，它并没有发挥多大的用处。

图 6.20　豪滕省的典型 RDP 住房补贴项目

在大多数情况下，使用最高时速为 35 公里 / 小时且可以在出发地和目的地之间选择更直接路线的轻型电动摩托车，将是提高居住在 RDP 项目中的劳动者机动性的最佳方式。这些摩托车可以将住宅与郊区铁路和高铁站连接起来。然而轻微犯罪和摩托车停放时被盗的可能性很可能会阻止这种交通方式的进一步传播。

政府可以通过创建特别标记的车道以及在目的地建立安全有保护的停车场来确保这些车辆在道路上的安全。显而易见的是，RDP 项目在南非城市中建造的许多住房单元将继续存在。现在的挑战是如何让劳动者的通勤时间不超过一小时。从南非的经验中可以吸取两个教训：在不了解劳动力市场的情况下，不应盲目开始制定住房政策；无论城市结构有多大缺陷，都必须设计新的城市运输系统以服务于现有的城市结构。

6.18　案例 2：纽约的包容性分区

南非的 RDP 项目带来了大量的低收入住房单元，其占用了高昂的中央政府预算。然而，住房计划的总成本是透明的，并且会定期发布每年交付的住房单位数量。尽管许多政府希望在住房可负担性方面“有所作为”，但它们可能还没有像南非政府那样在政治上准备好将大部分预算分配给低收入住房。

6.18.1　包容性分区是长期寻求可负担住房零成本解决方案的最新阶段

寻找为穷人提供可负担住房的无成本解决方案一直被许多政府视为圣杯般的目标。其目标是对一个明显的社会问题有所作为，同时又不会在上面花费太多纳税人的钱。创新型的新住房法规一直是寻找住房可负担性的无成本解决方案的最常用方法。

让开发商向贫困家庭支付住房补贴是这些创造性法规的主要目标。这些类型的政策在政治上具有吸引力，因为它们对穷人似乎很慷慨，而且不涉及对纳税人的钱明显动用的情形。而开发商通常是那些并不特别受欢迎的、被认为十分富裕的社会阶层。这就是罗宾汉（Robin Hood）的终极方法：劫富济贫——将富人的钱分给穷人。在这里，我简要调查了各种类型的住房可负担性“无成本”方法，并以纽约最近的一个例子（2016 年）说明包容性分区策略。

最古老且相当原始的监管方法只是试图通过制定最低标准来禁止贫困，这些最低标准要求开发商为穷人提供“体面的住房”。

正规开发商必须以高于法定最低标准的要求建造房屋。最低标准下的最低成本通常仍高于穷人的支付能力。因此，贫困家庭在正规市场上找不到可负担的房子。

但这些穷人不会离开城市，他们会在非正规住房那里找到居所，非正规住房以穷人能够负担的价格提供住宅，但很明显会低于最低法定标准。

正如我们前面所看到的，最低标准规则通过建立一种非正规住房，加剧了低收入家庭住房条件的恶化。这类非正规住房在贫穷国家表现为贫民窟；在富裕国家表现为过度拥挤的正规房屋或对正规房屋进行的非正规细分。

一种更近代,更复杂的监管方法,通常称为"包容分区"（inclusive zoning）或"包容性分区"（inclusionary zoning），其中包括颁布市政分区条例这一方法。该条例要求一定规模以上（通常超过 200 个住房单元）住房项目的开发商以市政府规定的低于市场的价格或租金提供 20%–30% 的住房单位，并将其定义为可负担住房。对于剩余住房，开发商则可以自由使用市场价格或租金。通常，作为一种激励，市政府会以容积率增加的方式（高于现有分区法规制定的容积率标准）向开发商提供开发奖励。在某些城市，激励措施可能还包括减免多年财产税等。人们很少计算容积率增加和税款减免的价值，无论如何它们都是预算之外的。

这项看似无成本提供可负担性住房的策略，已经遍及世界各地，从纽约到孟买许多城市都以各种形式开始实施这种策略。那么这种方法有什么问题吗？它能否解决许多贫困城市和经济繁荣城市普遍存在的住房低消费问题呢？

包容性分区策略是安格斯·德亚顿之前引用的典型做法，他所说的"需要有所作为"胜过对问题的任何实际分析。包容性分区属于"免费午餐"型策略的范畴，与任何免费午餐的承诺一样，它也有一些重大的隐藏缺陷，我将在下面用一些具体的例子来描述这些缺陷。

6.18.2 包容性分区的供应机制

显然，私人开发商不会出于慈善目的而降低他们建造的一部分住房的市场价格。以市场价购买住宅的住户，最终不得不支付那些面对低于市场价的住房而支付的补贴。虽然所建造的许多所谓可负担住房的价格低于市场价格，但以市场价格出售的大多数房屋单元的价格将变得更高，特别是在实行普遍包容性分区的城市中。带来的结果是，如果这个过程长期实施，潜在受益者数量将会增加，因为市场房价将会增加，并且有能力获得补贴的家庭数量会减少。

让我们看一下 2016 年在纽约实施的一项最新的包容性分区项目。这座名为 VIA 57 的建筑位于曼哈顿中城西侧，共有 709 间住房单元，其中 142 间（占 20%）作为经济补贴房提供给遴选出的受益人家庭。潜在受益家庭的年收入由城市确定。要想获得补贴房资格，潜在的受益人的年收入必须在 1.9 万美元到 5 万美元之间。2016

年在纽约，大约有 88.8 万户家庭处于该收入范围内，占所有家庭的 29%，在城市的收入分配图（图 6.21）中以红色条显示。在同一栋建筑物中以市场价格租住的家庭的年收入从 16 万美元到 47 万美元不等，这些收入群体约占纽约所有家庭（约 24 万个家庭）的 9%，如图 6.21 中蓝色条所示。

上述数字表明，可以成为交叉补贴（cross-subsidy）来源的家庭数量是有限的，这是包容性分区政策的主要缺陷之一。在纽约，旨在使 29% 的人口受益的可负担住房的年流量取决于面向 9% 的较富有家庭建造的每年住房数量。市场中，每八个新建的住房单位中仅有两套是可负担住房。包容性分区的概念本身就隐含了有限的供应与受益家庭巨大潜在需求之间的不匹配。

最近的数据证实了这种不匹配。在位于曼哈顿第 42 街与 VIA 57 项目相同区域的新建分区公寓中，有 9.1 万个符合申请条件的家庭同时竞争 254 个可负担住房单元。最终受益人必须通过抽签选择。确实，该计划很可能产生与彩票中奖一样的住房分配效应，而不是向中低收入人群提供可负担住房的社会项目应有的效应。

供需不匹配并不是包容性分区面临的唯一问题。同一栋楼中具有相同非常高标准的房屋单元，其市场租金和补贴租金之间巨大的差异，引发关于潜在错误归因和公平性的几个问题。

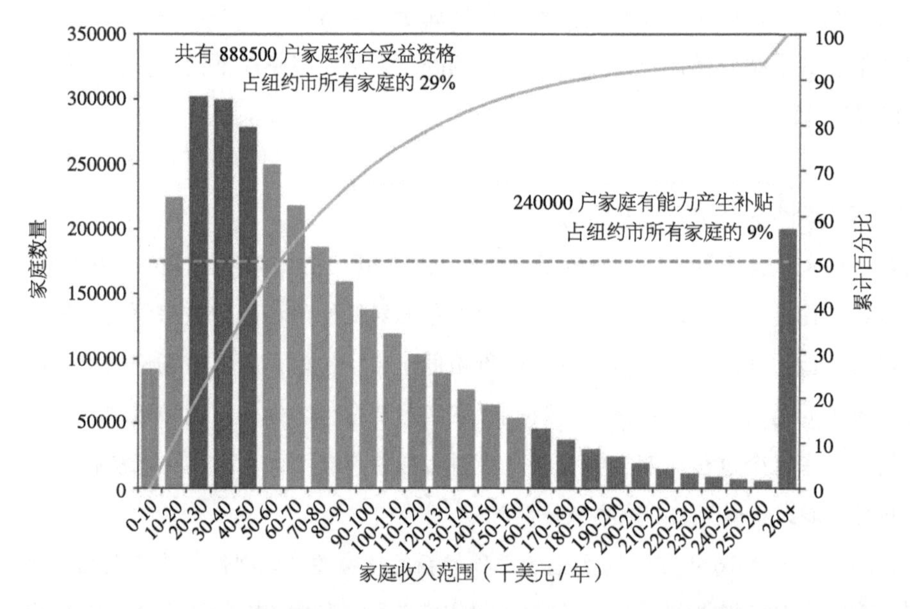

图 6.21　2012 年纽约的家庭收入分布，显示了受益于包容性分区的家庭收入范围（红色条）和产生补贴的家庭收入范围（蓝色条）（见彩图）

资料来源：美国人口普查美国社区调查（US Census American Community Survey），综合公共微数据利用系列（Integrated Public Use Microdata Series），纽约大学弗曼中心。

6.18.3 少数贫困人口的豪华公寓

纽约包容性分区的既定目标之一是打造居民收入多元、社交活动多元的混合型社区。这当然是一个理想的目标。但是，社区居民收入多元的目标已经延伸到建筑大楼中居民的收入多元。纽约的新法规规定，所有被补贴的公寓必须随机混在建筑大楼当中，且必须具有与市场公寓相同的设计和标准。由于只能在需求量大和房价高的地区提供包容性分区，这意味着补贴公寓必须具有与豪华公寓相同的面积、设计和标准。例如，在豪华公寓中，三居室公寓必须有三间浴室。

这些新规定的实施是对“穷人门”（poor-door）事件的回应。[19] 2015 年，在包容性分区规划下建造的一栋包含了补贴式住房的新公寓楼中，开发商为补贴住房安排了一个单独的入口，它们在公寓楼中被单独隔开。这引起了人们对“穷人门”事件的强烈抗议。结果，政府决定从今以后必须将补贴住房与市场上一般住房单元混合，并采用相同的设计。这一新规则导致了客观目标的转变。

包容性分区的最初目标是为特定的低收入群体提供尽可能多的可负担住房。实行相同住房单元规则后，政策目标转向为富人和穷人提供类似的住房单元，即从再分配到平等。虽然平等主义目标在提供健康、正义和教育方面是可取的，但如果想要在住房上实现平等，就必须大幅降低其他所有人的住房标准。有些国家就使用这种住房政策，他们的全国范围内采用同一住房设计标准，并且每个人都可以获得。

让我们看一下当前纽约包容性政策产生的公平性结果。图 6.22 展示了同一建筑物中租户的补贴租金和市场租金。补贴的租金从每月 565 美元到 1067 美元不等，具体取决于公寓的大小、家庭人数和家庭收入。根据开发商在其网站上的广告，市场

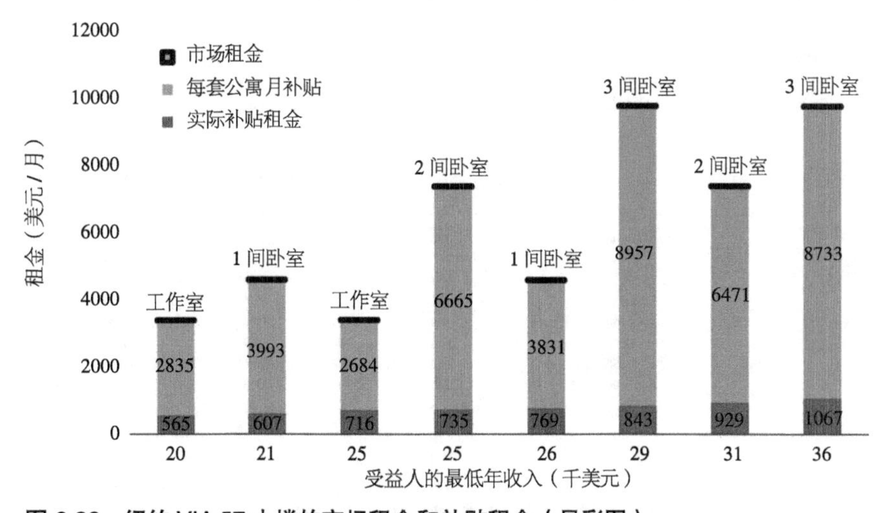

图 6.22　纽约 VIA 57 大楼的市场租金和补贴租金（见彩图）

资料来源：数据来自 VIA 57 的补贴公寓的申请数据以及同一建筑内有关住房市场租金的开发商广告。

租金从每月 3400 美元到 8700 美元不等。这些只是最低的租金，因为广告上写着"从……开始"。市场租金和补贴租金之间的差额随着收入和公寓面积的增加而增加。每月最高 8957 美元的补贴用于居住在三居室公寓年收入在 2.9 万 –4 万美元的家庭。每年 10.7 万美元的租金补贴相当于受益人收入的 3.7 倍！

向每个受益家庭发放巨额的租金补贴是否是对从市场租户那里收取的高额税费（每套市场公寓约 1000 美元）的有效利用方式呢？（请看图 6.23 中有关总补贴的详细信息）如果符合条件的家庭，可以选择是获得每年 10.7 万美元的额外收入，还是以每月 857 美元的租金住在 VIA 57 大楼的三居室公寓，那么该家庭是否会更喜欢公寓而不是额外收入呢？我的猜测是，额外收入可能会更受欢迎。有了这笔额外的收入，家庭可以租用一套带有一间浴室和三间卧室的更普通的公寓，并将市场租金和补贴之间的差额用于其他需求。对受益租户而言，补贴公寓的价值是低于对纳税人而言为其支付的补贴成本的。城市经济学家将这种现象称为消费者剩余。理查德·格林和斯蒂芬·马尔佩齐就补贴公寓中的消费者剩余问题撰写了令人信服的文章。[20] 在许多情况下，消费者剩余低于代表补贴的纳税人成本，因此导致了总体福利的净损失。格林和马尔佩齐证明，如果家庭只能通过住在非自愿选择的公寓中才能获得补贴，那么对贫困家庭实行大笔补贴是一种非常低效的税收分配方式。

巨额补贴还会引发严重的公平性问题。图 6.21 中的收入分布曲线显示，补贴仅提供给年收入在 1.9 万美元至 5 万美元的家庭。该限制条件的制定显然是武断的。在包容性分区下，年收入 4.9 万美元的家庭可能会获得每年 10 万美元的补贴，但年收入 5.1 万美元的家庭却一无所获。而对那些年收入低于 1.9 万美元的贫困家庭而言，这种不平等更为严重，他们甚至没有资格享受该计划下的任何租金补贴。

纽约第 57 西大街 625 号的包容性区域规划　　25%

种类	接受补贴的公寓数	受益人的年收入范围 低	受益人的年收入范围 高	允许的家庭规模	向受益人收取的月租金（美元）	受益人收入的百分比 最大值	受益人收入的百分比 最小值	同楼房内相同公寓的月市场租金（美元）	每套公寓每月补贴（美元）	每月补贴总额（美元）	产生补贴的家庭的年收入（美元）	租金补贴相当于受益人收入的倍数
工作室	14	19622	24200	1	565	35%	28%	3400	2835	39690	163000	1.7
1 间卧室	47	21016	27640	1–2	607	35%	26%	4600	3993	187671	221000	2.3
工作室	14	24519	30250	1	716	35%	28%	3400	2684	37576	163000	1.3
2 间卧室	8	25200	34520	2–4	735	35%	26%	7400	6665	53320	355000	3.2
1 间卧室	47	26270	34550	1–2	769	35%	27%	4600	3831	180057	221000	1.7
3 间卧室	2	29124	40080	3–6	843	35%	25%	9800	8957	17914	470000	3.7
2 间卧室	7	31492	43150	2–4	929	35%	26%	7400	6471	45297	355000	2.5
3 间卧室	3	36389	50100	3–6	1067	35%	26%	9800	8733	26199	470000	2.9
	142									587724		
建筑中的公寓总数 =	709									1037	每套公寓平均产生的补贴（美元）	
										4139	每套公寓平均接受的补贴（美元）	

图 6.23　居住在纽约 VIA 57 大楼中的分区受益人获得的租金和补贴

资料来源：VIA 57 的补贴公寓的申请数据以及同一建筑内有关住房市场租金的开发商广告。

图 6.12 所示的住房消费状况被细分为几个部分，一小部分低收入家庭的消费远高于收入仅略高于该群体成员的家庭，这是不公平的。所谓公平，是确保每个收入低于设定收入水平的家庭都能有最低限度的住房消费，而不是让一些家庭消费很多，而另一些家庭消费很少。

处于可受益收入范围内的好处如此之大，以至于家庭有很强烈的动机去和制度博弈。例如，他们会低报收入或在申请期内让一名家庭成员放弃工作，从而把家庭收入控制在可受益的范围之内。

6.18.4 可负担住房的冰冻池

包容性分区下新建的补贴住房单元是否构成了将来提供给收入符合条件的家庭的可负担住房的储备库？为了形成一个永久性的可负担住房储备库，居住在其中的住户应能够在住房不再满足其需求时搬家，就像居住在一般市场住房中的住户那样。这意味着，受补贴的住房应保持约 4% 或 5% 的固定空置率，以便新的租户可以逐步替换原来的租户。然而这不太可能发生，因为通过与彩票机制类似的系统获得的补贴是与公寓挂钩，而不是与家庭挂钩。补贴不可转让，而且金额太大，以至于收入的增长不太可能高到足以让原始租户心甘情愿地放弃补贴。

想象一下一个年轻的住户，例如一位刚刚在附近学校找到工作的老师。其家庭收入很可能使他们有资格申请包容性分区计划下的补贴住房，但他们能在 VIA 57 大楼或附近的其他任何类似大楼中找到空缺吗？这是不太可能的，因为没有一个原始租户会愿意放弃其补贴。相比之下，在市场租赁条件下，收入增加的家庭可能会搬出目前的住房，并寻找更适合其新收入或新工作地点的住房。然而，有了如此高的补贴，即使收入增加了两倍，原始租户也不会搬出，因为搬迁将意味着住房消费水平的急速下降。在纽约，这类补贴是永久发放的。因此，原租户的后代很可能会在父母退休后继续住在里面，就像目前租金管制公寓的情况一样。因此，包容性分区公寓将来不太可能构成可负担住房的储备库。此外，对特定公寓的巨额补贴往往会降低受益于该公寓的租户的机动性。

6.18.5 转租激励

如果租户每月有可能获得补贴作为收入，他们可能会更喜欢这种选择，而不是留在分配给他们的豪华公寓中。但是这种可能性在法律上是不被允许的。然而，如果存在这种可能性的话，补贴租金和市场价格之间的巨大差异就构成了以非正规手段兑现补贴的强烈动机。一户受益家庭的月收入为 2500 美元，要为一处三居室公寓每月支付 843 美元的补贴租金，而在市场上它的月租金通常为 9800 美元，这时受益家庭就会有强烈的动机将补贴住宅通过非正规手段转租给更富裕的家庭。例如，以 8000 美元的价格转租出去。原始租户的总月收入变为 8000 +2500−843= 每月 9657 美元。有了这笔收入，房客可以轻松地在不太理想的位置找到一套设施更加普通的替代住所，每月租金为 1500 美元，相当于 2014 年曼哈顿的租金中位数。[21] 租户的可支配收入（收入减去房租）变为每月 9657−1500=8157 美元，而不是每月 2500−843=1657 美元（如果租户留在受补贴的住房中）。这是一个非常有力的转租激励。不管是否有违法转租的风险，很显然原始租户的可支配收入将从 1657 美元提高到 9657 美元。任何关心住户福利的人都应该支持她有权按市场价格进行转租。毕竟，这对于原始租户来说相当于中了彩票！

6.18.6 政府为开发商提供激励的实际成本

到目前为止，我已经讨论了包容性分区对受益于此类分区法规的租户的影响。现在让我们从开发商和政府的角度来看包容性分区。如果有开发商将其全部公寓完全以市场价格进行出租，那么其他以低于市场价 20% 出租其公寓的开发商就很容易陷入破产境地。因此，希望使用包容性分区来提供低于市场价格住房的政府只有两种选择：让包容性分区成为开发商的自愿行为，但提供财政和监管激励措施以补偿开发商的成本；或对某些指定区域的所有开发商强制实行包容性分区政策，由此为在同一社区竞争的所有开发商提供公平的竞争环境。

正如我们将要看到的，激励方法对政府和公众来说都具有很高的成本，但至少可以通过对其进行测试和监控来调整激励措施。

强制性方法可以应用于已知对高价公寓需求很高的少数社区。这种方法大大减少了可以建造的补贴住房数量。强制性方法就像是对市场住房单位直接征税，因此提高了住房的市场价格并减少了需求。但在像纽约这样的城市，尤其是在空置率很低的曼哈顿，减少住房供应总体上可能不是一个好主意。

无论使用自愿的还是强制性的方式生产可负担住房，包容性分区都不再是免费的午餐。

当包容性分区计划成为自愿时，政府必须向开发商提供激励措施，激励措施可以是改变监管以允许在同一地块上建造更多的公寓，也可以是减税（或两者兼有）。作为激励措施提供的监管变化通常是容积率的奖励（即允许建造比当前分区法规所允许更多的建筑面积），以换取建设一定数量价格低于市场租金的住房单位。

在纽约，除了约 20% 容积率的奖励外，包容性分区计划还包括一项名为 421-a

的税收激励措施，该税收激励措施免除了开发商 20 年内因开发而增加的财产税。尽管 421-a 政策已经于 2015 年 6 月失效，但一些新建筑物仍在享受该豁免优惠，因为他们在该措施终止之前完成了申请。由于成本高昂，目前还不确定纽约州立法机构是否会延长该法案。新的包容性分区项目将完全依靠容积率奖励作为激励。这可能是该市刚刚建立起强制实行包容性分区的新区域的原因。

6.18.7 免费午餐的成本：税收优惠和容积率奖励

一份来自纽约市独立预算办公室 2015 年 6 月的报告显示，在税收优惠期间当前的 421-a 税收优惠计划使得纽约市政府承担了每间低于市场价格出租的公寓 90.5 万美元的成本（相当于每套住房每年 4.5 万美元的税收成本）。每间公寓的年度税收优惠额略低于在 VIA 57 项目中每间公寓每年的平均补贴（如图 6.23 所示）。这就是罗宾汉"劫富济贫"的政策！

政府每年的成本相当于位于目标收入阶层中高端受益人的年收入。税收激励的成本显然是非常昂贵的。每当建设新的低于市场价格的住房单元时，税收激励对纽约预算的影响就会增加。因此，在政治上批准税收优惠政策比将市政预算的一部分专门用于补贴低于市场价格的住房更为有利。政府付出的成本是相同的，但是执行周期很长的税收激励（例如 421-a 计划）计算非常复杂，因此过程不是很透明。税收激励听起来比纳税人支付的补贴更容易被接受，但实际上纳税人支付的金额是相同的。由于缺乏透明度，且激励是分期支付的，以税收激励的形式向开发商分配补贴比向家庭直接提供同等数额的补贴更容易让家庭按照自己对于房屋质量和位置的偏好购买或租用到公寓。

421-a 税收激励计划是 1971 年启动的，旨在刺激曼哈顿的住宅建筑，甚至是有资质的豪华酒店的建设。例如，位于曼哈顿中城的君悦酒店于 1980 年完工，根据《纽约时报》的估计，它获得了 3.59 亿美元的税收补贴。[22] 由此可见，最初开发商若想要获得税收优惠，不一定非要建造可负担住房。这项要求只是最近才添加的。

除了税收优惠外，同意以低于市场租金的价格提供 20% 公寓房的开发商可获得平均约 20% 的容积率奖励。这意味着，如果当前分区法规允许开发商建造的建筑面积为地段面积的 10 倍（FAR=10），在激励分区政策下，开发商可建造的建筑面积为地段面积的 12 倍（FAR=12）。

容积率奖励的增加引发了一个有趣的问题。容积率应该受到法规的限制，因为它们可能产生负外部性，例如遮挡其他建筑物的采光，造成人行道拥挤或其他问题。但是政府随意增加容积率以激励开发商这一做法，却被社会公认为是可取的。这表明负外部性效应实际并不存在，或者至少是足够低的，以至于城市规划师有时为了省事会将其轻易忽略。政府通过监管约束来限制容积率，而开发商为了使开发项目在财务上可行，强烈希望提高容积率上限，因此开发商不得不与政府进行谈判。由于在建筑面积需求高的地区设置了相对较低的容积率水平，人为地造成了该城市的占地空间短缺，进而导致房价居高不下。然后，在建筑面积需求远高于容积率法规所允许的建筑面积的地区，政府可以要求开发商提供居民必要的“免费”的设施，可能是购物广场、公园或其他任何城市希望建设的便利设施。在这种制度下，城市政府就像是新建筑空间的垄断者。它希望保持较低的建筑空间供应量，以维持较高的建筑价格。因此，具有讽刺意味的是，为了能够建造有限数量的低于市场价格的住房单元，城市政府觉得有必要增加监管压力，因而使得住房对每个人来说变得更加昂贵了！

将容积率维持在居民需求以下给人们造成的福利损失很难计算。相对于税收激励，容积率奖励的成本难以计算，这是采用该制度的主要政治优势之一。这可能就是为什么世界范围内越来越多的国家使用容积率奖励措施的原因，理由是从豪华公寓的开发商那里获取一些可负担住房。对容积率的限制给孟买等城市造成了破坏性的影响。

6.18.8 包容性分区是创建“可负担住房”的一种昂贵方式

包容性分区显然不是规划师和政治家希望我们相信的奇迹解决方案。包容性分区显示了所有住房供应侧补贴共有的缺陷。由于补贴是针对特定住房单元的，因此它降低了受益家庭的机动性。而且它的成本是不透明的，通常会随着时间而增加。它无法根据收入变化来调整补贴。它使得受益家庭过度消费住房，给社区带来了高昂的成本。最后，它没有提供足够数量的住房来满足特定租金水平下的住房需求。根据纽约市住房保护和开发部的数据，在该计划开始实施的 1988 年到 2013 年这段时间内，通过包容性分区，平均每年仅生产了 172 个住房单位！

纽约在很多方面都非常成功。它在艺术、文化、时尚、金融、工程和技术领域保持着世界领导者的位置。但是，该城市曾经主要基于供给侧补贴的住房政策一直是失败的。2015 年，纽约所有住房单元（约 130 万户住房单元）中有 42% 是补贴住房，其租金低于市场价格。此外，约 40.5 万户家庭目前仍位于各种等待租金援助的名单上。为最贫困的家庭提供住房补贴并没有错，但是当需要补贴的家庭数量接近城市总数量的一半时，也许是寻找不同的解决方案的时候了。补贴意味着资金将从大部分居民处转移至最贫困居民的手中。但是，当补贴的接受者成为多数时，很明显，最终他们的城市税主要用于支付他们自己的补贴费用了。

修订更多的供给侧补贴计划，在现有的基础上增加更多的补贴单位，这种做法可能不再有用，现在到了应该寻找完全不同解决方案的时候了。其中一项已经在部分投入使用的是需求侧租金补贴方案，在美国也被称为“第八住房补贴方案”（Section 8 housing）。该方案将住房补贴直接作为收入的补充给到符合条件的贫困家庭，使他们能够根据自己偏好的地点和标准，去寻找市场上的住房。当家庭收入增加时，补贴逐渐减少。收入超过最高限额的家庭则不再享有补贴，但他们仍可以以市场租金租住在同一套公寓中。由于补贴是可转移的，因此家庭可以更改居住地点而享受相同的租金补贴。因此，“第八住房补贴方案”消除了供给侧补贴更为严重的弊端。

截至 2016 年 3 月，在纽约已有 90150 户家庭受益于“第八住房补贴方案”，另有 14.7 万户家庭处于等待名单中。但是需求侧补贴是通过将补贴添加到受益人的收入来增加住房需求的。例如，如果新住房的供应受到诸如低容积率等任意法规或是城市不良交通系统的限制，则需求补贴可能会导致房价上涨，而不会带来住房单元的增加。

住房政策的改变会带来对目前造成高房价的所有分区法规和建筑工程实践的全面审核。纽约大都市区的许多街区都被划分为独立住宅区。政府有充分的理由逐步修改这些分区法规，以允许在需求高且交通便利的地方建造连栋房屋。对位于纽约新郊区的独立式住宅进行非正规或非法细分的做法体现了人们对小面积住房单元的需求。最后，在城市政府与开发商进行谈判时，不应为了获得谈判优势而对容积率施加限制。容积率和建筑高度的限制仅应当被应用于诸如历史保护或空中交通飞行路径这些实际可量化约束的情景中。

最后，通过改善城市交通系统可以大大增加住房供应。由于通勤效率低下而住房需求低的地区人口密度必然较低。通过提高交通速度或采用新的交通技术来提高通勤效率，可以增加城市的实际土地供应。除非取消监管和基础设施住房供应约束，否则无论是从供给侧还是需求侧为住房增加新的补贴，对城市最低收入家庭的福利影响都很小。

上述包容性分区的例子并不仅仅是设计糟糕的住房政策的轶事说明，它还代表了世界上许多经济最成功的城市的趋势。纽约等一些城市日益高涨的监管狂潮给整个国家带来了巨大的经济损失。在 2015 年发表的一篇论文中，经济学家谢昌泰和恩里科·莫雷蒂发现，1964 年至 2009 年美国某些城市中相对于工资的高住房成本使美国 GDP 下降了 13.5%：

> 大部分损失可能是由纽约、旧金山和圣何塞（San Jose）等高生产力城市对住房供应的约束增加所致。将这些城市的监管约束降低到中等城市的水平将能够扩大其劳动力市场，并使美国 GDP 增长 9.5%。[23]

最近世界各地城市出台的许多旨在改善低收入家庭住房消费的法规，不仅不能提供承诺的住房数量，而且还会减少那些本应得到帮助的居民的经济机会。鉴于这方面的经济学文献越来越有价值，现在是时候重新审视这些法规和政策了。

6.18.9 城市不愿接受穷人负担得起的住房标准：一些例外

低收入国家的城市每年都会涌入大量缺乏技能的移民，使得这些城市无法负担大量贫困人口的住房费用。但是，印度尼西亚的城市通过对低收入住区采用一种“整合”方法，成功地将新移民吸纳到城市劳动力队伍中，同时将最贫困社区的环境卫生维持在可接受的水平。

在许多亚洲国家，大量移居城市的人在城市环境中创造了密集的城中村，但没有任何城市基础设施。这些狭小而简单的结构以他们能够负担的价格为这些人提供了必要的住所，让他们能够参与到城市经济的运行之中。但是，当这些城中村汇聚成住有数十万人的大片毗邻社区时，缺乏与城市基础设施之间的联系很快就造成了令人无法接受的卫生条件。此外，学校和医疗设施的缺乏减缓甚至阻碍了年轻一代融入城市社会的步伐。

可以预见，政府的第一反应通常是制定最低城市化标准，以阻止这些不卫生的城中村的合法建设。法规使情况变得更糟，因为它们阻止了这些非正规住区从地方政府处获得正常的城市服务。它们还带来了未来拆迁的风险，阻碍了住户自身本来会对住房作出的改善。最终，许多政府以碎片化的方式慢慢地对老旧的非正规住区进行了合法化，比如印度政府的做法。但是，非正规住区的合法化过程通常是有时间限制的，即超过了规定的日期，将不再进行任何非正规住区的合法化。

这一系列连续的政策（首先是排斥，然后是善意的疏忽，再然后是勉强的融合）造成的结果是灾难性的。很大一部分有工作的城市劳动力，生活在大型“非正规”住区中，那里往往供水不安全，卫生设施不足，固体废物零散收集。在亚洲经济中心之一的孟买，就有 60% 的人口生活在贫民窟。

我将在下面讨论印度尼西亚和中国两个案例。这两个国家出于不同的原因和方式，采取了各自不同的方法将经济适用房标准纳入城市基础设施中。与那些遵循严格监管方法的国家相比，这两个国家的贫困移民家庭的结局要好得多。在这两个国家，政府允许低收入家庭使用他们负担得起的标准，并在位置、道路空间、地块空间和建筑面积之间进行权衡。政府的作用仅限于把这些住区连接到城市的交通、供水、下水道和雨水排放等主干网络上。

6.19 案例 3：没有最低标准的印度尼西亚城市飞地

在人口密集的爪哇岛，不断扩张的城市吸纳了大量现存村庄，称为“甘榜”（kampungs），其人口随后迅速融入城市劳动力。先前的农田很快被正规开发商接手进行开发，同时新的非正规建筑在已被城市吸纳的甘榜土地上建起。到目前为止，这与那些正在经历快速城市化的其他亚洲国家 / 地区的情况并没有太大区别。

但有一个重要的区别是，印度尼西亚的甘榜保持着一种基于传统法律的正式而健全的行政结构，该行政结构总能在其被纳入更大的城市行政体系后存留下来。面对城市化，甘榜的传统领导层组织起来以吸收新移民。地块会被细分，但总是在其原始所有者主动请求且符合甘榜传统的监管条例和社会规范的情况下进行。若使用现代术语，我们可以将甘榜比作一种共管组织（condominium association）形式：它们有自己的内部法规和规范，形成了比地方政府或区级政府更低一级的地方权力机构。与常见的共管组织不同的是，甘榜地方政府对土地使用也具有管辖权。因此，甘榜政府可以通过使用几百年来在睦邻规则实践中形成的传统规范，来调整地块大小、各个地块的通道宽度，以及废水排放，同时否决了甘榜周边地方政府强加的发展标准。然而，在相邻绿地上建造房屋的正规开发商必须遵守有关土地开发和细分的市政土地使用标准规则。

由于甘榜原住民熟知新移民的收入和偏好，因此土地使用标准不断发展，以适应甘榜居民面临的全新经济现状。标准随着土地价值的增加而调整，这样新移民（通常是贫穷移民）仍能负担得起土地。由于当地传统规范得到尊重，甘榜并没有出现那种会造成土地浪费的无序聚集的房屋，这种无序的情形在自发的棚户区经常发生，因为移民聚集在一起却没有形成一个有组织的社区。而在甘榜，能够反映以前村庄结构的小路、步道和通道网络都得以保留。

随着印度尼西亚城市的发展，靠近市中心的甘榜地区的人口密度迅速提升，因为它们离就业地点更近。居民的低收入、融资渠道的缺乏、财产碎片化以及基础设施的缺失，共同阻碍了甘榜多层建筑的建造。但是，现有村庄的细分和内部通道的狭窄反映了土地的机会成本之高，且很快导致甘榜的密度远高于原始村庄的密度，通常达到每公顷 500 多人。

然而，这种密度的增加具有不利的一面。由浅水井和渗水坑组成的传统水源和卫生设施，已经不足以服务于更高密度的人口。传统卫生系统的低容纳能力使甘榜变成了不卫生的密集贫民窟。由于城市化，该地区的排水能力减弱，传统的雨水排水网络（围绕以前的灌溉渠修建）不足以防止季风期间的洪水。[24]

6.19.1 创新的住房政策将补贴集中在基础设施上，而非住房结构上

到目前为止，印度尼西亚甘榜的历史似乎与其他许多发展中国家的非正规住区的历史没有太大区别。与众不同的是，印度尼西亚政府在 1969 年作出一项决定，即将其资源集中在甘榜的基础设施改善上面，不论房屋面积多么狭小或匮乏，都未试图拆除或改建过现有的房屋。向甘榜提供城市基础设施和服务的过程被称为甘榜改善计划（Kampung Improvement Program，KIP）。20 世纪 60 年代发展中国家普遍实行的住房政策主要是把非正规住区夷平,将其居民重新安置在公共住房中。相比起来，印度尼西亚的方法更具有革命意义。

此外，更特别的是自 1969 年至今，尽管政治动荡，宪法也发生了变化，但印度尼西亚政府一直坚定不移地支持着 KIP 计划。政府的住房政策目标包括允许穷人按照自己选择的标准在现有村庄内和村庄附近定居，政府则不将精力集中在住房建设上，而是在逐步改善所有居住区的住房基础设施和服务上。事实证明，该政策在很大程度上是成功的。印度尼西亚大多数甘榜的生活和卫生标准远远高于国内生产总值相近的其他国家的非正规住区。

在印度尼西亚，没有任何甘榜被铲平，政府也没有向大批家庭承诺会提供任何免费住房，也没有大型的中央政府机构试图用建设大型公共住房计划的更大合同来取代许多用于甘榜的小型基础设施土木工程 KIP 合同。

在运营方面，KIP 继续为甘榜现有的传统行政结构提供财务和技术援助。例如连通市政供水网络，铺设人行道，使用现有路权修建排水沟，建立固体废物收集系统，将其并入作为城市固体废物收集系统一部分的主收集箱中。迄今为止，内部网络的维护和废物的收集一直由甘榜社区自主管理，市政府只是提供一些财政援助。决策权力的下放和社区的参与从一开始就嵌入了 KIP。

KIP 在交通方面得到了全市投资，而且对东南亚地区而言最重要的雨水排放问题，KIP 也因获得投资而得以建造雨水排放网络来避免居民区遭受周期性洪水的侵害。

根据世界银行的数据，2015 年印度尼西亚的人均 GDP 为 10500 美元，仍属于中低收入国家，人民的总体生活水平也与这一收入水平相符。但是，由于政府将其稀缺的资源集中于向所有城市居民提供城市基础设施，而不是增加由类似彩票中奖的

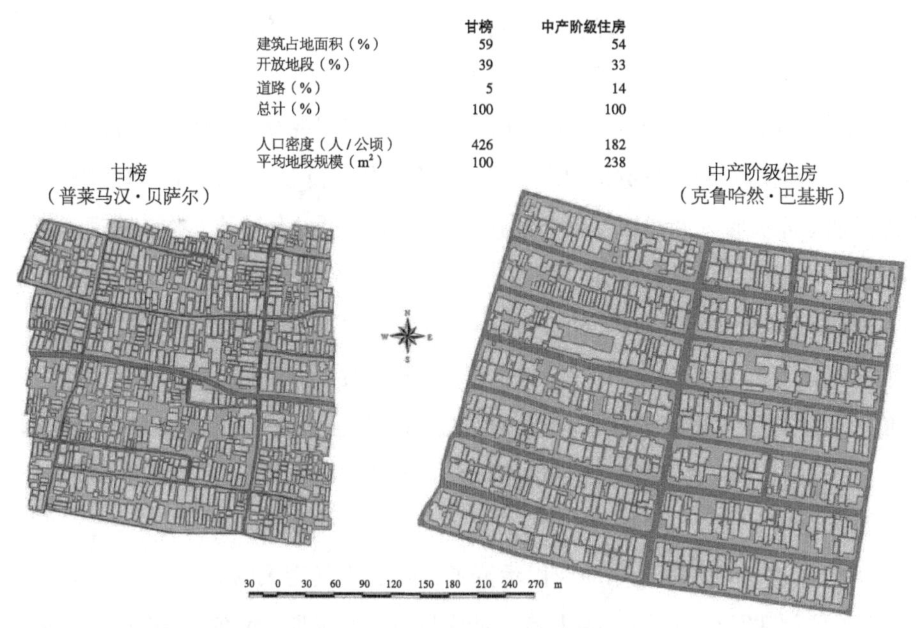

图 6.24 印度尼西亚泗水的甘榜和中产阶级住房用地计划

资料来源：玛丽－阿格尼丝·贝尔托对泗水地形图的 GIS 分析。

低概率机制遴选出的一些贫困家庭的住房消费上。因此，每一个贫困的印度尼西亚人都能得到好处。而且这些好处会随着时间的推移而增加。政府专注于基础设施援助，使得家庭可以利用自有的资源投资建设自己的住房，既可以用于自住，也可以用于出租。因此，同一社区的住房标准（定义为建筑物的规模和质量）可能会从低到高不等，但所有人都能获得安全用水、卫生、教育和医疗设施。

2010 年调查的印尼泗水两个社区的现场平面图说明了印度尼西亚法规允许的以需求为导向的土地使用标准（图 6.24）。左图是甘榜社区平面图，展示了在同一社区中可能存在的各种地块和住房规模。面向主要通道的地块后部的一些建筑物面积很小，质量较差，但可以获得安全用水和卫生设施。他们还可以与较富裕的邻居共用相同的学校和医疗设施。

道路系统虽然只允许紧急车辆和建筑车辆行驶，但足以满足当地的摩托车和行人通行。右图是由正规开发商设计的社区平面图，显示了一种不同的、更标准的住宅布局，其地块大小的差异较小，住宅面积更为均匀，反映了中产阶级的住房标准。

6.19.2 甘榜融合政策成功提供了低收入住房的流动

由于自印度尼西亚开始快速城市化以来，甘榜边界一直受到保护，因此在印度尼西亚城市的每个街区都可以找到甘榜。结果甘榜总是与商业区和高收入地区毗邻，在社区层面提供一种社会理想型的收入组合。由于甘榜和中产阶级地区共享相同的供水和卫生基础设施，因此几乎没有受到公共投资上的歧视。

自 1977 年我第一次到印度尼西亚工作以来，我就定期观察着甘榜的演变和进步。甘榜地区的许多住房看起来更像是中产阶级住房而不像是低收入者住房。这反映了此期间印度尼西亚家庭收入的增加。由于街道狭窄，在甘榜无法使用汽车作为交通工具，这阻碍了穷人离开位置最佳的甘榜。低道路标准是防止大规模绅士化的最好保证。

一些已经获得足够高收入的家庭可能会离开甘榜并搬入正规开发的社区。这一举动给甘榜带来了房屋空缺，而这些空缺会立即被较贫穷家庭以租赁或购买的方式填补。低收入家庭不需要在等候名单上，也不必提交收入证明就可在甘榜购买或租用房屋。扩张分区计划也保留了现有甘榜社区外围的一些土地，以确保将来能够提供新的低收入住房。

印度尼西亚甘榜和 KIP 计划向我们示范了，政府为其庞大的低收入人口提供大量福利，而无须创建冗长的等待名单是有可能实现的。它表明，允许对标准进行调整，从而使人口密度得以调节，不仅可以提供可负担住房，还可以通过增加就业地区的人口密度来改善城市结构。

6.20 案例 4：中国城中村

6.20.1 中国乡村土地的法律地位

与印度尼西亚一样，中国许多城市在扩张过程中吸纳了大量村庄。我将使用“城中村”（urban villages）一词来表示由市级地方政府管理的城市区域内的村庄。这些村庄占用的土地在法律上具有特殊地位。根据中国宪法，所有土地都属于“人民”，乡村土地的使用是由村集体而非地方政府控制。然而完全所有权（涉及出售财产的能力）与土地使用权（仅限于开发土地和将建筑面积或土地出租给第三方的权利）之间存在区别。中国的村民可以自由设定自己的建筑标准，决定如何使用土地，也可以向第三方出租土地和在土地上建造任何建筑物，但不能出售建筑物或土地。只有政府才能通过有偿征用从农民手中获得土地。

因此，对于居住在城中村的中国农民而言，其土地的价值由他们在该土地上建造的任何建筑物所产生的租金流的现值表示。与生活在传统市场经济体制中的农民相反，他们不愿将土地出售给开发商。因为他们从政府那里得到的补偿价格可能低于租金流的资本化价值。这就解释了为什么有些中国村民不愿意向政府出售土地，甚至有人反对强行征用土地。

当城市把其建成区扩展到村庄时，市政府会征用村庄周围的土地，但通常不会征用村庄本身。因为支付给村民的补偿是基于拆迁土地面积的“重置价值”，而对于田地则根据农作物的价值进行补偿。因此，征用村庄并提供替代住房对政府来说比征用空地要昂贵得多。结果是，村庄往往最初免于拆迁，而成为一个在土地使用控制上具有特殊地位的飞地－城中村。随着城市扩张，最初处于城市化边缘的村庄的土地价值将提升，甚至超过农民所建造的任何建筑物所获得的补偿。但是，拆迁过程很漫长且很复杂，许多城中村的重建需要花费很长的时间。

6.20.2 住房需求驱动乡村重建

虽然村庄得以幸存，但结果与印度尼西亚甘榜大致相似。也就是说，这些村庄成为合法的飞地，土地的使用权由村集体所控制，相对独立于周围市政府管理的区域。与印度尼西亚一样，村庄范围内的土地使用是由需求而非遥远的城市规划师所设计的城市法规所驱动。结果，随着城市扩张，租金不断上涨，土地使用标准（建筑物的高度、公寓的面积、街道的宽度）不断得以权衡，这反映了居民在选择住房时优先考虑的因素。

6.20.3 为什么城中村是低成本住房的主要供应者？

正规开发地区的大多数住宅用地都被拍卖给了开发商，他们在住宅用地上建造和出售公寓。中国开发商通常不会像美国和欧洲城市那样，建造公寓用于出租。待售公寓的需求来自新富裕起来并受过良好教育的城市居民，他们的家庭已经在城市生活和工作了几代。新进入的移民没有资本积累和固定收入，这使他们无法购买需要抵押贷款和高额首付的公寓。在正规市场上，房屋租赁机会也很少。

因此，城市新移民负担得起的住房供应主要由城中村的出租房屋提供。新开发住房的标准和租金不断根据需求进行调整。与印度尼西亚一样，某些住房单元可能人满为患，可能不得不与其他住房单元共用浴室，但住在其中的所有人都可以享有安全用水、卫生设施和定期清除固体废物的服务，城中村的所有住房单元都靠近城市交通系统。由于中国的城市收入远高于印度尼西亚，因此，如果住房市场租金的预估流量足以确保给村民带来可观的财务回报，则村民将有能力建造多层建筑。

村集体的土地使用因而完全由市场驱动，不受任何法规的阻碍。因此，城中村的迅速发展反映了经济变化和潜在租户租房时的优先选择。那么我们可以把位于收入迅速增长的城市中的城中村看作一个独特的实验室，从中可以观察随着租金的变化而不断被重新评估时城市土地使用标准会发生什么。这与市场经济中的大多数城市形成鲜明对比，在市场经济中，土地使用受到法规的刻意限制以防止其发生改变，即使这些变化具有经济意义并能增加城市福利。

6.20.4 深圳对经济变化的快速适应

世界上没有一座城市的经济变化比深圳更快。深圳是 1978 年至 1989 年由改革开放后的中国创建的一个具有特殊经济地位的城市。1980 年 5 月，昔日的渔村深圳被宣告为经济特区。这种特殊地位允许市场在深圳域内决定价格、租金和工资的调节。这对中国来说是革命性的。当时，在深圳以外的地区，工资和价格仍主要由政府决定，而住房则由单位或市政府提供，只是象征性地收取租金。虽然深圳人的工资高于中国其他地区，但劳动者必须在市场上寻找住房。一些雇主为雇员提供宿舍，但同时也从他们工资中扣除了相应的市场租金。[25]

1980 年，深圳只有 3 万人。然而，它周围村庄的总人口约为 30 万，这些人很快就融入了深圳的劳动力市场。到 2015 年，深圳人口已达到 1400 万，年平均增长率达到惊人的 11%！深圳劳动力的高生产率水平以及由此带来的相对于中国其他地区更高的工资，解释了人口的快速增长。2014 年，深圳的人均 GDP 达到 2.5 万美元，成为中国人均 GDP 最高的城市。自由的市场，城中村住房标准自由的管理方法，以及极高的人口和家庭收入增长率，这些因素综合起来，造就了我将在下文介绍的深圳不同寻常的低成本住房设计。

20 世纪 80 年代，深圳乡村街道的最原始形态是不规则的，并且地块也不均匀，大多数房屋都是双层楼，并以瓦覆顶。村庄的原始居民都是农民或渔民。他们的耕地和渔船码头很快就被征用，用于发展基础设施、工厂、行政大楼和正规住房，而这些构成了深圳经济发展的支柱。用于建造房屋的土地是前农民和渔民仅存的资产。通过建造更多房屋，并以市场价格出租给外来移民，当地人可以获得远远超过以前从事农业或渔业所获得的收入。在不到 10 年的时间，深圳农民的角色从农村集体劳动力转变为房地产投资者、管理者和建筑商！

许多村庄都位于深圳新的城市中心附近。它们非常靠近新建的地铁站，这些地铁站可以使居民在更短的通勤时间内到达更多的就业岗位。随着越来越多工作岗位的出现，村庄有利地段的住房需求也在增加。外来务工人员对住房空间的需求变得非常高，导致在原始村庄不规则的街道周围增加建筑物的层数变得更加困难。

6.20.5 深圳城中村惊人的物质形态布局

为了增加他们所控制土地的潜在收益，深圳的前农民成立了协会，将他们的土地和资金资源集中起来，然后重新设计和改造他们原有的不规则街道布局，以优化土地利用。在新的设计中，村民并未被法规所约束。相反，由于大多数原始村民仍会生活在重新设计过的村庄中，因此他们仅根据未来的住宅租户或商业租赁者的需要，以及他们自身偏好作出判断。

为了获得更高容积率，村民设计了一种沿街道轴线长约 14 米的方形街区的网格模式。街道宽度从非常窄的 2.6 米 –6 米不等。建筑物对地块的利用率达到了 100%。楼梯可通往中央大厅和四间公寓。每间公寓约 22 平方米，内含一间小厨房和一间卫生间。位于较宽街道上的较低楼层通常租给零售商、商业甚至小型制造企业。

这类的新开发项目因为临街两侧相对的公寓窗户之间距离很近，被昵称为“握手（handshake）楼”。平均而言，公寓楼高约 7 层（图 6.25）。在村庄范围内，人口密度约为每公顷 3000 人，而中国大多数新型城市住宅的密度约为每公顷 700 人。

作为握手楼被重新开发的连续区域被限制在每个城中村几公顷的范围内。在通往公共交通的主干道上被拆除的建筑楼不超过 5 栋。虽然通往公寓楼的街道非常狭窄，只能允许建筑车辆和应急车辆通过，但每个街区到主干道的距离都很近，不超过 80 米。

以这种密集而不同寻常的模式重建的第一个深圳城中村最终被其他城中村所效仿，但据我所知，这种模式从未在深圳以外的地区出现。这表明这种不同寻常的住房设计在深圳得到了房客和业主的广泛认可，而且产生这种设计的权衡也是深圳独有的。

握手楼的高密度是有地域文化先例的。九龙寨城位于香港特别行政区，距深圳仅 27 公里。它于 1993 年被拆除。这座古老的城墙城市有着类似的建筑结构，为大约 3.3 万人提供了住所，其总面积约为 2.6 公顷，密度约为每公顷 1.2 万人，约为深圳握手楼密度的四倍。对高人口密度的接受程度更多地取决于文化因素，而不是规范性的理论依据。

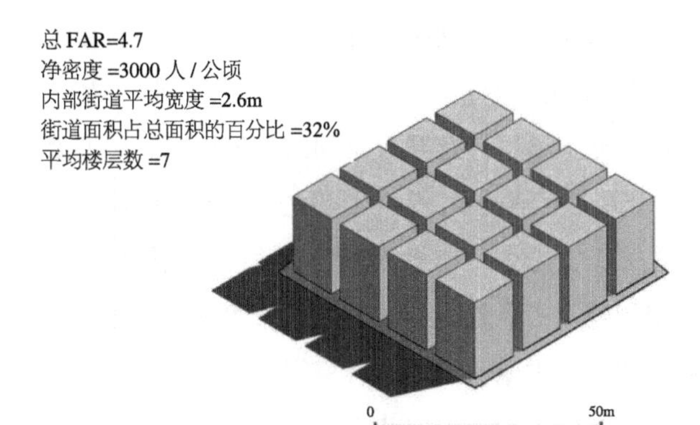

图 6.25　深圳“握手楼”的三维视图和典型土地利用

6.20.6 设计评估

握手楼不同寻常的空间布局，非常值得评论。我不知道这个世界上还有哪座城市的土地使用法规可以允许这种建筑结构的存在。但是，深圳复制了这种建筑设计并对其进行了一些变革，这证明了原始设计的吸引力和可接受性。走在握手村的小巷和街道上，有一种繁荣而热情的城市生活的独特体验，这种体验往往是按照政府标准建造的“可负担住房”中所没有的。虽然握手楼的几何形状在发展过程中很难变化，除了商业街偶尔更宽外，相同建筑楼内部每层都有中央大厅，提供了最大限度的灵活性。房间可以组合成更大的公寓，也可以细分成更小的单房间单元。

握手楼与我们对现代住宅区能够拥有新鲜空气和绿色步行区的期望相悖。它们的设计利用了最少的土地面积但获得了最大的建筑面积，并拥有了最佳的位置，且以最少的通勤时间获得最大数量的工作。是否有足够的理由完全放弃居住区的公共开放空间呢？是为了将建筑物之间的街道尺寸和间距减小到仅供紧急车辆通过的宽度？还是为了阳光永远照不进来的窗户？最激进的建筑师和规划师，包括我自己，都不敢提出这种标准。只有用户自己才能产生如此激进的住宅设计，并证明在开放空间与工作和便利设施之间进行这些极端权衡是合理的。

从埃比尼泽·霍华德到勒·柯布西耶，我们被教导将新鲜空气、树木和开放空间视为居住区不可或缺的设计属性。但霍华德和勒·柯布西耶面对19世纪工业革命时期在伦敦和巴黎阴冷潮湿的气候环境下建造的棚屋时，自己都产生了动摇。他们的革命性建议是与房屋设计时的历史时刻和特定地理位置有关的。

对世界各地公共住房设计的回顾表明，埃比尼泽·霍华德和勒·柯布西耶可能已经制定了在时间上是永久性的、跨文化、跨气候和跨收入的通用居住规范。然而，以深圳握手楼为代表的用户自主创造型设计表明，生活在完全不同的文化、气候和技术环境中的社区可能会选择完全不同的价值观，进而形成一套新的标准来建造其理想的住房。确实，从他们自身城市和气候环境来看，促成握手楼背后的权衡考量都是非常合情合理的。为何最初的深圳农民会采用这种设计，以及为何许多新移民劳动者会竞相租住这些房屋，都是可以理解的。

让我们看一下深圳住房环境中的采光、通风以及开放空间的缺失情况。深圳处于热带气候地区，一年中通常约有8个月是炎热潮湿的。1月份的冬季平均气温不低于13℃，而夏天的气温一般在33℃左右。这显然不是狄更斯笔下伦敦的气候！大多数城中村附近都坐落着大量由城市规划建设的风景优美的公园。虽然城中村的居民通常是收入相对较低的工人，但租用的房间供电稳定，所有房间都有风扇，而且空调也越来越多。在一个对阳光直射到房间几乎无需求的热带城市中，随处可得的稳定电力供应使得深圳握手楼的设计更加可行。居民通常在共享的公共空间或街道上众多热闹的餐厅和茶馆里进行社交聚会。公寓的功能仅限于睡觉和存放个人财产。握手楼里公寓的概念就像是一艘游轮上的客舱，顺便说一句，这正是勒·柯布西耶本人在穿越大西洋前往纽约后所倡导的一种模式！

当握手楼中的居民想要呼吸新鲜空气和进行锻炼时，也并不难做到，他们可以去离家很近的公园。而在亚洲其他大城市的大多数地区并非如此。那里的低收入地区供电不足，更不存在这类公园。

握手楼的设计使许多低收入家庭能够快速进入大量的工作场所，并且靠近商店、餐馆和娱乐场所等众多城市设施。此外，将底层出租给小企业使用的可能性也增加了该建筑的经济优势。

让我们将南非政府的 RDP 计划所提供的低成本住房社区与深圳的握手楼村庄进行比较。在南非，专家们设计了周围被小型花园环绕的舒适房屋，但是居民无法找到工作，也无法享受基础设施。那里的穷人可以呼吸新鲜空气，他们的孩子可以在街头甚至是正规的足球场上踢足球，但是如果不将大部分收入用于交通，他们就无法获得工作。街道缺乏基本的购物便利设施。尽管生活在相对舒适的环境中，但生活在这些偏远社区中的贫困家庭生活仍可能贫困。现在深圳握手楼里劳动者的收入要比南非工人高得多，但是当他们最初移民到这座城市时，他们中的大多数人和南非的典型移民一样贫穷。正是因为获得了多种工作和城市便利设施，他们才摆脱了贫困。在制定住房政策时，我们应该记住，城市首先是劳动力市场。在提供住房时忽视劳动力市场的作用会使住房项目的受益人陷入贫困陷阱。

虽然城中村对可负担住房供应的贡献得到了认可，但地方政府通常并不满意它们的存在。他们大多认为城中村已经失控。确实如此，但这也正是它们成功的原因。深圳的一些握手楼毫无疑问为一些非法活动提供了庇护所，这是由于住房租赁市场的机动性很大，地方政府很难追踪到握手楼里居住者的信息，但是这些行政问题与狭窄的街道和缺乏阳光无关。当深圳农民工的收入增加到能够找到更理想的可负担住房的水平时，他们当然会放弃握手楼。而且，想要根除这种虽不完善却广受欢迎，并且为数百万人提供了住处的住房模式还为时过早。急于拆除握手楼的政府，首先应该允许替代住房模型的建造，然后再观望它们是否能够成功，而不是上来就减少目前外来务工人员唯一负担得起的住房存量。如果深圳存在更有吸引力的握手楼替代方案，那么它们的租户将迅速迁移到质量更高的住房中。届时，没有了租户的握手楼场地将得以重建。但是，在此之前，拆除低收入出租房屋的唯一结果只会是损害城市及其居民的福利。

6.21 四个城市案例的教训

我在上文中讨论了豪滕省、纽约、泗水和深圳四种类型的低收入住房项目的表现。在前两个城市案例中，政府替代了市场：在豪滕省，政府建造补贴住房，以名义价格出售给低收入家庭；在纽约，政府强制私人开发商留出一部分公寓，并以政府设定的租金出租给受益家庭，而这一租金与受益家庭的收入相关。相比之下，在泗水和深圳，私营部门以家庭可负担的价格或租金建造房屋。而且，由于价格和标准之间的权衡是由用户的偏好决定的，政府的作用大大降低，只是将这些住区与城市基础设施相连接并提供社会服务设施。

让我们总结一下这四种政策的结果。在豪滕省，按标准设计的住房很舒适，但是住房项目的位置使得通勤时间长且成本高，受益人很容易失业。在纽约，地理位置和房屋设计都很出色，但大批潜在受益者没有机会获得这些令人向往的公寓，获得公寓的概率就如中彩票一样。

在泗水，住房设计的标准从差到优不等，而且住房的地点使居民能够进入城市劳动力市场。随着城市的发展，甘榜住房的数量随着需求的增长而增加。在深圳，城中村握手楼是一个适宜的住所，其位置优越，能够迅速进入劳动力市场，且享有城市便利设施。空间标准也会根据家庭的支付能力进行调整。在泗水和深圳，同一住房项目中居民的收入都有着大范围的差异，因此没有因收入差距形成空间分化。

这仅仅是提供“可负担”住房的方法中的四个案例研究。接下来，让我们回顾一下维持住房存量的不同方法，这些住房对于获得成功的城市中的各个收入阶层来说都是可以承受的。

6.22 维持住房的可负担性：量化、监控和考虑替代政策

在这里，我总结了地方政府改善最低收入群体的住房消费可以采取的各种操作步骤。住房政策的目标应该是增加住房消费，可理解为最终用户在位置和建筑面积之间作出的最佳权衡。但是，我将采用一种更简单的表达方式，即“可负担住房”，因为这个词在媒体和有关住房研究的文献中得到广泛的使用。

当住房消费占用家庭收入的很大一部分时（例如租金占收入的35%以上），或者当可负担住房标准在质量或数量上低于社会可接受的标准时，我就将住房定义为“不可负担”。据了解，社会可接受的最低住房标准可能因城市而异，并且在同一城市中可能随时间而变化。我将在本节余下部分中使用“可负担性”这一定义。

6.22.1 住房市场和政府干预

当今，世界上大多数城市的经济体制都是市场经济，住房是一种消费品。运转良好的市场应该能够对消费者的需求作出反应，并根据需求提供相应数量和质量的住房。当有证据表明住房市场不能做到这一点时，政府必须加以干预。首先要改善市场的运作，并对低于商定的住房消费门槛的家庭进行收入补贴。

政府的任务有四项：首先，找出导致高昂住房成本的原因；其次，量化受影响的家庭数量（即，居住在负担不起的住房单元中的家庭数量）；再次，制定相应的住房政策；最后，不断监测所选政策对家庭住房消费的影响。

上面这些做法似乎是不言自明的。然而，大多数住房政策却默认低收入家庭的住房状况差是由于市场失灵造成的。因此，前两项任务被忽略，政府所制定的住房政策无视市场的作用，并以低于市场租金的价格提供住房，无论这些住房是新建的还是现存的。我们已经看到，这种方法有两个缺点：一是往往不能提供必要的保障房数量，二是妨碍家庭在不同的住房影响因素（包括价格、住房标准和位置）中作出选择。

宣称房地产商永远不会提供廉价住房，而只会热衷于开发高价住房是一种反复出现的错误观点。相信这一观点的人在逻辑上会认为一部分人口的住房必须全部由政府来提供。尽管对于暂时无家可归的人来说确实如此，但我们所看到的证据表明，对于其他的人来说事实并非如此。如果法规不允许正规市场提供人们所需要的可负担住房，那么非正规市场将会接管这项任务。

在讨论政府与市场提供可负担住房上的相互作用之前，我想明确指出，在这里我并不是在暗示所有住房问题都可以通过市场来解决。例如，许多无家可归的情况，特别是在富裕城市中，都是源于社会福利政策，这需要政府立即采取行动进行处理。从一开始就必须明确区分紧急社会福利政策与住房政策，这一点很重要。住房政策往往被认为是应用于中产阶级的社会福利政策的延伸。

6.22.2 紧急庇护所和社会住房的需求

在每座大城市中，都会有少数家庭（有些可能是单身家庭）无法负担住房费用，而最终流落街头。这些家庭可能是暂时或者永久地失去劳动能力（身体上或心理上），也可能是遭遇不幸而处于长期失业状态。作为一项紧急服务，政府显然有责任为他们提供庇护所。一旦进入紧急庇护所，社会工作者可以识别出哪些是可能永久丧失劳动能力的人，然后将他们引向社会住房庇护所，在那里有专门人员将跟进他们的情况。而其他无家可归的家庭可能只是需要临时的帮助就可以找到工作和可以负担的住房，然后回归城市劳动力群体。为无家可归的人提供庇护所不是住房政策的一部分，因为它与供求关系不大。

6.22.3 在大城市，住房供需暂时失衡在所难免

城市住房价格会不断调整以适应供求的变化。住房需求的增长通常归因于人口变化（人口增加或家庭规模变小）或经济变化。家庭收入的增加将提高家庭对更大或更现代住房的需求，就业机会的增加也会增加住房需求。对于不断增长的住房需求，规划师除了感到欣喜并仔细监控以外，并不能干预太多。幸运的是，规划师试图通过故意减少住房供应量来阻止城市化的时代已经过去了。

住房需求的增长，虽然本身是一件好事，却会影响房价的上涨，除非住房供应量（新建设的住房数量）能够立即增加到与需求相同的数量。然而由于建造新房的供应链非常复杂，这种住房供求匹配的情况并不可能发生。通常，城市越大，获得土地、融资、开发批准的同时完成建设所需要的所有许可和检查所需要的时间就越长。因此，当住房需求意外增加时，规划师可以预见到房价是会上涨的。规划师对这些住房需求变动的作为或不作为将对住房供应产生重大影响，从而对房价产生重大影响。

不幸的是，下文所述的许多规划师的举措常常导致住房供应的减少或停滞。让我们看看住房供应链，以及阻碍住房供应对住房需求作出反应的常见瓶颈在哪里。最重要的是，规划师可以对此做些什么？

6.23 供给侧改革应先于需求侧住房补贴

高房价往往是由土地开发和建筑面积受到限制。在住房以外的消费领域，市场通常会对城市中各种收入群体的需求作出充分的反应。这种市场反应可以在服装或食品的供应中观察到。昂贵的名牌服装店与廉价甚至二手的服装店共存。每座城市既有提供名牌鞋的商店，也有提供廉价塑料凉鞋的商店。在食物供应上也可以观察到同样的现象，昂贵餐馆和快餐店并存，甚至可以从餐车上买到更便宜的饭菜。与非常昂贵的特色餐馆相比，满足不同收入人群需求的快餐店更容易获得成功。

为什么住房就与其他消费产品不同呢？我认为那是因为土地开发和建筑部门受到限制可开发土地供应和建筑面积建设的法规的独特约束。我在这里谈论的仅是规定最低土地消费（例如容积率、建筑物高度或建筑物占地面积）和最低建筑面积（例如最小居住面积）的法规。当需求低于法规规定的最高限额时，这些法规就会失去约束力。例如，在本就对高层建筑没有需求的区域中，如果一项法规规定所有建筑

物的楼层都要低于 5 层，那么这项法规就是不具有约束力的。

我坚信，所有具有约束力的城市法规都会增加住房成本。实际上，通过制定最大容积率、最大高度和最小地块面积，法规总是要求建筑商使用比市场所需要的更多的土地。同样，法规也会通过确定最小居住面积来占用更多的建筑面积。令人难以置信的是，法规迫使房屋消费者消费更多的土地的同时，又武断地对城市扩张施加限制，减少了可开发土地的供应（例如绿色带或城市增长边界）。可以预测，结果必然是房价的上涨。

消除城市扩张的监管障碍至关重要，但这还远远不够。如第 3 章所述，政府实际上垄断了初级基础设施（即主干道网）的建设，这些主干道路网可以将生地转变为可开发土地。为了维持对已开发土地的及时供应，地方政府因而必须资助并建设向城市外围扩展的主要基础设施。除了像美国得克萨斯州市政公用事业区（基建融资特区）债券这样的极少例外，大部分地方政府都很难找到简单的方法来做到这一点。因此，消除住房供给层面的约束将需要两种政府行动：第一，面向所谓的供给侧进行改革（即土地使用和建筑法规）；第二，建立易于使用的机制，为城市周边的基础设施融资和建设。

即使在供给侧已全面改革、房地产市场运行良好的情况下，许多城市家庭可能仍然因为太穷而无法负担起社会可接受的最低标准的住房。在这种情况下，直接增加他们的收入（即需求侧补贴计划，例如代金券）就可能是必要的。如果在供给侧改革完成之前启动需求侧补贴计划，这些补贴很可能会导致更高的房价而不是更多的住房。需求侧的补贴的确会增加住房需求，但如果住房供应因监管壁垒而反应迟钝，那我们只能迎来房价的上涨。

对于一个理所当然地急于对高房价“有所作为”的政府来说，等待供给侧改革生效，然后通过向低收入家庭发放代金券来提供直接援助，这个过程是令人沮丧的。下文描述的英国供给侧监管改革的尝试表明，即使对供应刚性的来源已经进行了非常充分的分析，并且明确提出了可行的解决方案，想要改变现有法规也是非常困难的。

6.24 改革限制住房供应的法规并非易事

正是由于法规对土地价格的影响，改革现有的土地利用法规并非易事。当前不断上涨的土地价格通常反映出土地供应受到的限制。消除这些限制将降低部分土地价格。准确来说，这正是我们的目标。显然，由于监管改革而价格下跌，房地产的所有者将看到其土地资产的资本价值下降。以土地为抵押进行股权贷款的银行甚至可能处于危险之中。虽然社会的整体福利将得到改善（特别是低收入家庭的福利），但有些人成为土地利用改革的赢家，有的则成为输家。从长远来看，赢家将比输家更多；但从短期看，输家通常会以保护环境或保护农业用地的名义大声疾呼以阻止改革。英国最近对土地利用进行改革的尝试，就很好地说明了改革土地利用法规的种种困难。

2003 年，由于担心房价过高会造成宏观经济失衡，英国政府任命了经济学家兼英格兰银行货币政策委员会成员凯特·巴克来审查该国的住房供应。2004 年，凯特·巴克发表了她的报告《住房供应审查》（*Review of Housing Supply*）。[26] 她的诊断令人震惊："2001 年，英国的新房建设降至第二次世界大战以来的最低水平。截至 2002 年的十年中，新房的产量比前十年下降了 12.5%。而且在过去的 10–15 年中，供应几乎完全没有变化，因此，随着价格上涨，房屋的供应根本没有增加。"

她发现这种情况在很大程度上是规划过程导致的。不幸的是，她惊讶地发现"地方规划过程的一个显著特征是缺乏对价格信号的任何参考"，这可能适用于我所知道的富裕国家和发展中国家的大多数规划过程。从亚当·斯密（Adam Smith）到约翰·梅纳德·凯恩斯（John Maynard Keynes），英国诞生了许多世界著名经济学家。令人惊讶的是，英国的城市规划师和市政管理者并没有在城市经济学家的帮助下去管理城市，他们本可以启动供求机制。

2005 年，凯特·巴克被要求跟进她的第一份报告，并将其建议重点放在规划过程本身上，因为她认为这是限制住房供应的主要瓶颈之一。2006 年，她发布了《巴克对土地利用规划的评价，最终报告——建议》（*Barker Review of Land Use Planning Final Report—Recommendations*）。[27] 她的发现和建议更多是具体地针对规划过程，而她的主要结论是："需要解决的问题，是规划未能充分响应市场和价格信号，包括供应受限对土地价格的影响，尤其是在土地供应限制可能导致高占用成本的情况下。"她还提到了融资和建设新的基础设施以增加城市土地供应的问题："尤其令人担忧的是，必要的基础设施，包括对环境有益的基础设施，交付得不够迅速。"

该报告广受好评，并在新闻界、学术界和议会中得到广泛评论。然而，2014 年，在凯特·巴克的初次报告发布 11 年后，三位英国经济学家保罗·切希尔、麦克斯·内森（Max Nathan）和亨利·奥弗曼（Henry Overman）出版了《城市经济学与城市政策：挑战传统政策的智慧》（*Urban Economics and Urban Policy: Challenging Conventional Policy Wisdom*）一书，认为凯特·巴克提出的城市规划瓶颈没有得到突破，而且导致了房价继续上涨。在书中标题为"当前规划系统的经济和社会成本证据"（"Evidence of the Economic and Social Costs of the Current Planning System"）的章节里，他们区分了城市规划的直接成本和间接成本。直接成本是由冗长的行政程序强加的对建筑和交易成本的限制，间接成本是规划约束对房地产市场价格的影响。英国土地利用限制的案例表明，即使问题和解决方案已由受人尊敬且非常称职的经济学家很好地描述，限制性城市规划实践的复原力仍然非常高。

这听起来像是对监管改革可能性的非常悲观的评估，即使是在运转良好的地方民主、新闻自由以及拥有一批有能力的学者和从业者的城市也是如此。这似乎证实了像旧金山、伦敦或孟买这样制定了非常严格的城市规划法规的城市，房价必然会上涨，而降低房价的改革却无法得以实施。

我经常将限制性很强的城市法规比作毒品，而将实施这些法规的城市比作吸毒者。试图突然间取消他们的药物会产生严重的副作用，因为他们的身体已经习惯了这种药物并且需要它，即使他们正在被它摧毁。我的猜测是，任何认真的改革者在进行城市监管改革时都应该像医生为吸毒者制定治疗方案一样：长期计划逐步戒毒。

我们要汲取的主要教训是，任何打算制定严格的法规以限制地面供应和土地开发的城市，在着手实施之前，都应该仔细研究其可能对房价造成的负面影响。凯特·巴克的两份报告和保罗·切希尔的书应该成为每一位关注房价和住房可负担性的城市规划师的必读书目。在第 8 章中，我将更详细地描述我认为规划师应该做些什么来提高他们的绩效和对城市管理的贡献。

第 7 章

可选择的城市形态与乌托邦

一座城市能否像机器或工厂一样被设计和管理，或者围绕不同于市场的社会秩序进行设计和管理？在前面的章节中，我已经表达了这样一种观点，即城市的发展主要是根据市场创造的自组织原则。我建议将规划师的作用限制在确定街道通行权和设计交通系统以服务于市场创造的城市形态和密度上。本章中，我将探讨一种相反观点可能的有效性。

能否为规划师提出合理的论据，支持其通过法规有目的地调整由市场创造的城市形态？

规划师是否应该规定土地利用，以实现他们自己设定的目标？这个目标可以是美学的（比如强制使用具有传统地方特色的建筑风格），也可以是实用的（例如通过法规设定发展模式和密度，以确保首选公共交通模式的财务可行性）。

最后，对一个好的规划师而言，根据明确表达的理性原则，用机器或工厂的设计方式来设计一座新城市的方方面面，是可取的吗？

7.1 寻找可以指导设计的目标函数

改造现有城市或创建新的城市，面临的主要挑战是能找到证明城市形态调整的合理性或指导城市设计的合理原则。虽然定义一个合理的目标来设计一个具有众所周知和特定目的的对象通常相当简单，但当设计的对象是一个目标难以定义的城市时，就没那么简单了。

事实上，一座城市与典型的设计对象非常不同。让我们以桥梁作为设计对象的示例看一下。桥梁有明确的用途，可以很容易地量化。例如，桥梁的跨度为 100 米，拥有四条车道，车辆将以最高速度 110 公里 / 小时行驶，每辆车的重量不超过 44 吨，桥梁工程师就能根据这些明确量化的客观标准提出若干设计方案。方案间的差异在于，有的可以最大限度地降低施工成本，有的则更注重设计美感。最终选定的设计方案将响应每个人都同意的客观标准。对于不包括在客观标准中的变量，可能会存在意见分歧，例如，有些人可能更喜欢一座更优雅但更昂贵的桥梁，而不是便宜但不太令人愉悦的设计。

将一套等效的规范应用于一座城市是很困难的，因为一座城市不像一座桥、一台洗衣机或一部电话，拥有可以用数字来描述的明确功能。此外，如前所述，城市的主要特性在于它迅速演变和对外部世界作出反应的能力。桥、洗衣机和电话并不是为了进化而设计的，当它们的设计过时时，桥梁会被拆除，洗衣机和手机会被丢弃，它们的材料有望被回收利用。苹果公司的智能手机以其卓越的设计而闻名，但没人指望 iPhone 7 会自行演变成 iPhone 8。当 iPhone 8 上市时，我们会把旧的 iPhone 手机扔掉。iPhone 7 的卓越设计只是暂时的，当更好的设计出现时，之前的型号将被淘汰。历史告诉我们，有些城市已被其居民抛弃：例如，16 世纪印度的法塔赫布尔·西格里（Fatehpur Sikri）、21 世纪被政府法令遗弃的 60 座俄罗斯城市，甚至像底特律这样的城市，由于管理不善而使大多数居民迁出继而被抛弃。然而，大多数情况下，人们还是期望城市能幸存下来，即使受到外部冲击的影响。巴黎的座右铭是"随波而动，但永不沉没"（Fluctuat nec mergitur），大致可以翻译成"巴黎经历着一波波的冲击起伏，但不会沉没。"这句格言最接近城市目标函数的真义所在。但是，这种伪目标函数肯定无法指导一位城市规划师去决定街道布局和建筑物高度。城市的目标函数将不再局限于需要不断适应外部不可预测力的冲击。一座城市必须服从达尔文式的进化过程，否定那种具有已知结局的设计概念。

纳西姆·尼古拉斯·塔勒布（Nassim Nicholas Taleb）在他的《反脆弱》（*Antifragile*）[1]一书中介绍了制度和体制的概念，当它们受到不可预测的随机冲击时，它们可以精确地提高自身的韧性。

塔勒布认为，人们试图保护体制免受冲击，反而会使它们变得脆弱，最终导致它们毁灭。塔勒布的洞察力也可以应用于城市。

第 3 章中描述的孟买棉纺厂的失败，便可以归因于政府没有采取措施适应变化和外部冲击，而使得城市变得脆弱。试图通过在城市（或国家）周围筑一道防护墙来保护它不受外部冲击是徒劳的。城市通过与世界的大量交流而繁荣，而若将它们与世界隔绝，它们就会消亡。赫伯特·斯宾塞（Herbert Spencer）以一种轻佻的方式说明了这一原则："保护人们免受愚蠢影响的最终结果，就是让世界充满了愚蠢。"[2]

不幸的是，城市规划师并没有因为定义指导城市设计的目标非常困难而气馁。他们通常是通过最初的蓝图或现行的法规，来尝试将这些目标函数法定化，进而证明设计城市的做法是正当的。

7.1.1 对城市目标函数的探索

我们在第 3 章中已经看到，20 世纪 50 年代，中国的规划者试图使用太阳与地平线的夹角来“合理地”定义建筑物之间的距离，结果导致城市住宅密度完全由纬度决定，而不是土地价格、交通技术、地形、历史、收入和文化偏好的复杂相互作用而定。

规划师如果选择忽视数百年来塑造城市的市场力量，就必须用一种可信的目标函数来取而代之。正如我们将看到的，这不是一项简单的任务。在本章中，我将确定目前正在使用或过去使用过的、用以修改或取代由市场力量塑造的城市形态的那些目标函数，并集中讨论目前用来证明规划师干预城市空间发展的合理性的四种目标函数：

- 以美学为目标函数（如巴黎城市历史保护）；
- 以限制外部性或公共利益为目标函数（例如，纽约分区法规）；
- 以城市扩张为目标函数；
- 以愿景为目标函数（例如，可持续性、宜居性和韧性）。

在确定设计目标函数及其应用方式（无论是通过初始规划还是现行法规）之后，我会通过与目标对比来测试结果。要在指导城市设计中发挥作用，目标函数必须表达清楚，结果必须是可衡量的。

7.2 以美学作为目标函数：巴黎历史保护

巴黎[3]的大部分土地利用法规都明确其目标旨在保护巴黎的历史美学。巴黎最后一次大规模改造始于 1854 年，是由奥斯曼男爵主持的城市改造项目，此次大改造完工于 19 世纪末的世界博览会期间，这期间还建成了巴黎埃菲尔铁塔（1889 年）和大小皇宫（Grand and Petit Palais，1900 年）。

在这段快速的城市转型期之后，公众认为需要对迄今为止建成的建筑要进行的历史保护达成共识，并反对对巴黎城市景观进行额外的改造。巴黎天际线的唯一变化发生在 20 世纪末期。这些现代的变化并不是大规模的城市建设，而是仅限于四个由国家孤立资助的“纪念碑建筑”：即中央市场（les Halles，1971–2016 年）、蒙帕纳斯大楼（Tour Montparnasse，1973 年，巴黎唯一的摩天大楼）、蓬皮杜博物馆（Pompidou Museum，1977 年）和法国国家图书馆（Bibliothèque Nationale de France，1988 年）的损毁维护和定期重新设计、重建。此外，像第十五区的一部分一样，在巴黎的边缘地区，法规允许一些建筑物高度的增加和有限的、可控的发展。公众舆论和媒体对巴黎天际线的这几处细微变化普遍嗤之以鼻。支持维持巴黎街景外观的现状似乎已经成为一种普遍共识。

7.2.1 大部分《巴黎土地利用法规》的目标是维持“19世纪末”的景观

为了保护巴黎19世纪末的景观，巴黎市政府制定了一套详尽的法规，即使对于新建且没有历史意义的建筑物，也能保持建筑外观的连续性以及巴黎历史视角的景观。然而，与其他城市的许多分区法规相反，巴黎的法规并不太关注防止内部土地利用发生变化，而是主要关注面向街道的建筑物外观和排列。

自20世纪初以来，巴黎人就认为，巴黎的主要优点和吸引力在于它的始终如一。法规规定了建筑物的高度、屋顶的排列和材料、传统的街道立面以及任何可能改变巴黎街道外观的东西。实际上，巴黎是在不断变化的，但仅限于其历史悠久的外观，因为建筑物甚至建筑物的一部分的使用可以很容易地在住宅和商业之间转换。建筑的立面结构被冻结,但在这个立面结构内土地利用变化通常很快。巴黎就像一组盒子，盒子不会改变，但它们的内容会不断改变。这种不变性只限于巴黎环城大道内的巴黎市政区。这条大道沿袭了1870年普法战争期间巴黎被围攻时的防御工事线。巴黎市政区的人口只占巴黎大都市区人口的18%左右。

尽管历史悠久的巴黎建筑立面结构被冻结，但由于巴黎郊区的快速发展，巴黎的经济增长是可能的。相对而言，巴黎郊区的监管要少得多，政府一直在积极推动和补贴一些高密度的开发项目，比如在拉德方斯商务区（La Defense business district）和巴黎市中心通勤距离内的五座“新城”，这些新城拥有完善的快速轨道交通和高速公路系统。

现在让我们关注对巴黎的城市形态和房地产价格影响最大的高度限制。图7.1显示了巴黎市政府允许的最大建筑物高度[4]从18米到37米不等。因此，许可的最高建筑物大约有10层，而且大多位于市政区的外围。在巴黎最古老的地区，比如玛莱区（Le Marais）和第六区（sixth arrondissement），限高法规规定只能建造矮楼。这些区域的建筑面积受法规的限制最大，但因为它们处于城市中心位置，并汇聚了复杂的公共区域交通系统，它们也是巴黎最易到达的区域之一。从这个意义上说，巴黎的法规与预期的市场力量完全相悖：它们阻止了高需求地区的建筑面积的增加，并迫使外围地区和市政区范围之外的低需求地区的人口的密度增加。然而，巴黎的法规既不是为了缓解交通拥堵等传统外部性问题，也不是为了促进经济增长。它们明确旨在保持一个完整的、美学的、历史的和享有盛誉的城市景观。在这方面，它们无疑是成功的。

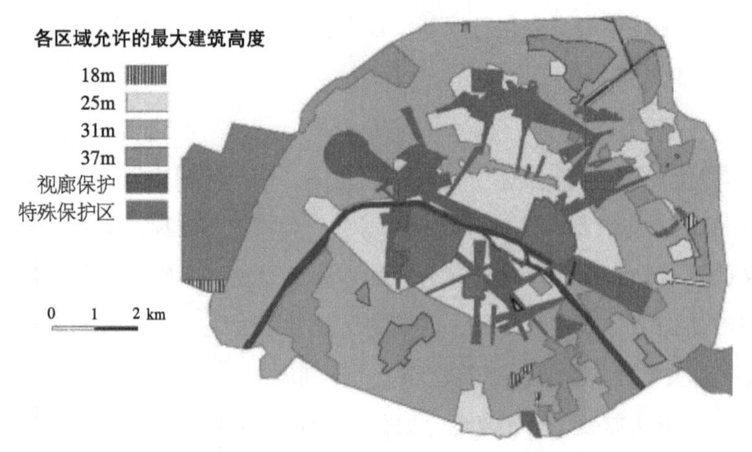

图 7.1　巴黎市政区的监管高度图（见彩图）

高度限制在许多城市都很常见。然而，对于一个大型的首都城市，在它最中心的区域将建筑限制在最高 10 层甚至更少的层数是很少见的。更罕见的是，不仅对从街道标高测量的建筑物高度进行限制，而且在某些区域，是以海平面为基点测量建筑物的高度进行限制，这些区域在图 7.1 中用红色表示。这些名为“视廊保护”（perspective protection）的特殊监管区域，是巴黎特有的，需要一些解释。

这些红色区域是特殊保护区，这些保护区中的建筑物高度都是以海平面为基点测量的海拔高度，而图 7.1 中黄色区域的建筑物高度是从街道标高测量的高度。这些特殊区域的设立是为了确保从城市的不同位置都可以看到地标性建筑（荣军院、蒙马特圣心大教堂、巴黎圣母院、先贤祠等）。在这些特别保护区内，从街道标高测得的允许高度随着该区域内建筑物的位置以及地形不断变化。

图 7.2 中的示例说明了这一点。在塞纳河畔的 A 点和视廊保护区内的古建筑 B 点之间，建筑的最大允许高度是由穿过 A 和 B 的斜面（AB 线）决定的。定义 AB 线的 A 和 B 的高度，是以海平面为基点测量的，而不是从街道标高测量的。巴黎是多山的地形，因此，在 A 和 B 之间的建筑物的允许高度将随街道高度的变化而变化。从图中我们可以看到，由于街道的高度不同，建筑物的高度可能从 17 米到 25 米不等。执行这些规则需要对整个地区进行极为详细的调查。尽管如此，这些法规在保护巴黎主要古迹的视廊通透性方面非常有效。

这种视廊保护对巴黎中心区的发展构成了巨大的制约。想象一下，如果法规要求必须从中央公园和华盛顿广场能看到圣帕特里克大教堂，那么纽约市中心将会是什么样子！

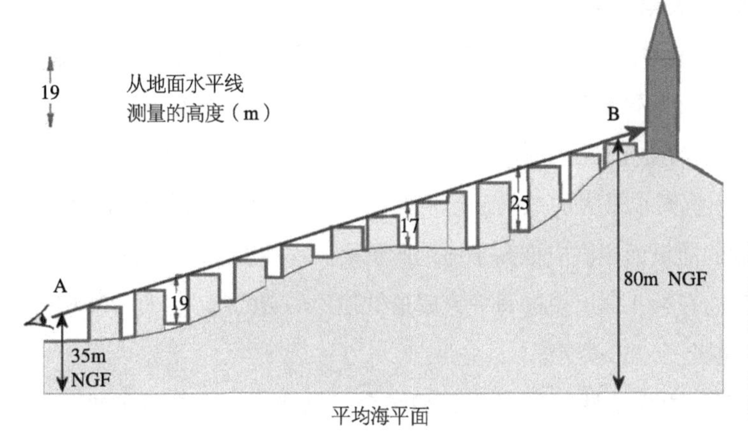

图 7.2　保护区内建筑物顶部高度的规定

注：法国国家测量局（Nivellement General de la France，NGF）以海平面为起点的测量。

7.2.2　巴黎限高法规的目标和成本

在评估法规时，应从两个方面进行考察：一是是否达到法规的目标；二是给城市带来的收益和成本。让我们看看如何将它应用于巴黎的建筑高度控制。

巴黎限高法规的目标非常明确：它们纯粹是基于对历史巴黎的审美保护。目标不仅限于保护个别古迹，还延伸到 17 世纪法国古典建筑传统中的纪念性景观。

虽然构建限高区域的几何结构很复杂，但其由一系列点所定义形成的监管包络是清晰明确的，这些点的笛卡儿坐标是由其海拔高度定义的，正如法国的一般测绘图所确定的那样。

这些法规是否实现了其宣布的目标？显然是的。目标是监管几何结构本身。人们可能会争论从巴黎特定位置的视角是否足以保护像蒙马特圣心大教堂这样的古迹，但这些只是细节。目标当然与这些制订的法规是一致的。

7.2.3　限高法规有什么好处？

严格保护历史遗产的好处是显而易见的，它让巴黎成为一座吸引众多游客的城市。2015 年，巴黎成为世界上游客人数最多的城市。对古迹和街道的景观保护无疑是巴黎对游客吸引力的一部分。保存完好的历史环境和精心维护的广阔城市景观对巴黎著名的时尚、艺术和美食、奢侈品来说，是绝佳的衬托。从这个意义上说，这样做的好处远远大于单纯的旅游收入，因为它们使巴黎成为奢侈品牌总部的理想选址地点。其大型公园和大道的美感提升了有能力在那里生活和工作的人们的生活质量。维持印象派时代的巴黎的巨大好处意味着，与 19 世纪建筑师所取得的成就相比，现代建筑师所能设计的建筑在美学品质上要逊色一些。这会让现代建筑师感到羞愧，但事实或许真的是这样。

7.2.4 限高法规的成本是多少？

这些法规隐含了哪些成本？显然，对高度的监管创造了一个壁垒，严重限制了巴黎新建筑面积的建设，而这恰恰发生在需求最旺盛、公共交通网络最密集的地区。此外，这些法规带来的生活质量的提升使巴黎更具吸引力。这些法规显然与市场力量背道而驰：在企业和家庭需求最大的地段，建筑面积不允许增长。随着城市经济的不断增长，受法规限制的建筑面积供应推高了房地产价格。这些法规对房地产价格造成了明显影响，导致我们在第 4 章所说的每户家庭最低住房消费的减少，即 2014 年，9 平方米的“公寓”月租金为 750 美元。

由法规引起的建筑面积稀缺性与环境质量相结合，创造了一个持续的绅士化（gentrification）过程。传统上，居住在城市西部和南部区域[5]的家庭被认为是中产阶级，而居住在东部和北部区域的家庭被认为是工人阶级。2016 年，整个巴黎地区都在绅士化。现在的区别是中产阶级的类型：“老中产阶级”，如第十六区，或者“BoBo族”（布尔乔亚和波希米亚人），如第十九区或第二十区。这种大规模的绅士化是土地利用法规的直接结果，这些法规限制了新建筑面积的供应，同时使巴黎更具吸引力。传统上居住在东部和北部地区的中低收入家庭不得不逐步向城市边界外的郊区迁移，从而限制了他们在市中心获得交通和工作的机会。巴黎市政府正试图通过购买旧建筑中的公寓，并以低于市场价值的价格租给中等收入家庭，来减缓绅士化进程。然而，由于成本高昂，这种针对绅士化的最后努力，影响非常有限。

因此，巴黎对建筑高度的限制以一种不属于法规目标的方式塑造了这座城市。自相矛盾的是，旨在将城市建筑立面结构维持在 19 世纪末样子的法规，导致了两次巨大的空间变化。第一个是中产阶级和中下阶层被迫移动到城市边界之外，第二个是许多工作机会向外围扩散。巴黎市人口在 1921 年达到顶峰，达到 290 万，而 2014 年却只有 220 万。同时，巴黎市的工作岗位数量也有所减少。

7.2.5 法规如何“重新设计”巴黎都市区？

如果不能像圣保罗、纽约、伦敦、上海、首尔等其他大城市一样垂直扩张，像巴黎这样的世界主要首都如何生存？巴黎市政府特意在市界外，即位于巴黎传统 CBD 以西 10 公里处建设了一个新的 CBD——拉德方斯，以满足因限高法规而在巴黎市中心无法容纳的新办公空间的需求。此外，政府还在外围新建了 5 座新城，对服务郊区的公共设施进行集中，并在公共交通轴上吸引商业增长。

所有这些微型 CBD 都通过快速交通与首都地铁网络相连。图 7.3 显示了工作地点在巴黎大都市区、远离巴黎市政区和郊区交通节点附近的不同空间发展趋势。

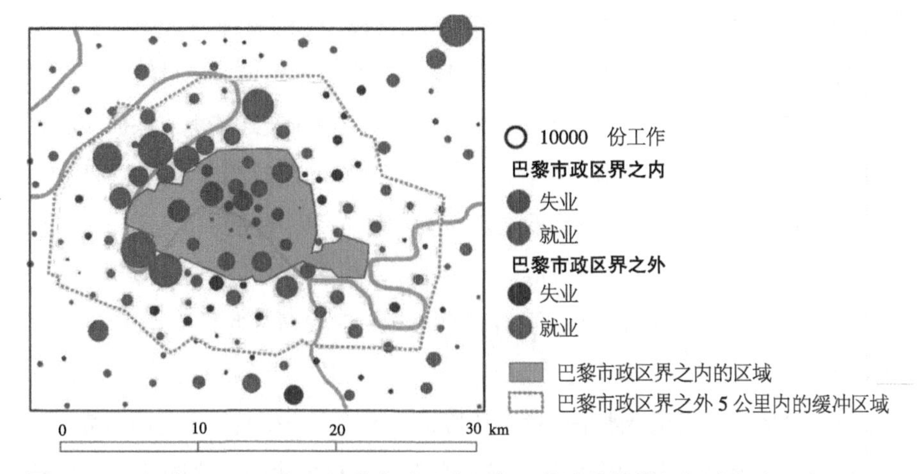

图 7.3 1996 年至 2006 年，巴黎市政区和近郊工作岗位的增加和减少（见彩图）

资料来源：法国国家经济和统计研究所（Chambre régionale de commerce et d'industrie），商业和工业区域研究所（Institut national de la statistique et des études économiques），法国城市规划和城市管理研究所（Institut d'aménagement et d'urbanisme de d'Île-de-France），2008 年。

1996 年至 2006 年，巴黎市区失去了 1700 个工作岗位，而在周边地区创造了 22.1 万个新工作岗位，其中大部分位于巴黎市边界 5 公里范围以内。

如果建筑高度没有限制，或者更确切地说，高度限制像纽约、伦敦、上海或首尔那样，那么巴黎就会建造出更多的办公楼和住宅面积。虽然在许多大城市，自由市场都在城市外围创造了分散的就业机会，并在中心地区增加了房地产价值，但巴黎的限高法规无疑加速并加剧了这种市场驱动的趋势。

具有讽刺意味的是，巴黎历史保护法规旨在保护一种在巴黎历史保护区范围之外其他法规会禁止使用的土地用途。例如，当地的土地利用法规将阻止任何开发商复制巴黎最昂贵的街区的街道、建筑高度和场地覆盖率模式，如玛莱区或圣日耳曼德普雷区（St Germain des Pres）。

7.2.6 最终评估：保护历史悠久的巴黎的法规是“糟糕的”还是“过度的”？

巴黎是一个特例，土地利用法规主要以历史保护的目标为指导，并且会特别优先考虑古建筑的观赏视廊效果，因此限制了建筑物的高度。

对于城市的发展来说，这些极端的限制给公司和家庭住户带来了昂贵的代价。然而，它们也创造出一种独特的生活质量，这一点从高昂的房地产价格可以体现出来。借用美国经济学家斯蒂芬·马尔佩齐的话，“法规本身既不好也不坏。重要的是在特定市场条件下，特定法规的成本和收益。”[6] 我希望增加一个评判法规的标准：它们是否达到了其所宣称的目标？最糟糕的法规是那些成本高却未达到目标的法规。

巴黎建筑限高法规的目标非常明确：维持印象派时期巴黎市中心的风貌。与许多其他法规不同，该法规没有打着禁止现有建筑改造便可以改善交通堵塞或保护环境的幌子。法规目标及其结果都是清晰且明确的。巴黎人抱怨住房成本高，公寓面积小，但是我相信，如果有市长提议废除现行的建筑高度限制，在巴黎绝不会当选。在巴黎的案例中，计算限高法规的成本是有可能的，但要计算美学的效益要复杂得多。每个巴黎人都知道这些效益无法量化，而且到目前为止，他们都愿意为此付出代价。然而，如何阻止中低收入家庭居住在城市边界的绅士化是一个更加严重的社会问题。无论市政当局推出多少低于市场租金水平的社会住房，都无法真正扭转绅士化的趋势。

在本书中，我经常将市场和设计作比较。在巴黎，这两个概念之间的对立是显而易见的。巴黎市对建筑面积有很大的市场需求。目前法规规定的设计阻止了建筑面积的供应，以至于无法满足这种需求。但用于城市设计的监管工具是透明的，其目标也是明确的。

我对巴黎建筑限高法规的最后结论是，虽然其代价非常高昂，但它们成功地达到了目标。因此，在这种情况下，没有理由对这些法规进行技术性批判。法规的维持或放宽属于政治范畴。巴黎人觉得他们为这些法规付出了过高的代价，还是认为他们付出的代价是值得的呢？这都可以在市政选举期间自由表达。规划师的工作是解释法规的成本，而不是批准或不批准它们。

7.3 以限制外部性或公共利益为目标功能：纽约分区法规

纽约于 1888 年建造了第一座摩天大楼，当时巴黎的黄金建筑时代即将结束。当巴黎选择固守它的历史天际线时，纽约，主要在曼哈顿，开始了垂直扩张，时至今日仍在加速扩张。纽约摩天大楼的出现并不是由于实施了某位富有灵感的城市规划师的愿景，就像勒·柯布西耶在 1920 年为巴黎提出的瓦赞规划（如第 3 章所述）那样，而是市场力量的产物。虽然建造摩天大楼的建筑商和建筑师肯定是有创造力的、有灵感的、有才能的，但他们只是在竭尽所能地满足客户对建筑的需求，即在一小块土地上提供高度集中的办公空间。

华尔街地区的高昂地价和扩张的困难（除了向北）是探索垂直堆叠大面积办公空间的强大动力。大公司的管理层需要许多会计师和"代书人"（scriveners），他们整理工作后将汇总数据提供给高管，使他们能够及时作出业务决策。信息的流通几乎完全是通过账簿和书面文件来完成的，这些文件必须由专人从各个部门呈送到管理层，然后再返回。高层建筑特别适合促进这种类型的交流。

虽然摩天大楼的建造是由市场力量引起的，但技术的变化，如钢结构和电梯的发明，为其建造提供了条件。此外，如果没有银行的慷慨贷款，开发商不可能建造一栋很高的大楼。所有这些先决条件——技术和金融，在 19 世纪末的纽约都得到了满足。

摩天大楼最初是专为办公设计的。直到很久以后，摩天大楼才被认为适合住宅使用。在纽约，2010 年至 2016 年建造或在建的 17 座摩天大楼中，有 8 座要么是混合用途，要么完全是供住宅使用的。此外，华尔街地区一些较老的摩天大楼最近也已被改造成住宅。

摩天大楼的故事和演变本身就是一本书，没有哪本书能像贾森·巴尔（Jason Barr）在 2016 年出版的《打造天际线》（*Building the Skyline*）那样完整和有趣。[7] 作为罗格斯大学的经济学教授，巴尔在他的书中全面介绍了纽约摩天大楼的诞生，随之而来的各种法规，以及法规、开发商、经济学和摩天大楼设计之间的辩证关系。虽然巴尔的书只关注了曼哈顿，但它是关于城市发展中设计、市场、法规和技术之间相互作用的最全面的书之一。下文所述的纽约的土地利用法规的演变和内容，主要是基于我对贾森·巴尔观点的解释，以及我从 1968 年至 1969 年，在林赛市长的任期内，为纽约市规划委员会城市设计小组工作时的所见所得。

第一栋建成的摩天大楼只有 12 层，当时令人惊叹，也引发了很多担忧。我们现在称它为那个时代的颠覆性技术。但其对周边居民的负面影响显而易见，摩天大楼阻挡了邻近建筑物的采光。19 世纪末，人造光价格昂贵。一栋高大的新建筑给其他较矮的办公楼投下阴影，所产生的成本可以根据人工照明成本的增加来快速评估。市民们很自然地要求当地政府介入并规范摩天大楼的尺寸，以减少它们对社区造成的明显的负外部性。

由于越来越高的摩天大楼的激增，纽约关于建筑物"体积"的土地利用法规于 20 世纪初开始出现。[8] 1916 年的综合分区规划旨在通过限制建筑物的体积（即改变建筑物的形状以减少其对邻里的影响）来规范建筑物的大小。这些限制因建筑物所在区域的用途而异。法规主要是关注纠正由高层建筑的阴影造成的负面外部性，以及在一定程度上改善人行道拥堵。1916 年的法规将建筑物的高度与街道的宽度联系起来，给予那些因街道宽度让出地块的开发商以建筑高度为"奖励"（bonus）。然而，也存在许多例外情况，比如，如果一座摩天大楼的阴影面积（footprint）不超过其所占地块的 25%，并且如果它远离街道，则其高度可不受限制。

正如贾森·巴尔在评论 1916 年的规划时所说，"该规划代表了房地产行业、企业主、城市规划师和政府官员之间谈判的结果。"[9] 这仍然是纽约现在制定新法规的方式，如 2016 年曼哈顿西区哈德逊城市广场（Hudson Yard）项目的开发就说明了这一点。

纽约作为世界主要商业中心之一，之所以能够保持一个多世纪的成功，正是基于房地产开发商和城市规划师之间的对话协商。然而，正如我们将看到的那样，自 1964 年以来，复杂的法规层层叠加，变更审批的流程依旧冗长，再次引用贾森·巴尔的话，“像新的地铁或新的分区法规，这样的大型公共建筑在今天似乎是不可能的。正是大规模变革让纽约成为世界上最伟大的大都市，而当我们抵制和害怕这种大规模变革时，一种严重的现状偏见已经出现。”

7.3.1 1961 年的转折点：规划师利用法规“设计”城市

1916 年限制建筑物体量的法规显然旨在减少由高层建筑投下的阴影所造成的明显的负外部性。多年来，虽然已经对原来的法规作了许多修改，但目标仍然是相同的：减少由建筑物高度引起的负外部性。

在 1961 年出现了一个转折点，当时公布了一项新的分区规划。新规划的目标明确旨在改变城市的形态，而不再局限于减少负外部性。在塑造城市的过程中，越来越多的规划师运用法规以他们的设计替代市场力量。为了得以塑造城市，城市规划师宣称他们是在为公共利益而行动，然而这一概念过于模糊，无法作为指导人为设计的目标。公共利益这一概念是主观的，如果以其作为法规的目标，便不能像以减少建筑阴影的影响为目标那样进行量化。

根据 1961 年的新分区规划，规划师利用法规来实现那些新的“设计品质”的目标。“塑造”这一目标在当前的纽约市城市规划网站上得到确认，其主题为“1961 年至今，通过分区的方式介绍和塑造纽约市”[10]。分区的首要目标是塑造城市，即“优质的城市设计”或尽可能优化土地利用。这与最初的分区目标大相径庭，但当时似乎没有人注意到这对城市的影响。

在民主选举的城市管理机构中，规划师不能简单地把他们喜欢的设计强加给私人建筑的开发商。然而，在像纽约这样一个充满活力和创新的城市，变化是一个永恒且必要的存在。通过制定法规，规定只有在根据规划师的意愿修改建筑物的设计及用途的情况下，才允许增加建筑面积，这样就可以将城市规划师的设计强加给私人开发商。

例如，让我们想象一个情景，当城市规划师认为一个向公众开放但建在私人土地上的广场会使城市更宜人，因此这个方案是可取的。而征用建造广场所必要的土地是不可能的。

但是，如果已经制定了分区法规来限制建筑物的建筑面积，城市管理者可以允许开发商增加高于当前法规限制的建筑面积，但条件是新的更大的建筑要满足规划师期望的设计要求（建造向公众开放的广场）。那么开发商就面临着一个选择：将建筑限制在当前分区法规所允许的建筑面积内，或者建造一个广场并获得建筑面积“奖励”，这将增加该地块的可建造建筑面积。

如果开发商认为“奖励”是值得的（例如，允许开发商赚取额外的利润），那么法规将由此得以创建一个开放广场，其大小和设计可以由城市规划师，而非开发商决定。显然在纳税人没有付出任何代价的情况下，一个新的城市便利设施建成了。然而我们在下文中看到的事实情况并非如此。

这种通过法规进行设计的体系只有在满足两个条件时才能为规划师提供杠杆作用：首先，应用它的建筑物位于对新的商业或住宅建筑空间需求量很大的地方；其次，规划师的设计要求不会对开发商造成过高的成本，即在满足条件的情况下，财务方面不会限制建造新的建筑。我们回到贾森·巴尔的说法：在纽约，监管机构和开发商必须相互协商，以确保前者施加的约束不会让后者破产。限制现有建筑规模的法规越严格，规划者就越有可能通过法规来设计城市。

因此，希望通过法规手段将其设计强加给开发商的规划师应该有一个明确的策略。首先，将建筑物的使用和体量尽量限制在现有范围内，以防止“自由”增加建筑面积；其次，与法规所允许的面积相比，大幅增加可建造建筑面积，以换取土地利用的变化和规划师可能希望的任何其他设计属性调整。分区法规这种允许建造比现有建筑物面积更多的建筑面积和提供更大土地使用灵活性的方案，不会为规划师提供任何要求开发商完成其不愿提供的设计的杠杆作用。相比之下，由于法规导致的建筑面积短缺，会提高建筑面积的价格，从而增加规划师对开发商的影响力。

在对高需求地区的建筑面积扩张施加严格限制的情况下，规划师就可以通过提供建筑面积奖励来“设计”城市，以换取必要的土地利用变化。例如，规划师可以将广场和开放空间纳入私人土地，并指定其设计。他们还可能会强制增加某种类型的土地用途，例如第 6 章所述的底层商店，或他们可以指定特征和数量的“经济适用房”。在这方面，我们还远远没有纠正明显的负外部性，而正是这种依然存在的负面外部性证明了 1916 年第一个纽约分区法规的相对合理性！

7.3.2 规划师试图塑造私人建筑是有代价的

尽管没有金钱交换，对建筑设计的任何修改都会产生成本，也可能会有收益。如果收益高于成本，则分区法规强加的设计变更将是合理的。

这里有三种可能情况：一，规划师强加的设计增加的建筑物价值超过其成本；二，设计不会增加建筑物的价值，但会为他人带来好处；三，这种设计没有给任何人带来好处。如果增加一个设计要求，比如一个公共广场，会增加建筑的市场价值，那么很可能开发商已经将其纳入初始设计。如果该广场并没有增加建筑物的价值，而是改善了路人的街道体验，那么城市政府会通过建筑使用者（家庭或公司）的租金来支付城市普通居民的收益。

这样就将公共设施的成本集中在少数公民身上。因此，规划师强加的设计总是会增加新的建筑成本，而如果不进行设计限制，本应建造的楼层数量很可能会减少。

通过使用容积率（FAR）法规对可在城市中建造的额外建筑面积的流量施加限制，规划师实际上是在创造一种新货币，这其中就包括他们用于从开发商那里购买他们想要的城市设计功能（如广场、经济适用房或其他任何东西）的这些额外建筑面积。建筑空间的稀缺性越高，容积率货币的奖励价值就越高，规划师可以从开发商那里购买的设计变更也就越多（图 7.4）。只有当法规具有充分的限制性，以保持建筑空间的稀缺性，容积率奖励才会有一个高交换价值。如果提供的建筑面积是完全弹性的，那么“容积率货币奖励”最终就会失去其价值，跌至零，意味着规划师将失去对开发商的所有影响力。因此，容积率激励奖励法的实施需要维持整座城市建筑空间的紧张供应，这将提高所有公司和家庭的商业和住宅建筑空间的价格。正如我们在第 6 章中所看到的，少数所谓的经济适用房单元是利用容积率奖励交换所得，并通过抽签的方式进行分配，然而这并不能证明提高其他所有人的住房和商业空间的价格是合理的。

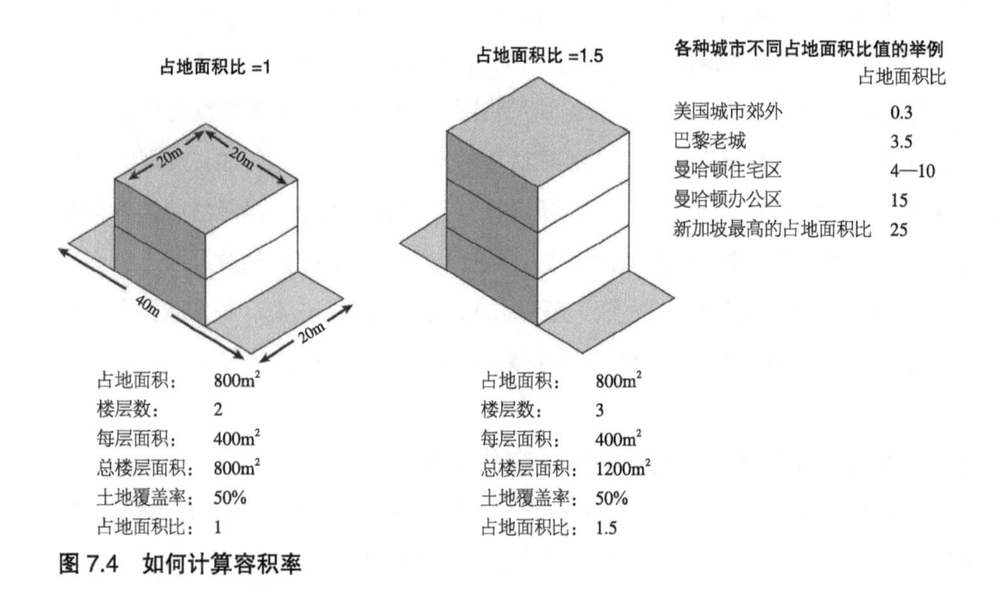

图 7.4　如何计算容积率

7.3.3 激励区划的起源：曼哈顿的西格拉姆大厦

纽约西格拉姆大厦（Seagram Building）建于1958年，早于1961年的激励区划（incentive zoning）。它最初是由德裔美国建筑师路德维希·密斯·凡·德·罗（Ludwig Mies van der Rohe）设计，以满足客户对具有国际式风格（International Style，第二次世界大战后包豪斯运动的一个分支）的著名企业总部的需求。这座38层的摩天大楼位于曼哈顿中城中心，面向公园大道，还包括一个开放广场。这座摩天大楼及其广场的设计品质使西格拉姆大厦成为优秀城市设计的标志，并成为开明企业建筑风格的典范。这正是西格拉姆大厦的所有者想要达到的目标，也是他们聘请密斯·凡·德·罗担任建筑师的原因。

幸运的是，1968年1月，我在美国的第一份工作恰巧位于西格拉姆大厦顶层的建筑师菲利普·约翰逊（Philip Johnson）的办公室里。我可以证明，在这样一栋大楼里工作并在广场享受午餐，是一种非凡的体验。西格拉姆大厦在城市设计方面堪称典范可谓当之无愧。它还创造了一个新的土地利用类别：私有公共空间。

纽约的城市规划师认为，通过使用巧妙的法规，他们可以复制密斯·凡·德·罗的优秀设计，并且这样做是可取的。显然，他们不能强制开发商复制它，但他们可以建立监管激励机制来复制广场并创建新的私有公共空间，同时不用纳税人的钱。

城市规划师决定利用容积率奖励这一监管工具，激励开发商建造类似于西格拉姆大厦前广场的公共空间。最初，新法规规定，每建造1平方英尺的城市广场，开发商除了在当前分区法规规定的建筑面积外，还可以再获得10平方英尺的可用面积。但是，可获得的最大建筑面积奖励仅限于当前分区下允许建筑面积的20%。

规划师设定的监管激励确实奏效了。几座新建的摩天大楼从街道上方凹回来，并在大楼前提供了公共开放空间。然而，他们提供的开放空间的吸引力却从未能超越西格拉姆大厦。例如，在第六大道第47街和第50街之间，建造了三个连续的广场。但是因为它们在大道的同一侧相邻，让人感觉并没有提供开放的广场空间而只是拓宽了大道。此外，由于广场的设计主要是为了获得额外的楼层奖励，而不是为了提高建筑的质量，所以例如街景、花坛和台阶这些广场的设计，摆放出来似乎只是为了阻止人们的使用，而不是为了吸引行人的注意。事实上，私有公共空间有许多需要考虑的问题：它可能会引起用户的诉讼，并且它必须由私人维护和监督，从而产生潜在的责任和高昂可观的额外维护成本。使广场对“流浪者”甚至路人不具吸引力，这在一定程度上降低了潜在的责任和维护成本。随后，纽约城市规划师试图收紧规则，规定广场设计的详细规范，以追求更有效的私有公共空间。然而，仅仅通过规则很难得到好的城市设计。纽约市城市规划局（New York City Department of

City Planning）的网站在提到“激励性分区规定创造的开放空间并不总是有用或有吸引力”[11]时也承认了这一点。

这些“并非总是有用或有吸引力”的广场有成本吗？毕竟，它们的建造受到了分区法规的明文许可，对城市预算来说并不是一笔大开销。然而，任何通过奖励性分区创建的建筑或城市设计要求，都会给开发商带来成本，并最终转嫁给用户。如果开发商认为这些要求会增加建筑的价值，就不需要激励手段去创造它们。例如，西格拉姆大厦的广场就没有使用激励政策，因为它增加了建筑的价值，而且所增加的价值大于它的成本。通常情况下，开发商会在著名的写字楼大堂增加高度，并在墙壁上覆盖大理石，而无须任何激励。

他们这样做是因为额外的成本低于增加的价值。激励性分区为城市建造的建筑面积增加了两种成本。第一种成本是由于激励而增加的资本成本和经常性维护成本，这些成本主要由建筑物的用户、业主或租户承担。第二种成本则由城市的所有居民和工人承担，是为使得激励发挥作用，由限制性法规导致的建筑面积人为短缺所造成的。因此，纽约人要为这些“并非总是有用或有吸引力”的广场买单。让我们不要忘记，只有通过造成建筑空间普遍短缺，并只对那些规划师认为有用和有吸引力的建筑缓慢释放这些空间，激励区划才能发挥作用。

规划师从这次失败中吸取教训了吗？并没有。2011 年 11 月，为了庆祝 1961 年《分区决议》通过 50 周年，纽约市城市规划局组织了一次会议，目的是“培养一种将分区作为政策工具来解决重大经济、社会、环境和空间挑战的新思维。”[12]各种报告描述了分区法规如何使城市变得更具“竞争力、公平性和可持续性”。我们远远没有利用法规来纠正高层建筑的负外部性：阴影和人行道过度拥挤。我希望提出一个挑战，可请任何规划师来解释，严格限制建筑的体积，并将其零碎用地投放用于某些首选用途和空间维度，将如何使城市更具竞争力、公平和可持续性——即使可以为这些目标制定量化指标。在分区法规中增加新的模糊目标只会对土地和建筑空间使用增加更复杂的限制。

我们不要忘记，分区只能限制建筑物的规模和用途。当把建筑面积奖励添加到分区法规时，它就会变得如同贿赂一般，只为了增加那些在其他情况下不会增加的建筑元素或用途。根据定义，通过法规，以建筑面积奖励推动的设计不会具有创新，因为开发商总是复制现有建筑（尤其是城市规划者满意的建筑）的风格和用途。但是西格拉姆大厦广场是具创新性的，因为它是在建筑师的主动倡议下建造的。而曼哈顿中城第六大道大楼前的广场不过是过去创新的糟糕副本。容积率奖励的实践之于城市设计创新，犹如“按数字作画”的画布之于艺术家的绘画！

相比之下，建筑和城市设计的创新只能由个人或以新方式做事的团队或一些打破规则并侥幸成功的建筑师创造。

7.3.4 额外的容积率奖励会降低容积率法规的可信度吗？

容积率奖励（奖励城市规划者看重的建筑特征）否定了限制容积率法规的正当性。对容积率的限制最初旨在限制由高层建筑的阴影造成的负外部性。

让我们考虑几个街区的情况，根据分区规划，它们的容积率被确定为 15，曼哈顿中城的大片地区都是这样。在某些街区，容积率可能会增加到 18，因为建筑物具有城市规划师认为有吸引力的功能特性，无论该特性是广场、剧院还是一些经济适用房单元。我们不得不承认，15 的容积率在一开始就是任意的，因为没有任何增加的功能会纠正由更高建筑引起的负外部性。因此，将容积率限制在远远低于地区建筑面积需求水平的法规，只是一种强制手段，造成了人为的稀缺性，这迫使开发商在设计中纳入规划师认为可改善城市质量的功能。

人们仍然可以争辩说，增加一个广场将为行人提供急需的空间，由于奖励，行人的数量会随着额外建筑空间的增加而增加。但这个说法经不起推敲。按照容积率 15 的标准，使用与西格拉姆大厦相同地块面积的建筑物的人行道面积为 913 平方米，也就是每 100 平方米的办公空间需要 1.12 平方米的人行道空间。如果该建筑获得了奖励，容积率增加了 20%，再增加了一个类似于西格拉姆大厦的广场，那么每 100 平方米的办公空间，行人空间可用总（人行道和广场）面积将变为 3.35 平方米。如果我们假设办公楼的员工人数与其建筑面积成正比，这意味着增加 20% 的建筑面积将使街道上可供行人使用的面积增加三倍。显然，如果关注的是建筑物周围行人可用的空间，那么广场就被过度设计了。

西格拉姆广场再好，也不是没有成本。对于给定的建筑面积，如果要建设一个大的开放广场，那么势必就会增加楼层数并减少每层的可用建筑面积。在西格拉姆大厦中，用于电梯和公用竖井的面积占标准楼层面积的 31%。如果西格拉姆大厦没有广场，像一些周边建筑那样占据整个场地，那么整个建筑面积只能容纳 11 层楼，而电梯和公用竖井只占总建筑面积的 7%，可用于出售的面积会大幅增加。换句话说，广场使建筑面积的建造成本显著增加。

除了广阔的广场，西格拉姆大厦的奢华——走廊和大厅使用石灰华，外立面使用青铜——是其所有者深思熟虑的决定。对于西格拉姆公司（Seagram Company）来说，其纽约总部所在的那座声望很高的大楼对企业品牌的价值，超过了这栋大楼的潜在市场价值或租金价值。规划师想要在所有的办公大楼中推广这种品质，这让纽约的办公大楼成本显著增加了。因此，容积率奖励并不是无故存在的，也不是没有代价的。

我们已经看到，增加广场并不一定会增加城市的宜居性。我们不能规定好的设计。相反，我们应该依靠个人的主动性和个别建筑师的想象力来提供新型的“西格拉姆建筑”。纽约的洛克菲勒中心（Rockefeller Center）也是城市设计和装饰艺术建筑的典范。但如果新建筑照搬洛克菲勒中心的布局，就起草法规让他们获得奖励，那就太荒谬了。纽约到处都是吸引人的建筑，如伍尔沃斯大厦（Woolworth）、克莱斯勒大厦（Chrysler building）或熨斗大厦（Flat Iron building），它们都不是在激励的监管下而建造的。

7.3.5 通过分区对土地利用进行微观管理

自 1961 年以来，纽约市的规划师热衷于利用分区来使城市变得更具“竞争力、公平性和可持续性”，他们通过叠加层层法规来进行土地利用的微观管理（micromanagement），这些法规要比在私人土地上设计广场深入得多。我所见过的分区微观管理规则中最极端的一个例子，是“艺术家联合生活工作区”（Joint Living-Work Quarters for Artists）。这条规则应用于纽约市 SoHo/NoHo 区的 M1-5A 和 M1-5B 分区。虽然该地区目前的土地用途主要是商业和住宅，但仍被划分为制造业用途。事实上，在 19 世纪末，这个街区主要是服装业的血汗工厂。“艺术家联合生活工作区”的规则规定，只有艺术家可以居住在这些被划分为制造业用途的地区，但前提是他们必须居住在联合生活工作区。这项非同寻常的分区法规的措辞如下：“纽约市《分区决议》第 12-10 条提到，SoHo 和 NoHo 的独立阁楼是‘为不超过四名无关的艺术家而安排和设计的’，包括‘为 [每名] 艺术家预留充足工作空间’。”此外，艺术家这一名词被进一步说明，“在《群租律》（Multiple Dwelling Law）的第 7.B 条第 275-276 节，‘艺术家’被定义为：以获取居住在联合生活工作区的资格为目的之人。”该决议文本进一步定义了该区域的用途：“SoHo 分区决议允许具有专业能力的优秀艺术家（其需要一个居住 / 工作阁楼），居住在制造业用途的特定阁楼中。艺术家认证文件中，将其中命名的人等同为一名轻工业者。”

要在制造业用途的区域居住和工作，艺术家必须获得由纽约市文化事务局艺术家认证总监颁发的“艺术家认证”。如果读者感兴趣，可以在纽约市政府网站[13]上申请并填写表格。

分区的发明是为了保护公民免受负外部性的影响，因此人们可能会认为，在制造业区内创建一个特殊艺术家分区类别旨在将艺术家与其他人群分隔开来，就像将制革厂或铅冶炼厂置于一个特殊区域一样。

人们普遍认为艺术家都过着放荡不羁的生活，因此他们可能会创造负外部性。然而，事实并非如此。这项规定是为了保护艺术家的住房和工作空间，防止非艺术家与他们竞争租用或购买相同的空间。规划师的论点是，艺术是纽约文化和经济生活的重要组成部分，需要被保护。

事实上，最初是艺术家发现在 SoHo/NoHo 地区占据制造业部门早已废弃的非法阁楼很方便。城市管理者意识到了这一违反分区规则的行为，但却明智地没有赶走违反分区规则的艺术家。但是，城市规划者并没有通过允许一种新型的混合工作 / 住宅用途（其不会对邻居造成任何滋扰）来修改分区规则，而是创建了一种将非艺术家排除在外的新型分区规则。

然而，艺术家通常没有像理发师、水管工或殡仪业者那样获得市政府颁发的执照。为了能够执行新的分区决议，就必须创建艺术家证书，这项证书并不是为了限制该职业对制造业用地的使用，而是为了确保分区法得到执行。SoHo/NoHo 区仅限艺术家使用的 M1–5A 和 M1–5B 区总面积只有 58 公顷（图 7.5）。在此区域之外，纽约的艺术家必须在开放的市场上竞争，以找到工作 / 生活空间。

要在 SoHo/NoHo 制造区（授权为“艺术家联合生活工作区”）合法租赁或购买阁楼，艺术家必须向文化事务部门提出申请以取得艺术家资格证书，其中应包括视觉艺术家的作品集或音乐家的乐谱和磁带。市政工作人员在审阅了作品集或乐谱后，决定艺术家是否应该得到一间阁楼。可以想象，杰克逊·波洛克（Jackson Pollock）或安迪·沃霍尔（Andy Warhol）会尽职地送出一个作品集，希望得到文化事务部的批准！

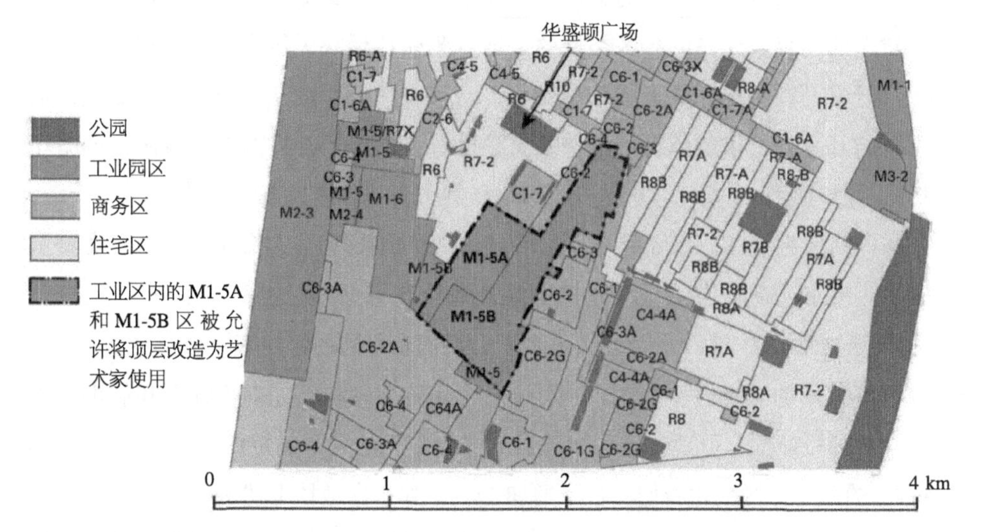

图 7.5 位于曼哈顿 SoHo/NoHo 区的 M1–5A 和 M1–5B 制造区（见彩图）

资料来源：包含华盛顿广场以南街区的纽约市分区地图数据：M1–5A 和 M1–5B。经纽约市城市规划局批准使用的区域。保留所有权利。

在被拒绝授予艺术家资格后（约 45% 的申请被拒绝），他们搬到了内布拉斯加州的奥马哈，离开了纽约市。

我讲述这个奇怪的分区类别的长篇故事，不是为了取笑纽约市规划部门，而是想告诉大家，如果极端的分区委员会过度热衷于设计城市土地利用的细节，他们可能会犯什么样的错误。这也是一个明显的例子，分区规则不太可能对在纽约市促进艺术发展的分区目标产生任何影响。

此外，“艺术家联合生活工作区”的分区规则也有成本。SoHo/NoHo 区的 M1-5A 和 M1-5B 分区位于纽约最受欢迎的零售和住宅区，这些地区对住宅的需求很高。想要在该地区翻新房屋的开发商必须考虑到潜在买家或租户仅限于注册的艺术家。此外，考虑到纽约市面临复杂的住房可负担性问题，2016 年约有 6 万无家可归者住在庇护所，而令人惊讶的是，市政雇员会花时间查看艺术家的作品集，以决定他们是否有资格租一间阁楼。

7.3.6 旨在减缓和增加土地利用变更成本的功能分离被滥用

1961 年的新分区规划旨在施行更彻底的功能分离，并且这种分离自那时以来一直在增加。

1916 年规划的三种用途区——住宅区、商业区和工业区——在 1961 年规划中已细分。随后的修订创建了多个新区域，每个区域都被细分为具有自己的容量要求和潜在的增加建筑面积奖励的子区域。例如，一般商业区现在被细分为 72 个特定的分区，而这些分区又因其他叠加的分区规则而修订，这些叠加的分区规则进一步定义了可以建造的内容。允许的分区类型的倍增，紧密地反映了每个街区的现有土地利用情况。开发商在预期用途上的细微变化，将需要进行用途变更或者分区更改，或者是可以与开发商要求的新设计特性相交换的分区更改。开发商对预期用途的微小改变将需要分区变更或变化，这些变更可以换成开发商要求的新设计特征。

例如，商业区被细分为 8 种类型的区域，从 C1 到 C8 分别命名，每一种类型都限制了可以在其中进行的商业活动的类型。每个区域又都被进一步划分为子分区，例如，C4 区被划分为 17 个子类别，每个子类别都有不同的容积率限制和要求，以及额外容积率奖励的可能性（图 7.6）。对于一个给定的地块，如果不计算和假设获得容积率奖励的可能性，可建建筑面积数值的多少是无法完全确定的。例如，从 C4–4 到 C4–4A 的微小分区变化将使容积率增加 18%。如果在地块上建造公共广场，C4–6 地区将有资格获得 20% 的容积率奖励，但如果该广场改建在 C4–6A 地区，将无法获得容积率奖励。

C4 商业区

	C4-1	C4-2 C4-3	C4-2A C4-3A	C4-4A C4-4 C4-5	C4-4L C4-5A	C4-4D	C4-5D	C4-5X	C4-6	C4-6A	C4-7	C4-7A
商业区占地面积比	1.0	3.4	3.0	3.4	4.0	3.4	4.2	4.0	3.4	3.4	10.0（5）	10.0
住宅区占地面积比	1.25	0.78-2.43 （1），（4）	3.0（4）	0.87-3.44（4）	4.0（4）	6.02（4）	4.2（4）	5.0（4）	10.0（4）（5）	10.0（4）	10.0（4）（5）	10.0（4）
相等的住宅区	R5	R6	R6A	R7	R7A	R8A	R7D	R7X	R10	R10A	R10	R10A

（1）房地产项目质量规定曼哈顿中心以外的大道容积率不得超过 3.0；
（2）房地产项目质量规定曼哈顿中心以外的大道容积率不得超过 7.2；
（3）房地产项目质量规定曼哈顿中心以外的大道容积率不得超过 4.0；
（4）包括优惠房屋计划奖金和占地面积比一起增长的；
（5）为公共场所建设的占地面积比的容积率“奖励”增长到 20%。

图 7.6　商业区 C4 及其分区的容积率值

由于曼哈顿土地的市场价格是由可在其上建造的建筑面积决定的，因此，一块土地的价值实际上取决于其分区的指定。例如，在纽约，一块土地的价格是以每平方英尺允许的可建造面积的美元来评估的，而不是以每平方英尺土地的美元来评估的。因此，微小的分区变化可能会立即改变土地价格。这或许说明，所强行施加的容积率限制是低于市场需求的。纽约大部分地区似乎都是这种情况，这与规划师将容积率限制在需求以下以保持分区激励的最大杠杆作用的动机是一致的。

看着分区区域名称的倍增，人们无法避免地认为两个分区之间的差异通常在很大程度上是武断的并且可能会发生变化。规划师可以随心所欲地改变城市土地的价值，这正是分区委员会的权力所在。仅看 C4 商业区的容积率变化（图 7.6），很难在差异中感知一个明确的目标，除非目标本身是不透明的。

7.3.7　纽约区划的目标之一是减缓由市场引起的变化

不同商业区允许的商业用途之间的区别极为详细，很难理解其复杂性的原因，除为了维持管制或减缓土地用途的变化外。以下是来自纽约市城市规划局的部分目标声明：

> 在城市的不同街区中绘制了许多分区区域，以保持其不同的密度和特征。这些限制有助于街区的塑造和对未来的可预测性。随着城市的土地利用模式通过私人和公共行动发生改变，城市也将不断地调整分区决议。[14]

以下关于分区变更的例子，说明了维持监管限制以防止即使是很小的土地用途变更的高昂成本。2014 年，城市规划委员会举行了一场公开听证会，同意将皇后区现有购物中心的分区从 C2-2 更改为 C4-1。根据 C2-2，购物中心仅限于五金店或运动用品店等用途。但在新的 C4-1 变更下，可以允许商店进行家具销售和电器零售，这是以前不允许的。城市规划委员会一致同意这一改变，而在委员会面前，为该案辩护的土地使用律师宣称，这一改变“将提供更大的租赁灵活性，并增强购物中心未来的经济可行性。”的确如此！很难理解，到底是出于对公共利益怎样的考虑，才促使规划师在允许五金店销售的商业区内限制电器的销售。

7.3.8 复杂的分区和地价的形成

一家专业的贸易网站称，纽约一家大型开发商花了16年时间，才将他在曼哈顿东区购买的地块从工业用地转变为住宅用地。2018年，该地块上新建了一座140米高的住宅楼。使分区调整适应需求的延迟引发了两个问题。首先，它增加了建造成本。16年间，用于购买土地的资金被冻结，建筑物的土地用途已经过时。此外，获得分区变更的法律费用当然也不容忽视。其次，由于开发商和土地出售者都无法准确知道变更分区所需要的时间和成本，因此很难确定土地价格。双方都在冒险。如果能够迅速获得分区变更，卖方的风险在于低估了土地的价格。买方的风险在于，万一区划变更最终得以实现，但是所花的时间比他想象的要长，这块地的成本将会上升。持有未充分利用的房产的这些风险和成本最终会反映在纽约的房地产价格中。

在给土地定价时，通过微小修改分区类别来改变土地价格的能力会产生一个主要问题。考虑到分区变更、开发权转让、各种奖励，使用421-a条款（财产税豁免）等多种可能性，只有非常专业的分区律师能够评估纽约某一地块上可建造的总建筑面积。这造成了信息的不对称，对市场的良好运行极为不利。由于分区法的复杂性，有创意的分区律师比有创意的建筑师或工程师更有可能提高未来建筑的营利能力。激励性分区模式本应通过巧妙的法规来改善城市设计，但从长远来看可能会产生相反的效果。

我们不应忘记，从伍尔沃斯大楼到西格拉姆大厦，大多数深受喜爱的纽约建筑至今仍屹立不倒，它们都是在没有现代分区规划的“帮助”下建造的。2016年发表于《纽约时报》的一篇文章根据详细的数据指出，曼哈顿40%的现有建筑在今天是无法建成的，因为它们违反了一些土地使用分区规则。[15] 许多这样的建筑聚集在曼哈顿最昂贵的地段。因此，不满足土地使用条例似乎并不会降低其价值，这表明分区规则不会纠正任何可感知的负外部性。

自1961年以来，分区类别的多样性和相应的容量为纽约街道景观增添了哪些优势？人们可以将纽约目前分区的不透明性与1811年构想并勘测曼哈顿网格的规划者建立的透明度进行比较。网格及其测量标记的存在，立即明确了整个曼哈顿岛可建造土地的价值。

面向大街、小巷和街区拐角处的地块价值都可以立即得到评估，且买卖双方可获得的相同信息在规划中清晰可见。相比之下，如在图 7.5 中，一个地块被划定为 M1–5B，另一个地块被划定为 C6–2。如果没有专业分区律师的帮助，是不可能评估这两个相邻地块的价值的。我相信，无论是谁划定了这两个地块之间的区别，他一定有理由，但这个理由并不明确，对纽约人来说成本非常高，而且可能和艺术家的特殊分区类别一样徒劳。

7.3.9 城市设计应针对具体地点，而不是通过法规进行定义

我并不是建议规划师在预期土地用途会有重大改变时，不应向开发商施加任何条件。但对建筑设计的修改必须集中于它可能产生的有形的负外部性上。在高密度城市中，建筑物投射的阴影不再是一个重要的问题。空调和廉价的人造光已经解决了这个问题。在华尔街地区，将办公楼改造成住宅楼的需求证明了这一事实。在高需求地区，高容积率对个人来说应该是一种权利的保障。

然而，高层建筑在与街道的交界处可能会产生城市设计问题。因为高层建筑可能会产生行人交通问题，因此可能需要对公共空间进行重新设计。例如，传统设计的地铁站入口可能会堵塞高密度区域的人行道。显然，在这种情况下，城市规划者与高层办公楼设计之间的设计协调对各方都是有利的。最具创意的城市设计方案总是因地制宜的，任何规则都不可能为每种情况提供最佳解决方案。与其依靠奖励来获得设计上的改变，不如给城市规划师一笔资金，可以专门用来改善和调整街道和公园的设计，以适应城市土地利用的变化，这种方式会更好。在某种程度上，在激励分区中使用容积率奖励是一种易货制度。最好使用“影响费”（impact–fee）这样的货币工具来取代这种易货制度。城市规划师可以利用城市设计基金来重新设计公共空间或调整公共空间设计。可能需要对建筑的底层或夹层的特定位置进行设计修改，以便与新的公共领域功能无缝连接。新加坡和中国香港经常使用这种方法来增加步行区域，将私人建筑与街道和公共交通联系起来。

而当下的趋势正好相反。目前的趋势是，通过激励性分区的方式增加易货制度的使用，同时，除了容积率奖励外，还向大型建筑物提供 421-a 的财产税豁免，减少了城市的财政资源。[16] 免税和容积率奖励是为了换取城市想要的东西：广场、拱廊或经济适用房。免税减少了城市的资源。因此，为了获得一个简单的城市设计特征（如地铁站的地下连接），城市不得不求助于严格的分区，以与开发商交换分区更改。

一些特定地点的设计特征已经在纽约的大型项目中得到应用，比如哈德逊城市广场（Hudson Yard）和范德比尔特走廊（Vanderbilt Corridor），它们直接解决了大型建筑附近的行人通行问题。纽约也有过“交通奖励”[17] 的做法，利用容积率增长来吸

引私人开发商为地铁站的改善买单。这些案例说明了开发商和城市规划师之间正当的“设计”对话，以解决因密度增加而产生的特定场地可达性问题。我唯一遗憾的，是规划师所使用的货币工具一直都是增加容积率，而不是对办公楼层面积增加所造成的负外部性的特定场地影响费。

7.3.10 纽约分区目标：减缓不可避免的变化

如前所述，纽约现行的分区法规实际上有两个隐含的目标：根据城市规划师的偏好塑造城市，并减缓市场所需要的土地使用的变化。通过监管来实现这些目标的代价是所有纽约人都要承受更高的租金和长期的住房短缺。

由于纽约有一个充满活力的民主政府，因此减缓土地使用变化的努力必须有一个代表大部分公众意见的支持者群体。事实上，所有大城市都普遍存在着“邻避主义”（NIMBYism，not in my backyard）。[18] 人们抵制改变。任何土地使用的变化，即使是像街角杂货店消失那样的良性变化，对于长期居住在街区的人来说，似乎都是不可接受的演变。相比之下，一座城市的市长很清楚，市民期望获得更多的工作、住房，以及丰富的零售商品和各项服务，这些都需要大规模和快速的土地使用变革。纽约的规划部门通过设计一个极其复杂的分区系统来应对这一矛盾的任务，这个系统有一个运行良好的机制来允许改变，但却使改变变得缓慢而昂贵。通过这种方式，他们满足了选民的双向要求，即一方面不希望改变，另一方面又希望获得新的工作和住房。

7.4 以城市扩张为目标函数

巴黎和纽约的分区规划说明了规划师如何通过限制企业和家庭对建筑面积需求的法规来改变城市的形态。巴黎规划师的分区工作有效地保护了城市遗产，加速了经济活动和人口向郊区的分散。在纽约，规划师成功地创造了新的私人付费的城市设计特征，如一些私人建造的“经济适用房”，以及减缓土地使用变化的速度。

这两个非常具体的城市案例，不一定符合规划师所提倡的一般城市政策趋势。相比之下，被称为“遏制”“紧凑城市”“精明增长”或“反蔓延”的政策在世界许多城市都得到了提倡。我将用“遏制”一词来描述这些政策。遏制政策的倡导者对城市的扩张施加物理限制，这是通过法规设计城市的又一次尝试。

7.4.1 遏制是两个世纪以来城市扩张政策的最新逆转

“遏制”是一项在 20 世纪末至 21 世纪初发展起来的政策。规划师对“遏制”的支持有几个原因。规划师一直担心，城市对农田的逐渐“蚕食”最终会导致粮食短缺——目前中国政府已对此表示关注。因此，有必要通过增加城市密度来减缓城市地区的空间增长。

在20世纪末和21世纪初，石油价格的波动进一步论证了农业用地短缺的遏制政策论点。由于汽油价格的不可预测性，居住在郊区开发区的家庭依赖私家车出行的交通成本将受到不利影响。通勤时间较短或能够使用公共交通工具的家庭受这些交通成本变化的影响要小得多。缩短通勤距离，从而提高密度，成为节约农业用地的目标。

参与公共交通发展的交通规划者也加入了遏制运动，因为公共交通无法在低密度郊区高效运行。在为低密度地区提供交通服务时，政府不得不提供更多的巨额补贴以降低公共交通用户的票价。

21世纪初，人们就全球变暖所造成的严重威胁逐渐达成共识，这进一步推动了遏制运动，因为城市交通是二氧化碳排放的主要来源——约占2014年美国温室气体排放量的20%。

所有这些关注都是基于实际问题提出的。我对城市遏制政策的质疑并不代表我反对上述潜在问题。我认为“遏制”对于保护粮食供应、改善机动性和减少温室气体的产生来说是错误的解决方案。遏制政策不仅无法解决这些问题，而且其系统实施可能会对住房可负担性和城市家庭的总体福利产生严重后果。我将在以下段落中对这些观点进行论证。

遏制政策与19世纪和20世纪大部分时间里的城市规划理论截然不同，当时富裕的城市急于扩张并精心规划扩张。在19世纪，像巴塞罗那和纽约等城市的大规模扩张被认为是现代性和复杂度的标志。无论是理论家所提倡的像埃比尼泽·霍华德的田园城市那样的低密度郊区发展，还是勒·柯布西耶的公园中密度更高的摩天大楼，都没有人怀疑城市的城市化区域必须扩大。事实上，城市的规模确实扩大了。莱维敦（Levittown）是霍华德设计的一个较为温和的版本，在美国和西欧有许多模仿者，为迅速扩大的中产阶级提供了大量可负担的新城市住房。这些快速的郊区扩张降低了狄更斯时期（Dickens）的伦敦、左拉时期（Zola）的巴黎和西奥多·德莱塞时期（Theodore Dreiser）的芝加哥的高密度（或是致命的）。

7.4.2 土地市场的扭曲会导致城市土地的过度开发

遏制政策假定土地市场将过度分配土地用于城市用途，而牺牲了农业用途或开放空间。

因此，城市占用的土地超过了实际要求，导致交通效率低下、环境污染以及宝贵农业用地的损失。支持遏制政策的规划师主张设置物理边界，以防止城市扩张超出他们认为分配给城市扩张的合理土地数量。绿化带和城市增长边界设定了郊区扩张的物理界限，确保城市扩张不超过预设的“合理数量”的土地。

著名城市经济学家，如扬·布吕克纳和戴维·范斯勒（David Fansler）在 1983 年发表的一篇论文[19]中，已经提到了“对蔓延的情感控诉”（蔓延是遏制的反面）：

> 经济学家对城市扩张的观点与这种对蔓延的情感控诉形成了鲜明对比。经济学家认为，城市空间大小是由有序的市场过程决定的，市场过程在城市和农业用途之间正确分配土地。这一观点背后的模型……表明，城市空间大小是由许多外生变量直接决定的。

然而，城市经济学家并不否认某些外生变量，如运输价格或农地价格有时可能被扭曲，而这些可能的扭曲可能会对城市使用的土地数量产生影响。因此，城市经济学家发现了许多可能扭曲城市土地市场的因素，比如无法为道路拥堵定价；对基础设施和燃料价格的补贴；滥用土地征用权压低农村土地价格；最后，土地使用法规迫使家庭和企业使用的土地超过了他们需要的最小地块面积、最大密度和最大容积率。

这些扭曲，事实上可能导致城市土地的过度扩张，而消除这些扭曲将使城市更有效率地扩张，使它们所占的面积更接近经济最优。

例如，布吕克纳在一篇题为“城市蔓延：城市经济学的教训”（*Urban Sprawl: Lessons from Urban Economics*）[20]的论文中，对扭曲土地市场的可能原因进行了分析，并提出了切实可行的补救措施。对于每一种扭曲的可能原因，都可以建立一个理论模型来计算扭曲对城市土地消耗的影响。例如，在一个对汽油进行补贴的国家，经济学家可以计算出补贴对城市建成区的影响，以及取消补贴将导致的城市化用地减少量。该计算是理论模型的一部分，该模型还考虑了其他参数，如人口增长、家庭收入、通勤时间成本和农地价格。用地扩张的最佳均衡面积取决于所研究城市的许多特定变量的值。

由于这些原因，经济学家从不推荐与永久均衡相对应的城市最佳密度，因为当如家庭收入、运输价格和速度等模型的输入变量随时间变化时，这个密度可能会改变。然而，通过纠正扭曲，如取消燃料补贴、为污染和拥堵定价，一座城市更有可能接近不断变化的最佳建成区。

布吕克纳认为，首先纠正扭曲，然后依靠市场找到新的均衡，是提高城市土地效率的一种更有效的方式，而不是试图通过绿化带和城市增长边界等法规任意地减少城市扩张面积来纠正扭曲。他警告说，任意减少由扭曲的市场力量产生的城市面积可能会大幅降低城市福利，而无法解决扭曲产生的负面影响。

许多城市经济学家反对遏制政策，指出其社会成本和难以令人信服的环境优势。爱德华·L. 格莱泽（Edward L. Glaeser）和马修·E. 卡恩（Matthew E. Kahn）写道[21]：

> 蔓延与生活质量的显著提高有关，技术变革抵消了蔓延对环境的影响。最后，我们认为，与蔓延相关的主要社会问题，是一些人被甩在了后面，因为他们的收入不足以支付这种生活方式所需要的汽车。

对格莱泽和卡恩来说，蔓延造成的主要问题是给处于收入水平底层的家庭带来了潜在的机动性不足的风险。显然，通过遏制政策来增加人口密度并不会缓解穷人的处境，因为这可能会提高房价。

其他经济学家分析了受绿化带限制的特定城市的城市面积范围。例如，英国经济学家马夏尔·埃切尼克（Martial Echenique）建立模型分析了英国的三个受到绿化带限制的城市地区，包括伦敦和更广阔的东南地区。[22] 埃切尼克的模型分析了三种选择：遏制（即继续实施绿化带政策），分散发展，以及持续的市场驱动型扩张。他的结论是明确的：

> 目前的土地利用和交通规划政策战略对资源和能源消耗的长期增长实际上几乎没有影响。它们通常会增加成本，降低经济竞争力。社会经济变化和人口增长的影响掩盖了三种选择之间相对较小的差异。

我还引用了第 6 章中凯特·巴克和保罗·切希尔关于伦敦绿环的巨大社会成本及其缺乏明显环境效益的研究。

尽管压倒性的证据表明，规划师用来限制城市扩张的遏制政策具有高昂的社会成本，且无法提供预期的环境和经济效益，但“遏制”仍然是一项被广泛提倡的城市政策。

7.4.3 合理化“遏制”的案例

最近，遏制政策似乎主要是由国际机构发起和支持，这些机构发出了自己的声音，并设计了一个伪理论框架，以便更好地阐明城市本身出现的各种反增长和邻避草根运动。例如，世界银行、经济合作与发展组织（OECD）、世界资源研究所、联合国人居署和塞拉俱乐部（the Sierra Club）都提倡建设紧凑城市，并采取不同程度的遏制措施。

我并不是说这些机构不应该关心城市土地的不经济使用，因为这确实是一个严重的问题。我建议，他们应该通过提倡改善价格低（如交通和停车）或大部分仍未定价（如拥堵、污染、温室气体排放）的产品定价来解决市场扭曲的问题。他们跳过了本应在每座城市进行的经济分析，本质上意味着所有城市都存在过度扩张，且高密度总是比低密度好，而这给城市居民带来了严重的伤害。他们系统地主张限制城市土地供应，结果导致地价上涨，加剧了对穷人影响很大的住房短缺，并普遍阻碍了许多需要可负担城市土地的社会设施的建设。

《紧凑型城市政策：比较评估》（*Compact City Policies: A Comparative Assessment*）[23]是经济合作与发展组织（OECD）2012年发布的一份报告，该报告最好地总结了遏制政策的制度依据。这份报告包含了其他机构发布的许多文件中主张遏制的论点。报告提出的主要诊断是，第一，发展中国家的城市人口增长迅速；第二，在城市建成区增长速度快于城市人口增长速度的城市，需要采取行动限制城市扩展，使城市更加紧凑。

因此，在这种分析中，判断一座城市是否消耗了过多土地的诊断非常简单。如果城市土地增长率大于人口增长率，则城市消耗过多土地，“遏制”应成为其发展政策的主要特征。

经合组织的报告进一步提出了遏制措施的建议：

> 在其漫长的发展历史中，紧凑型城市的概念不断演变并扩大了其范围和政策目标。从只是简单地保护当地自然环境或农业用地不受城市侵蚀的简单城市遏制政策，逐渐形成了新的政策目标：节能、生活质量和宜居性等。

“遏制”因其许多假定的附带收益，似乎成为准“宗教教条”。即使不存在真正的因果关系，规划师仍继续将其他利益与遏制实践联系在一起。经合组织的报告认为，紧凑型城市的人口更接近农业区，因此，“城市附近的农业鼓励居民消费当地生产的粮食，从而减少粮食运输距离，这也有助于减少二氧化碳的排放。”

我们离经济学家开发的模型越来越远，离新时代的圭臬越来越近！具有讽刺意味的，是作为遏制倡导者的标志性城市，阿姆斯特丹所在的国家是仅次于美国的世界第二大农业出口国！显然，阿姆斯特丹周围生产的所有粮食并不都被当地居民食用。

在许多方面，主张遏制可能适得其反，即使遏制是为了减缓全球变暖（“遏制”的最大主张之一）。下面有两个例子：

- 人们可以想象一座城市：屋顶上的光伏板与电池相连，将为住宅消费和城市交通提供所需要的大部分电力。在这样的城市，高密度和多层的住宅应该被禁止，因为它们将无法生产每户所需要的光伏能源。
- 今天，城市交通在使用能源方面往往效率低下，因此可能会加剧全球变暖。然而，显而易见的解决方案是遵循布吕克纳的建议，通过更好的交通定价来消除市场扭曲（而不是通过遏制来增加额外的扭曲）。这反过来将刺激技术变革，使城市交通使用更多的低碳能源。

7.4.4 大多数城市的建成区扩张速度是否比人口增长速度快？

我们已经看到，经济上成功的城市需要扩张的空间。它们的成功吸引了更多的家庭和企业，每一个新来者都增加了城市土地和建筑面积的消费。在城市化率（城市人口 / 总人口）仍然很低的国家，如中国和印度，对城市空间扩展的需求甚至高于城市化率很高的国家，如拉丁美洲。正如前几章所述，城市家庭收入的增加创造了对建筑面积和土地的更多需求。家庭规模缩小了，但人均建筑面积却增加了。高收入家庭需要更多的商业和文化设施，因此需要更多的建筑面积和更多的城市土地。第 4 章所述的标准城市模型表明，随着人均城市化土地数量的增加，收入不断增加和城市化人口比例较低的城市将需要大面积的扩张。在第 4 章中，我们以中国天津为例，在过去 12 年里，天津的人均土地消费增长了 34%，人口增长了 22%，而建筑面积增长了 63%。

我在纽约大学的同事索利·安杰尔最近在马伦研究所进行的城市扩张项目[24]验证了世界上大多数城市的标准城市模型预测。作为这项工作的一部分，安杰尔和他的团队出版了一份《城市扩张地图集》（*Atlas of Urban Expansion*），展示了在过去 25 年（1990—2014 年）里，10 万人口以上的样本城市的人口和建成区是如何增长的。2016 年版《城市扩张地图集》[25]以全球 200 座城市为样本，重点关注过去 14 年内转换为城市用地的土地。图 7.7 总结了地图集提供的区域结果。就每个地区城市的平均情况而言，城市建成区的增长速度高于人口的增长速度，导致了研究期间人均土地消费量的增加。在城市和收入增长最快的东亚地区，城市土地平均增长速度是人口增长速度的两倍，导致人均土地消费增长约 30%。

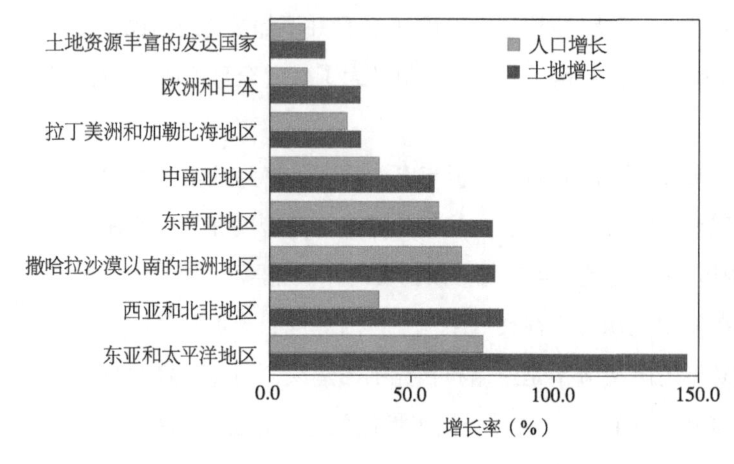

图 7.7　从 2000 年到 2013 年，200 座城市的人口和建成区的平均增长

资料来源：《城市扩张地图集》2016 年版，纽约大学马伦研究所，联合国人居署，林肯土地政策研究院（Lincoln Institute of Land Policy）。

7.4.5　遏制政策的影响

遏制政策只有一个可衡量的指标：人口增长率和建成区增长率之间的差值。如果这个差值是正的，那么遏制就是成功的；如果这个差值是负的，那么它就是失败的。

因此，遏制政策意味着，随着一座城市的发展，其当前的建筑密度应该保持不变或增加，这样人口增长率将等于或高于建筑面积增长率。换句话说，人均土地消费的减少总是比增加好。

这意味着用于城市扩张的土地分配不再与收入、交通成本和农地价格相关，而只是与人口增长率机械地联系在一起。

让我们回顾一下平均城市密度在何时何地发生变化。

7.4.6　城市人口是否有可能以与建成区相同的速度增长？

根据倡导者的说法，当一座城市的建成区增长速度超过人口增长速度时，就证明了遏制的必要性。因此，采取遏制政策的城市应尽量限制其在给定时期内用于扩张的土地面积，以便在时间间隔 t_1 至 t_2 内，人口与建成区面积之比保持等于常数 K，如公式 7.1 所示。

公式 7.1

遏制政策通常意味着满足以下条件：

$$\frac{P_2}{P_1}=\frac{A_2}{A_1}=K \quad (7.1)$$

其中，P_1 和 P_2 分别是 t_1 和 t_2 时刻的人口；A_1 和 A_2 分别是 t_1 和 t_2 时的建成区面积。

因此，如果城市人口在 t_1 和 t_2 之间增长 10%，那么建成区面积增长也将被限制在 10% 或更少。

然而，城市的整体目标是增加人民福利。这种福利体现在居民收入的增加，也体现在住房面积的增加。随着收入的增加，家庭会消费更多的建筑面积，而这些建筑面积将用于学校和社区公园等社区设施以及商业和服务等设施。

即使在像纽约、伦敦和巴黎这样非常富裕的城市，规划师也担心住房过度拥挤、经济适用房太少、学校太小、班级规模太大、社区设施和社区开放空间不足等问题。大多数城市居民认为新建图书馆、博物馆、剧院和音乐厅是非常可取的。新的服务出现了，比如室内健身房。随着收入的增加，公司也倾向于为每位员工消耗更多的占地面积。血汗工厂被宽敞的工厂所取代。办公大楼包括更多的会议室和每位员工更多的办公空间。

因此，随着收入的增加，人均总建筑面积的消费也会随之增加。这种增长不是因为奢侈消费，而是因为城市的存在。即使是更严格遏制措施的倡导者也会同意，随着人口和收入的增加，增加人均城市总建筑面积的可取性。

然而，需要在土地上建造新增加的建筑面积。是否评估新建筑面积所需要的土地数量是遏制规划与市场驱动规划的区别。在遏制措施之下，一座城市的建成区面积增长不应超过其人口增长速度。根据我在前一章中倡导的市场驱动方法，是土地价格决定了人均土地消耗量，进而决定了应开发多少土地。

市场驱动的土地开发将在新开发区（绿地）中分配新的建筑面积，或通过将现有建筑替换为更高的建筑或使用更密集的已开发土地（例如，在后院建造“奶奶公寓”），以在现有建筑面积上增加新的建筑面积。未开发土地和现有建建筑面积之间的新建筑面积分配取决于土地价格和建筑成本。建筑物的高度由不同地点的地价决定。

“遏制”驱动的土地开发从一开始就为可开发的未利用土地面积设置了上限。对未利用土地的开发限制会提高整座城市的土地价格，因此在现有建成区和未开发土地开发中，会倾向于建造更高的建筑。

让我们来探讨，使用遏制规划而不是市场价格来分配城市扩展用地会对城市发展空间的影响。当严格满足公式 7.1 的条件时，可以计算建筑高度的变化，或者更确切地说，如果建筑面积消耗量增加，则需要计算容积率变化（公式 7.2）。

公式 7.2

建成区容积率（*Far*）是城市总建筑面积（住宅、商业和工业建筑面积的总和）与总建成区面积（*A*）（包括第 3 章中定义的私人地段、道路和小公园）之间的比率。

因此城市建成区建筑面积（A）可以被定义为其人口（P）、人均消费建筑面积（Flc）以及建成区容积率（Far）的函数：

$$A=P\cdot\frac{Flc}{Far}$$

为了评估遏制政策对城市形态的影响，假设人均消费建筑面积 Flc 将在 t_1 和 t_2 之间增加，反映了住房条件和设施的改善，但遏制政策将严格控制建成区面积的增长率等于人口增长率。然后，我们将确定在 t_2 时刻的城市总容积率，并将其作为因变量。

在 t_1 和 t_2 之间，为了满足公式 7.1，我们应该有

$$\frac{Far_{t_1}}{Flc_{t_1}}\cdot\frac{Flc_{t_2}}{Far_{t_2}}=1$$

因此，

$$\frac{Flc_{t_1}}{Flc_{t_2}}=\frac{Far_{t_1}}{Far_{t_2}} \tag{7.2}$$

因此，为了满足遏制政策的要求，即限制建成区面积以与人口相同的速度增长，在同一时期内，t_1 与 t_2 之间的建成区建筑面积比率应与人均建筑面积增长率相同。例如，如果人均建筑面积增长了 30%，那么平均建筑面积比例也必须增长 30%，才能使建成区面积以人口增长的速度增长——这是遏制政策所要求的。如果平均建筑面积比的增长速度低于人均建筑面积的增长速度，那么总建成区面积的增长速度将超过人口的增长速度，遏制政策的目标将无法实现。

人口增长率和建成区面积之间的强制平衡，对城市形态，尤其是对其密度分布产生了意想不到的影响。

想象一下，一座城市的市长决定采取遏制政策。该城市目前的建成区面积等于 S。人口的预计增长率 g 将允许该区域 S 新增面积 $P=S\cdot g$。

由于人口密度应保持不变，以维持遏制要求，因此任何建筑面积消耗量的增加都应通过容积率的成比例增加来提供。

S 内的平均建筑面积比例将不会有太大增长，因为这将需要拆除现有建筑，以更高的建筑取代它们。这是一个缓慢的过程。由于政策预先确定了 P 的面积，因此，大部分新的建筑面积必须在 P 的范围内建造，且容积率远高于 S 中的容积率值。这将导致周边地区 P 的密度高于中心地区 S，这与我们在第 3 章和第 4 章中讨论的标准城市模型的所有经验和理论证据相矛盾。

当遏制政策被应用到一座城市时，主要结果是提高土地和楼面价格。上述情景

中设想的建筑面积消耗增长不会真正发生。随着土地和楼面价格的上涨，人均住宅建筑面积可能不会增加；学前教育学校的建设和家庭收入增加所带来的新餐馆建设都是不可能的。

土地供应受地形限制的城市，如旧金山、纽约、中国香港、温哥华、悉尼和奥克兰，都有很高的价格收入比（正如我们在第 6 章中看到的）。强制实施遏制策略时，其影响与地形约束相同。

这种空间结果并不令人惊讶。我们已经看到，建筑的容积率不是由设计，而是由房地产决定的。当建筑物有较高的容积率时，土地单价高于建筑单价;反之则低于。遏制政策的支持者，任意限制待开发的土地面积，就像计划经济中的规划师。

在市场驱动型城市中，正如我们在第 4 章中所看到的，高密度和高地价出现在高可达性的市中心，而低密度和低地价则出现在城市外围。如果严格实施遏制政策，将导致与标准城市模型相比出现反向密度梯度。

具有反向密度梯度的城市确实存在，例如 1990 年的莫斯科和种族隔离制度下的约翰内斯堡。所有这些城市都是在没有土地市场的情况下建造的。有趣的是，我在 1990 年测量的俄勒冈州波特兰（一个以“城市增长边界”遏制战略而闻名的城市）的密度分布图也显示了其外围密度有所增加。

7.4.7 土地消耗的增加是浪费的表现吗？

遏制政策的支持者担心人均城市土地的过度利用。然而，据我所知，没有哪位遏制政策倡导者明确规定了人均应占多大面积的土地才算是有效的土地消耗。城市人均土地消耗在不同城市之间差异很大，往往相差一个数量级以上。图 7.8 显示了 2000 年至 2014 年按区域分组的城市人均城市土地消耗的变化。在所有区域，人均消耗量都有显著增长。

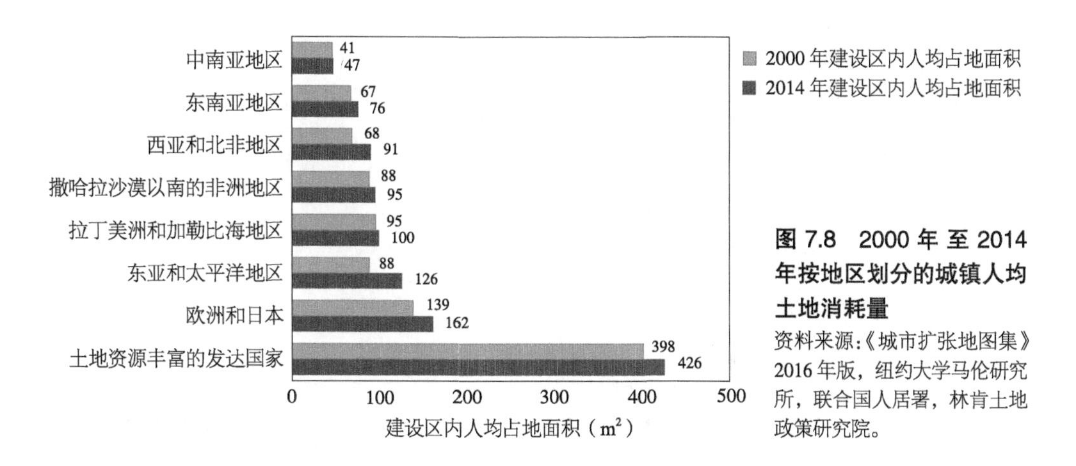

图 7.8 2000 年 至 2014 年按地区划分的城镇人均土地消耗量

资料来源:《城市扩张地图集》2016 年版，纽约大学马伦研究所，联合国人居署，林肯土地政策研究院。

7.5 其他目标函数：可持续性是城市的目标函数吗？

目前，规划界和大众媒体正在制定城市发展的指导原则，这些指导原则被表述为一个单一的限定词，即城市应该是“可持续的”“有韧性的”和“宜居的”。实际上，世界各地大学的每个城市规划系都在其名称中添加了“可持续发展”。例如，牛津大学提供可持续城市发展科学硕士学位。

可持续发展与公正发展有区别吗？可持续发展能比市场机制更好地指导城市设计吗？

2015 年，联合国提出了 17 项可持续发展目标（如图 7.9 所示），必须在 2030 年前实现。很难不同意这些目标中的任何一个。那么，它们是否可以作为开发城市设计目标函数的起点？唯一明确提到“城市”的目标是目标 11：可持续城市和社区。这一可持续发展目标似乎是一种不成功的循环参考，显然无法指导我们。然后，让我们选择两个可能适用于城市的目标：目标 1（消除贫困）和目标 7（可负担的清洁能源）。让我们尝试制定量化的目标，以便在应用于城市时阐明这些目标。

经济快速发展的国家，面临着在消除贫困和可负担的清洁能源目标之间作出选择的两难境地。到目前为止，他们似乎选择了将“可负担的能源”与“消除贫困”相结合，同时推迟利用清洁能源的部分。事实上，现有技术还不能让拥有丰富煤炭资源的大多数贫穷国家拥有负担得起的清洁能源。

这些国家都不愿意等待可负担的清洁能源技术以增加他们的电力生产。他们的优先顺序是否正确？没人知道。他们政策的环境成本显然很高，但是让数百万人在

联合国可持续发展目标

1 消除贫困
2 零饥饿
3 良好健康与福祉
4 优质教育
5 性别平等
6 清洁饮水与卫生设施
7 可负担的清洁能源
8 体面工作和经济增长
9 产业、创新和基础设施
10 减少不平等
11 可持续城市和社区
12 负责任消费和生产
13 气候行动
14 水下生物
15 陆地生物
16 和平、正义与强大机构
17 促进目标实现的伙伴关系

图 7.9 联合国可持续发展目标

等待更便宜的可再生能源时陷于贫困之中，可能会带来更高的社会成本。这当中没有像桥梁设计那样的目标函数。

在可负担的能源和清洁能源之间作出选择纯粹是政治问题。使用现在可负担的污染能源来减少贫困，或者等待未来可负担的清洁能源来减少贫困，是政治家必须作出的典型权衡。没有可计算的最优，只是不同的选择。

7.6 结论：设计新城市要面对的问题

我们可以用科学来预测可能发生的事情，但我们无法科学地定义应该发生什么。

这是城市规划师想要用他们的判断来代替市场的自组织功能的主要问题。他们变成了救世主，就像遏制政策的支持者一样。他们的建议基于这样的信条：紧凑型比不紧凑型好，自行车比机动交通好。规划师和经济学家一样，应该告诉政治家“如果你这样做，那就很可能会发生……”他们应该提供几种选择，这些选择中的选项可能是政治上的，也可能是意识形态上的。但这并不应该由规划师来作决定。规划师可能对某类城市有个人偏好，就我个人而言，我更喜欢生活在像美国纽约和中国香港这样的高密度城市。但当我为市长提供技术建议时，我的个人偏好是无关紧要的。尤瓦尔·哈拉里（Yuval Harari）的一段引文[26]应该能指导规划师如何向市长提供技术建议：

> 科学可以解释世界上存在着什么，事物如何运作，以及未来可能会发生什么。根据定义，它并不自命知道未来应该是什么。只有宗教和意识形态才寻求回答这些问题。

第 8 章

城市规划师和城市经济学家的通力合作至关重要

8.1 市长和规划师应该是城市的推动者和促进者，而不是城市的创造者或塑造者

城市的生产力来自家庭和企业的邻近程度。然而，这种对城市创造力至关重要的紧密物理距离需要特殊的规则、共同的投资和共同的服务来维持。地方政府正是专门为制定和执行使“邻近”可行的规则而设立的。此外，地方政府需要管理公共物品（如基础设施和公共开放空间）并提供社会服务。这些公共物品投资和公共服务需要通过地方税收、通行费和使用费来支付。

因此，市长及其他参与城市管理的工作人员（包括城市规划师和经济学家）所扮演的角色更像是一个由称职的管理者和看门人组成的协调良好的团队。市长和他的团队既不是城市的统治者，也不是城市的设计者。城市是由广大市民主动创造出来的。城市公民必须遵守一套“好邻居”（good neighbor）准则，并且在他们努力建设城市的过程中，需要得到由市长和市政委员会规划管理的物质支持和社会基础设施网络支持。

在大城市，市政预算通常远远比城市中大多数个体企业和家庭的预算多得多。巨额的市政预算使得市长、市政委员会及其规划人员所掌握的政治权力与他们作为城市的管理者和看门人所需要发挥的作用似乎并不匹配。因此，就像前几章所提及的，这将诱惑他们开始滥用手中掌握的权力。

一些市政府认为他们收取的巨额预算使他们有权去“设计”城市，而不是被局限于仅仅为支持城市公民的日常活动而提供基础设施和服务。在前一章中我们已经看到市政部门人员傲慢的表现。纽约市制定分区规则的目标已经不再局限于建立睦邻友好的法规和消减明显的负面影响，还试图通过制定法规来设计城市。正如在纽约哈德逊城市广场开发项目中所做的那样，当市政当局仅负责协调市政公共投资与私人开发商投资时，它便是在履行其适当的职责。

虽然他们没必要去设计城市结构，但城市规划师和经济学家在管理城市的土地

资产（如街道和公共开放空间）及基础设施资产方面发挥着非常重要的作用。规划师尤其是在改善机动性和确保居民的住房可负担性上可以发挥重要作用。在这一章中，我将进一步阐述城市规划师在维护和改善城市福祉方面应该扮演的重要角色。为此，首先我必须描述过去 50 年以来规划师普遍存在的角色偏差。

8.1.1　我们真的希望我们的市长和规划师有愿景吗？

近 25 年来，许多地方的市政当局一直把他们的发展计划描述为一种“愿景”（vision）。而实际上，将简单的市政行动和投资计划称之为“愿景”，是市政当局对其作用存在巨大误解的表现。《韦氏词典》（*Merriam-Webster's Dictionary*）将“愿景”解释为“想象的行为或力量”。这可不是市民对城市看门人应该有的期望！“愿景”通常是个人宗教、艺术或科学见解的产物或结果，而不应当被用来证明某个扩建下水道网络、调整物业税或者征收高架公路通行费的计划的合理性。然而用“愿景”这个词来定义一个市政工程项目的做法显然已经在世界范围内广泛传播开来。在谷歌上搜索“市长愿景”，竟会产生 5020 万个词条！用法语和西班牙语搜索也会得到类似的结果。似乎全世界的市长都觉得自己有义务通过实现“愿景”来管理他们的城市。

以下是一些互联网搜索的结果：

- “希尔顿·海德（Hilton Head）聘请顾问帮助启动市长‘愿景’项目。”
- “我对西雅图（Seattle）未来发展的愿景。”
- “奎松（Quezon）市长对建设一个包容性城市的愿景。”
- “伦敦愿景。——萨迪克·汗（Sadiq Khan），工党伦敦市长候选人”

那么如果市长们使用“愿景”这个词来描述他们的市政计划，这是否重要呢？我认为是的。乔治·奥韦尔（George Orwell）曾写道：“如果思想能够腐蚀语言，那么语言也会腐蚀思想。”[1]

一位坚信愿景对管理城市十分必要的市长很可能并不会以积极的态度应对城市人口的活动和革新所带来的变化。一位怀有不切实际愿景的市长可能会把他个人的见解强加于他所管理的居民的生活。市长愿景的傲慢正是奥韦尔在写下语言腐蚀思想的可能性时所思考的一个典型例子。一位心怀愿景的市长需要被人追随，而不是被那些缺乏愿景的人质疑。因此，愿景下的领导模式意味着一种自上而下的方式。但我们在前面的章节中已经看到，一座城市基本上是自下而上创建的。当然，设计基础设施和公共服务时也需要自上而下的方法，但也只是因为需要它们来支持城市居民的活动。在这个自上而下的设计过程中，支持者的角色并不是微不足道的，它们同样需要精细的数据、出色的处理技术和财务技能作为保障。但是市长个人的愿景对城市设计不是必需的，反而它甚至可能成为一种障碍。

8.1.2 硅谷的愿景从何而来？

在过去的半个世纪里，硅谷一直是世界上最具创新精神的城市区域。硅谷的诞生是展现自下而上草根力量的一个完美案例，体现了相较于自上而下的市长愿景路径的优势所在。硅谷并不是由一位有愿景的市长创建的，而是由一大群才华横溢的程序员创建的，他们有时但肯定不会经常合作实现一个共同的计划。程序员是有自己的愿景的。惠普公司（Hewlett Packard）和苹果公司都是在车库里创立的，尽管这违反了当地分区法！斯坦福大学的院长和教务长富有远见，他们鼓励学生和研究人员创办自己的企业，并在属于斯坦福大学的土地上为创业者提供创业孵化器工作空间。而那些有愿景的市长和城市规划师并没有参与硅谷的创建。

硅谷涵盖了 18 座城市。也许是城市规模的有限性限制了城市规划师控制那些机智程序员的野心。市政权力的分散使得规划师无法划分出一个专门的区域，让所有与电子产品打交道的人都必须在里面进行作业。一想到硅谷的市政规划人员可能会把程序员限制在一个专门的工作区，像第 7 章中描述的规划师专门为在纽约创作的艺术家保留的区域那样，就让人不寒而栗！但是，硅谷各市的规划师也应该受到赞扬，因为他们没有通过土地利用法规扼杀新兴电子产业的活动。这个混合了编码、风险投资和轻工业的产业园实在很难符合任何传统的分区描述。

我曾在一些城市工作过，那里“怀揣愿景的规划师”试图将建设新的“硅谷”卫星城的设计纳入他们的总体规划之中，但从未实现过。相比之下，在硅谷所需要的一些条件可以实现的地区——比如毗邻开放土地（open land）且土地使用方式灵活的某所杰出大学——类似创意活动可能会涌现。例如，在北京地区北京大学和清华大学之间的区块，以及中国南方珠江三角洲的一些地区，情况便是如此。

然而，没有愿景却有能力的规划师在硅谷的成功中所发挥的作用是显而易见的。事实上，硅谷的成功有赖于市政管理团队能够适应城市服务和基础设施需求的改变，满足这些需求是一个地区由住宅区突然转变为一种新用途的土地时必然需要的。因此，市长及市政人员的杰出能力对于硅谷的成功发展是不可或缺的。然而，这一角色并不是靠自上而下的“愿景”驱动的，而是得益于涉及诸多领域的专业能力，从土地使用和交通运输、基础设施建设和维护、教育、垃圾处理、社会治安，到税收和关税等。他们不需要有所谓的愿景，而需要具备非凡的能力。

在这一章中，我将阐述市政规划团队必须完成的几项重要任务，以及市政规划部门与市政人员所在的其他技术部门之间的工作关系类型。

城市规划师的主要任务之一就是通过定量指标来持续监测城市的福利状况。城市规划师通过数据检测到城市生活质量恶化的趋势，并向市长预警，由他决定需要调用哪些资源、优先考虑哪些事情来解决这一问题。基于此，城市规划师向市长提出解决优先目标的战略。由此可见，规划师的角色主要是由技术和数据驱动的。在本章的其余部分，虽然我使用“城市规划师”一词来代指市政城市规划部门的专业人员，但该术语实际也包括与更传统的城市规划师密切合作的城市经济学家，他们的专业背景包括建筑、物理规划、工程和城市地理等方向。能够理解房地产和劳动力市场运作（过程 / 规律）的城市经济学家，也需要整合并融入更为传统的城市规划师团队之中。

城市规划师更为重要的任务可以分为三大类：

1. 监控重要指标。当房地产价格、平均通勤时间等指标异常，预示危机来临时，亮起闪烁的红灯；

2. 制定和监督战略项目以实现市长的市政目标；

3. 设计新的土地利用法规和扩展计划，并对现有法规进行审核。

8.2 规划师在监测指标和预警方面发挥的作用

上市公司须遵守有关其资金流动、资产和对负债作详细、成文的报告的要求。市政当局会维护有关其运营预算的财务记录，但通常不会系统地维护一个数据库来监控其税收收入和支出所依赖的私人和公共资产的变化。城市建成环境的变化在很大程度上决定了其未来的收入和支出。当然，除了有助于预测未来的市政财政状况之外，由租金和房地产价格决定的建筑环境及其价值的变化对于能够管理我认为的城市规划师的主要职能至关重要：保持机动性和住房可负担性。在许多城市，这些有关建筑环境的基础数据库要么没有得到维护，要么就是维护不善。即便有基础数据库，也很少被用作分析，更不要说被用来指导政策的制定。我想重复安格斯·德亚顿在第 6 章中引用的名言：“没有数据，任何人都可以随便地宣称成功。”

在过去 20 年中，许多地方的市政当局以地理信息系统（GIS）的形式开发了供公众使用的空间数据库。然而，我时常怀疑这些数据库是否经常用于决策分析。在下载数据时，经常会发生这样的情况：数据不完整，链接中断，许多字段都是空的。亚特兰大所经营的一个名为“战略社区投资报告数据”（Strategic Community Investment Report Data）的城市数据库（SCI，2013）就是一个典型的例子。最近，我的一个学生在尝试使用该数据库时发现，原始 SCI 包裹数据集的建筑面积 18% 为空值，包裹的 22% 批量大小记录为零。这些记录数据的维护不善表明，数据集并没有被经常用于确定城市问题和制定城市政策。当我尝试使用经合组织其他国家的城市数据库时，也有过很多次相同的经历。

市政数据库的维护不善证实了我的观点，即很少有城市经济学家参与城市的日常政策制定。城市经济学家都很重视数据，如果他们积极参与政策制定的话，他们一定会确保城市 IT 部门对其数据库的良好维护。而传统的城市规划师更习惯于用定性的方法管理城市，他们往往会用“宜居”“弹性”和“可持续”等模糊的词语来描述城市，而很少使用数据库。

8.2.1 总体规划的谬误

通常每 10 年城市总体规划会被制订一次，这是城市规划师工作中具有“创造性”的一部分。在许多城市，城市规划部门会在规划顾问的帮助下准备一套总体规划，其中包括两个主体部分：一个大型数据库和一套地图，用来显示现有和未来的土地利用和城市扩张情况。如果数据库和地图被作为一种永久性的管理工具，并且每季度定期更新，确实将是一项有益的工作。但可惜的是，这种情况很少发生。当总体规划完成并获得当地政府批准实施后，规划顾问团队将被解散，数据库将被存档而不再更新。在他们的假设中，这些数据只在编制总规划阶段是必要的，而总规划一旦完成，接下来所需要做的就只是执行规划罢了，而数据则不再被需要。

十年一度的总体规划便建立在这样一种错误的假设上——城市就像一座非常大的建筑，需要定期翻新和扩建，而总体规划是它改造和扩建的蓝图。在总体规划更新之间的十年里，人们认为规划师所扮演的角色只是简单地建设出蓝图中呈现的城市特征。而实际上，大多数总体规划只是部分得到了执行，或者根本没有被执行。这个看似直白的否定论断是我基于 55 年的城市规划经验得出的。[2]

尽管记录情况不佳，但每隔十年市政部门总要付出巨大的代价开展总规划工作。这么做的原因是什么？市政当局认为，总体规划将有助于城市公民形成对未来积极的展望，是一项伟大的公关活动。而且这也展现了市政部门人员为了解决诸如交通堵塞和房价过高等城市问题也是有所作为的。总体规划文件通常包括大量的图表和数据，为展示十年后城市面貌的最终图纸提供了依据。

大多数时候，总体规划对市政当局来说是一项花费巨大的公关活动。但是，我遇到了很多人，他们真诚地认为这是一份确保更加光明未来不可或缺的文件。这些人总是对十年后的最终结果感到失望，并将其失败归咎于市政当局缺乏忠实执行该计划的政治意愿。然而事实上，总体规划的失败并不是由于负责实施规划的人不完美，而是源于一种概念上的自负：城市不是一座在建造之前需要详细设计蓝图的大型建筑。我将在下面推荐城市管理工具，这些工具将成为总体规划的有用替代品。

8.2.2 维护生成重要指标的数据库

大城市的运转需要日复一日的管理和维护。它不可能像总体规划背后设想的那样自动运转十年。城市财政部门每日都需要维护账目，不断更新收入和支出项，定期对费用进行预测并加以调整，同时向市长通报预算预测中可能出现的重大变化。行政当局的收入是基于各种资产产生的，其土地可以提供不同的用途、其建筑可以带来租金收益和房产税收、城市中的家庭和企业为公共设施服务支付使用费产生收益。然而和由专门的会计和簿记员详细维护的市政预算不同，在许多城市，这些资产的数量和价值并未被定期监控，而被排除在周期性开展的总体规划之外。

规划部门的工作人员往往没有监察价格、租金和土地用途的变化，而这些变化可能预示着未来的危机。那些对公民福利很重要的数据，诸如每月发放的建筑许可证数目，以及每月建造的住宅单元的面积、价格和租金等，几乎不会被定期公布和分析，尽管这些数据属于例行采集且能够以各市政部门分类上报的形式获得。同样，关于商业和工业建筑物的增建和拆除的数据，在登记建筑物和占用许可证时通常会被列入分类账目，但很少被列入可存取的地理数据库。因此，关于未来住房可负担性、交通和通勤模式的重要信息就这样丢失了。

监控社区房地产价格的变化对于城市的管理是非常重要的。这些变化的价格能够显示出供求平衡关系可能在何时何地发生变化。事实上，规划师可以通过法规规范和基础设施投资来控制城市土地和建筑面积的供应。基于此，他们可以提前调整供给弹性，以减少房地产价格的波动。而这种价格波动往往给低收入家庭和小企业带来极大的困难。

因此，城市规划部门应建立、运营并监测一个大规模的城市数据库系统，同时也应建立简单易懂的模型以将原始数据与指标联系起来。例如，可以将一个社区人口和建筑面积的变化同人口密度和租金联系起来，从而产生一些指标，这些指标的数值变动需要解释，但可以对市政行动造成影响。正如国有企业有义务公布他们的季度财务指标以向公众告示其财务状况一样，市政当局应每季度公布一套评估指标，向公众告示城市居民的福利情况。而这些举措会大大推动地方市政的民主进程。

8.2.3 点亮闪烁的警示灯

一些城市指标的价值有时可能会瞬间发生变化。而这种变化通常是良性的，只是城市土地利用在日益变化的经济环境下的正常调整。但也有些时候，这些变化可能表明整座城市或某些社会经济体的生活条件在恶化。例如，在一个特定的社区中，人口密度的快速增长和建筑面积消耗速率的快速下降表明居住在该社区的社会经济体的住房标准在下降。这时城市规划师应该提醒市长注意这个“正在闪烁的红色指标”。他们应该对人口密度的变化给出解释，并且在他们认为这可能导致未来福利损失时，提出其他解决办法。

就在 2007 年房地产金融崩溃的前几年，在已故美国经济学家约翰·M. 奎格利（John M. Quigley）关于抵押贷款风险和住房政策的演讲中，我第一次听到了“闪烁的指标”这个词。奎格利和他的一些同事收集并定期监测了美国的一些住房和财务指标。在会议上，他提到“那些指标都是闪烁的红色警告”时，急切的语气令人吃惊。而 2008 年的次贷危机正是在他发出预警一年后发生的。

我认为，“闪烁的指标”的概念可以应用于许多城市指标，例如租金收入比、人均最低消费和通勤时间平均值等。通过定期更新城市数据库，专业的城市规划师和经济学家可以发现正在发生的变化，并在问题变得过于严重之前采取相应的行动。例如，房价的迅速上涨可能意味着建筑面积或可开发土地的供应出现了限制，或者两者兼而有之。如果一项旨在消除潜在供应瓶颈的行动方案能够迅速实施，它就有可能阻止房价进一步大幅上涨，并防止未来出现房价负担危机，从而避免对城市人口福利和城市生产力造成严重后果。然而闪烁的指标本身并不意味着可以毫无条件地作出诊断，需要具体情况具体分析。例如，住房价格的迅速上涨可能是由法规制定不当、土地所有权问题或对初级基础设施和交通运输的投资匮乏造成的，也可能是以一种更温和的模式，即由于家庭收入的大幅增加和住房质量的急速提高而引发的。只有在规划师和城市经济学家能够建立正确的诊断之后，才有可能设计一种策略，使指标恢复到可以预测且平稳运行的数值水平。

规划人员在监测数据库中的作用可以分为三个系列的任务，如图 8.1 所示。该系列是：

- 创建和监控市政数据库；
- 识别闪烁的指示灯；
- 与相关直属机构一起提出战略。

这些系列又分为三个主要议题：

- 空间结构变化；
- 机动性；
- 可负担性。

建立和监测一个城市规划数据库	识别闪烁指标	与相关职能机构协同提出战略
空间结构变化 • 人口组成 • 人口密度 • 土地使用类型 • 建筑许可和土地占用许可的数量 • 工作空间分布 • 建筑面积比 • 不同地区污染程度 • 其他	**空间结构变化** • 土地供应限制 • 部分土地使用类型的供应限制 • 分散的蛙跳式发展 • 人口密度或工作密度的快速变化 • 趋于严重的污染程度 • 自然开放空间的丧失 • 其他	**空间结构变化** • 增加土地供应 • 审查土地使用条例 • 增加连通性 • 保护自然开放空间 • 其他
机动性 • 按方式区分的平均通勤时间 • 通勤时间分布 • 通勤时间在一小时内的岗位平均数量 • 每个街区内方便通勤的岗位平均数量 • 不同交通工具的速度 • 交通工具引发的污染 • 其他	**机动性** • 通勤时间的增长 • 交通运输系统无法抵达的区域 • 工作可及性下降 • 拥堵加剧 • 交通工具引发的污染 • 其他	**机动性** • 拥堵成本 • 通行费和停车费的定价问题 • 新开辟的道路 • 新建设的交通系统 • 交通管理 • 车辆污染控制 • 其他
可负担性 • 家庭收入分配 • 不同住房类型的住房单元数 • 不同收入层级的住房消费 • 不同住房类型的租金和售价 • 不同收入层级花费在房屋租赁上的收入比例 • 不同住房类型的年住房存量和流量 • 非正式或非法住房的份额 • 其他	**可负担性** • 价格 / 收入比例增加 • 存量和流量下降 • 住房消费下降 • 相同住房消费下的房屋租金和售价增长 • 其他	**可负担性** • 增加土地供应 • 审计监管对住房的限制 • 面向无家可归者的政策 • 扩大住房资金的覆盖面 • 其他

图 8.1　监测一个城市数据库

图 8.1 左栏中建议的数据库中的项目仅供参考。不同的城市有不同的衡量城市空间结构的方法。对此，一些极富见解的论文提出了各种指标。我强烈推荐斯蒂芬·马尔佩齐和斯蒂芬·梅奥（Stephen Mayo）[3] 两位城市经济学家专门为房地产而开发的指标，以及拥有全球城市规划经验的城市规划师什洛莫·安杰尔 [4] 开发的指标。

每年，用于建立和监测城市数据库的技术都以更低的成本提供更多信息。每座城市都应根据当地的技术水平以及城市的形态和优先级来建立自己的数据库。例如，在一些城市，自来水的供应范围限制了城市扩张。显然，在这种情况下，供水网所覆盖的地区将成为空间数据库的一部分。而在另一些城市，易受洪水影响的地区是其发展的主要障碍。那么显然在这些城市中，规划人员应当在数据库中添加非常详细的地形研究并对各种气候条件下的洪涝灾害进行建模。

城市规划数据库不应与负责交通运输、基础设施或社会服务的部门机构所经营的数据库重叠。城市规划的直属机构更擅长为该部门维护一个详尽的数据库，而且能考虑到某些需要被重视的城市规划数据的特性。但是，城市的土地使用数据和人口数据（包括人口预测数据），应由城市规划部门专门负责。我经常看到一线机构对土地使用和人口作计作出自己的预测，只是为了证明他们的技术选择是合理的。我也曾经看到污水管道及雨水管道的负责部门根据地价走势判断未来人口密度较高的地区，并由此决定使用氧化池来处理（该地区的）污水。下水道工程师会假定一个与氧化池的使用情况相适应的低分布密度，来证明他们的技术选择是合理的。这同样是一个内部的城市经济学家更能够为决策出力的领域。在这个例子中，决策就是在土地密集但低成本的硬件技术（例如氧化池）与资本密集度更高但土地需求低的基础设施（例如下水道系统）之间的权衡取舍。

8.3 规划师在制定和监测实施市长市政目标策略中的作用

8.3.1 城市政策目标、备选战略和影响指标

市长和市议会制定城市政策目标，这些目标是政治性的，这是正确的。没有科学的方法来设定城市发展目标。然而，虽然优先目标是政治性的，但只有通过战略表达的方法才能解决这些目标旨在解决的问题。规划师的作用是为实现市长的目标制定备选战略。然而不幸的是，规划师所提出的战略往往仅限于确定政府投入的层面，而没有进一步探讨潜在影响，这将表明该战略在实现其最初目标方面是成功还是失败。

例如，让我们假设市长的目标是改善公共交通。典型的回应包括宣布解决该问题所需要的财政投入：市政预算中将分配多少百万美元用于交通运输；同时可能会增加一些产出指标，例如将增加多少条新的公交车或轻轨线路。然而，对市民来说，重要的是市政投资对他们日常通勤的影响——公交车的及时性和拥挤程度，以及平均通勤时间可能会缩短多少。

如果对通勤时间的影响进行合理衡量的方式无法明确，就无法衡量战略相关的投资是否达成了市长的最初预期目标。如果仅仅以花费的金钱成本和添置的公交车数量去衡量是否成功，而并未对城市交通产生可衡量的积极影响，那么错误战略可能会被不断重复，城市将付出巨大的代价，却不能带来改善的效果。如果没有事先宣布判断政策制定成功与否的适当指标，市民也无从评估政府的绩效。

这些量化指标不仅能够被用来对项目进展情况和最终成果进行监控，同时也是一项制定适宜的战略准备过程的组成部分。事实上，制定公共交通战略的目标并不是为了添置新的公交车辆，而是为了减少市民的出行时间，增加通勤舒适度。这一目标需要被明确地表达出来并作为一项指标加以量化，否则就无从知晓该战略实施是成功还是失败。一旦市政委员会发布了发展目标，寻找适当的影响指标是战略发展的第一步。

战略应当包括若干类型的指标，这些指标的作用主要包括：

- 阐释战略；
- 监督战略执行，判断目标是否达成；
- 最终通过优化战略来提高其实际效能。

在战略发展的过程中拟定指标有助于规划师将战略实施的重点放在期望的结果

上，而不是放在预算投入、设备采购或土建工程等初步阶段上。事实上许多城市的战略实施都是因为最初没有纳入适当的指标而以失败告终。

战略的设计和实施需要确定四种类型的指标：影响（impact）、结果（outcome）、产出（output）和投入（input）。我将通过图 8.2 [5] 中图形化的例子来说明政策目标、战略和指标之间的关系。显然，在战略设计阶段，指标的序列将不得不多次迭代。最初制定时，所期望的影响可能证明需要超出市政当局的财政预算或人员配备的投入能力范围。在此情况下，就需要对指标进行迭代，直到发现投入可行，同时预期的影响仍然值得追求。

在战略编制阶段，应按下列顺序编制指标：影响、结果、产出、投入。而在战略执行的各个阶段，则需要按照项目执行的先后，以相反的次序衡量各项指标：投入、产出、结果、影响。在图 8.2 中，我已经列出了在战略制定过程中应该使用的指标。

依据图 8.2，下面我将从一个市政目标开始，遵循识别一项战略和各种指标所必要的顺序，进而量化在战略的不同阶段的预期结果。让我们假设一位市长和市议会已经决定将改善 X 社区的贫困情况作为全市发展计划的一个主要政策目标。

那么就可以制定若干个相互替代或并行的战略来改善贫穷。有的战略可以是通过增加就业机会来提高家庭收入，进而减少失业或就业不足的情形。而其他的并行战略可以包括向目标人群转移更多的资源，或增加诸如健康和教育等社会服务的供应。

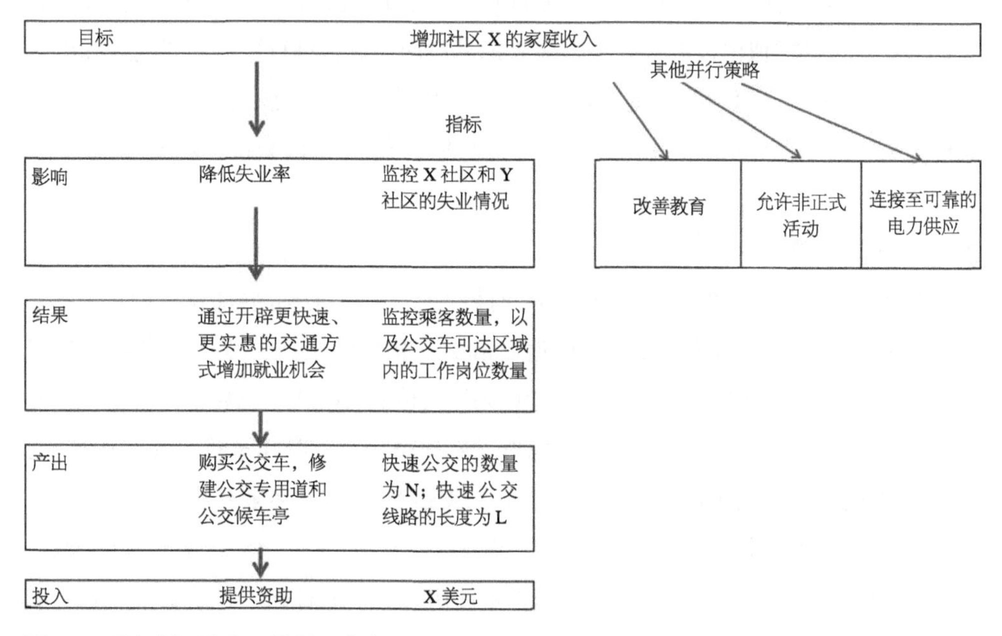

图 8.2　目标树：影响、结果、产出、投入

资料来源：《绩效监测指标手册》。改编自罗伯托·莫斯（Roberto Mosse）和利·埃伦·松特海默尔（Leigh Ellen Sontheimer），“业绩监测指标手册”，第 334 号技术文件，世界银行，华盛顿特区，1996 年 9 月。

让我们选择第一种战略，即通过增加 X 社区的就业机会来增加家庭收入。如果社区的劳动者能够更快、更容易地进入大都市的劳动力市场，X 社区的就业机会就会增加。正如我们之前在第 2 章中讨论的那样，增加劳动者进入劳动力市场的机会通常会降低失业率并提高工资。而像下面所提到的，这些指标的数值首先将在设计阶段进行预测，然后在战略执行阶段被持续监测。战略设计阶段预测的目标数值与战略执行阶段及其后所监测到的实际数字之间的差异将表明战略的成功程度，这有助于识别哪些是决定战略实施成败的关键性因素。

8.3.2 影响指标

影响指标的数值量化了最初的市政目标。所选战略的目标是改善 X 区的贫困，为实现这一目标而选择的战略是通过提供更快速、便利的进入高就业地区的途径来增加就业机会。战略设计过程中的影响指标将围绕降低贫困程度和失业率的目标来设定。例如，如果目前 X 区的失业率为 25%，那么城市战略目标是在 5 年内将这一数字降低到 10%，或者新就业总数为 N_1 的工人。[6] 如果目前 X 社区以外的通勤工人人数是 N_2，那么这个战略意味着，每天应当有目标人数 $N_3=N_1+N_2$ 的工人，可以使用比现有的更快速、更便宜的交通工具来通勤。这里我假设新就业人员居住在社区外围。在居民区内创造新的就业机会将会成为另一种不同的战略。

在战略实施阶段，将利用影响指标每 6 个月监测一次 X 社区的失业率，并将其与社会经济条件类似但没有进行交通规划的社区的失业率进行比较。影响指标随时间的变化将表明，提供更好的交通服务是否会降低失业率，该战略是否可能有效。如果影响指标显示不可能有效，则应修改该战略，或尝试采取全新的替代战略。

8.3.3 结果指标

在战略准备阶段，规划师应该找到更有效的模式，在通勤高峰时段将 N_3 数量的人从 X 社区送至工作岗位较多的目的地 Y 和 Z。根据 N_3 的人群规模及出发地 X 到目的地 Y 和 Z 的距离 D 的不同，可以考虑采用其他交通模式，比如集体出租车、公交车或城市轨道交通，或者也可以考虑电动轻便摩托车或摩托车等个人交通模式。让我们假设在这一阶段的准备工作中，快速公交线路是将 N_3 名乘客从社区 X 运送到地点 Y 和 Z 的最有效通勤方式。

在战略设计阶段，结果指标将首先设定使用公交车的目标乘客数量，然后设定快速公交车从发车地 X 到目的地的班次、频次、速度。

在实施阶段，结果指标将监测公交车的上座率、班次、车速，并将其与设计阶段设定的目标值进行比较。在实施过程中，如果实际结果指标低于目标结果指标，则可能需要根据结果指标来修改战略。例如，如果新的快速公交线路上座率低，使用率低，就应该尝试开辟一些替代线路和不同时间段的班次。

结果指标固然重要，但一条公交线路运行得好，并不代表投资目标已经实现。人们乘坐公交车可能并不是为了上下班，而是出于其他原因。也有可能是乘客出于便捷考虑才选择了新公交线路，他们原本使用的是一条相对不便捷的通勤路线。一个积极的结果指标可能仅表明往返社区的交通变得更加方便，而不一定是扶贫目标已经实现。也就是说结果指标不能代替影响指标。

8.3.4　产出指标

在战略设计阶段，产出指标将显示出快速公交的数量，即需要有多少辆快速公交来运送 N_3 数量的乘客到达目的地。然后，产出指标将包括确保运输服务必要的公交车数量，以及公交站点的数量和位置。产出指标还将包括监测战略实施过程中所需要的测量员、交通工程师、统计员等工作人员的工时数，并最终对战略进行修改。

在实施过程中，产出指标被用来衡量潜在的超支成本——例如投资的钱所能够运营的公交车比原计划的少。但产出指标并没有告诉我们是否有人在使用公交车以及公交车的使用频率有多高，更没有告诉我们新添加的公交车是否增加了就业机会。产出指标是重要的中介指标，但即使达到了预期目标，也不能证明战略是否成功。

8.3.5　投入指标

在战略设计阶段，投入指标会包括项目的总投资成本：设计和监督费用、公交车和公交车站建设的资金成本、公交线路的运营维护成本和最终司机补贴，以及项目的预计现金流，包括票价和最终的公交运营补贴等。其中有一些资金投入，包括运营维护的补贴等，可能会随着时间的推移而重复产生。

在设计阶段，实施某项战略所需要的总投入成本超出市政预算或人力水平的情形时有发生。这时，规划人员就要对四类指标进行迭代，直到预期效果与预算能力达到一致为止。而设计阶段历经迭代的过程，通常也是激发创意和创新的过程。

在实施过程中，投入指标将显示财政预算和人员配备的承诺是否得到满足。显然，费用拨付缓慢会对项目绩效产生不利影响，甚至可能会导致战略失败。确保项目成本的按期支付是战略成功的前提，但并不能保证战略的成功。

8.3.6 必须使用指标来淘汰失败的战略

有时战略会失败是常事，但是失败的战略如果还继续执行是不正常的。设计和监控指标是唯一可以筛选出失败战略的方法。四种类型的指标，即影响、投入、产出和结果，对于设计和监测战略来说是必不可少的。它们可以用来衡量项目投资是否对实现政策目标有利，以及淘汰掉失败的战略。

如果不计算影响指标，就不可能知道项目投资是否对实现政策目标有所帮助。在上文的例子中，新运营的公交车可能会准时运行，但对失业率可能并没有任何影响。中间指标——投入、产出和结果，则为我们提供了关于项目设计的重要信息。尽管它们并不能告诉我们是否达成了战略目标，但这些中间指标提供了改善项目绩效的思路。例如，如果公交车的速度太慢导致通勤行程时间过长，可以采取改善道路交叉口的设计和沿线的交通管理等措施来纠正。

8.3.7 经济回报率

结合投入指标和影响指标的结果，可以计算出项目的内部经济回报率。经济回报率可以计算得到支出和收益（新就业工人为附近居民带来的额外收入流入）的折现现金流的现值。例如，在图 8.2 所示的例子中，除了经济回报率外，还可以计算出该战略下每一个新就业的工人资本和每年的常规成本。这时我们可能会发现，所选择的战略能够为市政投资提供的经济回报率要么较高，要么很低，在这种情况下应该探索其他战略，以较低的成本提高市民的福利水平。

如果我们去了解工业生产者创造新产品的模式，就会看到他们在经历了一长串试验和错误后，最终以较低的成本提高了产品质量。但相比之下，城市的政策和战略往往不遵循这样的逻辑，即便是在众所周知的失败情况下，这些政策和战略也往往会反复出现。例如，像针对房租管制、绿化带、新的轻轨交通这一类政策的制定，尽管人们对它们的失败几乎已达成了共识，但这些政策却还是在不断地重复进行着。对这些失败政策的量化评估则通常被记录在专门的报告或学术论文里。但是，城市内部却很少有这种评估，而且这些信息似乎并没有被传达到城市决策者那里。而事实上只有通过指标对数据进行系统的分析，才能让城市政策随着时间的推移得到改进，让失败的政策被市政人员淘汰。正如安格斯·德亚顿所写的那样："没有数据，任何人都可以随意宣称成功。"[7]

8.3.8 大多数机构、城市和开发银行主要监控投入和产出

遗憾的是，大多数城市战略更倾向于关注战略产生的投入和产出，而很少会在

意结果，更不用说影响了。只有在制定战略时确定这四类指标，才能迫使我们思考真正的长期政策目标是什么，而避免只关注眼前的任务，因为它们只是达成终极战略目标的中间阶段。

罗伯特·麦克纳马拉（Robert McNamara）在1968年至1981年担任世界银行行长，期间他曾试图在评估世界银行资助的项目时强行采用这种方法。麦克纳马拉坚决地将世界银行的工作方向调整为消除贫困，他要求工作人员按世界银行资助项目所面向的国家或城市的收入百分位数来量化项目的直接受益者人数。这是评估世界银行资助项目的影响的最佳模式，其目标是改善贫穷。

1971年，我作为一名在联合国开发计划署下为也门政府工作的执业城市规划师，以“本地城市规划师”的身份参加了世界银行对两个城市项目的评估，第一次学会了使用这种定量的方法评估项目。这种全新的严格量化方法给我留下了深刻的印象。而几年后，当我和家人终于在华盛顿特区定居时，我决定加入世界银行，部分原因就是因为这第一次非常好的职业印象。

遗憾的是，在后麦克纳马拉时期，世界银行有一种强烈的倾向，主要关注于战略投入和产出指标，因为这些指标是由世界银行的工作人员直接控制的，直接影响到世界银行的运作。如果资金按时支付（投入指标），且不存在项目成本超支（产出指标），项目就会被认为是成功的。项目的产出，这一点在世界银行的统计数字中很明显，这些统计数字显示出每个国家和地区发放的贷款总额，例如在运输项目中，产出指标就是购买了多少辆公交车、修建了多长的公交线路。衡量结果和影响指标的数字不易汇总成国家统计的数据，因为不同项目之间的性质差异很大。因此，等项目完成后再仔细监测这些数字的压力要小得多。虽然有些项目在项目评估阶段就引入了全套指标，但在项目监督阶段加以认真量化和监测成果及影响指标的情况却很少。相比之下，投入和产出指标成就或损坏了专业人员的声誉。

世界银行也意识到了这个问题，因此专门设立了一个业务评估部（OED），最近又设立了独立评估小组对项目业绩进行单独审查。这些部门直接向行长报告，世界银行试图通过这些部门更系统地评估一些已完成项目的结果和影响。但不可避免的是，评估结果往往在项目完成后很久才公布。当评估结果出来时，最初负责项目的小组已经被分散到不同的国家，有时也分散到不同的部门。通常情况下，OED的报告对项目构思和执行过程中正确或错误的地方进行了非常专业和详细的分析。然而，由于新的团队在不同城市，不同背景下开展新的项目，因此他们很少能够吸取教训，在设计新项目时也很少考虑到评估阶段。

8.3.9 城市能否避免世界银行在监测战略和项目影响方面遇到的问题?

由于离项目所在地很远，所以我在项目监测和评估工作中所遇到的固有问题在像世界银行这样的中央集权组织中是不可避免的。我认为，国际组织和中央政府将注意力集中在其战略的投入和产出绩效上，这一点也是不可避免的，因为只有这些数字才是容易被监测和汇总的。

像亚洲开发银行（Asian Development Bank）和美洲发展银行（Banco Interamericano de Desarrollo）这样的开发银行，作为世界银行及其区域对应的机构，首要且最主要的身份是银行。因此贷款发放的速度和采购规则是否正确执行可能是银行工作人员最关心的问题，管理层也主要根据这些标准来评判银行的业绩，因为这些标准直接关系到银行的生存能力。虽然不同战略的优劣及其对发展的影响是知识分子激烈争论的对象，但归根结底，员工的绩效是通过其在严格遵守采购规则的同时能否快速发放贷款来判断的。付款和采购通常也主要通过投入和产出指标来监测。而与成果和影响相关的指标虽然在项目筹备期间可能被广泛讨论，但在项目实施过程中往往很快就被遗忘。

那么我为什么要提倡一种我再三见证过其失败的城市发展战略制定方法呢？因为我相信，如果给予了适当的工具，有责任心的市长及其规划团队跟进和关注影响指标的可能性会大大增加。像新加坡和中国香港这样的城市，他们独立管理自己的财政和政策，不受中央政府的干预。而且他们善于监管政策，一旦发现战略没有达到预期的效果，就会迅速采取措施纠正。

相比之下，中央组织则无法对地方上实施的项目细节直接负责。只有投入和产出能够被有效控制，它们才更有可能受到政府部门认真的监管。例如，一个中央政府的住房和城市发展部可能会承诺在许多城市创造一定数量的经济适用房单元，但它无法在全国范围内逐一统计所建单元的位置是否合适，也无法汇总该项目给目标人群带来的福利。唯一可以在全国范围内进行有效监测和汇总的是资本支出总额和建造的房屋单元数量——即投入和产出指标。如果这些指标是由受益于该方案的城市产生的，而工作人员又曾经被告知住房单元并未达到最初的预期目标，那么这些工作人员将无法汇总不同的成果和影响指标，他们将面临与世界银行工作人员一样的问题。等到各城市的指标结果出来的时候，制定战略的部委工作人员很可能已经投身到其他部门的其他活动中去了，他们永远不会吸取任何教训。相比之下城市管理部门更有可能保持连续性。在战略实施过程中出现的问题更容易被实时知晓，如果市长和地方工作人员对住房战略的实施有一定的控制权，即使是国家层面的资助，也会让他们产生很强的动力去解决出现的问题。也许这就是像新加坡、中国香港这样的城市，比起同属大国的同类城市，在管理发展上更有成效的原因。

例如，在我们于第 6 章讨论的南非的例子中，南非的政策目标是尽快为城市中的低收入人口提供可负担的住房。但它所采取的战略立即把重点放在投入和产出上：每年能建造多少住房，其标准应该是多少，需要多少补贴，而所考虑的其他战略只集中在项目的筹资模式上。南非政府从未考虑到对于受益人收入的影响指标，尽管项目的主要目标实际上是改善贫困情况。每年建造的住房单位数量这样一个产出指标受到了严格监测，也由于其数量的庞大，该方案最初被认为是合适的。在执行了大约 10 年后，南非住房战略的严重缺陷才终于被发现。在难以进入都市就业市场的地段建造大量的住宅单元会造成近乎不可逆转的伤害。

8.4 设计新土地使用法规并审核现有法规

要满足在邻近地区生活和工作的需要，必须制定相应规则使阻力最小化。由于经济环境和科技环境在不断变化，因此规则也要不断完善以适应新的环境。例如，在不久的将来，像汽车取代马车作为城市主要的交通方式一样，城市在引入自动驾驶汽车时也需要出台相应的措施。

过去制定的法规也必须定期审查其合理性。如第 7 章所述，20 世纪前半期，在室内照明和空调变得高效和廉价之前，高层建筑投掷下的阴影都是一个很大的问题。从使每一栋建筑都能满足阳光直射和自然通风条件的需求出发，在需求量很大的地方集中建设了大范围的地面空间，此举虽然增加了人口密度，但却在更大程度上增加了城市福利。纽约华尔街地区正在建造的细长而高大的摩天大楼，如果是在 20 世纪初，无论是作为住宅还是商业区，恐怕都会引起周围人的极大反感。

因此，城市规划师应该不断地修改旧的土地利用法规（或制定新的法规），使之适应当下新的经济和文化现实。但遗憾的是，城市规划部门往往倾向于设计新的法规，而不是审查现有法规的实用性。这就导致一座城市的土地利用依赖于层层叠叠的法规，而这些法规往往相互矛盾，其目标也随着时间的推移而丧失。对城市法规的挖掘往往就像考古时挖掘遗址，经常会遇到一些精心制作的文物，其最初的目的却让人摸不着头脑。

事实上这种对莫名其妙的法规的批评并不是最近才提出的。在 1979 年出版的一本书中，莫里斯·希尔（Morris Hill）和拉谢利·阿尔特曼（Rachelle Alterman）就在其中一章写道[8]：

> 通常情况下，[规划标准]作为“经验法则”从一种情况传递到另一种情况，并通过积累的经验进行调整。这类法规的特点是按特定的人口表达出简单的不灵活，有时还包括地点规格。从通常表达的法规中，我们不可能知道实质性的理由——无论是功能上的、经济的、行为的、社会的、心理的还是环境的。因此，没有任何简单的方法能够以合理的模式对其进行修改以满足特定的情况。

8.4.1　规划人员应定期审核土地利用法规，以取缔那些过时的法规

多年间累计下来的陈腐的监管法规限制着城市可建造范围，从而限制了发展，影响了土地价格和建筑面积的供应。虽然通常没有人记得制定这些法规的目的，但规划师和市民都认为，这些法规制定得并不明智，但如果把它们从书上删除又可能会有危险。

几年前，我在马来西亚就遇到过这样的情况[9]，当时我被问及为什么在一个拥有丰富的可开发土地的国家，房价如此高昂。我发现，制度允许在住宅区内建设的街道长度极短，不能超过 60 米，致使道路面积占比极高，而通常情况下，这在建设横向住宅中是不需要的（例如曼哈顿街区平均长度约 240 米）。这一多余的土地使用法规导致了只有不到 44% 的土地被用于建设住宅区。在该地区其他国家的类似项目中，这个数字是 60%–65%。

吉隆坡规划局的人都不知道为什么住宅区的街道长度会这么短，但他们认为一定有一个很好的原因——也许是季风期间的排水问题？最后，我找到了一位市政高级工程师，他告诉我，按照惯例，消防队的消防栓都设在小区的尽头位置，而消防员使用的消防水带一般都是 30 米长，所以住宅区的长度是 60 米。尽管消防员使用的设备都不一样，而且消火栓的位置也可能不一样，但大家都很不愿意改变这个标准。

诸如此类的规定给住房部门和环境带来的代价是巨大的，但却没有给市民带来任何实际福利。事实上，这些人为要求增加住宅发展用地的法规使城市面积扩大到了农村，同时增加了城市发展过程中的灰色地带。在马来西亚这样季风型气候的国家，这些规定导致雨季时水的径流增加，从而需要建设更大的排水沟，有时还会造成水土流失。这套土地使用条例的最终修订，为整个国家节省了大量的土地开发成本和环境成本。

每座城市的城市条例中都有一些被我称之为“枯木规定”的法规。制定这些法规的目标已经被遗忘，其真正效益也已经无法确认。因此，市政部门有必要定期对所有的土地使用条例进行审核，淘汰那些过时的、导致城市化成本过高的条例。

8.4.2 设计新的城市法规

城市在发展过程中所应用的新型科技、所遇到的崭新变化都需要城市规划师及时制定新的法规加以约束。这些法规在城市内颁布实施之前，需要得到精心的设计和检验。土地使用法规与新型药物十分相似——它们的诞生本应为人们带来福祉，但同时也可能存在着严重的副作用，这种副作用会在它们投入使用后的许多年间慢慢显现出来。所有的法规在制定前都应当进行成本效益分析。同时，像土地使用法规这类会对房屋和居住条件的发展产生直接影响的条款，应事先在不同的收入层级中进行可负担性试验。

在设计和检验法规时，应极为慎重，就像某种新型药物在投入市场前需要做的准备工作那般细致。在颁布新的法规前，城市规划部门应该向独立的城市经济学家团队寻求帮助，请他们帮忙评估这些法规对于城市空间发展和城市发展成本的影响。

8.5 城市规划部门在城市发展中的作用

8.5.1 职能与一线机构

市政府是由政治机构、市长和市议会组成的团队，以及由“职能”和“一线”机构组成的技术核心（图 8.3）。职能机构向市长提供政策选择，为一线机构提供政策目标和支持。一线机构负责实施和维护专门的服务及基础设施。城市规划部门制定一套指标，以确保各项战略符合市长和市议会的政策目标。城市规划部门应设立在职能机构中。不幸的是，这种情况很少发生；大多数时候，城市规划只是作为一个一线机构。

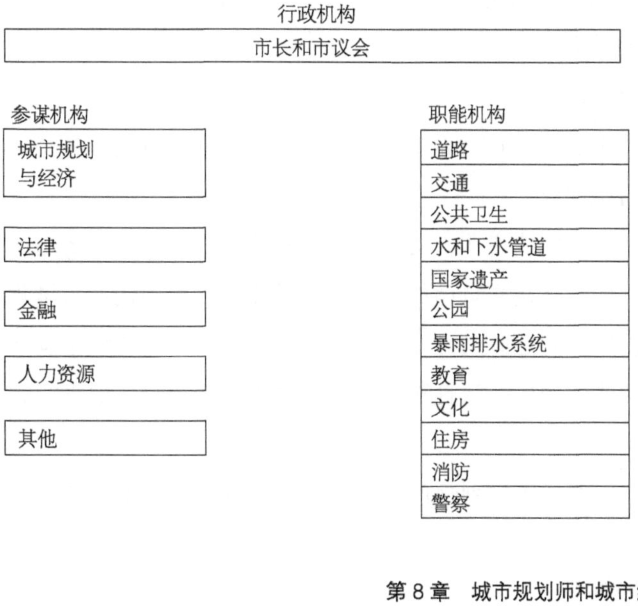

行政机构

市长和市议会

参谋机构

城市规划与经济

法律

金融

人力资源

其他

职能机构

道路

交通

公共卫生

水和下水管道

国家遗产

公园

暴雨排水系统

教育

文化

住房

消防

警察

图 8.3 城市规划师和直属机构

为什么城市规划部门应该是职能机构之一？实际上，所有一线机构都在消耗土地或对土地价格产生影响。从教育部门到消防部门，所有一线部门的行动都与社区人口数量及其收入有关，而这通常又与其他社会经济指标有关，如家庭规模、教育程度、家庭语言等。人口数量和社会经济特征的变化，是由房地产市场以及家庭和企业对建筑面积的竞争性需求所驱动的。关于土地使用和人口变化的数据不应由各一线机构保存在各自单独的数据库中，而应由规划部门协调和集中，规划部门应定期向各一线机构提供数据。

8.5.2 规划部门的工作人员应该包括经济学家

规划部门不应只专注于土地使用和监管问题，还应参与日常的经济分析。因此，我建议将城市规划部门称为“城市规划与经济”部门（图 8.3）。

在世界各地的许多城市，我工作过的城市规划部门主要由城市规划师、建筑师、工程师和律师组成。虽然作为工作顾问，经济学家偶尔会被要求就某一特定主题编写一份报告，但我从未见过一位内部经济学家每天就拟议的土地使用法规提供意见，监测土地价格的变化，或警告规划部门的其他工作人员其政策的潜在后果。正如我们在前几章中看到的，土地利用变化以及人口和工作密度的变化主要是由市场驱动的。城市经济学家受过专门培训，可以监测和解释市场走势。内部经济学家的存在也将有助于触发大学开展的特别专业经济分析。这将具有双重好处，既可以利用更广泛和更深入的经济专业知识，也可以促使学术型经济学家参与城市层面的“运营经济学”。

城市规划和经济职能机构有三项主要职能：

- 开发和维护一个城市数据库，以监测土地使用、人口统计、家庭收入、土地价格和租金等方面的情况；
- 从观察监测指标的变化中确定潜在的问题；
- 与一线机构合作，提出政策和战略解决方案，以应对已确定的问题，并回应市长和市议会的特殊要求。

城市规划和经济部门作为一个职能机构，协调是至关重要的，因为它需要与所有一线机构建立联系。一线机构必须建立自己的详细技术数据库，但他们应参考规划部门的土地利用和人口数据库来制定政策。一线机构制定的技术项目与城市发展政策和城市规划部门制定的战略之间的一致性至关重要。这似乎很明显，但现实并非总是如此。

几年前，我在雅加达都市区的城市规划部门工作（负责“雅茂德丹勿”地区）。

我们与住房部门和当地一家大型抵押贷款银行合作，制定了雅加达家庭收入分布在40% 到 60% 之间的家庭可以负担得起的土地开发标准。我们的结论是，考虑到土地和建筑的当前市场价格，由抵押银行资助的住房项目的人口密度必须在每公顷 300到 400 人之间才能负担得起。为此，修订了土地利用细分法规以允许这种密度。然而，城市规划部门没有修改整个城市的密度预测以反映这些变化，因为人们认为这与基于设计规范和预期需求的传统规划方法相去甚远。

在同一时期，我的一些印度尼西亚同事正在为雅茂德丹勿地区的区域污水和废水处理系统进行可行性研究。他们的结论是，如果雅加达郊区的人口密度能够保持在每公顷最多 50 人，那么建造一个由化粪池、渗流坑、氧化池组成的处理系统将会比建造一个传统污水处理厂配备的网状下水道系统成本更低。他们假设通过严格执行土地使用法规，政府将能够将密度保持在这个最大值以下，因此，他们提出了基于这种低成本技术的下水道和废水处理的投资预算。

在双边捐助者的协助下，城市交通部门正在开发第三个项目，包括城市轻轨交通系统的规划和建设。正在建造的轻轨包括一条自东向西横穿雅茂德丹勿的线路。可行性研究假设，政府将能够以这样一种方式调节人口密度，使人口高密度地区（每公顷约 300 人）沿东西方向集中在轻轨附近，而法规将在没有轻轨服务的地区保持低密度。财务预测完全基于这种乐观的密度情景，这将确保轻轨的高利用率。

这三个项目所依据的是对雅茂德丹勿地区人口未来空间分布的完全不同且互不相容的假设。每个项目的可行性取决于不同且相互排斥的人口空间分布。城市规划部门保留了一张人口预测密度图和一张分区法规图，但与主管下水道的环境保护部门和交通部门之间却没有行政上的联系沟通。我也是因为认识一些参与了另外两个项目的工程师，偶然发现三种不同的密度预测。

这个轶事并不是一个孤立的案例。纵观大多数城市的政府组织设计，此类矛盾时有发生。我并不是建议城市规划和经济部门监督每个部门项目来避免这些问题，而是建议城市规划和经济部门应消除关于人口密度和总体人口空间分布的任何假设，以避免这些内部矛盾。在交通项目中，许多高估乘客乘坐量的情况，是自我预测城市交通线路沿线未来人口密度的典型。在预测未来人口的空间分布时，虽然有可能会出现误差，但在同一城市的每个一线机构都有一套替代性的人口预测方案是不可容忍的，特别是基于市场的集中管理预测会使项目的可行性无效时。

8.6 城市过去和未来的增长趋势

8.6.1 城市增长不应被视为理所当然

前几章中使用的例子涉及过去 50 年中出现的城市问题，我们是否应该预测未来 50 年会出现不同类型的城市发展挑战？

我一直认为，成功的城市就像磁铁，吸引着那些渴望加入其庞大劳动力市场的人。作为一名城市规划师，我的大部分工作都集中在寻找管理城市增长的方法，即随着城市的扩张提高机动性和住房可负担性。在城市中出生或移居到此的新公民似乎源源不断。通常发展中国家的城市比发达国家的城市增长速度快，但扩张的过程基本相同，都是在扩张。

在 21 世纪初，我意识到世界人口已经跨越了一道分水岭，世界上的城市将分为正在增长的城市和正在萎缩的城市两类。人口萎缩的原因从管理不善等内部原因（底特律衰落的情况就是如此）到人口逆转和城市化率等外部原因。

2010 年，在莫斯科工作访问期间，我了解到政府计划关闭 60 座城市，这些城市的人口正在减少和老龄化，以至于维持公共服务已不再可行。关闭城市是一个极端的例子，但人口减少也影响了许多其他城市。在俄罗斯 13 座人口超过 100 万的城市中，只有 4 座城市的人口还在增长，而其他的城市，包括作为俄罗斯第二大城市的圣彼得堡（St. Petersburg），人口都在下降。有人问我是否可以给出一些如何解决城市人口下降问题的建议。我只能很遗憾地表示无能为力，因为在我 50 年的国际城市规划实践过程中，从未遇到过城市人口减少带来的问题。

最近，在访问日本西海岸拥有 120 万人口的富山县（Toyama）时，当地的城市规划人员向我描述了一个人口老龄化的城市所面临的问题：越来越多的年轻一代移居东京寻找工作。

日本和俄罗斯是高收入、低生育率、高城市化率、低国际移民率的国家的代表。经高度城市化的高收入国家的生育率下降会导致城市增长缓慢，因为当该国农村地区无法向城市输送更多的移民时，城市人口自然增长率和移民率会同时下降。

图 8.4 显示了按地区和收入类型划分的城市增长率与城市化率和收入之间的关系。我们可以清楚地看到高收入、高城市化率和城市人口增长率之间的相关性。高收入国家的女性生育率往往较低，从而降低了由出生人数与死亡人数之间差值决定的人口自然增长率。这些高收入国家的高城市化率意味着农村地区没有多少剩余的劳动力能够向城市迁移，并以农村移民弥补低自然增长率。

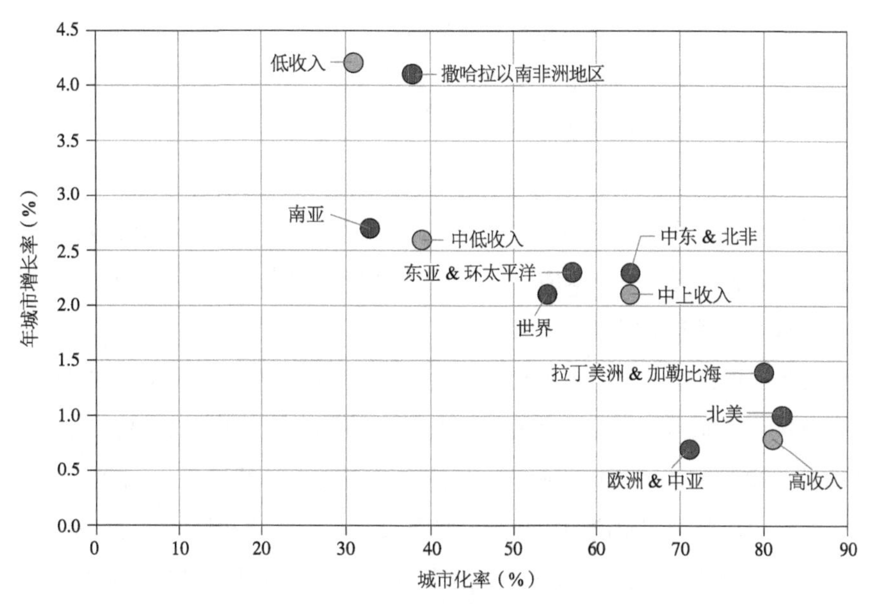

图 8.4　2010—2015 年按区域划分的城市化率和城市增长率

资料来源：世界银行，“3.12 世界发展指标：城市化”，华盛顿特区，2017 年。

富裕国家的这些城市注定最终人口将停滞不前并减少，除非它们有意向国际移民敞开大门，并能够吸引来自高生育率和低城市化率国家的移民。

传统来说，像新加坡和阿拉伯联合酋长国的城市这样经济发达的大型城邦，由于无法从人口众多的农村腹地吸引移民，所以一直以来都是靠控制移民来增加劳动力，使其经济保持增长，从而增加国民收入。在新加坡，外籍非居民人口占总人口的 29%。在新加坡，和在阿拉伯联合酋长国一样，大部分非居民人口并不打算最终成为公民，他们以签订短期合同的劳动力形式存在。这使得各城市能够有针对性地挑选具有发展其经济所需技能的人员。非居住移民是在两类人中精挑细选的：高技能专业人才和低技能服务劳动力。这些城邦明白，他们的经济发展，以及他们本国公民的福利，取决于不断扩大的劳动力市场，而移民对其经济来说是不可或缺的。

相比之下，西欧和北美国家对待移民的态度不同。在这些国家，移民被认为最终会成为他们的公民，但与新加坡或阿拉伯联合酋长国不同的是，欧洲和北美的各国政府并未明确将移民与城市经济自身利益联系起来。

虽然过去两个世纪以来，美国和加拿大一直依赖移民来发展经济，但很少明确提出移民的经济自利论点。欢迎外国移民的流行观点更多地建立在慷慨和好客的感觉上，而不是基于自身利益。纽约自由女神像上用青铜镌刻的诗句完美地表达了接受移民来到美洲大陆的慷慨之情：

送给我，你受穷受累的人们，
你那拥挤着渴望呼吸自由的大众，
所有遗弃在你海滩上的悲惨众生。

虽然没有最低限度的慷慨和仁慈就不可能成功移民，但移民的经济利益是巨大的，这本身应该是移民政策的主要动机。移民的经济目的常常容易与难民的人权理由相混淆，它们明显是完全不同的两种论点。

虽然移民对于那些位于低出生率和高城市化率国家市的经济增长是不可或缺的，但移民的增长速度应该得到控制。为了充分发挥其经济作用，新移民必须有时间来适应东道国的社会规范和语言环境，而这种适应需要消耗大量的资源，这就必须从国家预算中或至少由积极的非政府组织分配。如果没有这些资源和最低额度的援助，收入最低的移民可能会因为不熟悉东道国的语言和社会规范而成为与东道国人口分离的下层阶级群体。在这种情况下，受教育程度较低的移民带来的经济停滞会加剧本土主义者对移民的敌意，导致边境关闭、人口老龄化城市的衰退。

2016 年的政治动荡，主要是欧洲的英国脱欧和美国的总统选举的结果，很大程度上是由两种对立的移民观念造成的。大城市的人口意识到外国移民带来的经济利益，而小城市和农村地区的人口则将移民视为工作窃取者，而不是国民经济的贡献者。2015 年纽约的国外出生人口占城市总人口的 38%。2011 年，伦敦 37% 的人口出生在英国以外。难怪这两座城市在 2016 年的投票中都对反移民政党投了反对票！

因此，在出生率下降的发达国家，移民是大城市经济得以维持生存发展的必要条件。然而，由于移民政策由国家政府而非城市本身决定，发达国家的城市很有可能会出现经济衰退，因为不会有更年轻、更有活力的移民流入来对它们的人口老龄化进行弥补。一些美国大城市的居民，包括许多外国出生的工人，都非常清楚这个问题，并宣称自己是“移民庇护城市”（sanctuary cities）。纽约、旧金山等移民庇护城市已经宣布，它们的市政警察不会执行移民法，也不会与联邦部门合作执行这些法律。这表明经济上充满活力的大城市与经济停滞不前的小城市和农村地区之间存在不同的利益。

伦敦、巴黎、柏林等城市，可能还包括纽约，很快就会面临与富山县同样的问题。从图 8.4 中可以看出，拉丁美洲的城市可能需要一二十年的时间才会面临与欧洲城市相同的问题。

本书是关于可操作的城市规划的。因此，可能值得探讨发达国家的城市群体可能会发生什么，这些城市将因国家政府而缺乏移民。我们可以以日本为例，探讨如何在人口老龄化和人口减少的城市进行城市规划。

8.6.2 日本人口老龄化对城市发展的影响

日本人口在 2010 年达到了 1.28 亿的峰值。预计到 2040 年将减少到 1.07 亿，即减少 17%。从 2010 年到 2040 年，劳动年龄人口[10]预计将从 64% 下降到 53%，人口抚养比（受抚养人口 / 劳动年龄人口）将从 2010 年的 57% 上升到 2040 年的 85%。[11]人口数量的减少和人口抚养比增加的现象在小城市比在大城市更严重。在东京、京都 – 大阪和名古屋这三个主要大都会区，人口抚养比都低于日本全国平均比率，预计将从 2010 年的 49% 缓慢增加到 2040 年的 76%。

相比之下，2014 年纽约的人口抚养比为 45%，新加坡住民（不包括外国人）的人口抚养比为 37%。如果将外国人包括在内，新加坡的人口抚养比甚至会更低。然而，日本政府目前还没有鼓励外国移民进入来弥补老龄化人口的计划。2014 年，在日本居住的外国人有 210 万，远低于同年居住在纽约的 320 万。日本城市应对人口下降的方式将为欧洲和其他人口老龄化日益加剧的城市的规划师树立一个榜样。这些国家的城市人口日趋老龄化，却无法通过增加外国移民来弥补。正如我们将看到的，人口下降的城市所面临的发展问题与本书前几章所描述的问题大不相同。

2005 年至 2010 年，日本人口超过 500 万的 8 座城市中，有 6 座的人口增长率为正（图 8.5）。东京是日本规模最大的城市，拥有 1300 万人口（东京都辖区），其人口增长率最高，为 4.7%。相比之下，在人口为 50 万至 500 万的 39 座城市中，除 3

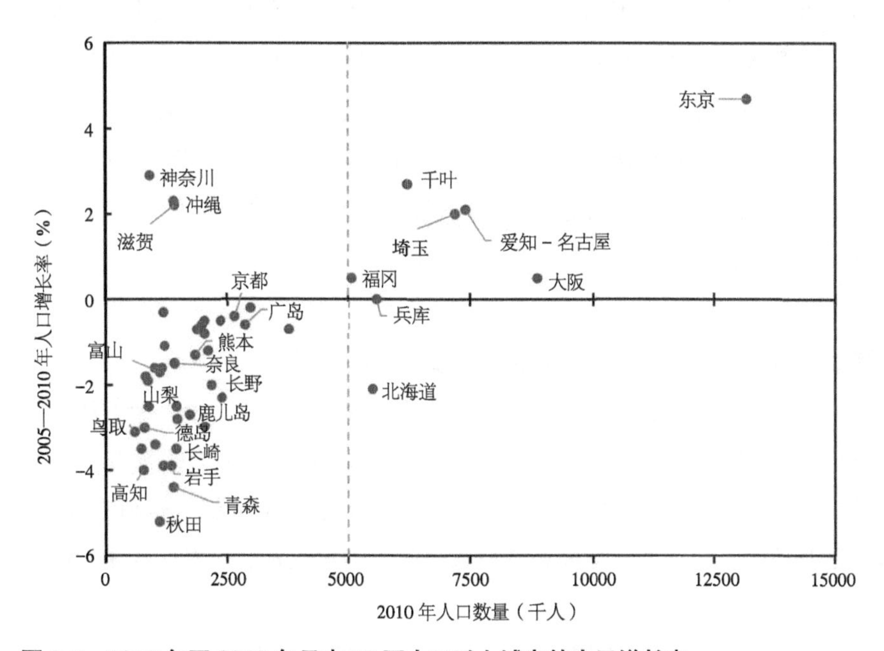

图 8.5 2005 年至 2010 年日本 50 万人口以上城市的人口增长率

资料来源：温德尔·考克斯（Wendell Cox），“日本 2010 年人口普查：搬到东京”（Japan's 2010 Census: Moving to Tokyo），《新地理》，大福克斯（Grand forks），北达科他州，2011 年。

座城市外，其他城市的人口增长率均为负值。很明显，人口老龄化并不会阻碍大城市的发展，然而，尽管它的影响效果有限，却会加速小城市人口减少的进程。

富山县拥有 120 万人口，2005 年至 2010 年人口减少了 1.7%。富山县长认为，人口减少是该县当前面临的主要挑战。当地的规划师解释说，富山的年轻人倾向于搬迁到东京或大阪等大城市，他们在那里可能会比在像富山这样的城市找到更多的新工作。在小城市中，移民至大都市的年轻人进一步缩小了当地劳动力市场的规模，使得它们吸引新投资的能力更低，并形成了一个螺旋式的投资缩减。这些城市的财政基础和预算也受到必须为老年人提供不断增加的养老金和社会服务的严重影响，而他们的税基却在缩小。

在一座人口不断减少的城市，什么样的项目会成为优先事项？在富山，2016 年的主要规划项目包括试图对老年人群体重新进行组织 / 规划，将他们从郊区转移到一个更靠近市中心的地区，在那里他们可以以更低的成本得到照顾。一些郊区甚至被拆除，市民得到补贴搬迁到更靠近市中心的地段。公共交通被重新设计，以便利残障人士的出行，学校则被改建为老年人护理中心。政府当局的主要目标之一是保持不能再开车的老年人的行动能力，对此，为他们提供机动轮椅，并在人行道上设置了特殊的轮椅车道，还为老年人居住的社区组织易于上车的公共交通工具。

与此同时，通过税收补贴，该市正试图在老年保健部门之外保留或创造更多就业机会，这是唯一一个蓬勃发展的部门。市政府还试图让这座城市在文化上更具吸引力，以留住年轻人。这些来自富山的描述是一座人口减少的城市在进行规划过程中的轶事证据。大多数城市规划师，包括我自己，也完全没有准备好去管理与富山及其他许多日本小城镇类似情况的城市。日本人拥有成熟的技术，有可能部分解决人口老龄化的问题。还有一种可能是，未来日本的人口出生率将稳定在一个水平上，使该国能够维持稳定的城市人口和相应稳定的城市经济。

8.6.3　增长和收缩的城市不会在地理上随机分布

世界上大多数城市都不会面临富山的考验。仍有许多国家的年轻人准备从农村地区迁往城市地区，或移居世界任何地方，前往欢迎他们的充满活力的城市。从 21 世纪初开始，我们将会看到，在像中国珠江三角洲这样充满活力的特大城市与欧洲和北美大陆部分地区的收缩城市之间存在巨大分化。现在让我们看看这些充满活力的城市的潜力。

2014 年，联合国发布了一份题为“2014 年世界城市化展望”（*World Urbanization Prospects 2014*）的报告。我引用其中一张主要的图表到图 8.6 中。该图表显示了

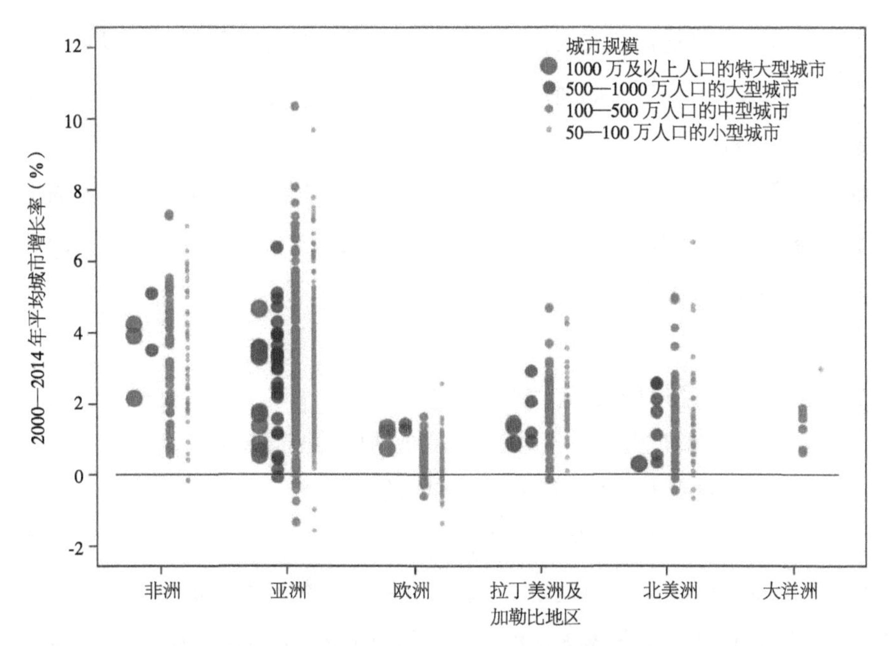

图 8.6　2000 年至 2014 年按区域和城市规模分列的城市增长率（见彩图）

资料来源：联合国经济和社会事务部人口司（2014 年）。“世界城市化展望”（2014 年修订版，要点）（ST/ESA SER.A 352）。

2000 年至 2014 年按大洲和城市规模划分的世界城市的增长率。我们马上就能看到年增长率从 10% 到 -1.5% 的巨大差异。增长率最分化的地方在亚洲大陆，超过 1000 万人口的特大城市从大约 0.5% 增长到 5%。

负增长的城市主要集中在人口 100 万至 500 万的中等城市和人口 50 万至 100 万的小城市。许多人口低于 500 万的城市的负增长与日本的经验是一致的。

图 8.6 中的城市分布显示了非洲和亚洲城市发展的优势，这些地区的特大城市和小城市的增长率最高。21 世纪初，世界经济重心从北美和西欧向亚洲转移，这一点在图表中得到了证明。亚洲的一些特大城市的年增长率超过 3%，而欧洲、拉丁美洲和北美的特大城市的年增长率不到 2%。

在亚洲，过去 20 年来对基础设施的大规模投资，通过简化贸易和降低运输成本刺激了更多城市的发展。2013 年，中国政府宣布了一项名为“丝绸之路经济带和 21 世纪海上丝绸之路”的倡议，通常简称为“一带一路”。这一倡议将把中亚城市与南亚和东南亚城市新扩建的港口设施连接起来，将创造一个前所未有的巨大的跨大陆贸易区。规划中的基础设施将为拥有丰富自然资源的中亚国家提供出海通道。随着新开辟的海上航线的增加，所带来的交流将进一步促进该地区城市的发展和人口向大城市迁移。

亚洲的一些大城市，可能已经受到与新发现的富裕程度相关的低出生率的影响。

然而，这些城市位于农村地区仍有大量剩余劳动力储备的国家，因此，确保了它们在中期内可以持续增长。具有不同而深厚文化传统的亚洲国家之间广泛对话和文化交流的可能性，必将极大地激发本地区城市的创造力和创新潜质。

非洲城市仍然拥有最大的未开发潜力，它们的增长将得益于它们比其他大陆拥有更多的更年轻人口，它们面临的主要挑战将是如何及时开发人们在规模巨大的城市中正常生活所需要的基础设施。

8.6.4 21 世纪中叶的城市会是什么样子？

正如我所建议的，到 21 世纪中叶，我们将看到两种类型的城市：

一是，快速发展并吸引来自本国和国际移民的城市；

二是，人口流失和抚养比越来越高的城市。

这两种类型的城市都将是城市规划工作的严峻挑战。快速发展的城市将达到前所未有的规模，而目前的交通技术无法满足这些城市的需求。收缩的城市则需要将人口在较小的范围内重新组合，因为它们的财政资源将随着人口的减少而减少。

让我们先来看看亚洲快速发展的大城市。中国最近出台的政策是着眼于城市群的发展，而不是聚焦于一个被大型郊区包围着的中心城市，这与过去的城市规划做法大相径庭。当然在此之前，城市群已经存在，比如荷兰的兰德斯塔德（Randstad），它将阿姆斯特丹（Amsterdam）、鹿特丹（Rotterdam）、海牙（The Hague）和乌得勒支（Utrecht）连接起来。旧金山湾周边正在发展的城市也可以被认为是一个城市群。与中国的城市群概念不同的是它们的规模。兰德斯塔德的人口只有 700 万，而旧金山湾（包括硅谷）只有 620 万人口。相比之下，2010 年中国的珠三角城市群已经有 6500 万人口，比整个英国的人口还多，但他们集中在不到 1 万平方公里的区域内！而近期京津冀城市群加起来的人口则超过 1.05 亿人。

这些巨大的城市群真的会构成统一的劳动力市场，并具有与其劳动力市场规模相称的创新能力和生产力吗？目前，可以整合这些大型劳动力市场的城市交通技术并不存在。亚洲现有的城市群作为供应链运作良好，但它们的劳动力市场仍被分割成了几个相互重叠的小市场。这些重叠但分散的劳动力市场，相对于旧金山湾或兰德斯塔德这样的小型劳动力市场，无疑提供了相对的生产率优势，但它们无法实现让 1 亿人在不到 1 小时的时间内通勤获得所带来的生产力。

因此，未来城市化的主要挑战在于城市交通技术的发展。非常快速的火车与可以提供快速门到门通勤（或门到站和站到门通勤）的个人交通工具相结合，将使劳动力市场的整合成为可能。新兴的自动驾驶技术和小型汽车共享技术将可能成为整合分散的劳动力市场的重要手段。土地配置和住房标准也将构成重大挑战，因为大规模劳动力流动将预计成为必然的趋势。

人口减少的城市也将面临严峻挑战，直到它们人口最终稳定下来。一座城市能否适应稳定的人口和稳定的抚养比？我们没有模型，因为20世纪的特点是人口从农村地区向城市地区的普遍大规模迁移。

无论采用哪种城市模式，是1亿人口的大型城市群还是50万人口的收缩城市，21世纪中叶的城市规划都将与我们迄今所知的大不相同。

注 释

第 1 章

1. 阿尔伯特·O. 赫希曼（Albert O. Hirschman），《观察到的开发项目》（*Development Projects Observed*），华盛顿特区：布鲁金斯学会出版社（Brookings Institution Press），1967 年，第 296 页。
2. 爱德华·格莱泽（Edward Glaeser），“土地使用条例改革”（Reforming Land Use Regulations），《市场与政府的失灵》（*Market and Government Failures*）系列，华盛顿特区：布鲁金斯学会出版社，监管与市场中心（Center on Regulation and Markets），2017 年 3 月，第 2 页。
3. 阿兰·贝尔托（Alain Bertaud）与伯特兰·雷诺（Bertrand Renaud），“没有土地市场的社会主义城市”（Socialist Cities without Land Markets），《城市经济学杂志 41》（*Journal of Urban Economics 41*），1997 年第 1 卷，第 137–151 页。
4. 苏联和东欧的联合企业是大型垂直垄断企业，通常跨越一个工业部门。例如，这个故事中的建筑联合会经营一个地区的采石场、水泥厂、混凝土面板厂和住房建设。有时建筑联合会也横向延伸，经营农场为工人提供食物。
5. 罗纳德·科斯（Ronald Coase）等，伦敦：帕尔格雷夫·麦克米伦出版社，2012 年，第 154 页。
6. 北京：《中国日报》，2013 年 11 月 16 日，“关于全面深化改革若干重大问题的决定”（Decisions on Major Issues Concerning Comprehensively Deepening Reforms），2013 年 11 月 12 日中共中央十八届三中全会通过。

第 2 章

1. 爱德华·格莱泽、杰德·卡尔卡（Jed Kalka）与阿尔韦特·赛斯（Albert Saiz），《消费城市》（Consumer City），《经济地理学杂志 1》（*Journal of Economic Geography 1*），2001 年第 1 期，第 27–50 页。
2. 互联网当然能够在不需要空间集中的情况下迅速传播知识。然而，互联网对传播知识的影响可能与书籍类似：它让知识快速而廉价地获得，但它无法取代具有相似兴趣的人偶然相遇所带来的意外收获。
3. 什洛莫·安杰尔（Shlomo Angel），《城市星球》（*Planet of Cities*），林肯土地政策研究院（Lincoln Institute of Land Policy），马萨诸塞州剑桥，2012 年。
4. 简·雅各布斯（Jane Jacobs），《城市经济学》（*The Economy of Cities*），兰登书屋（Random House），纽约，1969 年；无论城市是否先于农业，我都不愿参与到这一由简·雅各布斯提出的讨论。有关公元前 7000 年恰塔霍裕克的黑曜石产业的存在已有考古学家进行了更加详细的研究和证明。
5. 根据 1951 年《工业发展和管理法》的法规，印度政府于 1956 年通过了工业政策决议。
6. 圣彼得堡由彼得大帝创建，目的是打开通往西欧的港口，通过贸易和文化接触获得新技术。巴西利亚由巴西总统儒塞利诺·库比契克（Juscelino Kubitschek）创建，是其发展国家中心、使首都在政治上更独立于沿海大城市的努力的一部分。

7. 俄语："Gosudarstvennaya Planovaya Comissiya" [国家计划委员会]，负责苏联经济。
8. 萨姆·斯特利（Sam Staley）与阿德里安·穆尔（Adrian Moore），《机动性优先》（*Mobility First*），兰厄姆（Lanham），马里兰州，罗曼和利特菲尔德出版社（Rowman & Littlefield Publishers，Inc.），2009 年。
9. 经合组织（经济合作与发展组织）是一个由 34 个富裕国家组成的俱乐部，每个国家都有很高的人类发展指数，并致力于市场经济和民主。
10. 雷米·普吕多姆（Rémy Prud'homme）与李昌荣（Chang-Woon Lee），《城市的规模、蔓延、速度和效率》（*Size，Sprawl，Speed and the Efficiency of Cities*），经济和地方机构观察站（Observatoire de l'Économie et des Institutions Locales），巴黎大学（Universite de Paris），1998 年。
11. 帕特里夏·梅洛（Patricia Melo）、丹尼尔·格莱厄姆（Daniel Graham）、戴维·莱文斯顿（David Levinson），与萨拉·阿拉比（Sarah Aarabi），"集聚、可达性和生产力：美国城市化地区的证据"（*Agglomeration，Accessibility，and Productivity: Evidence for Urbanized Areas in the US*），提交给运输研究委员会的论文，华盛顿特区，2013 年。
12. 并不是所有的 CBD 都位于建成区中心。例如，孟买的 CBD 位于半岛的南端，而建筑区域的中心位于北部 15 公里处。这种情况相对少见，因为市场力量倾向于将 CBD 重新转向城市人口的重心区域。
13. "通勤路线"一词定义了从一个地方到另一个地方的行程，在没有连接出发地和目的地的主干道的情况下，可能必须沿着一条小路。因此，通勤路线独立于现有的主要道路的设计，这些道路往往会汇聚在一个中心点上。
14. 戴维·莱文斯顿，"穿越美国"（*Access across America*），交通研究中心（Center for Transportation Studies），明尼苏达大学（University of Minnesota），明尼阿波利斯，2013 年。
15. 李昌荣与安坤赫（Kun-Hyuck Ahn），"首尔都会区的五座新城镇及其非工作出行的吸引力：对新城镇自我封闭的启示"（*Five New Towns in the Seoul Metropolitan Area and Their Attractions in Non-working Trips: Implications for Self-Containment of New Towns*），《人居国际》，第 29 期，（*Habitat International 29*），2005 年，第 647–666 页。
16. 路径依赖是指过去的选项会限制未来可用选项的数量。这一概念在历史、进化生物学和经济学中广泛使用，但显然也适用于城市发展。例如，在进化生物学中，一组原始活细胞可能进化成哺乳动物或鱼类。但是一旦这些细胞进化成鱼，它们就不可能进化成哺乳动物，反之亦然。
17. 通勤出行只包括住所和工作场所之间的出行。其他的出行，如购物、社交或休闲，则单独计算。上下班路程通常只是所有路程的一小部分，但对于劳动力市场的正常运转来说，这是最重要的。此外，大多数通勤都发生在高峰时间，因此测试了交通系统的能力。
18. 在这个案例中，我将首尔中心城市定义为以首尔市政厅为中心，半径为 10 公里的圆圈内的区域。该区域包括三个不同的类似 CBD 的区域，工作在空间上高度集中。
19. "Paanwalas"出售"paan"，这是一种槟榔叶、槟榔果和烟草的混合物。它们是印度城市街道上的小型、非正规、繁荣的零售企业。
20. "Chambres de bonnes"即"女仆房"，是一种独立的房间，面积约为 9–12 平方米，建在巴黎和省级城镇的豪华建筑的屋顶下，通常在同一层设有公共浴室设施。当住在这些建筑里的家庭再也雇不起女佣时，这些房间就成了市场上最便宜的出租房间。尽管地理位置优越，但它们的低成本多年来一直保持不变，因为它们通常位于没有电梯的大楼的第5或第6层。

21. “Kampung”在印度尼西亚语中是“村庄”的意思。地块大小因收入而异，最小的地块约为10平方米。乡村的街道通常有两三米宽，房屋之间的一些通道不超过半米宽。

第3章

1. 我将“城市规划”和“设计”这两个概念作如下区分：规划涉及各种任务，其中许多是预测，例如，人口和交通预测，或预测未来对水或能源的需求。设计是城市规划中一个更为具体的部分，涉及对建成环境施加的物理限制。设计不仅包括绘制单个建筑的平面图，也包括绘制分区图，限制建筑高度，划分土地使用区域，建立城市增长边界及类似的活动。
2. 埃比尼泽·霍华德（Ebenezer Howard，1850–1928年）是“田园城市”运动的创始人。他是一个社会改革家和乌托邦式规划师，致力于在工业革命后期改善英国工人的社会条件。他提出的概念中包括建立约3万人的自给自足城市群，这些城市被田野和森林包围，经由铁路网连接。他希望通过这一举措，远离那个时代人口密集工业城市的污染和不健康的生活环境。在某种程度上，他预见到了现代低密度郊区的创建，尽管现代郊区肯定无法实现自给自足。
3. 马哈拉施特拉邦（Maharashtra State）政府的政策（DCR 58，2001年）仅允许厂主保留三分之一的土地用于商业用途，而另外三分之二必须免费提供给国家，用于建设低收入住房、开放空间和社会福利设施。
4. 孟买2014–2015年的基本建设费用约为735亿印度卢比（折合约10.7亿美元）。
5. 艺术家创造的设计不需要任何理性的论证，但很显然是独一无二的。这里我使用的是《韦氏词典》中对“设计”一词的另一个定义：“为达到预定的目的而创造、规划或计算。”
6. 中国古代的许多城池也都是按照方形网格建设的，比如公元6世纪时隋唐的都城长安。
7. 土地重整是一种将农业用地或低密度次优土地转化为城市用地的技术，不需要凭征用权便可获得街道和开放空间。在这种模式下，土地所有者得到的可开发土地面积比原来的农业用地小，但由于基础设施完备，其价值得到了大幅提高。负责执行土地重整计划的公共或私人机构，通过向土地所有者征收费用，或从原土地所有者处收取一定比例的土地来承担基础设施建设的费用。
8. 瓦赞（Voisin）是一名飞机制造商，他出资支持了勒·柯布西耶的部分研究工作。
9. CIAM（International Congresses of Modern Architecture，国际现代建筑协会）由一群著名建筑师和艺术家于1928年创立，到1959年为止该协会会定期举办会议。协会负责传播勒·柯布西耶的思想，勒·柯布西耶是他们的主要向导。
10. 法规是全国性的，但通过地方法令加以约束。上海的《城市居住区规划设计规范》（*circular GB50180–93*）有明确规定。
11. 5层是无须电梯的公寓楼所允许的最高楼层数。在改革开放前的中国，由于电力短缺，几乎所有的公寓都是5层楼高。
12. 城市人口密度通常以每公顷人口数来衡量。例如，每公顷50人的密度可以相当于每人200平方米的土地消耗量（10000/50 = 200）。人口密度越高，人均土地消耗量就越低。
13. 建成区容积率是指一座城市的建筑总面积与开发的土地总面积（包括道路但不包括大型

开放空间）之间的比率。它不同于地块容积率（plot area ratio），后者是指在私人地块上的建筑面积与地块面积之比，不包括地块周围的道路。

14. 城市人口密度 d 通常用每公顷人口数来表示。1 公顷等于 10000 平方米，因此人均土地消耗量 c 等于 10000/d。例如，每公顷 50 人的人口密度相当于每人 200 平方米的土地消耗量。
15. 新加坡政府经常租用或购买购物中心的空间，为市民提供更多的便利。这种做法使得新加坡政府的运营成本更加透明，因为其房地产租金是按市场价格估值的。
16. 不巧的是，大多数政府都认为他们的土地资产是不能让与的。事实上这种想法并无根据。据我所知，南非和新西兰是世界上仅有的两个以市场价值评估政府的土地资产并对其征收市政税的国家。即使这种税常常被低估，这也是一个极好的进步，迫使政府评估其土地资产，并在最终不需要时出售它们。
17. 劳动参与率为 16–65 岁年龄段就业人口的百分比。不同国家的劳动参与率差别很大，具体表现在：约旦只有 42%，而埃塞俄比亚则高达 85%。2012 年的世界平均劳动参与率是 64%。
18. 平均建成区容积率代表着整个街区或整座城市的总建筑面积除以该街区或者城市的建成区面积之比。因此，平均建成区容积率包括私人地块，以及街道和建成区内的小型开放空间。相比之下，容积率法规只衡量了建筑面积和私人地块间的比率，因此严重低估了建设一单位建筑面积所需要的土地总面积。

第 4 章

1. 世界银行（the World Bank）和城市联盟（the Cities Alliance）明确建议将制定指导城市发展的愿景作为设计城市发展战略所需要的八个步骤之一。
2. 亚历克斯·阿纳斯（Alex Anas）与刘宇（Yu Liu），“区域经济、土地利用和交通模型（RELU—TRAN）：制定、算法设计和测试”（*A Regional Economy*, *Land Use*, *and Transportation Model*（*RELU–TRAN*）*: Formulation*, *Algorithm Design*, *and Testing*），《区域科学杂志 47》（*Journal of Regional Science 47*），2007 年第 3 期，第 415–455 页。
3. 见阿兰·贝尔托，“中东欧城市的空间结构：更欧式而非社会主义？”（*The Spatial Structures of Central and Eastern European Cities: More European Than Socialist?*），在后共产主义城市国际研讨会上发表，伊利诺伊大学厄巴纳 – 香槟分校（University of Illinois at Urbana-Champaign），2004 年 6 月。
4. 不熟悉标准城市模型并想了解这些方程是如何推导出来的读者，请参阅扬·K. 布吕克纳（Jan K. Brueckner）《城市经济学讲座》第 2 章的内容，马萨诸塞州剑桥，MIT 出版社（MIT Press），2011 年，以及阿瑟·奥沙利文（Arthur O'Sullivan）有关经验数据的最完整讨论，《城市经济学》（*Urban Economics*）第 8 章，伊利诺伊州霍姆伍德，理查德·D. 欧文出版社，1993 年。
5. 支付汽油补贴的纳税人为资源的不当配置付出了代价。
6. 新加坡可能是为数不多的例外之一。在新加坡，使用市中心道路的通行费会不断调整，以反映供需平衡。
7. 阿兰·贝尔托与扬·K. 布吕克纳，“分析建筑高度限制：对影响和福利成本的预测”（*Analyzing Building-Height Restrictions: Predicted Impacts and Welfare Costs*），《区域科学与城市经济学 35》（*Regional Science and Urban Economics 35*），2005 年，第 109–125 页。

8. 扬·K. 布吕克纳，“消除土地利用扭曲带来的福利收益：种族隔离后南非城市变化的分析”（*Welfare Gains from Removing Land–Use Distortions: An Analysis of Urban Change in Post–Apartheid South Africa*），《区域科学杂志 36》，1996 年第 1 期，第 91–109 页。
9. 见阿兰·贝尔托与斯蒂芬·马尔佩齐（Stephen Malpezzi），“52 座世界城市的人口空间分布：反复出现的模式和对公共政策的一些影响”（*The Spatial Distribution of Population in 52 World Cities: Recurrent Patterns and Some Implications for Public Policy*），工作文件，威斯康星大学（University of Wisconsin），麦迪逊出版社（Madison），2007 年。
10. R^2 是对拟合优度的统计度量，即观测值与数学模型预测值的接近程度。R^2 的取值范围从最小值 0（表示完全不匹配）到最大值 1（表示完全匹配）。
11. 杰里米·阿塔克（Jeremy Atack）与罗伯特·A. 马戈（Robert A. Margo），“位置，位置，位置！”（Location, Location, Location!），“空置城市土地的价格梯度：纽约 1835–1900”（*The Price Gradient for Vacant Urban Land: New York, 1835 to 1900*），《房地产财经杂志 16》（*Journal of Real Estate Finance and Economics 16*），1998 年第 2 期，第 151–172 页。
12. 安德鲁·豪沃特（Andrew Haughwout）、詹姆斯·奥尔（James Orr），与戴维·贝德罗（David Bedroll），“纽约都会区的土地价格”（*The Price of Land in the New York Metropolitan Area*），《当前经济与金融问题 14》（*Current Issues in Economics & Finance 14*），2008 年第 3 期，纽约联邦储备银行（Federal Reserve Bank of New York）。
13. 阿瑟·奥沙利文，《城市经济学》（*Urban Economics*），伊利诺伊州霍姆伍德，理查德·D. 欧文出版社，1993 年，第 282 页。
14. 关于在命令经济中没有土地市场的情况下发展的城市的讨论见阿兰·贝尔托与伯特兰·雷诺，“没有土地市场的社会主义城市”，《城市经济学杂志 41》，1997 年第 1 期，第 137–151 页。
15. 什洛莫·安杰尔、亚历杭德罗·M. 布莱（Alejandro M. Blei）、贾森·帕伦特（Jason Parent）、帕特里克·拉姆森—霍尔（Patrick Lamson–Hall），以及尼古拉斯·加拉尔萨·桑切斯（Nicolás Galarza Sánchez），《城市扩张地图集》（*Atlas of Urban Expansion*），第 1 卷，“区域与密度”（*Areas and Densities*），纽约，纽约大学（New York University），内罗毕：联合国人居署（Nairobi: UN–Habitat），林肯土地政策研究院，马萨诸塞州剑桥，2016 年。
16. 阿兰·贝尔托，“孟买 FAR/FSI 难题：限制孟买新楼面空间建设的四个因素”（*Mumbai FAR/FSI Conundrum: The Four Factors Restricting the Construction of New Floor Space in Mumbai*），2011 年。
17. 例如，每公顷 50 人的密度相当于每人 200 平方米的土地消耗量（1 公顷 = 10000 平方米，100000/50 = 200）。
18. 《韦氏词典》将“蔓延”定义为“不规则或不体面地扩展或发展”，并给出了一个例子：“城市在没有明显逻辑或计划的情况下向西部、北部和南部蔓延——《美国导游丛书：罗得岛》。”
19. 世界银行，“中国的下一个转型：让城镇化更高效、更包容、更可持续”（*China's Next Transformation: Making Urbanization Efficient, Inclusive, and Sustainable*），支持报告 2，“规划和连接城市以实现更大的多样性和宜居性”（*Planning and Connecting Cities for Greater Diversity and Livability*），世界银行，纽约，2014 年，第 143 页，地图 2.2。
20. 亚洲最具破坏性的饥荒发生在 1943 年的孟加拉，可能是由政府政策和随后的不作为造成的，与农业用地面积的减少无关。

21. 我假设在空间上农业生产率是一致的，因此 A 是一条水平线。
22. 其他见相关网站。
23. 在 2006 年的印度，西孟加拉邦政府利用土地征用权征用了约 4 平方公里的农田，允许一家私营企业兴建汽车厂。对收购价格低廉的暴力抗议迫使西孟加拉邦政府放弃了该项目，该项目最终被转移到另一个邦。
24. 俄勒冈州的波特兰是美国第一批实施 UGB 的城市之一。它由一个边界组成，每 4 年审查一次，限制了城市延伸到边界内区域。已有大量的文献研究了 UGB 对土地和房价的影响。UGB 的概念适用于俄勒冈州的所有大城市。
25. 土地分区法规主要涉及新的开发的绿地。它们定义了两个方面：(1)绿地开发的几何形状，例如：最小地块面积、最小街道宽度、最小公共开放空间面积、停车配建指标；(2)道路、排水沟、水系统及下水道等的建造标准。相比之下，土地使用及分区法规通常涉及对特定地段的使用类型（例如商业、住宅）及使用强度（例如最大容积率、最大高度、建筑退缩尺度）的限制。
26. 空地的市场价格反映了消费者愿意为该地块随时间推移产生的预期租金支付的价格。这个价格通常高于原来的开发成本 + 农业用地成本，但不一定如此。例如，在南非，政府为低收入家庭开发的大型住房项目中，有些地块在自由市场上出售，费用仅为开发费用的三分之一。我发现，在印度和泰国，政府建造的住房项目的市场价格和成本也存在同样的负差价。
27. 使用公式 4.2：(100+50)/0.6=250。
28. 什洛莫·安杰尔，《住房政策问题：全球分析》(*Housing Policy Matters: A Global Analysis*)，牛津大学出版社，牛津，2000 年。
29. 我们在这里研究一种简化版的现实。在真实城市中，从中心到 x_1 和 x_2 点的距离可能会因地理位置的不同而有所不同。
30. 随着人口的增长，收入的增加，交通价格相对于收入的下降，x_1 和 x_2 最终都会向右移动。
31. 帕特里夏·克拉克·安内斯（Patricia Clarke Annez）、阿兰·贝尔托、比马尔·帕特尔（Bimal Patel）及 V. K. 帕达克（V. K. Phatak），"与市场合作：减少印度城市贫民窟的方法"（*Working with the Market: Approach to Reducing Urban Slums in India*），政策研究工作论文 5475，世界银行，华盛顿特区，2010 年 11 月。
32. 罗伯特·纽沃思（Robert Neuwirth），"纽约的地下住房：避难所和资源"（*New York's Housing Underground: A Refuge and a Resource*），普拉特经济发展中心和查亚社区发展公司（Pratt Center for Economic Development and Chhaya Community Development Corporation），纽约，2008 年。
33. 该评论基于"2030 年河内基本建设总体规划与 2050 年愿景（第三次报告——综合文本报告——2009 年 11 月）"[*Hanoi Capital Construction Master Plan to 2030 and Vision to 2050*（*3rd report—comprehensive text report—11/2009*）]，PPJ 和 JIAP 财团，河内，2009 年；关于"科学原则"的引用在第 41、54、55 页。
34. 安妮特·金（Annette Kim），《学习成为资本家：越南转型经济中的企业家》(*Learning to be Capitalists: Entrepreneurs in Vietnam's Transition Economy*)，牛津大学出版社，纽约，2008 年。
35. 原始总体规划土地利用图和此引文可在相关网站上找到。

第 5 章

1. 路易斯·贝当古（Luis Bettencourt）与杰佛里·韦斯特（Geoffrey West），“城市生活的统一理论”（*A Unified Theory of Urban Living*），《自然》（*Nature*），2010 年，第 467 期，第 912–913 页；路易斯·贝当古、奥拉西奥·萨马涅戈（Horacio Samaniego）及杨惠珍（HyejinYoun），“专业多元化与城市生产力”（*Professional Diversity and the Productivity of Cities*），《科学报告》（*Scientific Reports*），2014 年 6 月。
2. 目前，纽约市有一项名为“艺术家住职联合宿舍”（Joint Live-Work Quarters for Artists，JLWQA）的分区法规，旨在通过要求开发商为获得市政批准的艺术家们提供一定数量租金较低的 loft 公寓，让几个街区内的艺术家住所、工作室和艺术画廊匹配起来！
3. 斯蒂芬·E. 波尔青（Steven E. Polzin）与阿兰·E. 皮萨尔斯基（Alan E. Pisarski），“2013 年美国通勤：关于通勤模式和趋势的国家报告”（*Commuting in America 2013: The National Report on Commuting Patterns and Trends*），美国官方国家公路和运输协会（American Association of State Highway and Transportation Officials），华盛顿特区，2013 年。
4. 什洛莫·安杰尔、丹尼尔· L. 希弗科（Daniel L. Civco）与亚历杭德罗·M. 布莱，“城市密度的持续下降：蔓延的全球和历史证据”（*The Persistent Decline in Urban Densities: Global and Historical Evidence of Sprawl*），工作报告 WP10SA1，林肯土地政策研究院，马萨诸塞州，2011 年。
5. 科内利斯·范·蒂尔堡（Cornelis Van Tilburg），《罗马帝国的交通和拥堵》（*Traffic and Congestion in the Roman Empire*），劳特利奇出版社，阿宾顿及纽约，2007 年。
6. 李昌荣与安坤赫，“首尔都会区的五座新城镇及其非工作出行的吸引力：对新城镇自我封闭的启示”，《人居国际》，第 29 期，2005 年，第 647–666 页。
7. G. 朱利亚诺（G. Giuliano），“就业 – 住房平衡是交通问题吗？”（*Is Jobs-Housing Balance a Transportation Issue?*），《交通研究记录：交通研究委员会期刊》（*Transportation Research Record: Journal of the Transportation Research Board*），第 1305 期，1991 年，第 305–312 页，引于第 311 页。
8. 弗兰西斯科·加列戈（Francisco Gallego）、胡安 – 巴勃罗·蒙特罗（Juan-Pablo Montero）与克里斯蒂安·萨拉斯（Christian Salas），“交通政策对汽车使用的影响：来自拉丁美洲城市的理论和证据”（*The Effect of Transport Policies on Car Use: Theory and Evidence from Latin American Cities*），工作报告 407，智利天主教大学经济学院（Pontificia Universidad Catolica de Chile，Instituto de Economia），圣地亚哥，2011 年 12 月。
9. 戴维·施兰克（David Schrank）、比尔·埃塞莱（Bill Eisele）、蒂姆·洛马克斯（Tim Lomax）与吉姆·巴克（Jim Bak），《2015 城市交通记分卡》（*2015 Urban Mobility Scorecard*），大学站：得克萨斯州 A&M 交通研究所与 INRIX 公司（College Station：Texas A&M Transportation Institute and INRIX，Inc.），2015 年。
10. GTFS 是一种数据标准格式，开发者可用其构建应用程序，从而向交通用户以及商业和房地产专业人士提供开放数据。GTFS 格式的数据可以与其他零散的交通数据结合使用，以提供两个城市地点之间的多种出行方案。
11. 塔蒂亚娜·佩拉尔塔·基罗斯（Tatiana Peralta Quirós）与绍米克·拉吉·梅恩迪拉塔（Shomik Raj Mehndiratta），“布宜诺斯艾利斯增长模式、密度、就业和空间形式的可达性分析”（*Accessibility Analysis of Growth Patterns in Buenos Aires*，*Density*，*Employment and*

Spatial Form)，世界银行交通研究委员会（World Bank Transportation Research Board），华盛顿特区，2015 年。

12. 通过布宜诺斯艾利斯的交互式地图，人们可以在布宜诺斯艾利斯的任何地方，使用四种不同的交通方式（步行、骑自行车、公交车和私家车）来测试工作的可达性。这张地图还列出了不同类型的工作：商业贸易、服务业和制造业等。
13. 法国工业革命比英国晚得多，约始于 1815 年，大约在拿破仑战争结束后，而英国的工业革命大约始于 1760 年。
14. 总统国家计划委员会的描述（*Presidency's National Planning Commission*），“2030 年国家发展规划愿景”（National Development Plan Vision 2030），南非约翰内斯堡，2011 年 11 月。
15. 罗伯特·切尔韦罗（Robert Cervero），《交通大都市：全球调查》（*The Transit Metropolis: A Global Inquiry*），岛屿出版社（Island Press），华盛顿特区，1998 年，第 43、327、435 页。
16. 得克萨斯州 A&M 交通研究所计算的自由流速度是根据 INRIX 速度数据库中夜间行驶的车辆速度得出的。这些速度是受管制速度限制、交通信号灯协调和街道网络的其他物理特征影响的观测速度。
17. 塞缪尔·斯特利（Samuel Staley）与阿德里安·穆尔（Adrian Moore），《机动性优先：21 世纪全球竞争的交通新愿景》（*Mobility First: A New Vision for Transportation in a Globally Competitive Twenty-First Century*），兰厄姆（Lanham），马里兰州，罗曼和利特菲尔德出版社，2009 年。
18. 其中 7 座城市位于西欧，6 座位于美洲大陆（5 座美国城市加上布宜诺斯艾利斯）。
19. 安德鲁·豪沃特、詹姆斯·奥尔与戴维·贝德罗，“纽约都会区的土地价格”，《当前经济与金融问题 14》，2008 年第 3 期（4 月 /5 月），纽约联邦储备银行。
20. 大多数国家的交通规则都建议前后车辆头尾之间间隔 3 秒车距，以便司机对前车大幅减速作出反应。观测表明，大多数城市司机使用的时间间隔更短，约为 2 秒，从而减少了给定速度下每辆车所占道路面积，但这会增加碰撞的风险，从而加剧拥堵。
21. 一辆长 12 米的城市公交车可供乘客使用的车内面积约为 19 平方米。在满载 86 名乘客时，车内密度为每平方米 4.5 名乘客，虽然没有乘坐小汽车那么舒适，但这个密度在高峰时段很常见。似乎在城市公交和地铁中，交通公司使用的绝对最大承载力是每平方米内部车辆空间 6.5 名乘客。然而，这些数字并没有出现在交通拥堵统计中。
22. 见相关网站。
23. 见相关网站。
24. 美国人口普查，2010 年美国社区调查。
25. 罗伯特·切尔韦罗，“快速公交（BRT）：一种高效且具有竞争力的公共交通方式”[*Bus Rapid Transit（BRT）: An Efficient and Competitive Mode of Public Transport*]，工作报告 2013-01，伯克利城市与区域发展研究所（Berkeley Institute of Urban and Regional Development），加利福尼亚州伯克利，2013 年 8 月。
26. 小勒罗伊·W. 德默里（Leroy W. Demery, Jr.），“巴西库里蒂巴快速公交——信息摘要”（*Bus Rapid Transit in Curitiba, Brazil—An Information Summary*），公共交通美国特别报道 1（public transit.us Special Report 1），美国公共交通（Public Transit US），加利福尼亚州瓦列霍，2004 年 12 月 11 日。
27. 见相关网站。

28. 第一辆丰田未来（Toyota Mira）燃料电池电动汽车于2015年秋季在英国开始商业化运营。
29. CO_2-e指的是非二氧化碳温室气体，如甲烷、全氟碳化合物和一氧化二氮，车辆可能将这些与CO_2一起排放。对每一种温室气体，先计算其中造成同样温室效应的CO_2的质量，然后将其计入总质量中。
30. 莱昂·阿伦德尔（Leon Arundell），“澳大利亚首都区不同交通方式温室气体的排放预估”（*Estimating Greenhouse Emissions from Australian Capital Territory Travel Modes*），工作报告1.5，莱昂·阿伦德尔独立分析师出版物（independent analyst publication），堪培拉，2012年。
31. 戴维·莱文斯顿，“谁会从使用其他人的交通工具中受益?”（*Who Benefits from Other People's Transit Use?*），《新地理》（*New Geography*），2015年5月24日。

第6章

1. 谢昌泰（Chang-Tai Hsieh）与恩里科·莫雷蒂（Enrico Moretti），“城市为什么重要？局部增长和总体增长”（*Why Do Cities Matter? Local Growth and Aggregate Growth*），NBER工作报告21154，国家经济标准局（National Bureau of Economic Standards），马萨诸塞州剑桥，2015年5月（2015年6月再版）。
2. 安格斯·德亚顿（Angus Deaton），《大逃亡：健康、财富和不平等的根源》（*The Great Escape: Health，Wealth，and the Origins of Inequality*），普林斯顿，新泽西州：普林斯顿大学出版社（Princeton University Press），2013年，第16页。
3. 第12届国际住房可负担性年度调查涵盖了澳大利亚、加拿大、中国香港、爱尔兰、日本、新西兰、新加坡、英国和美国87座人口超过100万的主要城市的市场。
4. 房租支出占收入的比例是根据租房者的收入中位数计算的，租房者的收入中位数比总人口的收入中位数平均低65%左右。
5. 索利·安杰尔（Solly Angel）与帕特里克·拉姆森—霍尔，“曼哈顿密度的兴衰，1790–2010年”（*The Rise and Fall of Manhattan's Densities，1790–2010*），工作报告系列第18期，马伦城市管理研究所（Marron Institute of Urban Management），纽约，2014年12月。
6. 源文件：19NYCRR 1226——纽约州物业维修守则（Property Maintenance Code of New York State，PMCNYS），话题：过度拥挤（入住标准），2003年1月1日。
7. 碧国忠（Quoctrung Bui）、马特·A. V. 恰班（Matt A.V. Chaban）与杰里米·怀特（Jeremy White），“曼哈顿40%的建筑物今天无法建造”（*40 Percent of the Buildings in Manhattan Could Not Be Built Today*），《纽约时报》（*New York Times*），2016年5月20日，数据编译来自Quantierra公司的斯蒂芬·史密斯（Stephen Smith）与桑迪普·特里维迪（Sandip Trivedi）。
8. 罗伯特·纽沃思与查亚社区发展公司，“纽约的地下住房：避难所和资源”（*New York's Housing Underground: A Refuge and a Resource*），普拉特经济发展中心，查亚社区发展公司，纽约，2008年。
9. 这个区域包括对多层建筑来说必不可少的楼梯和走廊。这个数字假设居住空间为12平方米。
10. 涓滴可负担性理论假设，住房存量的任何增加最终都会改善每个家庭的住房供应，即使是最贫穷的家庭。受益于供应增加的家庭将搬到新住房，从而腾出同等数量的住房，使收入低于新住房受益者的家庭能够负担得起。最终，向更好的住房迁移的循环将会不断重复，而受益将会“涓滴”到最低收入群体。

11. 见相关网站。
12. 阿尔伯特·O. 赫希曼，《退出、话语权和忠诚度：对企业、组织与各州衰落的回应》（*Exit, Voice and Loyalty: Responses to Decline in Firms, Organisations and States*），马萨诸塞州剑桥，哈佛大学出版社，1970 年，第 59 页。
13. 见相关网站。
14. 见相关网站。
15. 见相关网站。
16. 劳伦斯·M. 汉娜（Lawrence M. Hannah）、阿兰·贝尔托、斯蒂芬·马尔佩齐与斯蒂芬·K. 梅奥（Stephen K. Mayo），“马来西亚——住房部门：获得正确的激励措施”（*Malaysia—The Housing Sector: Getting the Incentives Right*），世界银行报告 7292-MA，世界银行亚洲区域办事处基础设施司国别二部（Infrastructure Division Country Department II，Asia Regional Office），华盛顿特区，1989 年 4 月 10 日。
17. 豪滕省是后种族隔离时代大都市区的名字，包括约翰内斯堡、比勒陀利亚和一些较小的城市。
18. 见相关网站。
19. 米雷娅·纳瓦罗（Mireya Navarro），“88000 名申请者与‘穷人门’建筑中的 55 个住宅单位”（*88,000 Applicants and Counting for 55 Units in 'Poor Door' Building*），《纽约时报》，2015 年 4 月 20 日。
20. 理查德·K. 格林（Richard K. Green）与斯蒂芬·马尔佩齐，《美国住房市场与住房政策》（*US Housing Markets and Housing Policy*），AREUEA 专著系列 3，华盛顿特区，城市研究所出版社（Urban Institute Press），2003 年，第 126 页。
21. 马克斯韦尔·奥斯滕森（Maxwell Austensen）、维基·贝恩（Vicki Been）、路易斯·伊纳拉哈·贝拉（Luis Inaraja Vera）、吉塔·库恩·乔什（Gita KhunJush）、凯瑟琳·M. 奥里甘（Katherine M. O' Regan）、斯蒂芬妮·罗索夫（Stephanie Rosoff）、特拉奇·桑德斯（Traci Sanders）、埃里克·施特恩（Eric Stern）、迈克尔·苏赫（Michael Suher）、马克·A. 威利斯（Mark A. Willis），以及杰茜卡·耶格尔（Jessica Yager），“2015 年纽约市住房和社区状况”（*State of New York City's Housing and Neighborhoods in 2015*），弗曼中心（Furman Center），纽约大学，纽约，2016 年。
22. 见相关网站。
23. 谢昌泰与恩里科·莫雷蒂，“城市为什么重要？局部增长和总体增长”，NBER 工作报告 21154，国家经济标准局（National Bureau of Economic Standards），马萨诸塞州剑桥，2015 年 5 月（2015 年 6 月再版），第 4 页。
24. 见世界银行文件中，阿尔西拉·克赖默（AlciraKreimer）、罗伊·吉尔伯特（Roy Gilbert）、克劳迪奥·博隆特（Claudio Volonte）以及吉利·布朗（Gillie Brown）对甘榜基础设施问题和改进（infrastructure issues and improvement）的分析，“印度尼西亚影响评估报告——提高印度尼西亚城市的生活质量：甘榜改善计划的遗产”（*Indonesia Impact Evaluation Report—Enhancing the Quality of Life in Urban Indonesia: The Legacy of Kampung Improvement Program*），世界银行，华盛顿特区，1995 年 6 月 29 日。

25. 由沈科逸（Sheng Keyi）撰写的自传体小说,《北方女孩》(*Northern Girls*)，纽约：维京（Viking），企鹅书屋（Penguin Books），2012 年，为我们讲述了在深圳创建之初移民工人生活的模样。
26. 凯特·巴克（Kate Barker),《住房供应审查：保证未来的住房要求，最终报告——建议》(*Review of Housing Supply: Delivering Stability: Securing Our Future Housing Needs*，*Final Report—Recommendations*)，2004 年 3 月，第 3、13、14 页。
27. 凯特·巴克,《巴克对土地利用规划的评价，最终报告——建议》(*Barker Review of Land Use Planning*，*Final Report—Recommendations*)，2006 年 12 月，第 4 页及前言。

第 7 章

1. 纳西姆·尼古拉斯·塔勒布（Nassim Nicholas Taleb),《反脆弱：从无序中获得的事物》(*Antifragile: Things That Gain from Disorder*)，兰登书屋，纽约，2014 年。
2. 赫伯特·斯宾塞（Herbert Spencer),"国家干预的货币与银行"(*State–Tamperings with Money and Banks*)，见散文集《科学、政治与投机》(*Essays: Scientific*，*Political & Speculative*)，第 3 卷，威廉与诺尔盖特出版社（Williams and Norgate),伦敦 & 爱丁堡,1891 年,第 354 页。
3. 在本节中，我使用“巴黎”一词来表示构成巴黎市政区的 20 个行政区，人口为 220 万，而巴黎大都市区的人口为 1200 万，称为法兰西岛。
4. 见相关网站。
5. 巴黎被划分为 20 个行政区，它们的划分也与生活方式和房地产价格密切相关。
6. 阿兰·贝尔托与斯蒂芬·马尔佩齐，“衡量城市土地使用管制的成本和收益：一个适用于马来西亚的简单模型”(*Measuring the Costs and Benefits of Urban Land Use Regulation: A Simple Model with an Application to Malaysia*),《住房经济学杂志 10》(*Journal of Housing Economics 10*)，2001 年第 3 期，第 393 页。
7. 贾森·M. 巴尔（Jason M. Barr),《打造天际线：曼哈顿摩天大楼的诞生与成长》(*Building the Skyline: The Birth and Growth of Manhattan's Skyscrapers*)，牛津大学出版社，牛津，2016 年。
8. 根据纽约市城市规划局的定义，大部分法规是决定建筑在分区用地上的最大尺寸和位置的控制（地块大小、容积率、地块覆盖面积、开放空间、庭院、高度和建筑退缩尺度）的组合。
9. 巴尔,《打造天际线》第 163、343 页。
10. 见相关网站。
11. 见相关网站。
12. 纽约市城市规划局，纽约市分区历史，2011 年城市分区，会议说明。
13. 见相关网站。
14. 见相关网站。
15. 见相关网站。
16. 421-a 豁免政策将开发商的财产税降低到开发前的水平，期限从 15 年到 30 年不等。作为交换，开发商必须提供城市想要的东西，例如 20% 的补贴租赁住房单元，或者特殊的城市设计特征，如与连接地铁站。这是一种易货交易，不是一个非常透明的交易。
17. 见相关网站。
18. 邻避症候群（NIMBY),“不得在我的后院”，这是压力团体用来阻止任何类型的发展的说法，包括不可或缺的公共服务，如医院和无家可归者收容所。

19. 扬·K. 布吕克纳与戴维·范斯勒（David A. Fansler），“城市扩张经济学：城市空间规模的理论与证据”（*The Economics of Urban Sprawl: Theory and Evidence on theSpatial Sizes of Cities*），《经济学和统计学评论 65》（*Review of Economics and Statistics 65*），1983 年第 3 期，第 479–482 页，引用自第 479 页。
20. 扬·K. 布吕克纳，“城市蔓延：城市经济学的教训”（*Urban Sprawl: Lessons from Urban Economics*），布鲁金斯—沃顿商学院（Brookings-Wharton）城市事务论文，布鲁金斯学会（Brookings Institution），华盛顿特区，2001 年。
21. 爱德华·L. 格莱泽与马修·E. 卡恩（Matthew E. Kahn），“蔓延和城市增长”（*Sprawl and Urban Growth*），美国国家经济研究所工作报告 9733（NBER Working Paper 9733），美国国家经济研究所（National Bureau of Economic Research），马萨诸塞州剑桥，2003 年 5 月。
22. 马夏尔·H. 埃切尼克（Martial H. Echenique）、安东尼·J. 哈格里夫斯（Anthony J. Hargreaves）、戈登·米切尔（Gordon Mitchell）及阿尼尔·南德奥（Anil Namdeo），“可持续发展的城市”（*Growing Cities Sustainably*），《美国规划协会杂志 78》（*Journal of the American Planning Association 78*），2012 年第 2 期，第 121–137 页。
23. 经济合作与发展组织（OECD），2012 年，《紧凑型城市政策：比较评估》（*Compact City Policies: A Comparative Assessment*），经合组织绿色增长研究（OECD Green Growth Studies），经济合作与发展组织出版。
24. 见相关网站。
25. 什洛莫·安杰尔、亚历杭德罗·M. 布莱、贾森·帕伦特、帕特里克·拉姆森－霍尔和尼古拉斯·加拉尔萨·桑切斯，以及丹尼尔·L. 希弗科、雷切尔·钱·蕾（Rachel Qian Lei）和凯文·汤（Kevin Thom），《城市扩张地图集》2016 年版，第 1 卷，“区域与密度”（*Areas and Densities*），林肯土地政策研究院，马萨诸塞州剑桥，2016 年。
26. 尤瓦尔·诺厄·哈拉里（Yuval Noah Harari），《智人：人类简史》（*Sapiens: A Brief History of Humankind*），哈佩斯－柯林斯出版社（HarpersCollins），纽约，2016 年。

第 8 章

1. 乔治·奥韦尔（George Orwell），《政治与英语》（*Politics and the English Language*），地平线出版社（Horizon），伦敦，1946 年，第 6 页。
2. 作为主要作者之一，我直接参与了北美和中美洲、加勒比海、欧洲、北非和亚洲的七个城市的总体规划的编制。此外，作为一名顾问，我被邀请评估世界各地无数城市的总体规划。
3. 斯蒂芬·马尔佩齐与斯蒂芬·梅奥，“住房和城市发展指标：时光倒流的好主意”（*Housing and Urban Development Indicators: A Good Idea Whose Time Has Returned*），《房地产经济学 25》（*Real Estate Economics 25*），1997 年第 1 期，第 1–12 页。
4. 什洛莫·安杰尔，“住房政策问题”，《房价、租金和可负担能力》（*House Price, Rent, and Affordability*）牛津大学出版社，牛津，2000 年，第 232–249 页。
5. 该图改编自世界银行 1996 年出版的评估手册。
6. $N_1 = 0.15 \cdot P$，其中 P 是在 x 邻域寻找工作的活跃人口。
7. 安格斯·德亚顿，《大逃亡：健康、财富和不平等的根源》，普林斯顿，新泽西州：普林斯顿大学出版社，2013 年，第 16 页。

8. 莫里斯·希尔（Morris Hill）与拉谢利·阿尔特曼（Rachelle Alterman），“公共设施用地分配的灵活规范问题”（*The Problem of Setting Flexible Norms for Land Allocation forPublic Facilities*），《城市规划的新趋势》（*New Trends in Urban Planning*），丹·索恩（Dan Soen）编，培格曼出版社（Pergamon Press），牛津，1979 年，第 94–102 页。
9. 劳伦斯·M. 汉娜、阿兰·贝尔托、斯蒂芬·马尔佩齐与斯蒂芬·梅奥，“马来西亚——住房部门：获得正确的激励措施”，世界银行报告 7292–MA，华盛顿特区，1989 年。
10. 定义为 15 至 64 岁的人口。
11. 来源：表 1–1 总人口，三个年龄组的人口（15 岁以下、15–64 岁，以及 65 岁及以上），日本人口预测（Population Projections for Japan），2012 年 1 月：2011 年至 2060 年，日本国立人口社会保障研究所（National Institute of Population and Social Security Research in Japan），日本东京，2012 年。

译者致谢

历时近三年时间，《城市的隐秩序——市场如何塑造城市》终于译制出版了。回想一路走来的日子，译制工作得到了很多人的辛勤付出与宝贵支持，在此，向他们致以最诚挚的感谢！他们是来自中央财经大学的王子涵、石涛、李纪雯、魏运喆、周舟、赵迪、李亦凡，上海师范大学刘慧敏、徐璟西、宋之珺、施慧、朱雪媛、朱艳璨、邹鑫诺，上海大学李彬、张雨阳，上海外国语大学张力丹；复旦大学宁小茜，以及我的妻子吕洁女士。

特别感谢赵燕菁教授为本书作序支持！

特别感谢董苏华与吴尘两位编辑老师的辛勤付出！

衷心感谢每一位支持和帮助过我们的朋友！

王伟

2022 年 7 月

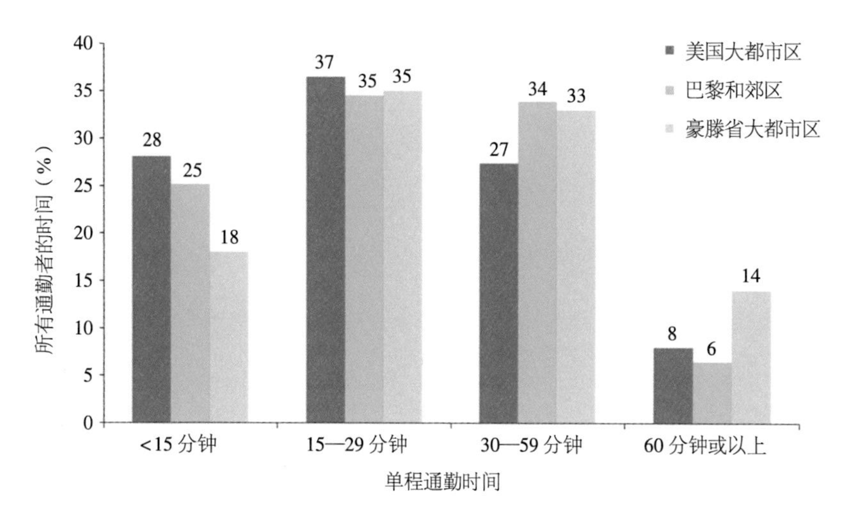

图 2.1　美国大都市区、巴黎大都市区和南非豪滕省的通勤时间分布情况

资料来源：美国：美国人口普查局，2010 年美国社区调查，表 S0802 和 B08303；南非：南非统计局，豪滕省交通运输部家庭旅行调查，图 3.10，南非比勒陀利亚，2009 年；巴黎：人口和社会统计局，《2007-2008 年全国运输和交通状况》，国家统计和经济研究所，2011 年。

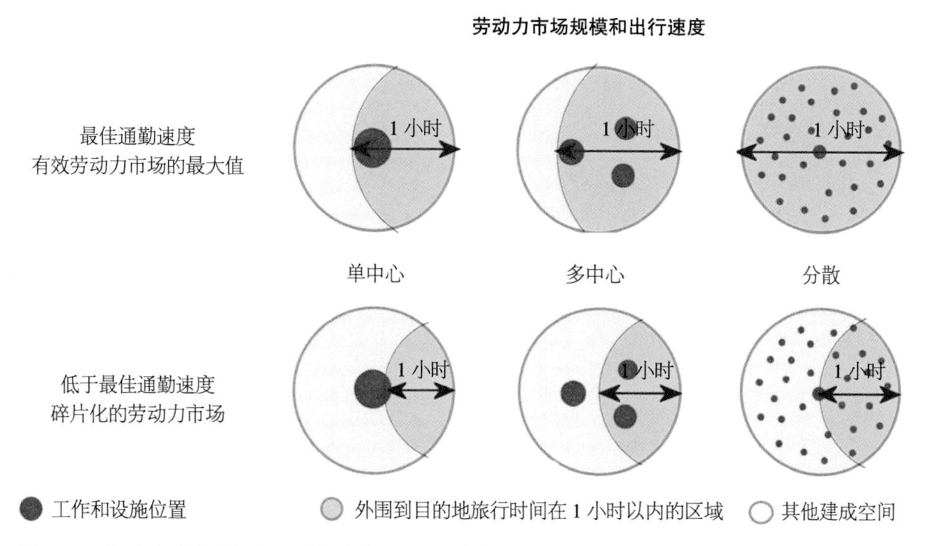

图 2.3　劳动力市场类型、通勤速度和工作地点

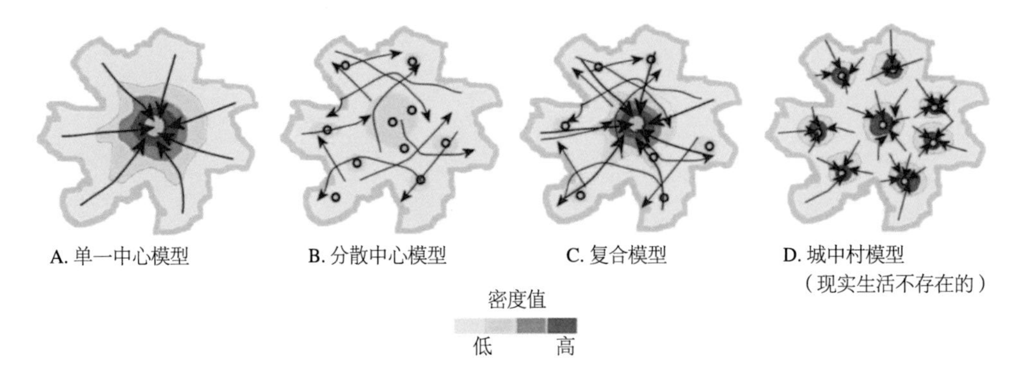

图 2.5　大都市地区的出行模式模型

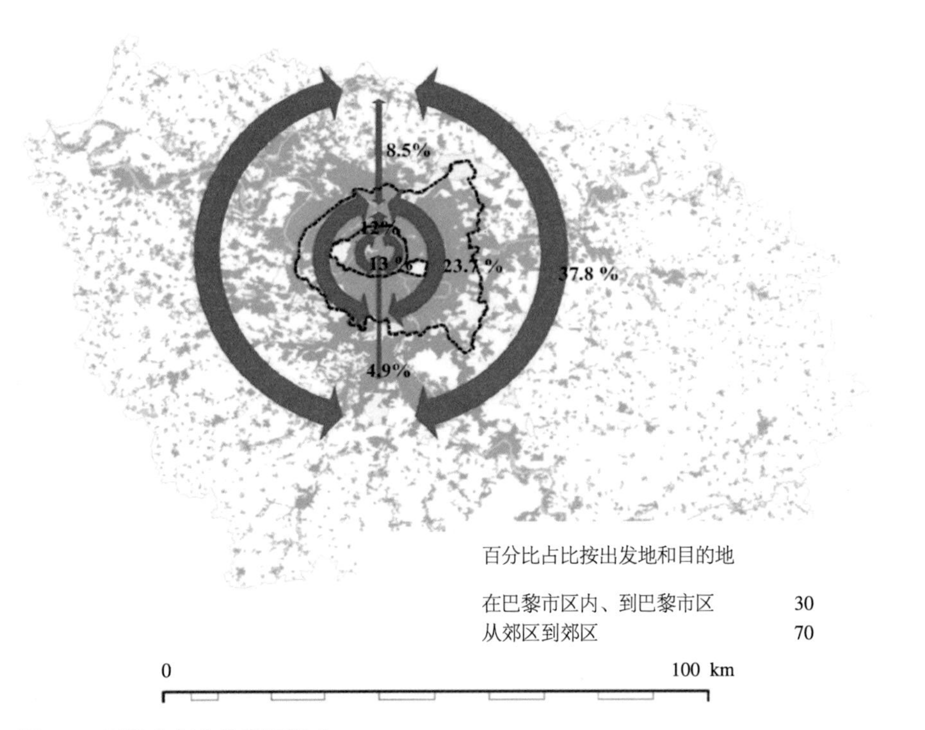

图 2.6　巴黎大都市的出行模式

资料来源："2001-2002 年法兰西岛居民的出行"，法兰西岛地区装备局，2005 年，巴黎 15 区；建成区，玛丽 - 阿格尼丝 · 贝尔托的卫星图像数字化。

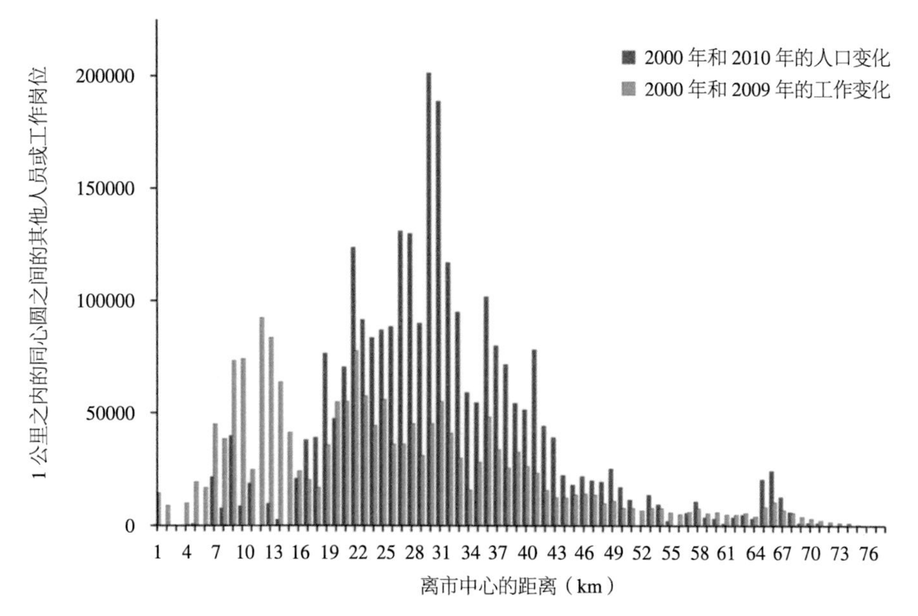

图 2.7　首尔大都市区人口和就业分布的变化情况

资料来源：人口和就业数据：首尔（汉城）市政府统计局，2000 年、2010 年人口普查；建成区和密度：玛丽 - 阿格尼丝 · 贝尔托地理信息系统分析获得

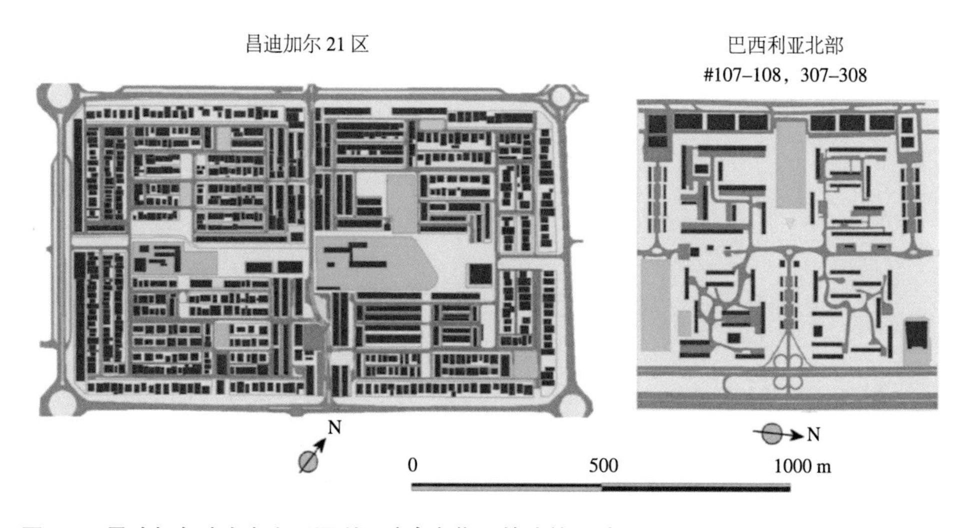

图 3.8　昌迪加尔（左）和巴西利亚（右）街区的建筑设计

资料来源：2005 年昌迪加尔市规划局的建成区地形图，2008 年借助谷歌地球卫星图像更新。

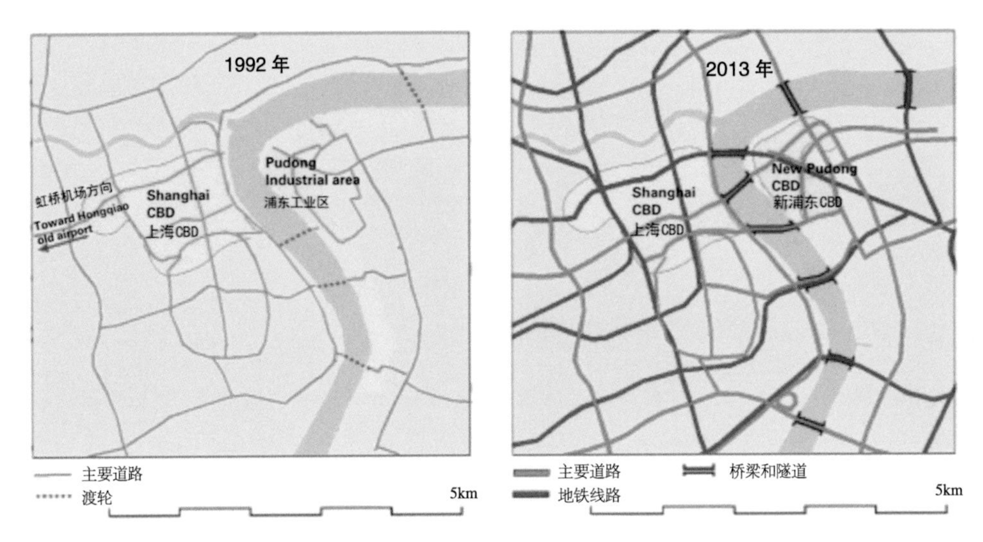

图 3.10　1992 年和 2013 年浦东的道路和地铁线路的设计和建设

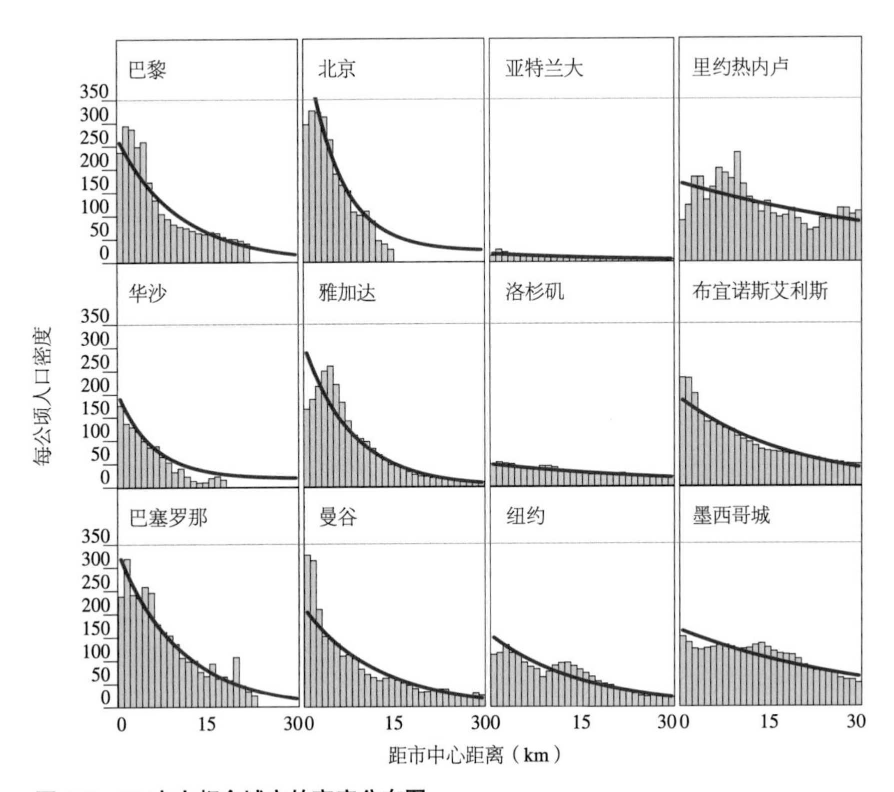

图 4.3　12 座大都会城市的密度分布图

出售：一区单间公寓

6 层
无电梯

户型面积：11m²
197400 美元
每平方米 17945 美元

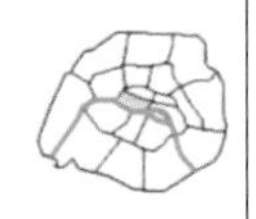

出租：十六区单间公寓

楼层区域：9m²
月租 750 美元
每平方米每年 1000 美元

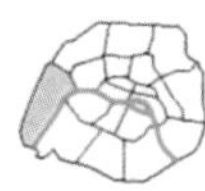

出租：八区单间公寓

户型面积：11m²
月租 1050 美元
每平方米每年 1145 美元

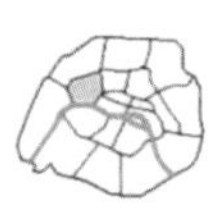

图 4.9　2014 年巴黎小型公寓的销售价格和租金

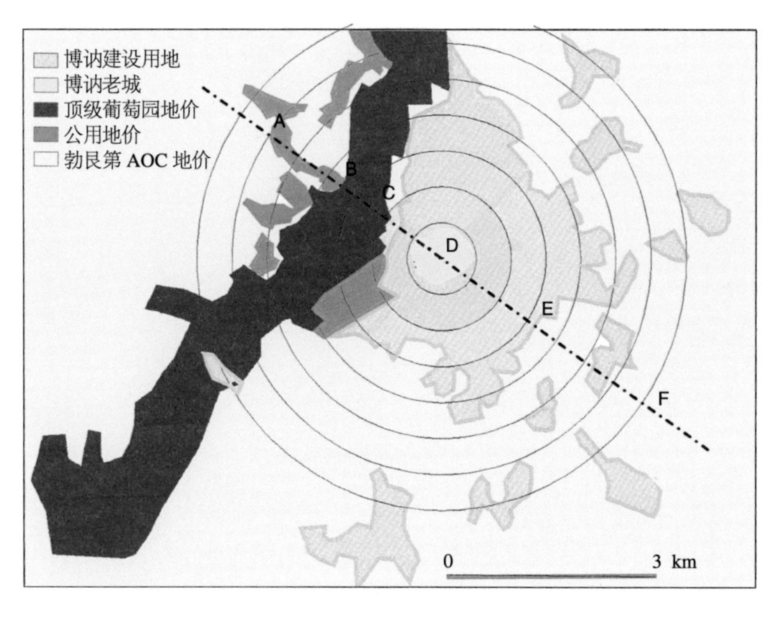

图 4.12　建成区和顶级葡萄园（博讷市）

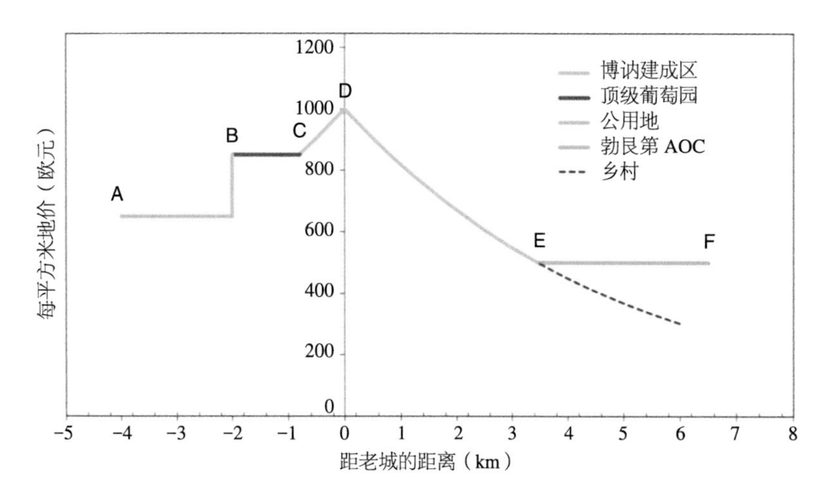

图 4.13　沿 AB 轴的城市和农业用地价格分布（博讷市）

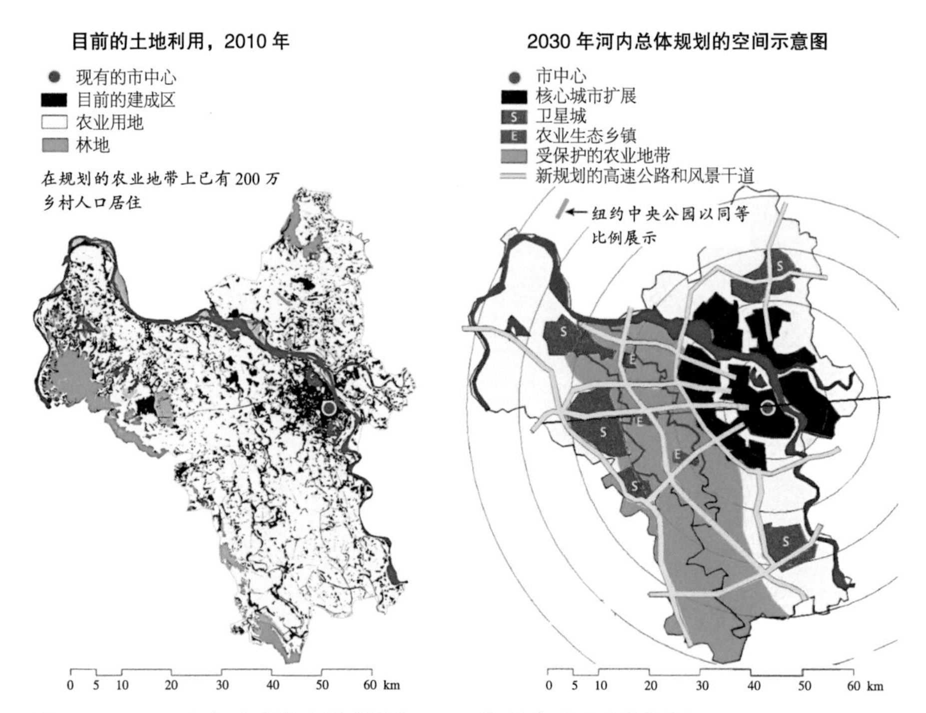

图 4.17 2010 年河内现有土地利用和 2030 年基本建设总体规划

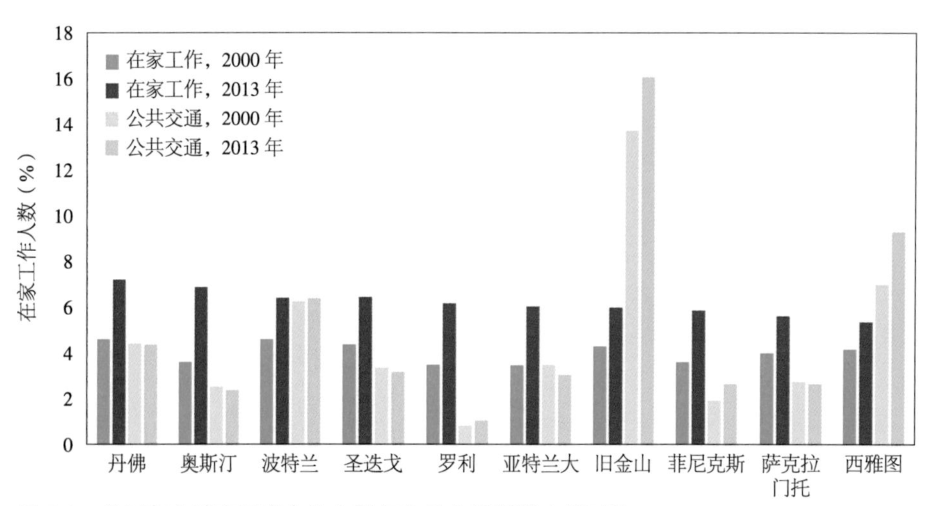

图 5.1 美国部分城市居家办公人数与公共交通通勤人数对比

资料来源：温德尔·考克斯（Wendell Cox），《新地理》（*New Geography*），2015 年 5 月 30 日。

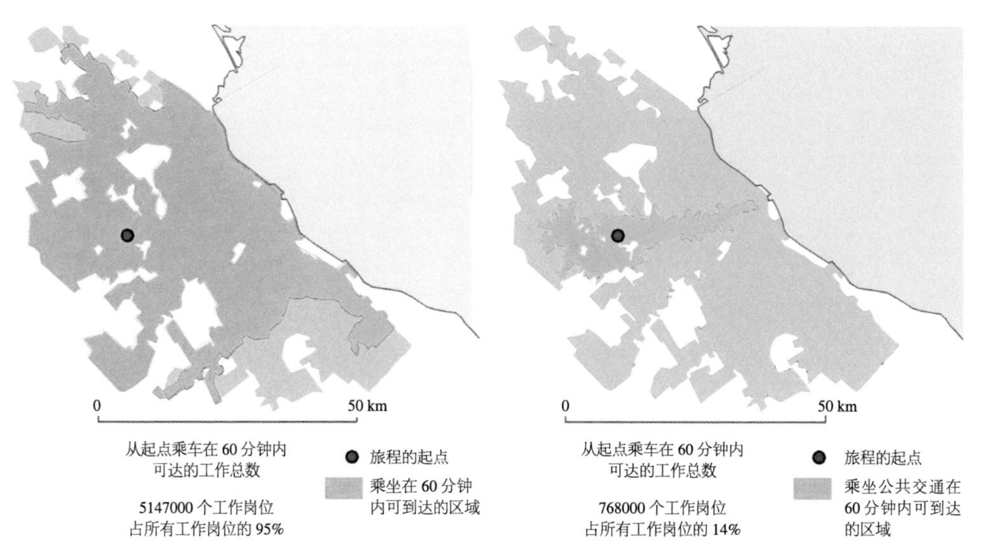

图 5.2　开车或乘坐公共交通工具可到达布宜诺斯艾利斯郊区的区域

图 5.10　2014 年北京地铁网络高峰时段拥堵情况

资料来源：“北京第四次综合交通调查简要报告”，北京市交通委员会北京交通研究中心（BTRC），中国北京，2015 年。

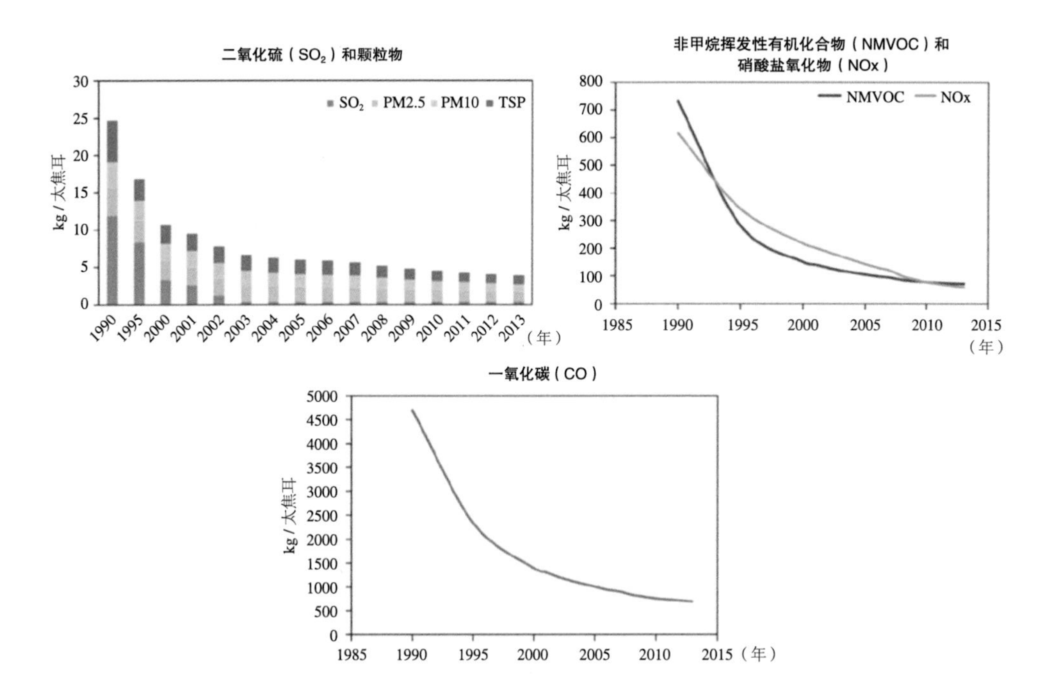

图 5.20　1990–2013 年德国汽油车污染物排放的变化

资料来源：表 2：乘用车专用燃油 IEF（Fkg / TJ），联邦环境局环境部（Umweltbundesamt，UBA），德绍—罗斯劳（Dessau-Roßlau），德国。

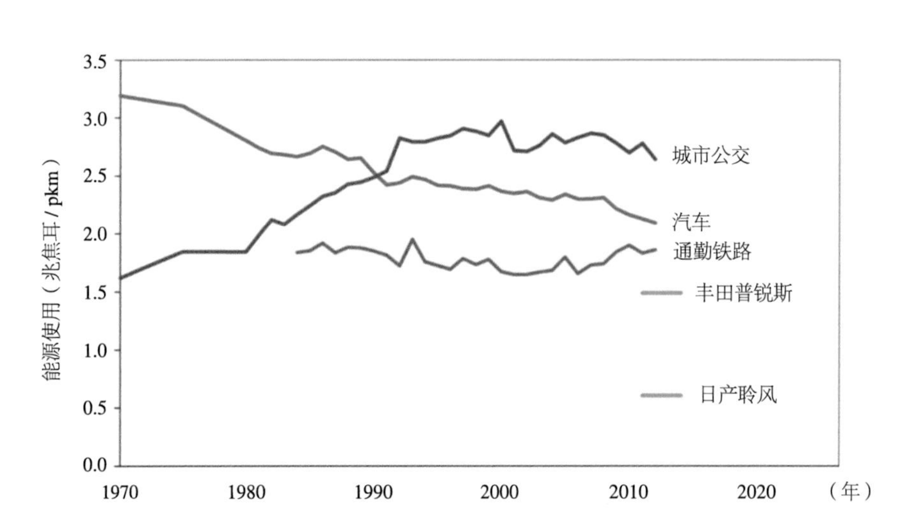

图 5.24　1970–2012 年不同交通方式下每乘客 1 公里的能源消耗变化

资料来源：美国能源部，《交通能源数据手册》，第 33 版，华盛顿特区，2014 年。

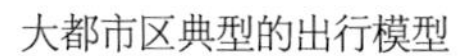

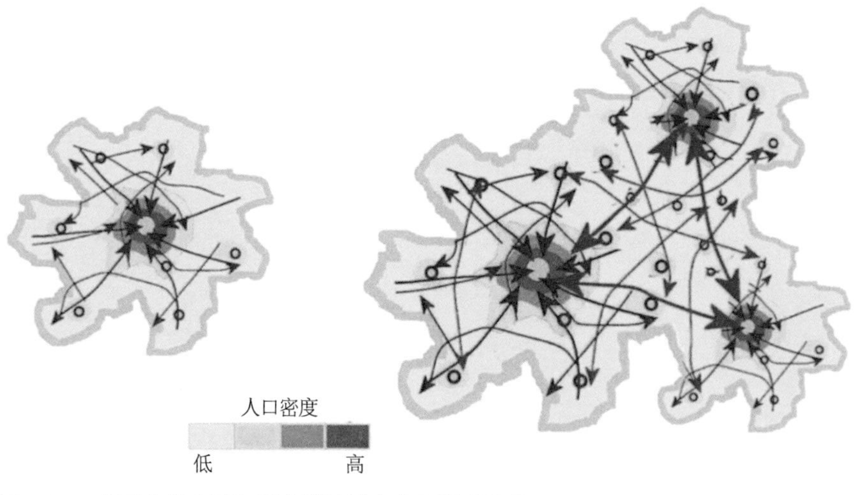

图 5.25　典型大都市区与城市群的城市出行模式比较

正规住区和非正规住区的土地利用情况比较

	A. 非正规住区	B. 正规住区
平均楼层数	1	7
每户住宅平均建筑面积（m^2）	17.5	81.3
人均建筑面积（m^2）	3.50	23.21
人均土地面积（m^2）	4.04	6.16
每平方米建筑面积	1.16	0.27
每户住宅用地面积（m^2）	20.22	21.55
道路和开放空间百分比	13.5	46
总建筑面积比（FAR）	0.87	3.77
净居住密度（每公顷人口）	2473	1624

图 6.7　孟买北郊的非正规和正规住区

注：包括公用走廊和楼梯。

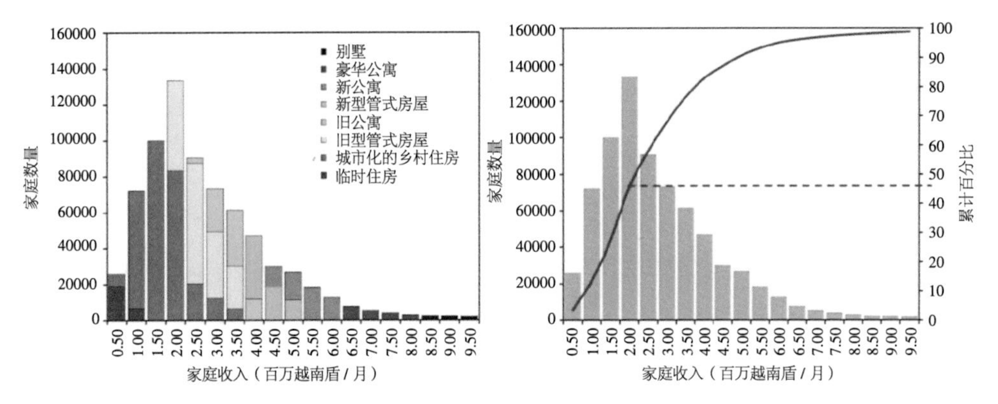

图 6.10　2005 年河内的收入分布与住房类型的关系

资料来源：数据来自《河内综合开发与环境计划》（*Hanoi Integrated Development and Environmental Programme*, *HAIDEP*），河内统计研究所（Hanoi Institute of Statistics），2005 年，以及作者根据实地调查和卫星图像得出的估计值。

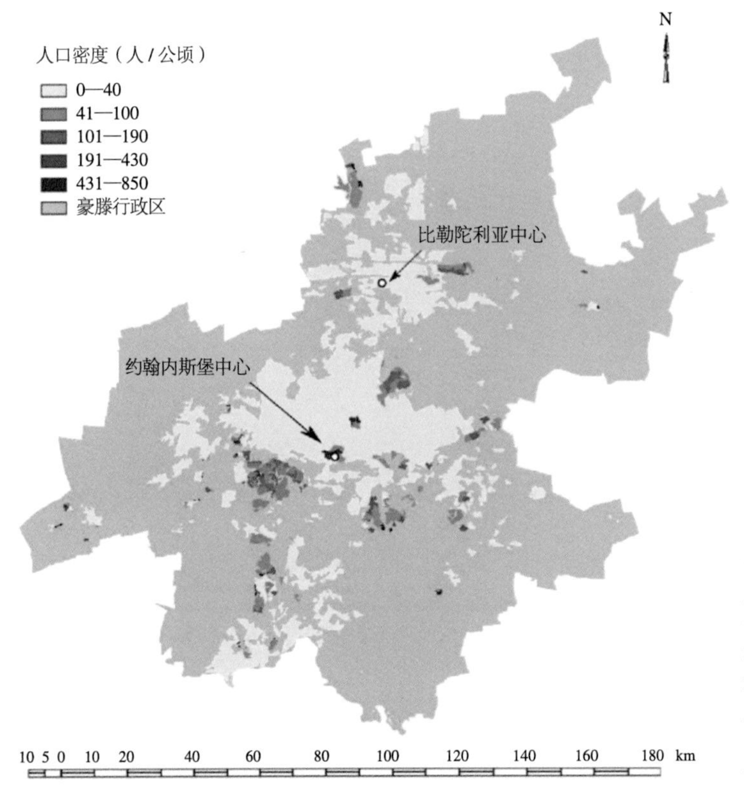

图 6.19　2001 年豪滕省人口密度的空间分布

资料来源：2001 年人口普查豪滕省市政报告，南非统计局，比勒陀利亚，2003 年。玛丽－阿格尼丝·罗伊·贝尔托使用卫星图像对建筑区域进行矢量化处理。

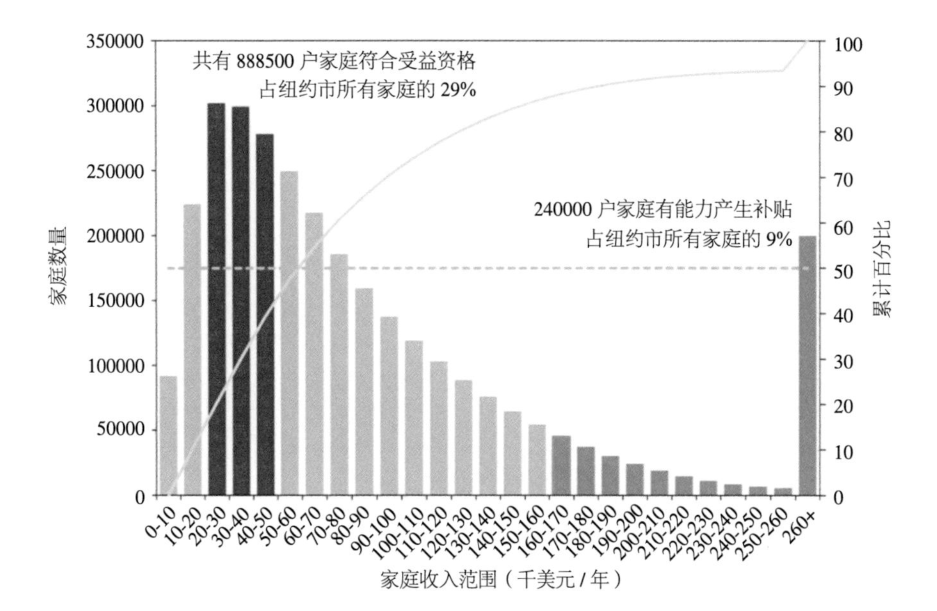

图 6.21　2012 年纽约的家庭收入分布，显示了受益于包容性分区的家庭收入范围（红色条）和产生补贴的家庭收入范围（蓝色条）

资料来源：美国人口普查美国社区调查（US Census American Community Survey），综合公共微数据利用系列（Integrated Public Use Microdata Series），纽约大学弗曼中心。

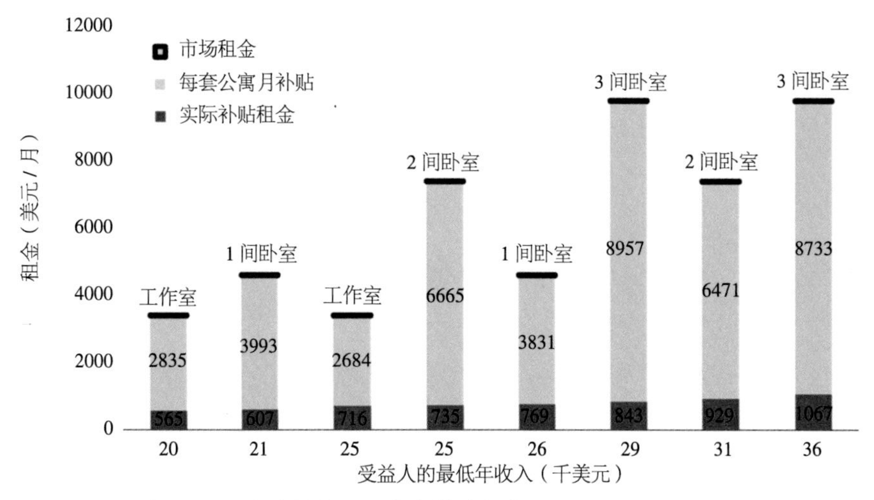

图 6.22　纽约 VIA 57 大楼的市场租金和补贴租金

资料来源：数据来自 VIA 57 的补贴公寓的申请数据以及同一建筑内有关住房市场租金的开发商广告。

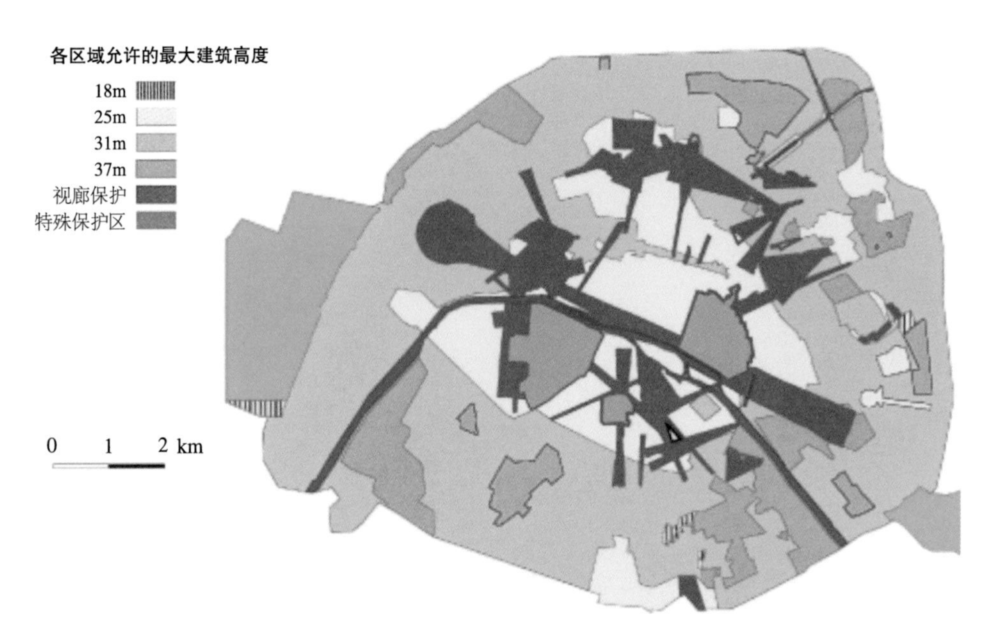

图 7.1　巴黎市政区的监管高度图

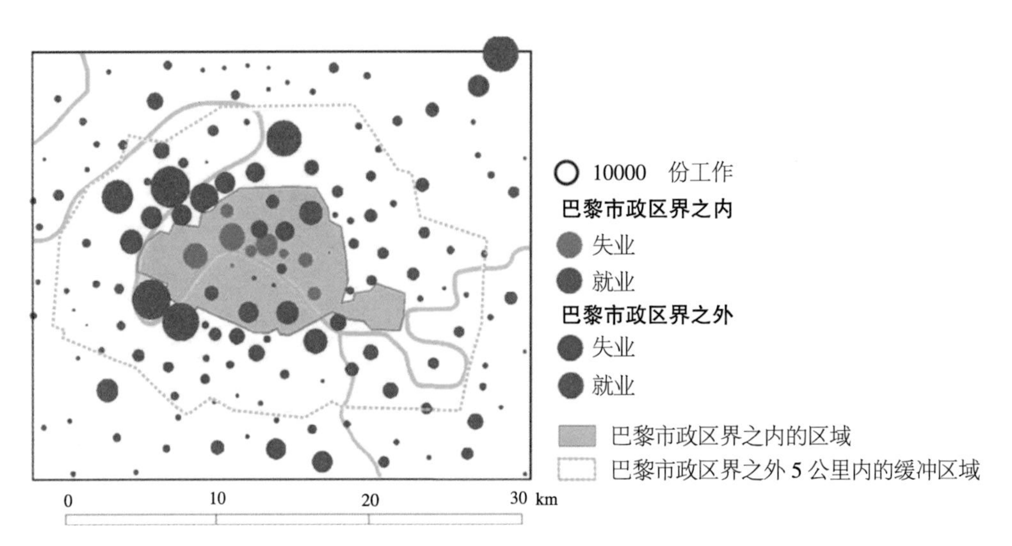

图 7.3　1996 年至 2006 年，巴黎市政区和近郊工作岗位的增加和减少

资料来源：法国国家经济和统计研究所（Chambre régionale de commerce et d'industrie），商业和工业区域研究所（Institut national de la statistique et des études économiques），法国城市规划和城市管理研究所（Institut d'aménagement et d'urbanisme de d'Île-de-France），2008 年。

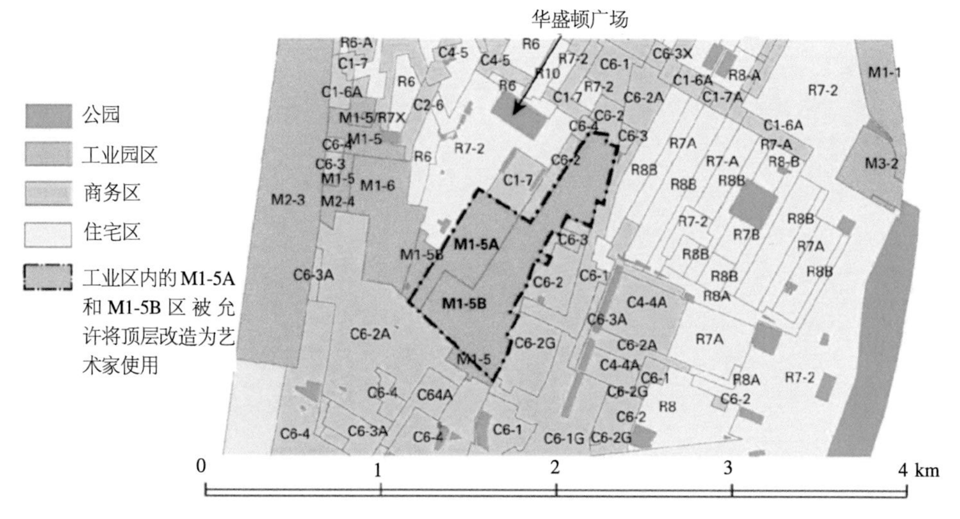

图 7.5　位于曼哈顿 SoHo/NoHo 区的 M1–5A 和 M1–5B 制造区

资料来源：包含华盛顿广场以南街区的纽约市分区地图数据：M1–5A 和 M1–5B。经纽约市城市规划局批准使用的区域。保留所有权利。

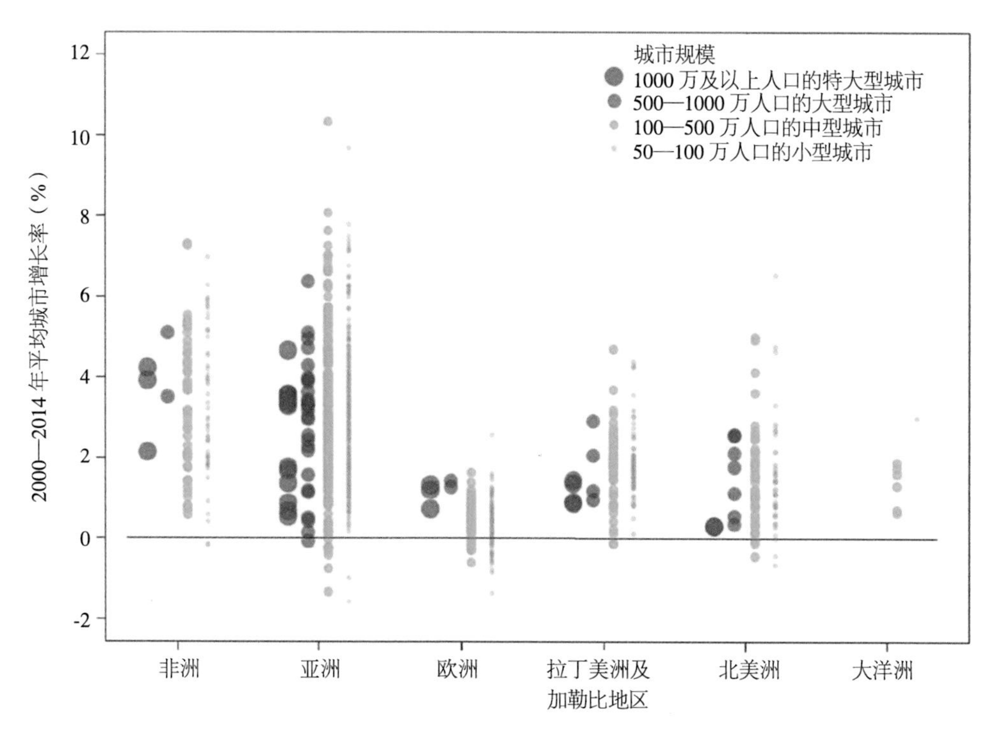

图 8.6　2000 年至 2014 年按区域和城市规模分列的城市增长率

资料来源：联合国经济和社会事务部人口司（2014 年）。“世界城市化展望”（2014 年修订版，要点）（ST/ESA SER.A 352）。